普通高等院校测绘课程系列规划教材

大地测量学基础

主　编　马玉晓
副主编　张　杰
参　编　黄　鹤　安义兵　杨传宽　刘小强

西南交通大学出版社
·成　都·

内 容 提 介

本书全面系统地阐述了大地测量学的基本概念、基本理论和测量技术与方法，主要内容是研究地球形状的确定和地面点的精确定位。全书共分 7 章，内容包括：大地测量学的概念、任务、分类及发展史，现代大地测量数据获取技术（如地面边角测量技术、空间测量技术、高程测量技术、重力测量技术等），测绘基准和国家测绘控制网，大地水准面与高程系统，参考椭球数学性质及椭球投影变换，高斯投影和高斯平面直角坐标系以及大地坐标系的建立。

本书既可作为测绘工程专业本科教材，也可作为相关专业师生及从事测绘生产及科研技术人员的参考用书。

图书在版编目（CIP）数据

大地测量学基础 / 马玉晓主编. —成都：西南交通大学出版社，2018.11
普通高等院校测绘课程系列规划教材
ISBN 978-7-5643-6515-8

Ⅰ．①大… Ⅱ．①马… Ⅲ．①大地测量学 – 高等学校 – 教材 Ⅳ．①P22

中国版本图书馆 CIP 数据核字（2018）第 242238 号

普通高等院校测绘课程系列规划教材

大地测量学基础

主　编 / 马玉晓

责任编辑 / 穆　丰
封面设计 / 何东琳设计工作室

西南交通大学出版社出版发行
（四川省成都市二环路北一段 111 号西南交通大学创新大厦 21 楼　610031）
发行部电话：028-87600564　028-87600533
网址：http://www.xnjdcbs.com
印刷：四川森林印务有限责任公司

成品尺寸　185 mm×260 mm
印张　19.75　　字数　490 千
版次　2018 年 11 月第 1 版　　印次　2018 年 11 月第 1 次

书号　ISBN 978-7-5643-6515-8
定价　49.00 元

审图号：GS（2018）5012 号
课件咨询电话：028-87600533
图书如有印装质量问题　本社负责退换
版权所有　盗版必究　举报电话：028-87600562

普通高等院校测绘课程系列规划教材
编审委员会名单

编审委员会主任：黄丁发

编审委员会副主任：郑加柱　方渊明

编 委 会 成 员：（以姓氏笔画为序）

前　言

半个多世纪以来，大地测量学经历了一场划时代的变革，克服了传统经典大地测量学的时空局限，进入了以空间大地测量为主的现代大地测量学的发展新阶段。大地测量学在测绘科学和测绘技术中有着重要的地位和作用，"大地测量学基础"是高等院校测绘工程专业教育中一门重要的专业课程。本书是根据测绘工程专业人才培养的需求，结合工程应用的特点，专门为测绘工程专业本科学生编写的教材，也可作为相关专业师生及从事测绘生产和科研的技术人员参考用书。

"大地测量学"是地球科学的重要分支，是测绘科学的基础学科，在测绘专业的课程设置中占有重要的基础地位和作用。本教材全面系统地阐述了大地测量学的基本概念、基本理论和测量技术与方法，主要内容是研究地球形状的确定和地面点的精确定位。全书共分7章。第1章侧重于大地测量学的概念、任务、分类及发展史。第2章阐述现代大地测量数据获取技术，如地面边角测量技术、空间测量技术、高程测量技术、重力测量技术等。第3章、第4章重点介绍了测绘基准和国家测绘控制网，大地水准面和高程系统。第5章、第6章、第7章详细讲述了参考椭球数学性质及椭球投影变换，高斯投影和高斯平面直角坐标系以及大地坐标系的建立。

本教材是依据大地测量学的基本体系和内容，参考了现有的多本科学著作和教材，并吸取了最新的科学成就编写而成的，力争实现深入浅出，使读者便于理解应用。

本书由马玉晓任主编并对全书进行统稿，张杰任副主编，具体分工如下：第1章和第4章由河南城建学院马玉晓编写，第2章和第7章由北京建筑大学黄鹤编写，第3章由河南城建学院张杰编写，第5章5.1小节至5.4小节由河南工程学院刘小强编写，第6章由黄河水利职业技术学院杨传宽编写，第5章5.5、5.6小节及附录由宝鸡文理学院安义兵编写。

本教材在编写过程中，借鉴了相关的参考书和教材，在此对其作者深表感谢！由于编者水平有限，书中难免存在疏漏之处，恳请读者批评指正。

编　者

2018年3月

目　录

第 1 章 绪 论

【本章要点】 大地测量学在测绘科学和测绘技术中有着重要的地位和作用，是高等院校测绘工程专业教育中一门重要的专业课程。本章简要介绍大地测量学的定义、性质、研究的基本内容、任务、作用以及发展趋势。

半个世纪以来，大地测量学经历了一场划时代的变革，克服了传统经典大地测量学的时空局限，进入了以空间大地测量为主的现代大地测量学的发展新阶段。

1.1 大地测量学的定义、任务与作用

1.1.1 大地测量学定义、任务

1. 大地测量学的定义

大地测量学又叫测地学，是测绘学和地球科学的分支学科，它着重研究测量和描绘地球并监测其变化，为人类活动提供关于地球的空间信息。为此，可以给出大地测量学如下的定义：

大地测量学是研究精确测定和描绘地面控制点空间位置，研究地球形状、大小和地球重力场的理论、技术与方法及其变化的学科。

大地测量学与普通测量学既有联系又有区别。测量学（又称普通测量学或测量学基础）是研究地球表面较小区域内测绘工作的基本理论、技术、方法和应用的学科。其基本目的是：以测绘工作为手段，确定地面点的空间位置，并把它表示成数据形式或描绘在图面上，供经济建设和工程设计施工应用。大地测量学也为上述目的服务。

大地测量学与普通测量学的区别在于：

（1）大地测量学测量的精度等级更高。测量工作必须按照从整体到局部、由高级到低级的原则进行，大范围高等级的大地控制测量对局部的测量工作起到控制作用。因此，大地测量学要研究更加精密的测量仪器、测量方法与数据处理方法。

（2）大地测量学测量的范围更广。大地测量学测量的范围常常是数百千米乃至数千千米，甚至整个地球，此时就不能将地球表面作为平面来研究，地球形状接近于旋转椭球，其表面是一个不可展平的曲面，必须研究地球曲率等多种因素对测量成果的影响。大地控制测量既要保证高的测量精度，又要提供局部测图所需控制成果，故必须妥善解决地面观测成果到椭球面再到平面上的转化问题，即投影的方法和投影的计算问题。

（3）侧重研究的对象不同。普通测量学侧重于研究如何测绘地形图以及进行工程施工测量的理论和方法。大地测量学侧重于研究如何建立大地坐标系、建立科学化、规范化的大地控制网并精确测定控制网点坐标的理论和方法。

2．大地测量学的基本任务

（1）在地球表面的陆地上建立高精度的大地测量控制网，并监测其数据随时间的变化；为测制地图、经济建设、国防建设和地球动力学等科研工作提供控制基础，也为人造卫星、导弹及各类航天器控制与通信提供精确的轨道坐标和地面控制站坐标。

（2）确定地球重力场及其随时间的变化，测定和描述地球动力学现象；为大地控制网、地球科学及空间科学提供基准面和基本数据。

（3）根据地球表面和外部空间的观测资料确定地球形状和大小。为大地控制网的归算、卫星的精密定轨、远程武器的精确打击和地球物理反演、地震预报等提供资料。

可以说，建立作为各种测量工作的基础的大地测量控制网是大地测量学的技术任务；研究地球重力场和地球形状与大小是大地测量的科学任务。两项任务密切相关，大地测量控制网的观测结果为研究地球形状和大小提供了主要资料；研究地球形状和大小又为大地测量控制网的计算提供了最适宜的根据面。

1.1.2　大地测量学的作用

大地测量学是地学领域中的基础性学科，即为人类的活动提供地球空间信息的学科。社会经济的迅速发展，人口的增长，人类可利用的地球空间受到严峻的约束。获取地球空间信息，合理利用空间资源，已成为当前社会经济发展战略的重要环节。大地测量学还与地球科学多个分支互相交叉渗透，还将为探索地球深层结构、动力学过程和力学机制服务。大地测量学的作用可概括为下列几个方面：

1．大地测量在地形图测绘、工程建设和交通运输方面的作用

在地形图测绘和工程建设的工作中，大地测量的作用主要体现在以下三方面：① 统一坐标系统。国家基本地形图通常是不同部门在不同时期、不同地区分幅测绘的。由于大地控制网点的坐标系统是全国统一的，精度均匀，因此，不管在任何地区任何时间开展测图工作都不会出现漏测或重叠，从而保证了相邻图幅的良好拼接，形成统一整体。② 解决椭球面和平面的矛盾。地图是平面的，但地球接近于旋转椭球体，其表面是不可展平的曲面，如强制展平将会出现皱褶或破裂。也就是说，不能直接把球面上的地形测绘在平面图上。但是，大地控制点在椭球面上的位置通过一定的数学方法可以换算为投影平面上的位置，根据这些平面点位就能在平面上测绘地图了。③ 控制测图误差的积累。在测图工作中难免存在误差。例如，描绘一条方向线、量一段距离等都会存在误差，这些误差在小范围内是不明显的，但在大面积测图中将逐渐传递和积累起来，使地形、地物在图上或实地的位置产生较大偏差。如果以大地网作为测图控制基础，就能把误差限制在相邻控制点之间而不致积累传播，从而保证了测图和施工的精度。因此，测绘地形图首先要布设一定密度的大地控制点。传统大地测量作业效率低、周期长、劳动强度大、投资高，随着我国经济的高速发展，对各类中、大比例尺地图的需求迅速增长，要求有快速精密定位和快速测图技术的保障。现在全球定位系统（GNSS）能以 5～10 min 的时间（传统方法需要几小时到几天）和厘米级精度测定一个点位；GNSS 用于航空摄影和地面自动测图系统，可以解决快速大比例尺成图的问题。

在工程建设中，大地测量的重要作用主要体现在以下几个方面：① 建立测图控制网。在工程设计阶段建立用于测绘大比例尺地形图的测图控制网，为设计人员进行建筑物设计或区域规划提供大比例尺地形图。② 建立施工控制网。施工测量的主要任务是将图纸上设计的建筑物放样到实地，满足不同的工程测量的具体任务。例如，隧道施工测量的主要任务是保证对向开挖的隧道能按照规定的精度贯通。放样过程中，仪器所安置的方向、距离都是依据控制网计算出来的，因而在施工放样前，需建立具有必要精度的施工控制网。③ 建立变形观测专用控制网。在工程施工过程中和竣工后的运营阶段建立以监测建筑物变形为目的的变形观测专用控制网。由于在工程施工阶段改变了地面的原有状态，加之建筑物本身的重量将会引起地基及其周围地层的不均匀变化（变形）。这种变形如果超过某一限度，就会影响建筑物的正常使用，严重的还会危及建筑物的安全。为保证建筑物在施工、使用和运营过程中的安全，必须进行变形监测。

2. 大地测量在空间技术和国防建设中的作用

航天器（卫星、导弹、航天飞机和行星际宇宙探测器等）的发射、制导、跟踪、遥控以至返回都需要大地测量的保障：一是需要大地测量提供精密的大地坐标系以及地面点（如发射点和跟踪站）在该坐标系中的精确点位；二是需要大地测量提供精密的全球重力场模型和地面点的准确重力场参数（重力加速度、垂线偏差等）。

大地坐标系用于描述航天器相对于地球体的运动，由分布于地球表面一定数量的已知精确地心坐标的基准点实现，大地坐标系的建立包括确定其坐标轴的定向和一个由 4 个基本参数（α，j_2，w，GM）定义的正常地球椭球。在航天工程中，通过由测控站（含测控船）组成的航天测控网来确定航天器的运动状态（轨道、姿态）和工作状态，对航天器运动状态进行控制、校正并建立航天器的正常状态，对航天器在运行状态下进行长期管理等。测控站在大地坐标系中的精密位置由大地测量方法精确测定，实施测控作业时，通过测定测控站至航天器的径向距离、距离变化率、位置角等，由已知站坐标解算航天器的位置。

重力场模型提供分析、描述和设计地球表面及其外空间一切运动物体力学行为的先验重力场约束。卫星的精密定轨依赖于在其定轨动力学方程中给定的扰动重力位展开系数的准确程度，低阶地球重力场模型可保证低轨卫星分米级的定轨精度。随着行星际探测技术的发展，产生了空间微重力学这门边缘学科，这将为研究宇宙飞船上试验物的微重力效应，高精度的地球重力场模型提供主要依据。

军事大地测量还为中近程导弹阵地、巡航导弹阵地、炮兵阵地、雷达阵地、机场、港口、边防、海防、重要城市等重点军事地区和军事设施的联测建立基础控制网点，并为这些应用场合提供地球重力场数字模型和坐标转换模型。

当前，军事测绘在高技术战争中已直接参与指挥和决策，在指挥、控制、通信和情报系统（C3I 系统）中，军事大地测量与卫星定位技术系统和成果，如单兵定位系统、GPS 制导系统、打击目标的精确三维坐标等起到了特殊作用，该系统的指挥、控制和决策功能必须以实时定位信息为依托。例如，指挥官要在电子地图上选定打击目标，分配空中火力，制定参战飞机攻击系列来指挥空战行动，从统帅部指挥控制系统的大屏幕上到各指挥中心的荧光屏上都显示着真实、准确、生动的电子地图与叠加各种军事情况标号的作战要图，在数字地形信息数据库的支撑下建立起陆海空天电一体战的链路网络，保障指挥部与各参战部队之间指挥与控制信息畅通等。

3. 大地测量在地球科学研究中的作用

大地测量学是地学领域中的基础性学科，即为人类的活动提供地球空间信息的学科。随着人类社会经济的迅速发展，人类可利用的地球空间受到严峻的约束。现代大地测量学的进展，空间大地测量手段的引入，以及其对推动地球科学发展的巨大作用正是由于大地测量已能广泛地获取地球活动的信息，从而使大地测量能在更深层次上加强在地球科学中的基础性地位，现代大地测量技术已成为支持"活动论"研究方向的强有力的工具，能为当代地球科学研究提供更丰富、更准确的信息，主要贡献表现为以下几个方面：

（1）提供更为精密的大地测量信息。甚长基线测量（VLBI）、卫星激光测距（sLR）和GPS能以大约 1 毫米／年的速度测定精度测定板块相对运动速度，从而实测数据直接计算板块相对运动的欧拉向量。过去 20 年已由大地测量技术获得了板块运动的大量数据，检验了由地质数据导出的现代板块运动模型 NuVEL. 1 的正确性，并建立了实测模型。目前大地测量正以前所未有的空间和时间分辨率测定全球、区域和局部地壳运动，据此可建立板块内部应力和应变的模型，以检验刚性板块假说的真实程度，推算板块内部变量，并为解释板块内的断裂作用、地震活动及其他构造过程提供依据。目前，有些地质和构造事实还不能用板块学说解释，这一学说还要发展完善，大地测量将有可能对此做出贡献。

（2）探索地球物理现象的力学机制，获取表征地球运动和形变的参数，如板块运动的速率、固体潮的洛夫数、地壳形变的速度和加速度等。

（3）通过一系列的卫星重力测量计划和陆地、海洋的更大规模重力测量，将提供更精细的地球重力场。这一大地测量成果也将对解决地球构造和动力学问题提供重要的分析资料。

（4）应用空间大地测量技术（特别是卫星海洋测高）可以高精度监测海面变化并确定海面地形及其变化。这些信息可用于研究地球变暖问题、大气环流和海洋环流等气象学和海洋学问题。

地球作为一个动态系统，存在着极其复杂的各类动力学过程，大地测量学以其本身独特的理论体系和测量手段，提供了有关动力学过程各种时空尺度上定量和定性的信息，为地学的研究提供了可贵的资料。

4. 大地测量在资源开发、环境监测与保护中的作用

资源开发，尤其是能源开发是当前经济高速发展的紧迫问题，无论是陆地还是海洋资源勘探，各种比例尺的地形图和精密的重力资料是必不可少的基础资料。例如，20 世纪 80 年代初在我国西北地区柴达木盆地建立的多普勒卫星网以及该地区进行的重力测量对这一大油田的勘探、开发提供了精密的大地测量数据。对海底大陆架油气田的勘探和开发，大地测量显得更加重要。由卫星雷达测高资料结合近海船舶重力测量，联合沿海验潮站之间的水准测量可以给出近海海域具有较高精度和分辨率的海洋大地水准面和海面地形以及重力异常图；应用海面无线电定位，特别是 GPS 海洋定位，联合声呐海地定位可建立海洋三维大地测量控制网，测制大比例海底地形图。海洋大地测量资料结合海洋磁测、钻探岩石采样标本等海洋地球物理探测资料可判明估测海底油气构造和储量；海洋大地测量资料还可以为准确确定钻井井位、海上和水下作业、钻井平台的定位（或复位）、海底管道敷设、水下探测器的安置或回收等提供设计施工依据。卫星定位技术实时、快速、精确的特点可以为资源勘探与开采中的动态信息管理、生产指挥决策和安全可靠运行提供必要保障。大地测量贯穿资源开发从探

测到开采的全过程，先进的大地测量技术将为我国勘探开发矿产资源，特别是向海洋索取能源发挥重要作用。

科学界正密切关注海水面上升，关注平均气温的变化，关注对农、林业等带来的影响，其中监测海水面变化最有效的手段就是利用 GPS 技术将全球验潮站联测到 VLBI 及 SLR 站上，以便根据长期监测结果，分析海水面变化，进而分析带来的影响。近期实施的卫星重力梯度计划监测到了极地冰融产生重力变化，同样预计实施的空基卫星激光测距系统有可能直接观测到极地冰盖厚度的变化。另外，为监测森林面积缩小、草原蜕化、沙漠扩大、耕地面积减小等环境破坏，主要的措施是发展遥感卫星、建立动态地理信息系统（GIS）。这也必须由大地测量来支持，因为发射近地卫星需要精密的地球重力场模型，发射站及跟踪站需要有准确的地心坐标，发展地理信息系统也需要有足够的大地测量控制点作保证。

5. 大地测量在防灾、减灾和救灾中的作用

地震、洪水和强热带风暴等自然灾害给人类社会带来巨大灾难和损失。地震大多数发生在板块消减带及板块内活动断裂带，且具有周期性，是地球板块运动中能量积累和释放的有机过程。我国以及日本、美国等国家都在地震带区域内建立了密集的大地测量形变监测系统，利用 GPS 和固定及流动的甚长基线干涉（VLBI）、激光测卫（SLR）站等现代大地测量手段进行自动连续监测。随着监测数据的积累和完善，地震预报理论及技术可望有新的突破，为人类预防地震造福。大地测量还可在山体滑坡、泥石流及雪崩等灾害监测中发挥作用。世界每年都发生各种灾难事件，如空难、海难、陆上交通事故、恶劣环境的围困等，国际组织已建立了救援系统，其关键是利用 GPS 快速准确定位及卫星通信技术，将难事的地点及情况通告救援组织以便及时采取救援行动。为地震的预测提供监测信息，监测预报滑坡和泥石流，为预报厄尔尼诺现象提供信息。利用 GPS 定位技术结合卫星通信建立灾难事件救援系统。

随着遥感、无人机观测、SLR、CPS 等技术的发展，大地测量在预防和救灾过程中发挥着越来越重要的作用。大地测量可以监测震前、同震、震后应变积累和释放的全过程，结合钻孔应变仪、台站伸缩仪和蠕变仪等地球物理监测结果，将有可能建立发震前兆模式。1975年海城短期地震预测的成功，就是利用了明显的短期地震前兆。1986 年用大地测量方法准确地预测了长江新滩附近的严重滑坡，防止居民的伤亡，减轻可能损失。2014 年 8 月在云南鲁甸地震中，国防科工局通过对国内外 18 颗遥感卫星实时传回的地震灾区的影像进行分析，及时高效的地震救援，从而减小地震造成的二次伤害。

1.2 大地测量的学科体系与研究内容

从学科性质看，大地测量学既是一门应用性学科，又是一门基础性学科。一方面，大地测量学作为一门应用性学科，是测绘学（又称地理空间信息学）的一个分支学科。测绘学的主要研究对象是地球及其表面的各种形态。为此，首先要研究和测定地球的形状、大小及其重力场，并在此基础上建立一个统一的坐标系统，用以表示地表任一点在地球上的准确几何位置，所以人们常把大地测量称为测制地图的"第一道工序"。另一方面，大地测量学作为一门基础性学科，又是地球物理学的一个分支。地球物理学的研究对象是地球的运动、状态、

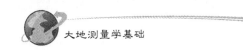

组成、作用力和各种物理过程。对此，大地测量提供的高精度、高分辨率、适时、动态和定量的空间信息，是研究地球自转、地壳运动、海平面变化、地质灾害预测等地球动力学现象的重要手段之一。

大地测量学科体系可有多种分类方法，而且相互交叉。大地测量学按所研究的地球空间的范围大小，可分为高等测量学（理论大地测量学）、大地控制测量学、海洋大地测量学和工程大地测量学。高等测量学是以整个地球形体为研究对象，整体地确定地球形状及其外部重力场，建立大地测量参考系。大地控制测量是在一个或几个国家范围内，在适当选定的参考坐标系中，测定一批足够数量的地面点的坐标和高程，建立国家统一的大地控制网，以满足地形图测绘和工程建设的需要。海洋大地测量是在海洋范围内布设大地控制网，实现海面和水下定位，测定海洋重力场、海面地形和海洋大地水准面等。工程大地测量是在一个局部小范围内测定地球表面的细部，通常以水平面作为参考面。高等测量学、大地控制测量学、海洋大地测量学和工程大地测量学之间存在着密切的联系。国家大地控制测量和海洋大地测量需要全球大地测量所确定的大地测量常数和参考基准，以便对观测结果进行顾及地球曲率和重力场影响的归算。而国家大地控制测量和海洋大地测量的结果又为理论大地测量学提供了地球表面的几何和物理量度信息。平面测量必须与国家大地控制网相连接，以使其成果纳入国家统一的坐标系中。

大地测量学按其研究的地球的时空属性，可分为几何大地测量学、物理大地测量学、空间大地测量学。几何大地测量学是用几何方法研究地球的形状和大小，将地面大地控制网投影到规则的参考椭球面上，并以此为基础推算地面点的几何位置。物理大地测量学是研究全球或局部范围内的地球外部重力场。用物理方法建立地球形状理论，并用重力测量数据研究大地水准面相对于地球椭球的起伏。空间大地测量学主要是采用空间手段研究人造地球卫星及其他空间探测器为代表的空间大地测量的理论、技术与方法，最精确有效、贡献最大的空间测量技术主要有卫星激光测距、甚长基线干涉测量、卫星重力和卫星测高技术、全球卫星导航定位系统技术。

大地测量学按实现基本任务的技术手段，可分为地面大地测量学（常规大地测量学，又称天文大地测量学）、空间大地测量学（卫星大地测量学）和惯性大地测量学。地面大地测量是应用光电仪器进行短距离（一般小于 50 km）地面几何测量（边角测量、水准测量、大地天文测量）和地面重力测量，以间接的方式确定地面点的水平位置和高程，并求解局部重力场参数。空间大地测量是通过观测地外目标（人造地球卫星、类星体射电源等）来实现地面点的定位，包括相对定位和相对地心的绝对定位，应用卫星重力技术获取全球覆盖的重力场信息。惯性大地测量是利用运动物体的惯性力学原理进行地面点的相对定位，并测定重力场参数。

综上所述，可把现代大地测量学的基本研究内容归纳如下：

（1）确定地球形状、外部重力场及其随时间的变化，建立统一的大地测量坐标系，测定和研究全球及区域性地球动力现象，包括地球自转与极移、地球潮汐、板块运动与地壳形变（包括地壳垂直升降及水平位移），以及海洋水面地形及其变化等。

（2）研究月球和太阳系行星的的大地测量理论和方法。研究月球或行星探测器定位、定轨和导航技术；构建月球或行星坐标参考系统和框架；探测月球和行星重力场。

（3）研究地球表面向椭球面或平面的投影数学变换及有关的大地测量计算。

（4）研究能够获得高精度数据成果的新型大地测量仪器和方法。

（5）建立和维持具有高科技水平的国家和地球的天文大地水平控制网和精密水准网以及海洋大地控制网，以满足国民经济和国防建设的需要。

（6）研究大规模、高精度和多类别的地面网、空间网及其联合网的数学处理理论和方法，测量数据库建立及应用等。

以上概述了一般意义上现代大地测量学的各个领域和方面。本书的内容是依据其基本内容，系统地介绍现代大地测量的基本理论、技术和方法，为后续课程的学习和今后从事测绘科技工作打下坚实的基础。

1.3　大地测量学的发展与展望

1.3.1　大地测量学的发展

大地测量学是伴随人类对地球认识的不断深化而逐渐形成和发展起来的。

1. 萌芽阶段

在 17 世纪以前，为了兴修水利和研究地球形状大小，大地测量就已处于萌芽状态。我国在夏禹治水时就使用了测量高低和距离的器械准绳和规则。公元前 3 世纪，埃及亚历山大的埃拉托斯特尼（Eratosthenes）首先应用几何学中圆周上一段弧 AB 的长度 L、对应的中心角 θ 同圆半径 R 的关系，估计了地球的半径长度。由于圆弧的两端 A 和 B 大致位于同一子午圈上，以后在此基础上发展为子午弧度测量。公元 724 年，中国唐代的南宫说等人在张遂（一行）的指导下，首次在今河南省境内实测了一条长约 300 km 的子午弧。其他国家也相继进行过类似的工作，然而由于当时测量工具简陋，技术粗糙，所得结果精度不高，只能看作人类试图测定地球大小的初步尝试。

2. 大地测量学科的形成阶段

人类对于地球形状的认识在 17 世纪有了较大的突破。继牛顿（I. Newton）于 1687 年发表万有引力定律之后，荷兰的惠更斯（C. Huygens）于 1690 年在其著作《论重力起因》中，根据地球表面的重力值从赤道向两极增加的规律,得出地球外形为两极略扁的扁球体的论断。1743 年法国的克莱洛发表了《地球形状理论》，提出了克莱洛定律。惠更斯和克莱洛的研究为由物理学观点研究地球形状奠定了理论基础。

此外，17 世纪初荷兰的斯涅耳（W. Snell）首创了三角测量。这种方法可以测算地面上相距几百千米，甚至更远的两点间的距离，克服了在地面上直接测量弧长的困难。随后又有望远镜、测微器、水准器等的发明，使测量仪器精度大幅度提高，为大地测量学的发展奠定了技术基础。因此可以说，大地测量学是在 17 世纪末形成的。

3. 大地测量学科的发展阶段

1）弧度测量

1683—1718 年，法国的卡西尼父子（G. D. Cassini 和 J. Cassini）在通过巴黎的子午圈上用三角测量法测量了弧幅达 8°20′ 的弧长，由其中的两段弧长和在每段弧两端点上测定的天文

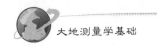

纬度，推算出地球椭球的长半轴和扁率。由于天文纬度观测没有达到必要的精度，加之两个弧段相近，以致得出了负的扁率值，即地球形状是两极伸长的椭球，与惠更斯根据力学定律所做出的推断正好相反。为了解决一疑问，法国科学院于 1735 年派遣两个测量队分别赴高纬度地区拉普兰（位于瑞典和芬兰的边界上）和近赤道地区秘鲁进行子午弧度测量，全部工作于 1744 年结束。两处的测量结果证实纬度愈高，每度子午弧愈长，即地球形状是两极略扁的椭球。至此，关于地球形状的物理学论断得到了弧度测量结果的有力支持。

另一个著名的弧度测量是德朗布尔（J. B. J. Delam-bre）于 1792—1798 年间进行的弧幅达 9°40′ 的法国新子午弧的测量。由这个新子午弧和 1735—1744 年间测量的秘鲁子午弧的数据，推算了子午圈一象限的弧长，取其千万分之一作为长度单位，命名为 1 米。这是米制的起源。

从 18 世纪起，为了满足精密测图的需要，继法国之后，一些欧洲国家也都先后开展了弧度测量工作，并把布设方式由沿子午线方向发展为纵横交叉的三角锁或三角网。这种工作不再称为弧度测量，而称为天文大地测量。

中国清代康熙年间（1708—1718 年）为编制《皇舆全图》，曾实施了大规模的天文大地测量。在这次测量中，也证实高纬度的每度子午弧比低纬度的每度子午弧长。另外，康熙还决定以每度子午弧长为 200 里来确定里的长度。

2）几何大地测量学的发展

自 19 世纪起，许多国家都开展了天文大地测量工作，其目的不仅是为求定地球椭球的大小，更主要的是为测制全国地形图提供大量地面点的精确几何位置。为此，需要解决一系列理论和技术问题，这就推动了几何大地测量学的发展。首先，为了检校天文大地测量的大量观测数据，消除其间的矛盾，并由此求出最可靠的结果和评定观测精度，法国的勒让德于 1806 年首次发表了最小二乘法的理论。事实上，德国数学家和大地测量学家高斯早在 1794 年已经应用了这一理论推算小行星的轨道。此后，他又用最小二乘法处理天文大地测量成果，把它发展到了相当完善的程度，产生了测量平差法，至今仍广泛应用于大地测量。其次，三角形的解算和大地坐标的推算都要在椭球面上进行。1828 年高斯在其著作《曲面通论》中，提出了椭球面三角形的解法。关于大地坐标的推算，许多学者提出了多种公式。高斯还于 1822 年发表了椭球面投影到平面上的正形投影法，这是大地坐标换算成平面坐标的最佳方法，至今仍在广泛应用。另外，为了利用天文大地测量成果推算地球椭球长半轴和扁率，德国的赫尔墨特（F. R. Helmeert）提出了在天文大地网中所有天文点的垂线偏差平方和为最小的条件下，解算与测区大地水准面最佳拟合的椭球参数及其地球体中的定位方法，以后这一方法称为面积法。

3）物理大地测量学的发展

自从 1743 年克莱洛发表了《地球形状理论》之后，物理大地测量学的最重要发展是 1849 年英国的斯托克斯（G. G. Stokes）提出的斯托克斯定理。根据这一定理，可以利用地面重力测量结果研究大地水准面形状。但它要求首先将地面重力的测量结果归算到大地水准面上，这是难以严格办到的。尽管如此，斯托克斯定理还是推动了大地水准面形状的研究工作。大约 100 年后，苏联的莫洛坚斯基（M. C. Molodensky）于 1945 年提出莫洛坚斯基定理，它不需任何归算，便可以直接利用地面重力测量数据严格地求定地面点到参考椭球面的距离（即大地高程）。这个定理的重要意义在于它避开了理论上无法严格求定的大地水准面，而直接严格地求定地面点的大地高程。利用这种高程，可把大地测量的地面观测值准确地归算到椭球面上，使天文大地测量的成果处理不致蒙受由于归算不正确而带来的误差。伴随莫洛坚斯基定理产生的天文重力水准测量方法和正常高系统已被许多国家采用。

4）卫星（空间）大地测量学的发展

随着生产力和科学技术的发展，到 20 世纪中叶以后，各个学科和不同领域都对大地测量学提出了新要求（如提出全球统一坐标系、更加精确的地心坐标、要求高精度高分辨率的地球重力场模型、精确的大地水准面差距），传统的大地测量具有明显的局限性，如天文大地测量工作只能在陆地上实施，无法跨越海洋；重力测量在海洋、高山和荒漠地区也仅有少量资料，地球形状和地球重力场的测定都未得到满意的结果。直到 1957 年第一颗人造地球卫星发射成功之后，产生了卫星大地测量学，才使大地测量学发展到一个崭新的阶段。人造卫星出现后的不长时间内，卫星法就精密地测定了地球椭球的扁率。此后经过了 10 多年时间，地球椭球长半轴的测定精度达到 ± 5 m，地球重力场球谐展开式的系数可靠地推算到 36 阶，而且还由卫星跟踪站建立了一个全球大地坐标系。现在的导航卫星多普勒定位技术，根据精密测定的卫星轨道根数，能够以 ± 1 m 或更高的精度测定任一地面点在全球大地坐标系中的地心坐标；正在发展中的全球定位系统将达到更高的精度。新发展的卫星射电干涉测量技术可以测定地面上相距几十千米的两点间的基线向量在全球坐标系三轴方向上的基线分量，即两点间的三个坐标差。经过初步试验，精度至少是 1/200 000，目前正朝向高精度和长测程发展。这一技术将给地面点几何位置测定带来巨大变革。利用卫星雷达测高技术测定海洋大地水准面的起伏也取得了很好的成果。除此之外，利用发射至月球和行星的航天器，还成功地测定了月球和行星的简单几何参数和物理参数。

随着空间技术、计算机技术、电子技术和通信技术等现代科学技术的发展，卫星大地测量学的发展更加迅速。

5）动态大地测量学的发展

地壳不是固定不动的，由于日、月引力和构造运动等原因，它经历着微小而缓慢的运动。如果没有精密的测量手段，这样的运动是无法准确测出的。1967 年甚长基线干涉测量技术问世。在长达几千千米的基线两端建立的射电接收天线，同步接收来自河外类星体射电源的信号，利用干涉测量技术，能够以厘米级的精度求得这条基线向量在一个惯性坐标系中的三个分量。类星体射电源距离地球极为遥远，它们相对于地球可以看作没有角运动。因此，由已知的一些类星体射电源的位置，可以建立一个极为稳定的，从而可以认为是惯性的空间参考坐标系。由长时期所做的许多短间隔的重复观测，可以求出基线向量三个分量的变化，并由此分解出极移、地球自转速度变化、板块运动和地壳垂直运动。因此，甚长基线干涉测量技术是研究地球动态的有效手段。结合卫星射电干涉测量技术，卫星激光测距技术和固体潮观测，便形成了动态大地测量学，给予地球动力学以有力的支持。

1.3.2　大地测量学发展趋势

大地测量学从形成到现在已有 300 多年的历史，在研究地球形状、地球重力场和测定地面点位置等方面已取得可观的成就，当前大地测量学主要在以下方面呈现出新的发展趋势：

（1）以空间大地测量为主要标志的现代大地测量学已经形成。

现代科学技术的成就，特别是激光技术、微电子技术、人造卫星技术、河外射电源干涉测量技术、调整计算机和高精度原子计时频标技术的飞跃发展，导致大地测量出现了重大突破，产生了以人造卫星（信号）或河外射电源（信号）为观测对象的空间大地测量。这一突破，使距离和点位测定能在全球任意空间尺度上达到 $10^{-6} \sim 10^{-9}$ 的相对精度，并能以数分钟或数小时的高效率确定一个地面点的三维位置，从根本上突破了经典大地测量的时空局限性。地面重力测量仪也发展到微伽级甚至更高的精密度，特别是空间大地测量所包括的卫星重力技术，可以获取海洋在内的全球覆盖的重力场信息。技术的突破导致学科经历了一次跨时代的革命性转变，已进入了以空间大地测量为主要标志的现代大地测量学科发展的新阶段。这一转变的主要表现是：

① 从分离式一维（高程）和二维（水平）大地测量发展到三维和包括时间变量的四维大地测量。

② 从测定静态刚性地球假设下的地球表面几何和重力场元素发展到监测研究非刚性（弹性、流变性）地球的动态变化。

③ 局部参考坐标系中的地区性（相对）大地测量发展到统一地心坐标系中的全球性（绝对）大地测量。

④ 测量精度提高 $2 \sim 3$ 个量级。

这些转变大大扩展了大地测量学科的研究领域，形成了区别于经典大地测量的现代测量学。

（2）向地球科学基础性研究领域深入发展。

现代大地测量技术业已显示的发展潜力，表明可以在任意时空尺度上以足够的准确度更完善地监测地球运动状态及其形体和位场的变化。地球几何和物理状态的变化是其内力源和外力源作用下经历动力学过程的结果，大地测量学的任务不仅是监测和描述各种地球动力学现象的精细图像，更重要的是解释其发生的机制和预算其演变过程，这就是大地测量反演问题，包括地壳运动、地球自转变化、重力场变化的地球物理反演，即由大地测量时变观测数据反推到地球内部构造形态、力源和动力学过程参数，这一大地测量与相关地学学科交叉的研究领域已形成了动力大地测量学这个新的学科分支，这是大地测量学的一个最具活力的边缘性学科分支，其发展一方面依赖于空间大地测量和物理大地测量学的发展，又与相关地球科学的发展密切相关，有相对的独立性，其完整的理论体系和方法仍在建立之中。

现代大地测量的发展方向将主要面向和深入地球科学，其基本任务是：

① 建立和维持高精度的惯性和地球参考系。建立和维持地区性和全球的三维大地网，包括海底大地网，以一定的时间尺度长期监测这些问题随时间的变化，为大地测量定位和研究地球动力学现象提供一个高精度的地球参考框架和地面基准点网。

② 监测和解释各种地球动力学现象，包括地壳运动、地球自转运动的变化、地球潮汐、海面地形和海平面变化等。

③ 测定地球形状和地球外部重力场精细结构及其随时间的变化，对观测结果进行地球物理学解释。

这些任务将在现代科学技术的支持下，在与相关地球学科的交叉发展中得到实现，大地测量将成为推动地球科学发展的前沿学科之一。

（3）空间大地测量主导着学科未来的发展。

近五十年来，大地测量学经历了一场划时代的革命性的变革，克服了传统的经典大地测量学的时空局限，进入了以空间大地测量为主的现代大地测量的新阶段。空间大地测量所求得的点位精度、地球定向参数（极移、日长变化等）的精度、地球重力场模型的精度和分辨率比以前都有了极大的提高（有的甚至达好几个数量级）。空间大地测量已成为建立和维持地球参考框架、测定地球定向参数、研究地壳形变与各种地球动力学现象、监测地质灾害的主要手段之一，并渗透到人类的生产、生活、科研和各种经济活动中，从而使大地测量处于地球科学多种分支学科的交汇边缘，成为推动地球科学发展的前沿学科之一，加强了大地测量学在地球科学中的战略地位。

目前，正在应用或发展的空间大地测量技术主要包括以下几类：GNSS卫星定位系统、卫星激光测距（SLR）、卫星测高、射电源甚长基线干涉测量（VLBI）、卫星重力梯度测量、卫星跟踪测量、DORS高精度低轨卫星定轨。

（4）地球重力场研究将致力于发展卫星和航空重力探测技术恢复高分辨率地球重力场。

近30年来地球重力场研究取得了重要进展，主要有：开创了卫星重力技术时代；出现了微伽级精度的绝对重力仪和相对重力仪。在以基础地学研究为主的现代大地测量的整体框架中，物理大地测量和空间大地测量紧密结合组成了学科的支柱，共同处于支配学科发展的地位，确定重力场结构的精细程度将是未来大地测量学科发展的主要标志之一。

重力测量技术的发展将致力于重力场段波频谱和监测重力场时变量。卫星重力技术的发展将实现准确度为 $1\sim2$ mGal，分辨率为 50 km 的全球重力场。最新的第五代绝对重力仪准确度可达 $\pm(1\sim2)\times10^{-3}$ mGal，超导（相对）重力仪精度已达 0.1×10^{-3} mGal，航空重力测量和惯性重力测量精度大致为 $\pm(1\sim6)$ mGal，是分辨小于 50 km 短波重力场的有效技术。由于重力技术的发展，已有可能监测重力场时变量，为研究地球动力学提供新的重要信息。

1.3.3 我国近五十年来大地测量工作进展

1. 20世纪50—70年代

1）1954北京坐标系统和我国天文大地网

1954年，由于缺乏天文大地网观测资料，我国暂时采用了克拉索夫斯基椭球，并与苏联1942年坐标系统进行联测，通过计算建立了我国大地坐标系统，称为1954北京坐标系统。

我国的天文大地网于1951年开始布设。首先从北京出发向东部沿海地区推进，然后转向中部、东北、西南和西北。当连续三角锁于1959年延伸到青藏高原时，限于自然条件，改为布设电磁波导线。到1962年，除西部某些经济欠发达地区因不急需二等网而暂未布设外，其余地区的一、二等锁网已基本完成。之后，又继续作了局部补测、修测和加密测量，全部工作于1975年完成。

从1951—1975年共25年间建立起来的中国天文大地网，一等三角锁系由5 206个三角点组成，构成326个锁段，这些锁段形成120个锁环，全长75 000 km。二等三角锁网由14 149个三角点组成，二等三角全面网由19 329个三角点组成。青藏高原导线，一等导线22条，全长约12 400 km，含426个导线点；二等导线48条，全长约6 800 km，含400个导线点。

从大地测量发展史来看，我国天文大地网规模之大、网形之佳和质量之优，在当时的世界大地测量中是非常突出的。

2）全国第一期水准网和 1956 黄海高程基准

我国第一期水准网开始于 1951 年，到 1976 年基本完成。共完成一等水准测量线路约 60 000 km，二等水准测量线路约 130 000 km，构成了基本覆盖我国大陆和海南岛的一、二等水准网。到 1957 年，建成 1956 黄海高程基准。一期水准网的起算高程采用 1956 黄海高程基准。

3）1957 重力基本网

1957 年，在全国范围内建立了第一个国家重力控制网，它由 21 个基本点和 82 个一等点组成，称为 1957 重力基本网。该网与苏联的三个重力基本点联测，属波茨坦重力系统。

4）第一代全国似大地水准面

20 世纪 50—70 年代，采用天文重力水准和天文水准技术，建立了我国 1954 北京坐标系统下的我国第一代似大地水准面 CLQG60，满足了当时天文大地网地面观测数据归算到参考椭球面的需要。80 年代初曾将 CLQG60 转换到我国 1980 西安坐标系统。

5）珠穆朗玛峰海拔高程第一次精确测定

1975 年我国对世界最高峰——珠穆朗玛峰的高程进行了测定。这年的 5 月 27 日，我国首次将测量觇标立于珠峰之巅。在以珠峰北坡为中心的扇形区域内，进行了三角测量、导线测量、水准测量、三角高程测量、重力测量、天文观测和探空气象测量，从而算得从我国黄海平均海面起算的珠峰峰顶雪面海拔高程为 8 849.05 m，珠峰峰顶岩面海拔高程为 8 848.13 m。

2. 20 世纪 80—90 年代

1）天文大地网平差与 1980 西安坐标系统

中国天文大地网近 5 万个点的整体平差从 1972 年开始，到 1982 年完成。平差计算采用两种不同的方法分别在不同的计算机上进行对算，这两种平差的最后结果在计算精度范围内一致。1980 西安坐标系统的大地原点位于西安市北 60 km 处的泾阳县永乐镇，称为西安大地原点。

2）1985 国家高程基准与国家第二期水准控制网

1985 年建成 1985 国家高程基准。并与 1981 年开始着手国家一等水准网加密和二等水准网的布设和观测工作，到 1991 年 8 月完成了全部外业观测和内业数据处理工作，从而建立起我国新一代高程控制网的骨干和全面基础。至此，国家一等水准网共布设 289 条路线，总长度 93 360 km，共埋设固定水准标石 2 万多座。国家二等水准网共布设 1 139 条路线，总长度 136 368 km，共埋设固定水准标石 33 000 多座。起算高程采用 1985 国家高程基准。

3）1985 国家重力基本网

1985 国家重力基本网从 1981 年开始建设。这一年，我国的基准重力点是利用意大利的 IMGC 绝对重力仪施测绝对重力点。基本重力点用 LcR 相对重力仪测量。大规模的建网工作从 1983 年开始。重力基本网包括 6 个基准点、46 个基本点和 5 个引点，共计 57 个点。

网中北京、上海等点与东京、京都、巴黎、香港等重力点联测，因此，1985 国家重力基本网属 1971 年国际重力基准网（IGSN—71）系统。自 1987 年起，我国正式以该网作为我国重力测量基准。

4）国家 GPS A 级和 B 级网

中国国家 A 级和 B 级 GPS 大地控制网分别于 1996 年和 1997 年建成并先后交付使用，这标志着我国空间大地网的建设已进入一个新阶段。它不仅在精度方面比以往的全国性大地控制网大致提高了两个量级，而且其 3 维地心坐标框架建立在有严格动态定义的先进的国际公认的 ITRF 框架之内。中国国家 A 级和 B 级 GPS 大地控制网分别由 30 个点和 800 个点构成。国家 A 级和 B 级 GPS 大地控制网的点位均用水准进行了高程联测。

5）国家第二期一等水准网的复测

从 1991 年开始，以更高的精度对国家一等水准网进行了复测，完成 273 条线路，总长 9.4 万千米，构成了 99 个闭合环。

6）我国的地球重力场模型

国家在"六五"和"七五"计划期间，利用我国实测重力数据和全球 1°×1° 平均重力异常数据，研制了适于我国的全球重力场模型，即 DQM77（22 阶次），DQM84 序列（36 阶次和 50 阶次）和 WDM89（180 阶次）。其中的 WDM89 得到了分辨率为 100 km 的大地水准面模型。

20 世纪 90 年代初利用包括我国重力数据在内的全球 30'×30' 平均空间重力异常，研制成有较高分辨率和精度的 WDM94（360 阶）全球重力场模型。

3. 2000 年以来

1）2000 国家似大地水准面

利用已经建立的国家高精度 GPS A 级和 B 级网提供的 GPS 水准数据和 75 万个地面实测重力值，同时利用了不同卫星的多期测高数据，我国于 2000 年完成了 2000 国家似大地水准面 CQG2000 的计算。它的范围覆盖了包括海域在内的全部中国国土，格网分辨率达 5'×5'，经内部和外部检核，精度达到了 ±(30～60) cm。

2）2000 国家重力基本网

2002 年完成了 2000 国家重力基本网的施测和计算。它是我国新的重力基准和重力测量参考框架。2000 国家重力基本网由 259 重力点组成。其中重力基准点 21 个。2000 国家重力基本网的精度为 $\pm(7～8)\times10^{-8}$ m·s^{-2}。

3）2000 国家 GPS 网

2003 年完成了 2000 国家 GPS 网的计算。2000 国家 GPS 网包括了国家测绘局建设的国家高精度 GPS A、B 级网，总参测绘局建设的全国 GPS 一、二级网和中国地壳监测网络工程中的 GPS 基准网、基本网和区域网。2000 国家 GPS 网共有 28 个 GPS 连续运行站，2 518 个 GPS 网点，相对精度为 10^{-7}。

4）天文大地网和 2000 国家 GPS 网联合平差

平差计算后得到天文大地网近五万点的三维坐标，精度约为 ±0.1 m，使我国提供三维坐

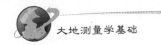
标的服务水平得到了进一步的提高。

5）2005 年我国对珠峰高程进行了新的精确测定

除了采用在 1975 年珠峰测高中的经典大地测量技术外，还采用了 GPS、激光测距和雷达测深等现代技术，测得珠峰峰顶雪面海拔高程为 8 847.93 m，峰顶雪深为 3.50 m，由此得到珠峰峰顶岩面海拔高程为 8 844.43 m。

【本章小结】

大地测量学是研究精确测定和描绘地面控制点空间位置、研究地球形状、大小和地球重力场的理论、技术与方法及其变化的学科，是测绘科学和地球科学的分支学科。现代大地测量学由几何大地测量学、物理大地测量学、空间（卫星）大地测量学三个主要部分组成。以空间大地测量为主要标志的现代大地测量学已经形成。空间大地测量主导着学科未来的发展。现代大地测量学的基本研究内容归纳如下：（1）确定地球形状、外部重力场及其随时间的变化，建立统一的大地测量坐标系，测定和研究全球及区域性地球动力现象，包括地球自转与极移、地球潮汐、板块运动与地壳形变（包括地壳垂直升降及水平位移），以及海洋水面地形及其变化等。（2）研究月球和太阳系行星的大地测量理论和方法。研究月球或行星探测器定位、定轨和导航技术；构建月球或行星坐标参考系统和框架；探测月球和行星重力场。（3）研究地球表面向椭球面或平面的投影数学变换及有关的大地测量计算。（4）研究能够获得高精度数据成果的新型大地测量仪器和方法。（5）建立和维持具有高科技水平的国家和地球的天文大地水平控制网和精密水准网以及海洋大地控制网，以满足国民经济和国防建设的需要。（6）研究大规模、高精度和多类别的地面网、空间网及其联合网的数学处理理论和方法，测量数据库建立及应用等。

【思考与练习题】

1. 什么是大地测量学？它与普通测量学的联系及区别是什么？
2. 大地测量学的基本任务是什么？研究的基本内容是什么？
3. 大地测量学科体系有哪几种分类方法？

第 2 章　大地测量的数据获取技术

【本章要点】大地测量学的主要任务之一就是确定地面上各控制点的点位坐标，这就需要在广大的地球表面上开展各类大地测量数据采集活动。本章简要介绍大地测量中常用的地面边角测量技术、空间测量技术、高程测量技术、重力测量技术等数据采集技术的方法、原理等。

2.1　边角测量技术

角度测量是基本测量工作之一，包括水平角测量和竖直角测量，其中水平角用于确定地面点的平面位置，而竖直角用于三角高程测量和倾斜距离向水平距离的换算。关于角度测量在具体测量工作中的应用，将在后面章节详细叙述，本章仅关注角度测量本身，即水平角和竖直角测量的原理、工具及方法。

2.1.1　角度测量的基本原理

如图 2.1 所示，A、O、B 为三个不同高程的地面点，在 O 点架设仪器进行角度观测，则 O 称为测站点，A、B 为测点或目标点。由测站点 O 可得一个水平的观测面，而 OA 和 OB 两方向线在该水平面上的投影为 OC 和 OD。

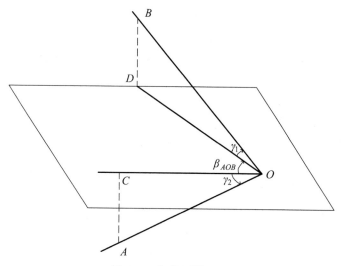

图 2.1　角度测量原理

测量中的水平角指的是两相交直线的夹角在观测水平面上的投影，如图 2.1 中的 β_{AOB}，

该角也是 OA 和 OB 所在竖直面的二面角。水平角的取值范围为 $0° \sim 360°$，在测量工作中，O 点所设仪器中置有一个按顺时针记录的水平刻度圆盘，称为水平度盘。此时，如果设照准 A 点时的读数为 a，照准 B 点时的读数为 b，则水平角 β_{AOB} 为

$$\beta_{AOB} = b - a \tag{2.1}$$

需要注意的是，水平度盘的刻划是按顺时针记录的，故水平角观测时也需要按顺时针方向转动望远镜进行照准并读数。因此，若将上式的计算公式换为 $a - b$，根据顺时针的观测次序，所得的水平角为 β_{BOA}，其值等于 $360° - \beta_{AOB}$。此外，水平角的取值范围为 $0° \sim 360°$，当观测结果大于 $360°$ 或小于 $0°$ 时，应调整至取值范围内。

竖直角指的是在同一竖直面内方向线与观测水平面之间的夹角，如图 2.1 的 γ_1 和 γ_2，分别为 OB 和 OA 两条方向线的竖直角。竖直角的取值范围为 $-90° \sim +90°$，其中如果方向线在水平面的上方，其竖直角值为正，称为仰角；如果方向线在水平面的下方，其竖直角为负，称为俯角。在竖直角观测时，O 点所设仪器中另置有一个竖直刻度圆盘，称为竖直度盘（或简称为竖盘），此时如果水平方向的刻度已知，当照准方向线就可获得观测的竖直角值。

上述的竖直角又称为高度角，但竖直角其实还有一种形式，即天顶距，记为 Z。天顶距是目标方向与天顶方向（铅垂线的反方向）的夹角，其取值范围为 $0° \sim 180°$。本书仅关注高度角的观测，故如果不加注明，下文中的竖直角均指的是高度角。

2.1.2 角度测量的工具

传统的角度测量工具主要是经纬仪，并配备三脚架，在使用经纬仪进行观测前，首先需要进行对中和整平，对中是将仪器的竖直轴线对准测站点中心，整平是将仪器调整至水平状态以获得水平的观测面。随着测量技术和仪器制造工艺的进步，全站仪在角度测量工作中的应用已经非常普遍，因此本节以光学经纬仪为出发，主要介绍全站仪及其在角度测量中的使用。

2.1.2.1 光学经纬仪

1. 光学经纬仪的构造

经纬仪有光学经纬仪和电子经纬仪，光学经纬仪如图 2.2 所示，主要由基座、水准器、照准部和度盘组成，并辅以水平微动螺旋、望远镜微动螺旋、水平制动螺旋、望远镜制动螺旋等部件。我国生产的光学经纬仪主要有 DJ1、DJ2、DJ6、DJ15 等几个系列（D 表示大地测量，J 表示经纬仪），精度（每测回方向中误差最大值）分别为 $1''$、$2''$、$6''$ 和 $15''$（关于中误差的概念将在测量误差理论中集中介绍）。DJ2 及以上精度的经纬仪称为精密经纬仪，而 DJ6 及以下精度的经纬仪称为普通经纬仪。

1）基　座

经纬仪的基座用来连接三脚架和经纬仪的照准部，底部有三个脚螺旋，通过互相协调转动，以进行粗略整平。

2）水准器

水准器用于观察仪器的水平状态和进行整平操作。水准器利用了液体受重力作用后气泡居于最高处的特性，使水准器的一条特定的直线位于水平或竖直。水准器有管水准器（水准管）和圆水准器。

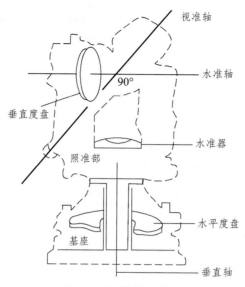

图 2.2 经纬仪结构图

水准管如图 2.3 所示，管子一般由玻璃制成，内表面在纵剖面方向为圆弧状，装入如酒精等轻质易流动的液体，装满后加热，使液体膨胀排出去一小部分后将水准管封闭，液体冷却后便会在管内形成一个气泡，称为水准气泡。水准管表面一般刻有 2 mm 间隔的分划，分划呈对称状，中间的零点称为水准管零点，零点与圆弧表面相切的切线称为水准管的水准轴。由于气泡在管内居于最高位置，当水准气泡的中点位于水准管零点时，称为气泡居中。

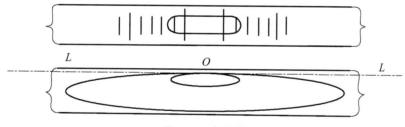

图 2.3 水准管

圆水准器如图 2.4 所示，是一个圆柱形的玻璃盒子，内部采用与水准管相似的方法形成一个水准气泡。圆水准器顶面呈圆弧状，其中心为零点，零点与球心的连线为水准轴，当气泡处于顶面中心时，称为气泡居中。

一般地，水准管比圆水准器的灵敏度要高，因此圆水准器用于粗略整平，而水准管用于精确整平。

3）照准部

照准部是经纬仪照准目标的主要部件，核心是望远镜。经纬仪的望远镜除了可以做水平转动外，还可以随照准部（照准部通过竖轴与经纬仪的基座连接）支架上的横轴作上下转动，同时配以水平和望远镜制动螺旋以及水平和望远镜微动螺旋，分别控制望远镜在水平和上下方向上的固定和微小转动。

4）度 盘

光学经纬仪最为重要的部件是水平度盘和竖直度盘。水平度盘置于竖轴上，不过是独立

安装的，一般不随照准部的转动而转动，以达到测角的目的。当需要水平度盘随照准部一起转动时（用于角度复测），经纬仪一般置有复测按钮，扳下状态表示水平度盘与照准部结合，扳上状态表示分开。竖直度盘置于望远镜的旋转轴上，随望远镜的上下转动而转动，观测时以望远镜的水平位置为基准，即在原理中所述的水平方向。

无论是水平度盘还是竖直度盘，都为玻璃制成，将整个圆周分为360°，并根据仪器精度进行分划，其中 DJ6 经纬仪的分划间隔为1°，每分划标有注记，而 DJ2 经纬仪的分划间隔为20′，每1°标有注记。由于度盘的分划较密，读数时为了提高准确度，需要借助读数显微镜，精密经纬仪还配有测微器。读数显微镜用于将度盘的刻度值转向并放大，而测微器用于精密测定小于分划值的部分，根据仪器密度有多种形式，如图 2.5 所示的 DJ2 经纬仪的几种读数窗。在照准目标后和读数前，需要转动测微轮，使度盘对径分划精确符合，然后在读书窗中分四步进行读数，分别读出度值、分值的第一位、分值的第二位和秒值，如图 2.5 的读数分别为 163°27′32.5″、90°37′45.0″、74°47′16.0″

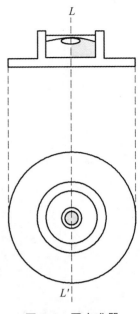

图 2.4　圆水准器

和 94°12′44.2″。需要注意的是，图 2.5 所示的只是水平度盘读数，这是因为精密经纬仪的水平度盘和竖直度盘不能同时成像在目镜显微镜中，但可以使用换像手轮进行水平度盘和竖直度盘的成像转换。

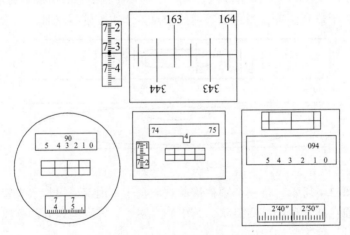

图 2.5　DJ2 经纬仪读数窗

此外，如上文所述，经纬仪使用时除了整平还需要对中，所以仪器一般配有光学对中器，其实质是一个小型望远镜，用于瞄准地面的测站点中心。

2. 光学经纬仪的使用

无论是水平角观测还是竖直角观测，操作大致分为对中整平、瞄准和读数三个步骤：

1）对中整平

对中的目的是使仪器中心（竖轴）或水平度盘的中心与测站点（或测站点中心）处于同一条直线上，是使用经纬仪进行角度观测的首要操作步骤。对中有垂球对中和光学对中两种方式，后者更为精确。整平的目的是使仪器的竖轴竖直，即获得水平的观测面。

对中和整平通常是相互结合完成的，对中主要通过升降脚架、平移基座并观察光学对中器来完成，而整平的主要部件是基座下的角螺旋，但实际操作时，可以根据自身的理解和经验的累积，互相搭配操作，只要完成目的即可。

（具体操作方法详见实习时的讲解）

2）瞄　准

先调节望远镜目镜，使十字丝清晰，然后松开水平制动螺旋和望远镜制动螺旋，使用粗瞄装置寻找目标，大致对准目标后旋紧水平制动螺旋和望远镜制动螺旋，最后转动水平微动螺旋和望远镜微动螺旋精确对准目标。需要注意的是，在粗瞄时，必须松开水平制动螺旋和望远镜制动螺旋，以免损伤仪器，而在精确瞄准时必须保证水平制动螺旋和望远镜制动螺旋在旋紧状态，用微动去照准，不然读数会产生巨大偏差。

3）读　数

读数前先打开水平度盘和竖直度盘的采光镜，将镜面朝向天空，然后转动读数显微镜的目镜，使度盘刻划以及测微器影像清晰，最后按照相应的读数方法读数。

2.1.2.2　全站仪

1. 全站仪的构造及准备操作

光学经纬仪仪器笨重、构造复杂、操作烦琐，并且受观测环境尤其是光照条件的影响，所以使用起来颇为不便。随着测量技术的发展，后期出现了电子经纬仪尤其是全站仪，逐渐取代了光学经纬仪在角度观测中的地位。

全站仪全名为全站型电子速测仪（Electronic Total Station），是集角度测量、距离测量、坐标测量、高差测量等功能于一身的测量仪器。不过，全站仪的高差测量其实是一种三角高程测量（详见后面章节）方法，所以当高程测量的精度要求很高时，目前的全站仪尚不能取代水准测量。

全站仪由电子经纬仪、电磁波测距仪和计算机三个部分组成，而计算机指的是全站仪自身装有的微机系统，用于将观测成果处理并显示在显示窗中。图 2.6 所示为南方测绘 NTS-350 型全站仪的结构简图，基本操作方法详见本课程附赠的 NTS-350 型全站仪电子版操作手册。以该型号仪器为例，无论是测角、测距、测坐标还是测高差，需要做下列准备性的操作：

1）安置仪器并对中整平

过程与经纬仪的操作方法相同。

2）开　机

按 POWER 键，待开机后检查电池剩余容量，若不足以满足工作时应及时更换。

3）竖盘基准设置

全站仪的竖盘初始设置，开机后只要纵转望远镜使之通过水平方向，竖盘基准即可完成自动设置。即使只观测水平角也需要执行该操作，否则仪器无法正常工作。

4）倾斜补偿

全站仪可以对竖轴倾斜进行自动补偿，但补偿范围是有限的，所以需要保证仪器的整平状态，否则会显示"TILT OVER"或"补偿超限"，仪器将不能正常工作。

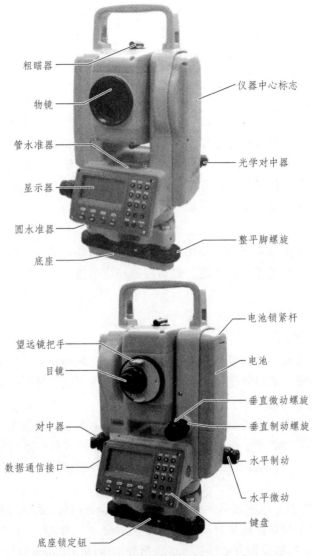

图 2.6　南方测绘 NTS-350 型全站仪结构简图

5）大气改正

当距离测量、坐标测量和高差测量（角度测量可直接跳过此步）时，需要在开始测量前，测量仪器周围的气温和气压，并将数据输入仪器进行改正。

6）设置测站点坐标

当坐标测量（角度测量、距离测量和高差测量可直接跳过此步）时，需要设置测站点坐标，以建立坐标系统。

7）输入仪器高和棱镜高

当坐标测量和高差测量（角度测量和距离测量可直接跳过此步）时，需要测量仪器高和棱镜高，并将数据输入仪器。

8）水平度盘初始化

当水平角测量和坐标测量（竖直角测量、距离测量和高差测量可直接跳过此步）时，将望远镜照准起始方向，将水平角设置成 0° 或某一角度值，可以简化计算过程。

9）照准目标

照准方法与经纬仪的操作方法相同，不过全站仪需要搭配反射棱镜。反射棱镜是进行全站仪测量的必备工具，如图 2.7 所示，用于放置在目标位置，将望远镜发射的电磁波反射回去。反射棱镜有单棱镜组、三棱镜组和九棱镜组等几种，可连接在基座上再安置到三脚架上，也可直接安置在对中杆上。

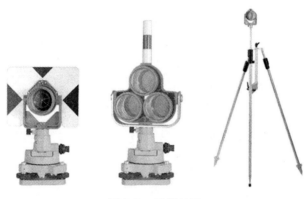

图 2.7 反射棱镜

2. 全站仪测角

参考仪器操作说明书，并通过实习掌握。

2.1.3 角度测量的方法

在角度测量时，经纬仪和全站仪的差异只是体现在观测工具和读数上，但外业观测原理是相同的。

2.1.3.1 水平角观测方法

1. 方向法和全圆方向法

在每一测回中，把测站上所有待测方向逐一观测，以测得各方向的方向值。如图 2.8 所示，测站 O 上的待测方向为 A、B、…、N，选择其中一个 A 为起始方向（又称零方向），先在盘左位置观测，照准 A 并读数，而后顺时针方向旋转照准部，以此照准 B、C、…、N，并分别读数，这是上半测回；纵转望远镜，在盘右位置观测，逆时针方向旋转照准部，按与上半测回相反方的次序观测 N，…，C、B、A，这是下半测回。上、下两半测回合为一测回。这就是方向观测法。

基于方向法在每半测回的末尾再测一次零方向 A（称为归零），由于每半测回都要闭合到起始方向，故称全圆方向法。闭合到起始方向的目的在于检查半测回的观测过程中仪器座架有无变化。这两种方法基本上是一样的，可统称为方向法。当观测方向数等于或小于 3 时，一测回使用的时间短，可采用方向法（不归零）。当方向数大于 3 时，一般采用全圆方向法。

在全圆方向法中，零方向选择是否适当对整个测站的观测精度和速度都有影响，所以，一定要选取边长适中、通视良好、目标成像清晰的方向为零方向。

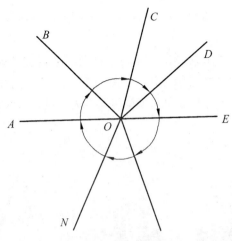

图 2.8　方向观测法

　　方向法主要用于较低精度的角度测量。方向法观测得到的是测站上各观测方向的方向值，所选取的零方向值为零，各方向之间的夹角可由两方向值之差获得。

2. 全组合测角法

　　方向法是一种程序简明、工作量小的观测方法。但是，国家高级控制网中的边长较长，各目标成像质量很难同时良好。此时，它一测回的时间较长，也不易取得精度很高的成果。针对这些缺陷，出现了全组合测角法（见图 2.9）。全组合测角法的主要特点是：每次只测两个方向间的夹角。这种测角方法可以克服各目标成像不能同时清晰稳定的困难，又大大缩短了一测回的观测时间，易得到高精度的成果，所以它是高精度水平角观测中必须采用的方法。

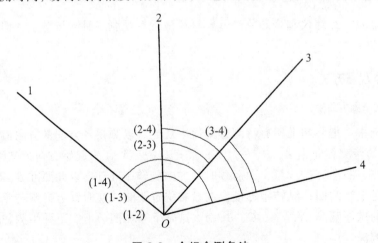

图 2.9　全组合测角法

　　将测站上应观测的所有的方向每次取两个组成的全部单角称为全组合角。例如，测站要观测的方向共有 4 个，可组成 6 个单角：（1-2）、（1-3）、（1-4）、（2-3）、（2-4）、（3-4），如图 2.9 所示。若测站上有 n 个方向，则组合角总数为

$$K = \frac{1}{2}n(n-1)$$

（2.2）

观测时每个测回只观测一个单角，各组合角的测回数相同。其特点是同一测回内上、下半测回的照准部旋转方向相同，目的是为了更完善地消除照准部旋转时的带动误差。但是整份成果和各单角的各测回应有一半测回顺旋、一半逆旋，以便更好地减弱其他误差。为此，在每一观测时间段内测至半数测回时，应该改变照准部的旋转方向；或采用测回间改变照准部的旋转方向，交替进行。

以上是方向法和全组合测角法的基本观测方法，其中方向法主要优点是观测程序简单，作业量小；缺点是若测站观测方向数多时很难保证所有方向的目标都清晰，另外也会因一测回时间较长而受外界条件影响较大，难以得到高精度的观测结果。全组合测角法的优点是每角测回可灵活选择清晰目标观测单角，观测时间短，成果受外界影响小；缺点是观测程序比较复杂，其组合单角的数量随测站方向的增加而激增，作业量大。因此方向法是适用于较低精度的水平角观测方法，全组合测角法适用高精度水平角观测。

3. 消除系统误差

为了消除仪器的系统误差，水平角观测一般需要使用盘左和盘右分别观测。盘左位置时，竖直度盘在望远镜的左边；盘右位置时，竖直度盘在望远镜的右边（有些全站仪的竖直度盘位置并不明显，此时一般以电池位置区分，电池在望远镜右侧称为盘左，在望远镜左侧称为盘右）。此外，盘左又称为正镜，盘右又称为倒镜。

水平角观测方法主要有测回法和方向观测法两种，其中测回法适用于仅两条方向线间水平角的观测，即单角观测，而方向观测法适用于三条方向线以上的角度观测。本书仅介绍测回法，方向观测法的步骤可参看其他相关资料。

如图 2.10 所示，测回法的步骤如下：

（1）盘左照准目标 A（使用十字丝的竖丝），读取水平度盘读数 a_L。

（2）顺时针转动望远镜照准目标 B，读取水平度盘读数 b_L，得出盘左半测回或上半测回角值：

$$\beta_L = b_L - a_L \qquad （2.3）$$

（3）倒转望远镜，盘右照准目标 B，读取水平度盘读数 b_R。

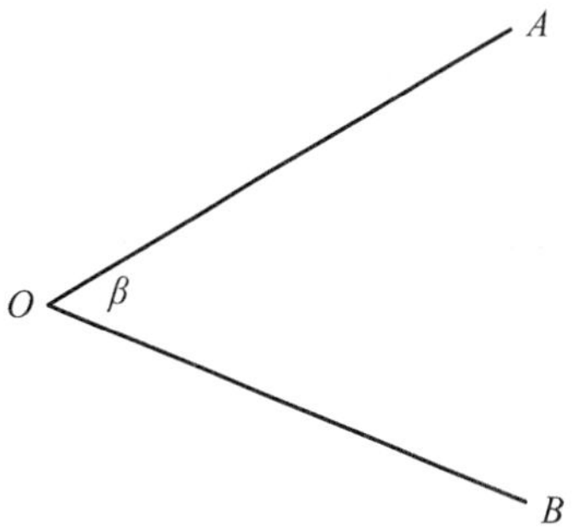

图 2.10　测回法测角

（4）顺时针转动望远镜照准目标 A，读取水平度盘读数 a_R，得出盘右半测回或下半测回角值：

$$\beta_R = b_R - a_R \qquad （2.4）$$

（5）一测回角值等于两半测回角值的平均值，即

$$\beta = \frac{1}{2}(\beta_L + \beta_R) \qquad （2.5）$$

当精度要求较高时，需要增加测回数，为了减少度盘分划误差对读数的影响，各测回应设置不同的初始读数。此外，测回法测角应满足误差限定，主要有上下半测回角值差和各测回角值差两项，限定值根据仪器精度的不同而有不同的取值，如普通水平角测量一般要求上

下半测回角值差限定为±40″，各测回角值差限定为±24″。表2.1为某测回法水平角观测手簿实例。

表2.1　测回法水平角观测手簿

觇　点	读　数					半测回方向	一测回平均方向	各测回平均方向	附　注
	盘　左		盘　右						
1	2	3	4	5		6	7	8	9
第一测回	°	′	″	°	′	″	°	′	″
A	0	03	24	180	03	36	0　00　00	0　00　00	0　00　00	
B	79	20	30	259	20	48	79　17　06	79　17　09	79　17　12	
							12			
第二测回									
A	90	02	18	270	02	12	0　00　00	0　00　0		
B	169	19	36	349	19	24	79　17　18	79　17　15		
							12			

2.1.3.2　竖直角的观测方法

竖直角观测也需要使用盘左和盘右位置分别观测，以仰角观测为例（俯角需进行负号变换），其步骤如下（表2.2为某竖直角观测手簿实例，表中的仪器高和觇标高用于三角高程测量，详见后面章节）：

表2.2　测回法竖直角观测手簿

测站点	仪器高（m）	觇点	觇标高（m）	竖盘位置	竖盘读数	两倍指标差	一测回竖角	照标觇标位置图
No 4	1.43	九峰山	4.10	左	59°20′30″	+30″	+30°39′45″	觇标顶
				右	300°40′00″			
		葛　岭	4.10	左	71°44′12″	+24″	+18°16′00″	觇标顶
				右	288°16′12″			
		王家湾	3.82	左	124°03′42″	+36″	−34°03′24″	觇标顶
				右	235°56′54″			

（1）读取起始读数，即望远镜水平时竖直度盘读数。对于经纬仪，该读数是个定值，为 90° 的整倍数值，盘右初始值等于盘左初始值 ±180°。

对于全站仪，盘左初始值一般可设置为水平零或垂直零，如图 2.11 所示。水平零指的是望远镜水平时竖盘读数为 0，与高度角的定义相同；垂直零指的是望远镜照准天顶方向时竖盘读数为 0，与天顶距的定义相符。

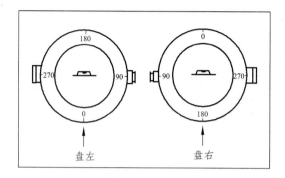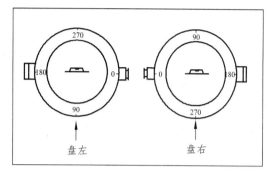

图 2.11　度盘起始读数

（2）盘左照准目标（使用十字丝的中丝），转动竖盘水准管微动螺旋使竖盘水准管气泡居中后读取竖直度盘读数 L（仅适用于光学经纬仪，对于全站仪可直接读数），得盘左半测回或上半测回角值（以盘左初始读数等于 0° 为例）

$$\gamma_L = L \tag{2.6}$$

需要注意的是，高度角有仰角和俯角的区分，其取值范围分别为 0°～90° 和 0°～ -90°。对于仰角，其盘左时的读数即为盘左半测回角值；但对于俯角，盘左读数介于 270°～360°，此时应减去 360° 转化至正常的取值范围内。

（3）倒转望远镜，盘右照准目标，转动竖盘水准管微动螺旋使竖盘水准管气泡居中后读取竖直度盘读数 R（仅适用于光学经纬仪，对于全站仪可直接读数），得盘右半测回或下半测回角值（以盘左初始读数等于 0° 为例）

$$\gamma_R = 180 - R \tag{2.7}$$

在实际测量中，以仰角为例，只需将仪器摆至大体水平的位置，观看读数，就可判断出初始值。然后如果望远镜上移而读数增加，则竖直角等于读数减去初始值；如果望远镜上移而读数减少，则竖直角等于初始值减去读数。当然，对于全站仪，一般都是盘左初始值为 0°，所以直接用上面的公式即可。

不过，上述的初始读数为 90° 的整倍数值只是一种理想情况，实际上经常存在些许的差异，这种差异称为竖盘指标差，其值为（以盘左初始读数等于 0° 为例）

$$\lambda = \frac{1}{2}(\gamma_L - \gamma_R) \tag{2.8}$$

对于普通角度测量，指标差限定为 ±25″，若实际观测的指标差在该限定内，就可取两半测回角值的平均值作为最终的竖直角值，即

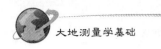

$$\gamma = \frac{1}{2}(\gamma_{L} + \gamma_{R}) \tag{2.9}$$

当采用多测回进行竖直角观测时，各测回竖直角值限差一般为 ±25″。

2.1.4 角度测量的误差来源

本小节以全站仪为中心讨论角度测量的误差来源，测角的误差来源主要有仪器误差、量测误差和环境误差。

仪器误差主要包括视准轴误差、横轴误差和竖轴误差。视准轴指的是望远镜的视准轴（即视线），当望远镜上下转动时会形成一个视准面；横轴指的是望远镜的旋转轴；竖轴指的是仪器的旋转轴。当上述三个轴不存在误差时，仪器的竖轴应与仪器整平后所获得的水平方向（即水准管轴）垂直，横轴垂直于竖轴，而视准轴应垂直于横轴，即与竖轴方向相符，否则会对角度观测造成影响。不过，由于全站仪整平精度很高且具有倾斜补偿的功能，竖轴误差的影响很小，而对于视准轴误差和横轴误差，在使用测回法进行角度观测时可以对其消除（原理可参考相关书籍）。此外，仪器误差还有度盘误差，这在光学经纬仪中的影响是很大的，但对于全站仪，由于读数系统的革新，其影响已被大大削弱。

环境误差指的是外界条件（包括大气、温度、湿度、风速、地表沉降等）对角度测量的影响。在传统的使用经纬仪进行角度观测中，必须要考虑这些因素对观测和读数的制约，但对于全站仪，除非环境条件极其恶劣，不然其影响也十分有限。

因此，对于全站仪，由于其具有较为先进的构造和设计，仪器误差和环境误差不再是制约角度观测的主要因素，那么角度观测的误差来源就集中在量测误差上，主要包括对中误差、对点误差、照准误差和读数误差。

1. 对中误差

整平和对中是使用经纬仪和全站仪进行角度观测的首要步骤，但对于全站仪，必须确保仪器的精确整平状态，仪器才能正常工作，并可以进行倾斜补偿，因此除非仪器本身存在严重问题，不然可忽略整平误差的影响。

对中误差指的是仪器的竖轴与测站点中心的偏差，也就是光学对中器中十字丝的中心与测站点中心的偏差，当然前提是光学对中器本身不存在误差。由于现阶段的测量仪器尚不能对对中误差进行自动补偿，故对中误差对角度观测的影响不能忽略，主要存在于水平角观测中。

假设测站点为 O，A 和 B 为测点，则因对中误差而引起的水平角观测误差可用下式进行计算

$$m_{a} = \frac{\rho m_{中}}{\sqrt{2}} \cdot \frac{S_{AB}}{S_{AO} \cdot S_{BO}} \tag{2.10}$$

式中，$\rho = 206\ 265''$ 为一固定常数；$m_{中}$ 为对中中误差（一般地，测量工作要求对中中误差限值为 ±1 mm）；S_{AB} 为 A、B 两点的水平距离；S_{AO} 和 S_{BO} 为 A 和 B 到测站点的水平距离；m_{a} 的结果单位为秒。

2. 对点误差

对点误差主要指的是反射棱镜的垂准杆与测点中心的偏差，测量工作一般要求不能大于 1 mm。此外，棱镜的垂准杆应保持竖直，不然会对角度观测造成直接的影响。

3. 照准误差

照准误差指的在使用望远镜照准目标时十字丝的中心与目标中心的偏差。

以水平角观测为例，假设测站点为 O，A 和 B 为测点，则因照准误差而引起的水平角观测误差可用下式进行计算：

$$m_{\mathrm{b}} = \pm \frac{\rho}{\sqrt{2}} \sqrt{\frac{m_{\mathrm{中}A}^2}{S_{AO}^2} + \frac{m_{\mathrm{中}B}^2}{S_{BO}^2}} \qquad (2.11)$$

式中，$m_{\mathrm{中}A}$ 和 $m_{\mathrm{中}B}$ 为测点 A 和 B 的照准中误差，m_{b} 的结果单位为秒。

照准误差主要来源于两个方面：目标偏心（即照准的目标点与测点中心在竖直方向上不重合）和目标错位（即对于某一测点，两半测回所照准的位置不一致）。为了减少照准误差对观测结果的影响，应尽量照准目标的底部，并确保目标清晰可辨，以便于调转望远镜再次照准时照准的是同一位置。不过，对于全站仪，可以使用带有圆水准器的棱镜，确保圆水准器的气泡居中，此时棱镜处于竖直状态，然后照准棱镜的中心，这样可以保证重复照准目标时不会出现明显的错位，如图 2.12 所示。

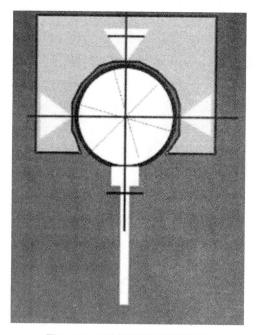

图 2.12　反射棱镜的目标照准

4. 读数误差

读数误差对于经纬仪测角的影响很大，但对于全站仪，由于采用了电子读数系统，这种人为的影响并不存在。只是，全站仪较为精密和灵敏，在精确照准后读数时，应避免观测人员的身体及其他外界物体对仪器的碰触，当读数稳定后再读数。

2.1.5 距离测量

数百年来，人们测量距离的方法，都是用一根带有分划的尺子（测绳、皮尺、钢尺）采取直接比对的方法来求得距离。这种方法的主要缺点是易受测线上地形条件的限制。要想测得较高精度的距离成果，必须花费很大的人力、物力选取和整理测量路线，不但工作量大、成本高，而且，一旦碰上测线上有如河流、湖泊乃至山岗、沟壑，测距便无法进行。

20 世纪 40 年代，出现了最早的电磁波测距仪：光电测距仪。之后又相继出现了微波测距仪、激光测距仪和红外测距仪，直至目前出现的集测角测距于一体的全站型电子速测仪，形成了用电磁波测距方法取代分划尺直接比对方法以及光学视距间接方法的新时代。

2.1.5.1 电磁波测距的基本原理

如图 2.13 所示，安置于距离端点 A 一端的测距仪，向安置于距离另一端 B 的反射器发射电磁波，到达 B 点后，又返回到 A 点，被测距仪接收。测距仪本身可以测出电磁波在 A、B 两点间往返传播的时间 t_{2D}，根据公式

$$D = \frac{1}{2} V t_{2D} \qquad (2.12)$$

可以求得 A、B 两点间的距离。式中，V 是电磁波在大气中的传播速度

$$V = \frac{c}{n} \qquad (2.13)$$

式中，c 为真空中的电磁波速度；n 为电磁波大气折射率。

大气折射率 n 的数值与电磁波的波长 λ 有关，还与大气温度 t、气压 p、湿度 e 等气象元素有关，它们的关系可表示为

$$n = f(\lambda, t, p, e) \qquad (2.14)$$

电磁波测距的基本原理，就是利用仪器直接或间接地测出电磁波在被测距离上的往返传播时间 t_{2D}，同时测出大气的温度 t、气压 p 及湿度 e，然后按照上述公式求得距离。

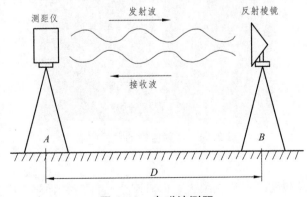

图 2.13 电磁波测距

不难看出，利用电磁波测距的方法，能直接在端点测量出两点间的距离。只要测程可以

达到，中间没有障碍物遮挡视线，任何地形条件下的距离均能测量。高山之间、江河两岸，甚至星球之间（卫星激光测距仪），也能够直接测量，这就大大加快了测量的速度。

2.1.5.2　电磁波测距的基本方法

电磁波测距有三种基本方法：

（1）脉冲法测距。直接测定发射脉冲（主波）与由目标反射回来的反射脉冲（回波）之间的传播时间 t，按（2.12）式可算出到目标的距离 D。这种方法一次测量便可以求得被测距离，测程近的几千米、十几千米，最远的可达几十万千米，精度一般可达到"厘米级"。主要用于低精度或长距离的测量中。如战术前沿侦查，地球对月球和地面与人造卫星的距离测量等。

（2）相位法测距。直接测定连续测距信号的发射与反射波之间的相位差从而间接测得信号的传播时间。这种测距方法精度比较高，优于"毫米级"，测程在几十千米以内。目前地面上的精密测距，一般采用相位测距法。

（3）干涉法测距。利用光学干涉原理进行精密测距，精度高于相位法测距，一般精度可达"微米级"，多用于计量单位的长度量具检定短距离的精密测距。

2.1.5.3　电磁波测距仪的分类

目前，由于电磁波测距仪的迅速发展和新产品的不断问世，电磁波测距仪种类繁多，有多种不同的分类方法。

（1）按照测定电磁波往返传播时间 t 的方法不同（直接测定或间接测定）分为脉冲式和相位式测距仪两类。

脉冲式测距仪可直接测定仪器发射的脉冲信号往返于被测距离的传播时间，从而求得距离值。脉冲式测距仪的主要优点是测程远，但由于脉冲宽度和计数器时间分辨率能力的限制，直接测定时间一般达到 10^{-8} s，相应测距精度为 $\pm(1\sim 5)$ m，精度较低。卫星激光测距仪和地月激光测距仪就属于脉冲式测距仪。然而锁模激光器的问世为脉冲式测距仪的精度测距创造了条件。现在已经有多个厂家生产出了用于常规测量、精度达到 2 mm $+(1\sim 2)\times 10^{-6}D$ 的脉冲式测距仪。

相位式测距仪是测定仪器所发射的连续测距信号往返于被测距离的滞后相位来间接推算信号的传播时间 t，从而求得所测距离。相位式测距仪与脉冲式测距仪相比较，测距仪测程较短，但测距精度高，目前测绘作业中所使用测距仪多为相位式测距仪。

（2）按照载波源的不同又分为光波测距仪和电波测距仪。电波测距是指微波测距，而光波测距包括两类，一类是可见光测距，另一类是不可见光的红外测距。

第一台电磁波测距仪 1947 年在瑞典诞生，载波光源为白炽灯，后来的测距仪载波光源改进为高压水银灯，这类早期的仪器既笨重耗电，测距又不远。1960 年激光器的出现为光波测距提供了理想的光源，第二年就研制出世界上第一台激光测距仪。随着激光测距仪技术不断发展进步，激光测距仪的体积越来越小，重量越来越轻，耗电越来越少，测程越来越远，精度越来越高。目前激光测距仪基本上是采用氦氖（He-Ne）气体激光器作光源，波长为 $0.632\ 8$ μm。激光测距仪由于测程长、精度高，主要用于中远程测距。近年来，全站仪上使用了新的脉冲激光测距技术，近距离的距离测量不用棱镜，全站仪既可以进行长边控制测量，

又能方便地进行地形、地籍测量。

红外测距仪使用的载波为电磁波的红外线波段，光源为砷化镓发光二极管，发出波长为 0.72~0.94 μm 的红外线光。砷化镓发光二极管发出的红外线的光强可随注入电信号的强度而变化，因此这种发光兼有载波源和调制器的双重功能。又由于电子线路的集成化，红外线测距仪可以做得很小，现一般与测角仪器结合使用，或与电子经纬仪设计成一体，成为电子全站仪。红外线测距仪一般为相位式测距仪，其测程较短。现有的测距仪与电子全站仪以采用红外测距仪的居多。微波测距仪的载波为无线电微波。目前生产的微波测距仪使用的波长有 10 cm、3 cm、8 cm 三种。由于无线电微波的穿透能力强，工作中对大气能见度没有什么要求，在有雾、小雨、小雪时均可测量，并且观测时只需概略照准。还可以利用仪器内的通信设备随时通话联系，使用比较机动灵活。微波测距仪以前精度较低，现已经提高到或基本达到与红外测距仪相当的水平。微波测距仪适合于军事测量，民用测量较少使用。归纳如图 2.14 所示。

图 2.14 电磁波测距仪的分类（按载波源分）

（3）按照测程的长短可分为短程光电测距仪、中程光电测距仪和远程激光测距仪。

短程光电测距仪：测程在 3 km 以内，测距精度一般在 1 cm 左右。这种仪器可用来测量三等以下的三角网的起始边，以及相应等级的精密导线和三边网的边长，适用于工程测量和矿山测量。如瑞士的 ME3000、DM502、DI4，瑞典的 AGA-112、AGA-116，美国的 HP-3820A，英国的 CD6，日本的 RED2、SDM3E，德国的 ELTA2、ELDI2 等，中国的 HGC-1、DCH-2、DCH3、DCH-05 等。

中程光电测距仪：测程在 3~15 km 的仪器称为中程光电测距仪，这类仪器适用于二、三、四等控制网边长测量。如中国的 JCY-2、DCS-1，瑞士的 ME5000、DI5、DI20，瑞典的 AGA-6、AGA-14A 等。

远程激光测距仪：测程在 15 km 以上的光电测距仪，精度一般可达 $\pm(5\ mm + 1 \times 10^{-6} D)$，能满足国家一、二等控制网的边长测量，如瑞典的 AGA-8、AGA-600，美国的 Range Master，中国研制的 JCY-3 等。

进入 21 世纪后，单独用于大地测量的测距仪逐渐停产，被集成了测距仪功能的全站仪替代。现代的测距仪产品主要是建筑测量工具类手持测距仪，其测程最高一般不超过 200 m，并大部分用于室内测量，这里不再介绍。

2.1.5.4 全站仪及其分类

在实际测量作业中，常常是既需要测角又需要测距，因而大多数仪器公司将测角与测距集成于仪器一体，这种既能测角又能测距的仪器叫作全站仪。全站仪是一种集光、机、电为一体的高技术测量仪器，是集水平角、垂直角、距离（斜距、平距）、高差测量功能于一体的测量仪器系统。因其一次安置仪器就可以完成该测站上全部测量工作，所以称为全站仪。广泛用于地上大型建筑和地下隧道施工等精密工程测量或变形监测领域。

1. 按测量功能分类

1）经典型全站仪

经典型全站仪也称常规全站仪，它具备全站仪电子测角、电子测距和数据自动记录等基本功能，有的还可以运行厂家或用户自主开发的机载测量程序。其经典代表为徕卡公司的 TC 系列全站仪。

2）机动型全站仪

在经典全站仪的基础上安装轴系步进电机，可自动驱动全站仪照准部和望远镜的旋转。在计算机的控制下，机动型全站仪可按给定的方向值自动照准目标，并可实现自动正、倒镜测量。徕卡 TCM 系列全站仪就是典型的机动型全站仪。

3）无合作目标型全站仪

无合作目标型全站仪是指在无反射棱镜的条件下，可对一般的目标直接测距的全站仪，也称免棱镜型全站仪。因此，对不便安装反射棱镜的目标进行测量，无合作目标型全站仪具有明显的优势。如徕卡 TCR 系列全站仪，无合作目标距离测程可达 1 000 m，可广泛用于地籍测量、房产测量和施工测量等。

4）智能型全站仪

随着光电技术、计算机技术等新技术在全站仪中的应用，全站仪逐步向自动化、智能化方向发展。在机动型全站仪的基础上，配置目标自动识别与照准的新功能，无须人工照准目标，实现了全站仪的智能化。在相关软件的控制下，智能型全站仪在无人干预的条件下可自动完成多个目标的识别、照准与测量。因此，智能型全站仪又称为"测量机器人"，典型的代表有徕卡的 TCA 系列，拓普康公司的 800A、GPT 系列，蔡司公司的 Elta S 系列等。

5）自动陀螺全站仪

由陀螺仪与无合作目标全站仪组成的自动陀螺全站仪能够在 20 min 内，最高以 ±5″ 的精度测出真北方向。如 GTA1800R 实现了陀螺仪和全站仪的有机整合，GTA1000 陀螺仪上架于 RTS812R5 系列全站仪。GTA1800R 在全站仪的操作软件里实现和陀螺仪的通信轻松完成待测边的定向。GTA1800R 可以实现北方向的自动观测，减少了人工观测的劳动量和不确定性。

2. 按测距仪测距分类

1）短距离测距仪全站仪

测程小于 3 km，一般精度为 $\pm(5\ mm + 5 \times 10^{-6} D)$，主要用于普通测量和城市测量。

2）中测程全站仪

测程为 3 ~ 15 km，一般精度为 $\pm(5\ mm + 5 \times 10^{-6} D)$，$\pm(2\ mm + 2 \times 10^{-6} D)$，通常用于一般等级的控制测量。

3）长测程全站仪

测程大于 15 km，一般精度为 $\pm(5\ mm + 1 \times 10^{-6} D)$，通常用于国家三角网及特级导线的测量。

2.1.6 大地天文测量

天文学是研究天体（包括地球）的运动、构造、起源与发展的自然科学。主要研究内容有：天体在空间的实际位置，确定其质量、大小和形状；天体的化学组成成分，表面的自然条件及内含矿藏；星体和星系的起源与演化等。

根据天文学的研究对象和方法，可分为球面天文学、大地天文学、天体天文学等多个分支。与本课程关系最大的就是大地天文学。

作为天文学的一个特殊分支——大地天文学主要是研究用天文测量的方法，确定地球表面点的地理坐标及方位角的理论和时间问题。又因为测量地点的地理坐标（天文经纬度及天文方位角）时必须要知道观测时的时刻，所以精确测定观测时刻是大地天文学研究的问题。

用天文测量方法确定经纬度的点称为天文点，同时进行大地测量和天文测量确定经纬度的点称为天文大地点。在天文大地点上同时测定方位角的点称为拉普拉斯点，经垂线偏差改正后的天文方位角称为大地方位角，在拉普拉斯点上确定的大地方位角称为拉普拉斯方位角，以区别于用大地测量计算得到的方位角。

在天文大地点上推求出的垂线偏差资料可用于研究大地水准面（或似大地水准面）相对参考椭球的倾斜及高度，为研究地球形状提供重要的信息。天文测量还可以给出关于国家大地网起算点的起始数据，天文坐标可用于解决关于参考椭球定位和定向，大地测量成果向统一坐标系归算等问题。

大地天文学是一门较古老的科学。由于天文经纬度和天文方位角可以独立地测定，故以前它被用于无图区域或海上定位，随着科技的进步，这些已被其他手段取代，但天文测量的应用领域仍较为广泛，并将不断地发展。20世纪70年以前，大地天文测量还只能在地球表面上进行，但随着人造卫星发射成功，打开了天文学发展的新纪元。人们对天体（包括地球）的研究不仅可以通过地面观测进行，而且可以借助人造卫星及空间飞行器进行观测。

大地天文测量是利用天文方法观测天体（主要是恒星）的位置来确定地面点在地面上的位置（天文经纬度）和某一方向的天文方位角的技术。其结果可作为大地测量的起算或校核数据，以及在进行地质、地理调查和其他有关工作时做控制之用。

2.1.6.1 天文坐标系的定义

天文坐标系是以大地水准面和铅垂线为基准建立的。以地面点铅垂线和水准面为基准，通过大地天文测量方法可测得地面点的天文经纬度和天文方位角，他们构成了天文坐标系的基本要素。天文坐标系是基于野外测量得到的坐标系，某点的天文经纬度可以表示出该点的地理位置，因此野外测量的基准面、线分别是该点的水准面和铅垂线。而大地测量计算的基准面、线分别是参考椭球面和法线。因此在计算时，又需要将天文经纬度转换成以参考椭球面和法线为基准的大地经纬度。

如图 2.15 所示，$P_N P_S$ 为地轴，它与地球相交的点

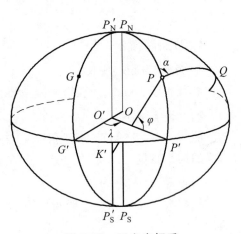

图 2.15　天文坐标系

P_N、P_S 分别为北极和南极；O 为地心；通过地心垂直于地轴的平面为地球的赤道面；P 为某一地面点，PK' 为 P 点的铅垂线方向；包括 P 点铅垂线方向的平面称为 P 点的垂直面，其中平行于地轴的垂直面 $P_N'PP'P_S'K'$ 称为 P 点的天文子午面。为了标定经度，需要定义一个起始子午面作为经度的起始面。1884 年国际经度会议决定，以通过英国格林尼治（Greenwich）天文台（Ariy 中星仪十字丝中心）的子午面 $P_NGG'P_S$ 为起始天文子午面。起始子午面与地球表面的交线称为起始子午线，也称为本初子午线或首子午线。

天文经度：地面某点的天文经度，是该点天文子午面与起始天文子午面的夹角，以 λ 表示。由起始天文子午面向东、向西量度，各有 $0° \sim 180°$。向东称为东经，向西称为西经。东经为正，西经为负。

天文纬度：地面某点的天文纬度，是该点铅垂线方向与地球赤道面的夹角，以 φ 表示。由地球赤道面向南北两极量度，各有 $0° \sim 90°$，向北称为北纬，向南称为南纬。北纬为正，南纬为负。

天文方位角：设 P 为测站点，Q 为照准点，则包含 P 点的铅垂面，就是 PQ 方向的照准面。所以，PQ 方向的天文方位角，就是 P 点的天文子午面与包含 Q 点的铅垂面间的夹角，以 α 表示，其值在测站的水平面上，从正北方向起，顺时针方向量度，取 $0° \sim 360°$。

2.1.6.2　天文经度测量的基本原理

测站的经度等于测站与格林尼治天文台在同一瞬间同类正确时刻之差，这就是测定经度的理论根据。目前传统测量中多采用无线电法。无线电法测定经度就是用收录时号的方法解决两地同一瞬间的时刻问题。无线电法测经度主要包括收录时号和测定时钟差两项工作。

1. 恒星天顶距法测定钟差的基本原理

设观测恒星瞬间的钟面时为 s'，相应观测瞬间的正确恒星时为 s，则

$$s = s' + u = \alpha + t \tag{2.15}$$

式中，u 为钟差；α 为赤经；t 为时角。

从而可以得出钟面时 s' 的钟差为

$$u = \alpha + t - s' \tag{2.16}$$

可知，只要求得 t，即可求得 u。球面天文基本公式为（可参阅《球面天文学》）：

$$\cos t = \frac{\cos z - \sin \delta \sin \varphi}{\cos \delta \cos \varphi} \tag{2.17}$$

式中，φ 为测站纬度；z 为天顶距；δ 为赤纬。

可知，只要知道测站的纬度 φ，观测的恒星天顶距 z，即可求得时角 t，从而求得钟差 u。

2. 恒星中天法测定钟差的原理

由式（2.15）可知，若在子午圈上观测一恒星，则其时角 $t = 0$，于是有

上中天

$$u = \alpha - s' \tag{2.18}$$

下中天

$$u = \alpha - s' + 12\,\text{h} \qquad (2.19)$$

由此可知，只要测出恒星中天瞬间的钟面时 s'，即可算出 s' 的钟差 u。

3. 双星等高法测定钟差的基本原理

设在很短的时间内观测两颗等高的恒星 $\sigma_1(\alpha_1,\delta_1)$ 和 $\sigma_2(\alpha_2,\delta_2)$，其钟面时为 s'_1 和 s'_2，相应钟差为 u_1 和 u_2，则可列出下面两个方程式

$$\cos z = \sin\varphi\sin\delta_1 + \cos\varphi\cos\delta_1\cos(s'_1 + u_1 - \alpha_1) \qquad (2.20)$$

$$\cos z = \sin\varphi\sin\delta_2 + \cos\varphi\cos\delta_2\cos(s'_2 + u_2 - \alpha_2) \qquad (2.21)$$

因为观测两颗星相隔的时间很短，可认为 $u_1 = u_2 = u$，因此，按上面两式可解得唯一的未知数即钟差 u。

2.1.6.3 天文纬度测量的基本原理

1. 恒星天顶距法测定纬度的基本原理

根据天文学基本公式

$$\cos z = \sin\varphi\sin\delta + \cos\varphi\cos\delta\cos t \qquad (2.22)$$

式中，$t = s - \alpha = s' + u - \alpha$。其中，$s'$ 为观测瞬间的钟面时，u 为钟差，α、δ 可查星表得到，t 可通过授时得到，故只要测得 z 即可求得测站纬度 φ。

2. 南北星中天高差法测定纬度的基本原理

恒星中天时有下面的关系：

南星 σ_S

$$\varphi = \delta_S + z_S \qquad (2.23)$$

北星 σ_N

$$\varphi = \delta_N - z_N \qquad (2.24)$$

根据式（2.23）和式（2.24）可知，若观测一对南北星 (σ_S,σ_N) 的子午天顶距 z_S、z_N，则可以算的两个纬度值 φ_S、φ_N，取其平均值 φ，则有

$$\varphi = \frac{1}{2}(\delta_S + \delta_N) + \frac{1}{2}(z_S + z_N) \qquad (2.25)$$

$$\varphi = \frac{1}{2}(\delta_S + \delta_N) + \frac{1}{2}(h_N - h_S) \qquad (2.26)$$

式中，h 为恒星的地平纬度（高度）。

由式（2.25）和式（2.26）可知，只要在子午圈上测出南星和北星的天顶距（或高度）之差，就可以算的纬度值。

3. 双星等高法测定纬度的基本原理

设观测两颗等高的恒星 $\sigma_1(\alpha_1,\delta_1)$ 和 $\sigma_2(\alpha_2,\delta_2)$ ，则可列出下面两个方程式

$$\cos z_1 = \sin\varphi\sin\delta_1 + \cos\varphi\cos\delta_1\cos(s_1' + u_1 - \alpha_1) \tag{2.27}$$

$$\cos z_1 = \sin\varphi\sin\delta_2 + \cos\varphi\cos\delta_2\cos(s_2' + u_2 - \alpha_2) \tag{2.28}$$

因为 $z_1 = z$ ，将式（2-25）、式（2-26）相减，则可以消去 z ，得到

$$\tan\varphi = \frac{\cos\delta_1\cos(s_1' + u_1 - \alpha_1) - \cos\delta_2\cos(s_2' + u_2 - \alpha_2)}{\sin\delta_2 - \sin\delta_1} \tag{2.29}$$

于是式中就只有一个未知数 φ ，故可以计算出测站纬度。

2.1.6.4 天文方位角测量的基本原理

测站至地面目标的方位角是测站和目标的垂直面与测站子午面之间的夹角。如图 2.16 所示，MN、$M\sigma'$、MB' 分别表示测站至北天极 P、恒星 σ、地面目标 B 的方向在测站 M 水平面上的投影方向。按照定义，MB' 与 MN 之间的夹角 α_N 即为测站 M 至地面目标 B 的天文方位角。显然，只要测得地面目标 B 方向和北天极 P 方向的水平度盘读数 R_B 和 R_P，则可以得到目标方位角 α_N。

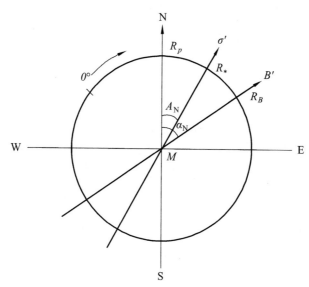

图 2.16　方位角测定原理

设在测站 M 测得地面目标 B 的水平盘读数 R_B 和恒星 σ 在钟面时 s' 瞬间的水平度盘读数 R，相应这瞬间恒星的方位角为 A_N，则北极 P 方向的水平读盘读数为：$R_P = R_* - A_N$，于是地面目标方位角为：$\alpha_N = R_B - R_P = R_B - (R_* - A_N)$，式中的 A_N 可由式（2.30）计算

$$\cot A_N = \frac{\sin\varphi\cos t - \cos\varphi\tan\delta}{\sin t} \tag{2.30}$$

式中，$t = s' + u - \alpha$。

根据上述测定方位角的基本原理，这一方法需要读取观测恒星瞬间的钟面时 s' 以确定观测瞬间恒星的时角 t。

2.1.6.5 天文观测的方法

1. 传统天文测量方法

目前，天文测量多采用传统方法，即以接收天文台发布的时号来确定时刻，用计时器记录时刻；观测中所用仪器主要是 T4 经纬仪和 60° 等高仪。普遍采用的方法有以下几种：

（1）用 T4 采用塔尔科特法测定一等天文纬度。

（2）用 T4 采用东西星等高法测定钟差，从而测定一等天文经度。

（3）北极星任意时角法测定天文方位角。

（4）用 60° 等高仪（由 T3 加上 60° 棱镜等组成）采用多星等高法同时测定二、三等及等外天文经纬度。

2. 新型天文测量方法

新型天文测量方法主要是利用具有授时功能的 GPS OEM 板接收卫星信号进行授时，用电子经纬仪代替光学经纬仪进行观测，用便携式计算机采用编程等技术取代计时器及时钟进行时间比对和授时，并实现观测数据的自动记录、解算。目前采用的方法是：

（1）利用多星近似等高法同时测定一、二等天文经纬度。

（2）利用北极星多次时角法测定一、二等天文方位角。

2.2 空间大地测量技术

随着空间技术及卫星导航定位技术的迅猛发展，空间大地测量新技术得到了广泛的发展和应用。大地测量经历了一场划时代的革命性变革，克服了传统的经典大地测量学的时空局限，进入了以空间大地测量技术为主的现代大地测量的新阶段。空间大地测量技术极大地提高了定位能力和对地观测能力，同时也极大地拓展了大地测量的研究和应用领域，为国民经济建设和社会发展、国家安全及地球科学和空间科学研究等提供了重要的信息和技术支持。目前，常用的空间大地测量技术主要包括：GNSS（Global Navigation Satellite System）测量、卫星激光测距、甚长线干涉测量和卫星测高等技术，本节主要介绍采集技术。

2.2.1 GNSS 测量

全球导航卫星系统（GNSS）是所有在轨工作的全球导航卫星定位系统的总称。GNSS主要通过采集卫星的数据为用户提供高精度、全天时、全天候的定位、导航和授时服务。目前，GNSS 包含美国的全球定位系统（Global Positioning System，GPS），俄罗斯的格洛纳斯导航卫星系统（Global Navigation Satellite System，GLONASS），欧盟的伽利略卫星导航系统（Galileo Satellite Navigation System，Galileo）和中国的北斗卫星导航系统（BeiDou Navigation Satellite System，BDS）。除此之外，GNSS 还包括相关的增强系统，如美国的广域增强系统（Wide Area Augmentation System，WAAS）、欧洲的静地导航重叠系统（European

Geostationary Navigation Overlay Service，EGNOS）和日本的多功能运输卫星增强系统（Multi-functional Satellite Augmentation System，MSAS）等，还涵盖在建和以后要建设的其他卫星导航系统。国际 GNSS 系统是个多系统、多层面、多模式的复杂组合系统。在全球各卫星导航系统中，GPS 凭借其在导航定位的精度、有效性及使用的方便性等方面的绝对优势，在导航定位领域处于霸主的地位。目前，全球导航定位的应用领域中 90% 以上的用户使用的是 GPS。

2.2.1.1　GNSS 的四大导航定位系统简介

目前，全球四大卫星导航定位系统中 GPS 和 GLONASS 正在提供全球导航定位服务，伽利略卫星导航系统已完成实验系统的建设，北斗卫星导航系统已经能够提供覆盖亚太地区的区域导航定位服务，正在做全球系统组网工作。下面介绍四大系统的基本情况。

1. GPS

GPS 系统是美国从 20 世纪 70 年代开始研制，主要目的是为陆海空三大领域提供实时、全天候和全球性的导航服务，并用于情报收集、核爆监测和应急通信等一些军事目的，经过 20 余年的研究实验，耗资 300 亿美元，到 1994 年，全球覆盖率高达 98% 的 24 颗 GPS 卫星星座已布设完成。

GPS 利用导航卫星进行测时和测距，具有在海、陆、空全方位实时三维导航与定位能力。它是继阿波罗登月计划、航天飞机后的美国第三大航天工程。如今，GPS 已经成为当今世界上最实用，也是应用最广泛的全球精密导航、指挥和调度系统。

GPS 全球定位系统由空间系统、地面控制系统和用户系统三大部分组成。其空间系统由 21 颗工作卫星和 3 颗备份卫星组成，分布在 20 200 km 高度的 6 个轨道平面上，运行周期 12 h。地球上任何地方任一时刻都能同时观测到 4 颗以上的卫星。地面控制系统负责卫星的测轨和运行控制。用户系统为各种用途的 GPS 接收机，通过接收卫星广播信号来获取位置信息，该系统用户数量可以是无限的。

GPS 全球定位系统是美国为军事目的而建立的。1983 年一架民用飞机在空中因被误以为是敌军飞机而遭击落后，美国承诺 GPS 免费开放供民间使用。美国为军用和民用安排了不同的频段，并分别播发 P 码和 C/A 码两种不同精度的位置信息。美国军用 GPS 精度可达 1 m，而民用 GPS 理论精度只有 10m 左右。特别地，美国在 20 世纪 90 年代中期为了自身的安全考虑，在民用卫星信号上加入了 SA（Selective Availability），进行人为扰码，这使得一般民用 GPS 接收机的精度只有 100 m 左右。2000 年 5 月 2 日，SA 干扰被取消，全球的民用 GPS 接收机的定位精度在一夜之间提高了许多，大部分的情况下可以获得 10 m 左右的定位精度。美国之所以停止执行 SA 政策，是由于美国军方现已开发出新技术，可以随时降低对美国存在威胁地区的民用 GPS 精度，所以这种高精度的 GPS 技术才得以向全球免费开放使用。

受应用需求的刺激，民用 GPS 技术蓬勃发展，出现了 DGPS（差分 GPS）、WAAS（地面广播站形态的修正技术）等技术，进一步提高民用 GPS 的应用精度。2005 年，美国开始发射新一代 GPS 卫星，开始提供第二个民用波段。未来还将提供第三，第四民用波段。随着可用波段的增加，新卫星陆续使用，GPS 定位系统的精度和稳定性都比过去更理想，这必将大

大拓展 GPS 应用与消费需求。此外新卫星也提供更优秀的军用支持能力，当然这只对美国军方及其盟友有益。

2. GLONASS

GLONASS 系统是苏联从 20 世纪 80 年代初开始建设的与美国 GPS 系统相类似的卫星定位系统，覆盖范围包括全部地球表面和近地空间，也由卫星星座、地面监测控制站和用户设备三部分组成。虽然 GLONASS 系统的第一颗卫星早在 1982 年就已发射成功，但受苏联解体影响，整个系统发展缓慢。直到 1995 年，俄罗斯耗资 30 多亿美元，才完成了 GLONASS 导航卫星星座的组网工作。此卫星网络由俄罗斯国防部控制。

GLONASS 系统由 24 颗卫星组成，原理和方案都与 GPS 类似，不过，其 24 颗卫星分布在 3 个轨道平面上，这 3 个轨道平面两两相隔 120°，同平面内的卫星之间相隔 45°。每颗卫星都在 19 100 km 高、64.8° 倾角的轨道上运行，轨道周期为 11 h 15 min。地面控制部分全部都在俄罗斯领土境内。俄罗斯自称，多功能的 GLONASS 系统定位精度可达 1 m，速度误差仅为 15 cm/s。如果需要，该系统还可用来为精确打击武器制导。

俄罗斯对 GLONASS 系统采用了军民合用、不加密的开放政策。GLONASS 一开始就没有加 SA 干扰，所以其民用精度优于加 SA 的 GPS。不过，GLONASS 应用普及情况则远不及 GPS，这主要是俄罗斯并没有开发民用市场。另外，GLONASS 卫星平均在轨寿命较短，由于俄罗斯航天局经费困难，无力补网，导致轨道卫星不能独立组网，只能与 GPS 联合使用。致使实用精度大大下降。

2003 年的伊拉克战争对俄罗斯产生了相当大的震动，迫使俄罗斯领导层再次对太空的军事用途重视起来。普京总统曾强调，出于国家安全战略的考虑，俄罗斯应该使用本国的 GLONASS 系统，而非美国的 GPS 或者是欧洲的 Galileo 系统。俄罗斯正在着手 GLONASS 系统的现代化改进工作，新一代 GLONASS-M 型导航卫星已陆续投入发射，开始使用。

日前俄罗斯官方宣布，从 2007 年起，GLONASS 系统将全面启动民用商业服务计划，为俄罗斯公民提供不限制精度的导航定位服务，将有助于促进民用卫星导航市场的发展。为 GLONASS 带来新的生机，军转民计划有望使 GLONASS 获得新的生机。

2005 年，GLONASS 系统实际在轨卫星达 17 颗，到 2007 年底，系统将覆盖整个俄罗斯，届时该系统卫星总数将增加到 18 颗；而到 2009 年末，该系统卫星总数将增加到 24 颗，真正实现全球定位导航。届时，GLONASS 系统将具备与美国 GPS 系统相抗衡的实力。

3. Galileo

Galileo 系统计划总投资达 35 亿欧元的伽利略计划是欧洲自主的、独立的民用全球卫星导航系统，提供高精度、高可靠性的定位服务，实现完全非军方控制、管理，可以进行覆盖全球的导航和定位功能。

欧盟发展 Galileo 系统可以减少欧洲对美国军事和技术的依赖，打破美国对卫星导航市场的垄断。法国总统希拉克曾表示，没有 Galileo 计划，欧洲"将不可避免地成为附庸，首先是科学和技术，其次是工业和经济"。它是第一个民用的全球卫星导航定位系统，其配置、频率分布、信号设计、安全保障及其多层次、多方位的导航定位服务特点，使得它的性能比 GPS 系统更为先进、高效和可靠；它保障了全球完整性的监控、航空和航海的安全以及服务的不间断，特别是提供了公开、生命安全、商业、官方控制和搜救服务，极大地满足了全球各类用户的需求。预计其应用市场和效益十分巨大。

Galileo 系统是一种中高度圆轨道卫星定位系统。该系统由轨道高度为 23 616 km 的 30 颗卫星组成，其中 24 颗工作卫星，6 颗备份卫星。卫星高度为 24 126 km，位于 3 个倾角为 56 度的轨道平面内。该系统除了 30 颗中高度圆轨道卫星外，还有 2 个地面控制中心。截至 2016 年 12 月，已经发射了 18 颗工作卫星，具备了早期操作能力（初步投入使用），并计划在 2019 年具备完全操作能力，全部 30 颗卫星计划于 2020 年发射完毕。

作为一个大型战略性国际合作项目，Galileo 计划的实施进展关乎多方利益。到目前为止，欧盟已经与中国、以色列、美国、乌克兰、印度、摩洛哥和韩国分别签署了合作开发协议，并正在与阿根廷、巴西、墨西哥、挪威、智利、马来西亚、加拿大以及澳大利亚等国进行合作谈判。

与美国的 GPS 相比，建成后的 Galileo 系统将具备至少 3 方面优势：首先，其覆盖面积将是 GPS 系统的两倍，可为更广泛的人群提供服务；其次，该系统地理定位的精确度增加 10 倍，免费的定位服务误差在 1~2 m，付费服务的误差在 1 m 以下，精确度要比 GPS 高 5 倍以上，用专家的话说，"GPS 只能找到街道，而 Galileo 系统则能找到车库门"；再次，Galileo 系统使用多种频段工作，在民用领域比 GPS 更经济、更透明、更开放。伽利略计划一旦实现，不仅可以极大地方便欧洲人的生活，还将为欧洲的工业和商业带来可观的经济效益。更重要的是，欧洲将从此拥有自己的全球卫星定位系统，这不仅有助于打破美国 GPS 系统的垄断地位，在全球高科技竞争浪潮中夺取有利位置，更可以为建设梦想已久的欧洲独立防务创造条件。

4. BDS

BDS 是中国自行研制的全球卫星定位与通信系统，是继美国 GPS 系统和俄罗斯 GLONASS 之后第三个成熟的卫星导航系统。系统由空间段、地面段和用户段组成，可在全球范围内全天候、全天时为各类用户提供高精度和高可靠定位、导航、授时服务，并具有短报文通信能力，已经初步具备区域导航、定位和授时能力，定位精度优于 20 m，授时精度优于 100 ns。

中国这个要逐步扩展为全球卫星导航系统的 BDS，将主要用于国家经济建设，为中国的交通运输、气象、石油、海洋、森林防火、灾害预报、通信、公安以及其他特殊行业提供高效的导航定位服务。建设中的 BDS 空间段计划由五颗静止轨道卫星和三十颗非静止轨道卫星组成，提供两种服务方式，即开放服务和授权服务。中国将陆续发射系列北斗导航卫星，逐步扩展为全球卫星导航系统。

2003 年 5 月 25 日，我国成功地将第三颗"北斗一号"导航定位卫星送入太空。前两颗"北斗一号"卫星分别于 2000 年 10 月 31 日和 12 月 21 日发射升空，第三颗发射的是导航定位系统的备份星，它与前两颗"北斗一号"工作星组成了完整的卫星导航定位系统，确保全

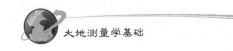

天候、全天时提供卫星导航信息。这标志着我国成为继美国的 GPS 和俄罗斯的 GLONASS 后，在世界上第三个建立了完善的全球卫星导航系统的国家。

我国的"北斗一号"卫星导航系统是一种"双星快速定位系统"。突出特点是构成系统的空间卫星数目少、用户终端设备简单、一切复杂性均集中于地面中心处理站。"北斗一号"卫星定位系统是利用地球同步卫星为用户提供快速定位、简短数字报文通信和授时服务的一种全天候、区域性的卫星定位系统。

北斗卫星导航系统的建设与发展，以应用推广和产业发展为根本目标，建设过程中主要遵循以下原则：

开放性：北斗卫星导航系统的建设、发展和应用将对全世界开放，为全球用户提供高质量的免费服务，积极与世界各国开展广泛而深入的交流与合作，促进各卫星导航系统间的兼容与互操作，推动卫星导航技术与产业的发展。

自主性：中国将自主建设和运行北斗卫星导航系统，北斗卫星导航系统可独立为全球用户提供服务。

兼容性：在全球卫星导航系统国际委员会和国际电联框架下，使北斗卫星导航系统与世界各卫星导航系统实现兼容与互操作，使所有用户都能享受到卫星导航发展的成就。

渐进性：中国将积极稳妥地推进北斗卫星导航系统的建设与发展，不断完善服务质量，并实现各阶段的无缝衔接。

系统的主要功能是：

快速定位：快速确定用户所在地的地理位置，向用户及主管部门提供导航信息。

简短通信：用户与用户、用户与中心控制系统间均可实现双向短数字报文通信。

精密授时：中心控制系统定时播发授时信息，为定时用户提供时延修正值。

"北斗一号"的覆盖范围是北纬 5°～55°，东经 70°～140° 的心脏地区，上大下小，最宽处在北纬 35° 左右。其定位精度为水平精度 100 m，设立标校站之后为 20 m（类似差分状态）。工作频率 2491.75 MHz。系统能容纳的用户数为每小时 540 000 户。

2007 年 2 月 3 日零时 28 分，我国在西昌卫星发射中心用"长征三号甲"运载火箭，成功将北斗导航试验卫星送入太空。这是我国发射的第四颗北斗导航试验卫星，从而拉开了建设"北斗二号"卫星导航系统的序幕。2007 年 4 月 14 日，我国又将成功将第五颗"北斗"导航卫星送入太空。

"北斗"导航卫星系统是世界上第一个区域性卫星导航系统，可全天候、全天时提供卫星导航信息。与其他全球性的导航系统相比，它能够在很快的时间内建成，用较少的经费建成并集中服务于核心区域，是十分符合我国国情的一个卫星导航系统。"北斗"导航定位卫星工程投资少，周期短；将导航定位、双向数据通信、精密授时结合在一起，因而有独特的优越性。中国正大力建设"北斗"卫星导航系统，计划在 2008 年左右满足中国及周边地区用户对卫星导航系统的需求，并进行系统组网和试验，2010 年逐步扩展为全球卫星导航系统。

"北斗"卫星导航系统除了在我国国家安全领域发挥重大作用外，还将服务于国家经济建设，提供监控救援、信息采集、精确授时和导航通信等服务。可广泛应用于船舶运输、公路交通、铁路运输、海上作业、渔业生产、水文测报、森林防火、环境监测等众多行业。

北斗卫星导航系统是中国自主建设、独立运行，并与世界其他卫星导航系统兼容共用的全球卫星导航系统，可在全球范围内全天候、全天时为各类用户提供高精度高可靠的定位、导航、授时服务，并兼短报文通信能力。

北斗卫星导航系统正按照"三步走"的发展战略稳步推进。第一步，2000 年建成北斗卫星导航试验系统，使中国成为世界上第三个拥有自主卫星导航系统的国家。第二步，建设北斗卫星导航系统，2012 年左右形成覆盖亚太大部分地区的服务能力。第三步，2020 年左右，北斗卫星导航系统将形成全球覆盖能力。

2.2.1.2　GNSS 系统的组成部分

GNSS 系统由三大部分构成：GNSS 卫星星座（空间部分）、地面监控系统（控制部分）和 GNSS 信号接收机（用户部分）。整个系统的工作原理可简单描述如下：首先，空间星座部分的各颗卫星向地面发射信号；其次，地面监控部分通过接收、测量各个卫星信号，进而确定卫星的轨道，并将卫星的轨道信息发送给卫星，让卫星在其发射的信号上传播这些卫星轨道信息；最后，用户设备部分通过接收、测量各颗可见卫星的信号，并从信号中获取卫星的运行轨迹信息，进而确定用户接收机自身的空间位置。

虽然以上只是对 GNSS 工作原理的简单概括，但它清楚地表明了 GNSS 的三个组成部分之间的信号传递关系。特别要注意的是，空间卫星星座部分与用户设备部分有联系，但这个联系是单向的，信号、信息只从空间星座部分向用户设备部分传递。

下面简要介绍 GNSS 各组成部分及功能，从中可以进一步认识 GNSS 整个系统的工作机制及其实现定位的基本原理。

1. GPS 系统的组成

1）卫星星座部分

GPS 星座，是利用 GPS 卫星信号进行导航定位的核心。它的建设，不仅要选用适宜的卫星轨道，而且要给 GPS 卫星装配性能优良的星载设备。美国科学家经过近 20 年的研究实验和开发，于 1994 年 3 月全面建成了 GPS 卫星工作星座。

GPS 工作卫星及其星座由 21 颗工作卫星和 3 颗在轨备用卫星组成 GPS 卫星星座，记作（21 + 3）GPS 星座。24 颗卫星分布在 6 个轨道平面内，每个轨道上不均匀地分布着 4 颗卫星，如图 2.17 所示。轨道倾角为 55°，各个轨道平面之间相距 60°，即轨道的升交点赤经各相差 60°。每个轨道平面内各颗卫星之间的升交角距相差 90°，一轨道平面上的卫星比西边相邻轨道平面上的相应卫星超前 30°。

在两万千米高空的 GPS 卫星，当地球对恒星来说自转一周时，它们绕地球运行两周，即绕地球一周的时间为 12 恒星时。这样，对于地面观测者来说，每天将提前 4 分钟见到同一颗 GPS 卫星。位于地平线以上的卫星颗数随着时间和地点的不同而不同，最少可见到 4颗，最多可见到 11 颗。在用 GPS 信号导航定位时，为了解算测站的三维坐标，必须观测 4颗 GPS 卫星，称为定位星座。这 4 颗卫星在观测过程中的几何位置分布对定位精度有一定的影响。对于某地某时，甚至不能测得精确的点位坐标，这种时间段叫作间隙段。但这种时间间隙段是很短暂的，并不影响全球绝大多数地方的全天候、高精度、连续实时地进行导航定位工作。

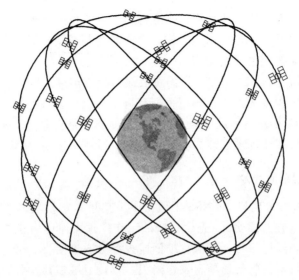

图 2.17　GPS 卫星星座

GPS 卫星的硬件主要包括无线电收发装置、原子钟、计算机、太阳能电池板和推进系统。卫星信号中包含着信号发射时间的精确信息，这是用户设备用来准确测量其本身到卫星距离的一个必要条件。鉴于此，每颗二代 GPS 卫星配置有四台原子钟，包括两台铷（Rb）原子钟和两台铯（Cs）原子钟，而每颗三代卫星则配置有三台铷原子钟。高精度的原子钟是卫星的核心设备，它不但为卫星发射信号提供了基准频率，而且为确定整个 GPS 系统的时间标准提供了依据。GPS 卫星的基本功能可总结如下：接收从地面监控部分发射的卫星位置等信息，执行从地面监控部分发射的控制指令，进行部分必要的数据处理，向地面发送导航信息，以及通过推进器调整自身的运行姿态。

2）地面监控部分

GPS 地面控制段又称运控系统（OCS），由遍布全世界的地面站组成，由一个位于美国范登堡空军基地的主控站（MCS），5 个分别位于夏威夷岛、范登堡空军基地、阿森松岛、迭戈加西亚岛以及夸贾林岛的监控站，以及 3 个用于给在轨卫星上传信息的大型地面天线站组成。

地面控制段主要是收集在轨卫星运行数据，计算导航信息，诊断系统状态，调度卫星。卫星上的各种仪器设备是否正常工作，以及卫星是否一直沿着预定轨道运行，都要由地面设备进行监测和控制。地面控制部分另一重要作用是保持各颗卫星处于同一时间标准，即 GPS 时，这就需要地面站监测各颗卫星的星载原子钟信息，求出钟差，然后由地面注入站发给卫星，卫星再由导航电文发给用户设备。地面控制段可以出于美国国家政治、军事和安全考虑而有意干扰导航信号从而降低特定区域的定位精度。

主控站（MCS）拥有以大型计算机为主体的数据收集、计算、传输、诊断等设备，对地面监控系统实行全面控制，主要任务是收集并处理各监测站对 GPS 卫星的全部观测数据，包括各监测站测得的距离和距离差、气象要素、卫星时钟和工作状况的数据，监测站自身的状态数据等，根据收集的数据及时计算每颗 GPS 卫星的星历，时钟改正值，状态数据以及信号的大气传播改正，并按一定格式编制成导航电文，传送到注入站。

监控站监控整个地面监控系统是否工作正常，检验注入卫星的导航电文是否正确，监测卫星是否将导航电文发出；调度备用卫星替代失效的工作卫星，将偏离轨道的卫星"拉回"到正常轨道位置。监控站是为主控站编算导航电文提供观测数据，每个监测站均用 GPS 信号接收机测量每颗可见卫星的伪距和距离差，采集气象要素等数据，并将它们发送给主控站。监控站安装有高精度原子钟、高精度 GPS 用户接收机，收集当地气象数据，同时对接收到的卫星系统相关数据进行初步处理并将这些数据传送至主控站。

范登堡空军基地监控站同时具有信息上注功能，又称注入站，它的任务主要是在每颗卫星运行至上空时把这类导航数据及主控站的指令注入到卫星，每天对每颗 GPS 卫星离开注入站作用范围之前进行最后的信息注入。

简而言之，GPS 全球定位系统地面控制部分的主要任务有以下六点：

（1）监控导航卫星飞行轨迹同时推算卫星的轨道数据（星历）。

（2）监测卫星原子钟时间的同时预测星钟的状态（钟差）。

（3）同步星载原子钟与地面运控系统原子钟的时间。

（4）注入导航数据及运控指令到卫星。

（5）转发导航卫星导航电文，包括卫星健康状态信息等。

（6）当某一颗 GPS 卫星离分配给它的轨道位置太远时，主控站能够对它进行轨道改正，将它"拉回来"，而且还能进行卫星调度，让备用卫星取代失效的工作卫星。

3）用户设备

GPS 用户段是指所有军用和民用 GPS 接收机（又称导航仪），可以安装在卫星、飞机、舰船、坦克、潜艇、汽车、卡车、武器以及士兵装备中。接收机大大小小，千姿百态，有袖珍式、背负式、也可以是手持式的，样式各异，型号不同，但是它们的工作原理相同，都是捕获导航卫星播发的信号，经过检测、解码以及处理 GPS 信号三个主要流程来解算导航信息，实时地计算出测站的三维坐标，甚至三维速度和时间。

GPS 接收机的基本结构可概括为天线单元和接收单元两大部分，其中天线单元由接收天线和前置放大器两个部件组成。接收单元信号波道是核心部件，是一种软硬件相结合的有机体，它具有的波道数目为 1 ~ 12 个。数据记录器是在野外作业过程中用来记录接收机所有采集的定位数据，以供测后数据处理之用。视屏监控器包括一个视屏显示窗和一个控制键盘，用户通过按键可从视屏窗上读取所要求的数据和文字。GPS 全球定位系统接收机现在一般都是 12 通道，可以同时接收 12 颗卫星。早期的型号，例如 GARMIN45C 就是 8 通道。GPS 接收机收到 3 颗卫星的信号可以输出 2D（就是 2 维）数据，只有经纬度，没有高度，如果收到 4 颗以上的卫星，就输出 3D 数据，可以提供海拔高度。但是因为地球自己的问题，不是太标准的圆，所以高度数据有一些误差。现在有些 GPS 接收机内置了气压表，比如 etrex 的 SUMMIT 和 VISTA，这些机器根据两个渠道得到的高度数据综合出最终的海拔高度，已经比较准确。GPS 卫星发送的导航定位信号，是一种可供不限量用户共享的信息资源。对于陆地、海洋和空间的广大用户，只要用户拥有能够接收、跟踪、转换和测量 GPS 信号的接收设备，就可以在任何时候用 GPS 信号进行导航定位测量。GPS 接收机的使用要在开阔的可见天空下，手持 GPS 的精度一般是误差在 10 m 左右，就是说一条路能看出走左边还是右边。精度主要依赖于卫星的信号接收和可接收信号的卫星在天空的分布情况，如果几颗卫星分布的比较分散，GPS 接收机提供的定位精度就会比较高。

目前世界上已有几十家工厂生产 GPS 接收机，主要生产厂家有美国、英国、日本、德国、加拿大等数十家公司。接收机种类很多，产品也有几百种，这些产品可以按照原理、用途、功能等来分类。典型手持式接收机大小与手机差不多，目前已经开发出 GPS 信号解算集成芯片（比较知名的是 Sirf 芯片），很多厂商将这些芯片再集成到腕表以及手机中，像具有照相功能的手机一样，目前具有导航功能的手机已成为智能手机的标配。想象手机的普及程度，不难发现这里的巨大商机。图 2.18 所示是不同类型民用 GPS 接收机。

图 2.18　不同类型民用 GPS 接收机

2. GLONASS 系统的组成

1）空间部分

GLONASS 系统由苏联于 1976 年开始研究规划，于 1995 年底建成并正式投入使用，由俄罗斯国防部控制。GLONASS 系统的空间星座部分包含（23 + 1）颗工作卫星，1 颗备用部分。卫星分布在 3 个等间隔的椭圆轨道面内，每个轨道面上分布有 8 颗卫星，同一轨道面上的卫星间隔 45°。卫星轨道面相对地球赤道面的倾角为 64.8°，轨道偏心率为 0.001，每个轨道平面的升交点赤经相差 120°。卫星平均高度为 19 100 km，运行周期为 11 h 15 min。由于 GLONASS 卫星的轨道倾角大于 GPS 卫星的轨道倾角，所以在高纬度（50° 以上）地区的可见性较好。在星座完整的情况下，在全球任何地方、任意时刻最少可以观测 5 颗卫星。GLONASS 星座如图 2.19 所示。GLONASS 提供两种类型的导航服务：标准精度服务（CSA）和高精度服务（CHA）。CSA 类似于 GPS 的标准定位服务（Standard Positioning Service，SPS），主要用于民用。CHA 类似于 GPS 的精密定位服务（Precise Positioning Service，PPS），主要用于特许用户。GLONASS 的导航精度要比 GPS 的导航精度低。

GLONASS 在 1996 年初正式投入运行，但由于 GLONASS 卫星寿命较短，随着在轨卫星陆续退役，加上经济困难无力补网，GLONASS 在很长时间都无法维持系统的正常工作。1998 年 2 月只有 12 颗卫星正常工作，2000 年时仅有 6 颗卫星工作。随着全球定位系统重要性日益提高，俄罗斯也提出了 GLONASS 的现代化改造，着手健全和发展 GLONASS 系统。目前已研制并发射了多颗改进型的 GLONASS-M 卫星，增加了第二民用频率，卫星寿命可达到 7 年；新研制的第三代 GLONASS-K 卫星，将增加用于生命安全的第三民用频率。2016 年 2 月 7 日一颗 GLONASS-M 卫星从普列谢茨克成功发射。截至 2016 年 4 月，GLONASS 在轨卫星数量达到 30 颗。

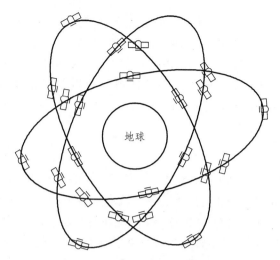

图 2.19　GLONASS 卫星星座

2）地面控制部分

GLONASS 星座的运行通过地面基站控制体系（GCS）完成，该体系包括：一个系统控制中心（Golitsyno-2，莫斯科地区）和几个分布于俄罗斯大部地区的指挥跟踪台站（CTS）。这些台站主要用来跟踪 GLONASS 卫星，接收卫星信号和遥测数据。然后由 SCC 处理这些信息以确定卫星时钟和轨道姿态，并及时更新每个卫星的导航信息，这些更新信息再通过跟踪台站 CTS 传到各个卫星。

CTS 的测距数据需要通过主控中心数量光学跟踪台站的一个激光设备进行定期测距校正，为此，每个 GLONASS 卫星上都专门配有一个激光反射器。

在 GLONASS 系统中，所有信息的时间同步处理对其正常的运行至关重要，因此还要在主控中心配备一台时间同步仪来解决这个问题。这是一台高精度氢原子钟，通过它来构成 GLONASS 系统的时间尺度。所有 GLONASS 接收机上的时间尺度（由一个铯原子钟控制）均通过 GLONASS 系统与安装在莫斯科地区 Mendeleevo 台站上的世界协调时（UTC）同步。

3）用户设备

与 GPS 信号接收机类似，GLONASS 接收机的功能同样是接收卫星发出的信号，测量伪距、对导航电文进行处理等。其主要功能是能够捕获到按一定卫星截止高度角所选择的待测卫星，并跟踪这些卫星的运行。当接收机捕获到跟踪的卫星信号后，就可测量出接收天线至卫星的伪距离和距离的变化率，解调出卫星轨道参数等数据。根据这些数据，接收机中的微处理计算机就可按定位解算方法进行定位计算，计算出用户所在地理位置的经纬度、高度、速度、时间等信息。接收机硬件和机内软件以及 GPS 数据的后处理软件包构成完整的 GPS 用户设备。GPS 接收机的结构分为天线单元和接收单元两部分。接收机一般采用机内和机外两种直流电源。设置机内电源的目的在于更换外电源时不中断连续观测。在用机外电源时机内电池自动充电。关机后，机内电池为 RAM 存储器供电，以防止数据丢失。目前各种类型的接收机体积越来越小，重量越来越轻，便于野外观测使用。其次则为使用者接收器，现有单频与双频两种，但由于价格因素，一般使用者所购买的多为单频接收器。

到 1995 年为止，俄罗斯已研制了两代用户设备（UE）。第一代接收机只能用 GLONASS

来工作，与西方的同类 GPS 接收机相比，它偏大和偏重，有三种基本设计，即 1 通道、2 通道和 4 通道接收机。第二代接收机是 5 通道、6 通道和 12 通道设计，采用了大规模集成电路和数字处理技术，而且民用接收机可用 GPS 和 GLONASS 两种系统来工作。

俄罗斯的用户设备的主要设计单位是圣彼得堡的俄罗斯无线电导航和时间研究所，Kampas 设计局和俄罗斯科学和航天仪器研究所。

3. Galileo 系统的组成

1）空间部分

如图 2.20 所示，30 颗中轨道卫星（MEO）组成 Galileo 的空间卫星星座。卫星均匀地分布在高度约为 23 616 km 的 3 个轨道面上，每个轨道上有 10 颗，其中包括一颗备用卫星，轨道倾角为 56°，卫星绕地球一周约 14 h 22 min，这样的布设可以满足全球无缝隙导航定位。卫星的设计寿命为 20 年，每颗卫星都将搭载导航载荷和一台搜救转发器。卫星发射采用一箭多星的发射方式，每次发射可以把 5 颗或 6 颗卫星同时送入轨道。可以满足发射任务的运载火箭有 Ariane-5、Soyue 等。

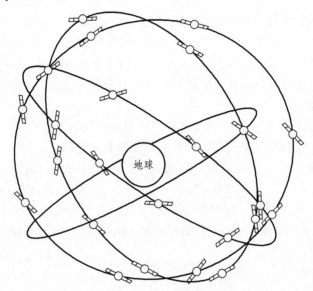

地球

图 2.20　Galileo 系统星座

卫星星体围绕指向地球的偏航轴旋转，以保持它的太阳能电池帆板能指向太阳（峰值时可以产生 1 500 W 的能量）。星体结构采用矩形箱，有效载荷和卫星平台组装在独立的结构面板上。为了防止动量飞轮或转矩杆之类的活动部件对卫星时钟等关键和敏感设备的干扰，要特别注意将它们分隔开。卫星发射质量将达到 700 kg（包括推进剂）。

卫星的有效载荷在卫星上担负着生成所有的时间和导航信号的任务，包括授时、信号发生器和信号发射部分。为了与目前的搜寻与救援服务系统（COSPAS-SARSAT）相兼容，还需要制作专门的天线，以及频率转换、发射和接受平台。授时部分是有效载荷的核心。由原子钟提供精确的时间参考，由此产生的地面位置误差低于 30 cm。有两种不同的原子钟，即铷原子钟和氢原子钟。铷原子钟质量为 3.3 kg，已经进入生产设计阶段，该原子钟由激光泵浦激发铷原子振荡，使其频率达到微波级的 6.2 GHz。另外还在开发更加精确的被动氢原子微波激射器，这项研究开始于 2001 年，已经研制了电路板实验模型。氢原子钟最终模型质量为 15 kg，将直接以 1.4 GHz 的频率振动。这种微波激射器的稳定性非常高，卫星绕轨道运行一周只需要一次地面注入。

信号发生器部分发出导航信号。信号包括 4 种码，它们首先与导航电文进行模 2 相加，然后调制载波，最后传到发射部分。导航电文中包括关于星历和时钟参考的信息。目前正在研究导航信号及其频率的生成和调制，一个初期的实验电路板已经制成。

发射部分将 4 个导航信号载波分别放大到 50 W，然后将这些信号复合到一个输出多路复用器，并传到发射天线。两种功率放大器分别用于 Galileo 频谱的高、低波段，其工程模型已在 2002 年底建成；输出多路复用器的工程模型的开发已于 2003 年初完成；导航天线已在 2003 年底交付合格的工程模型。无论接收机是直接在卫星下方还是相对卫星只有很低的仰角，这些天线将以类似等通量的能量水平覆盖地球表面。针对搜寻救援服务的有效载荷，正在研发一种专门的发射/接收天线，其工程模型已在 2003 年底问世。

通信和遥感探测功能将由两种不同的模式支持：在大部分 ESA 项目中用于跟踪（Tracking）、遥测（Telemetry）和遥控（Command）（TT&C）操作的标准模式和基于扩展谱（speread-spectrum）信号的新模式。

对于卫星上的 TT&C 异频雷达收发机，有极为严格的安全和操作要求。特别是，它们在比地球同步卫星更加恶劣的辐射环境中运行。有可能在一定限度内改变遥控和遥测的操作频率，以适应多星发射抗干扰安全及频率调整的需要。另外，测距使用高稳定的地面时钟参考，可以支持时间传输和时钟同步功能。

2）地面监控部分

伽利略卫星导航系统的地面段是链接空间星座部分和用户部分的桥梁，它的主要任务是承担卫星的导航控制和星座管理，为用户提供系统完好性数据的监测结果，保障用户安全、可靠地使用伽利略卫星导航系统提供的全部服务。主要地面部分的基础设施包括：

（1）两个控制中心（GCC）。两个控制中心是地面控制部分的核心，分别位于法国和意大利。GCC 的功能是：控制星座，保证卫星原子钟的同步，完好性信号的处理，监控卫星及由它们提供的服务，还有内部及外部数据的处理。GCC 由轨道同步与处理设施（OSPF），精确授时设施（PTF），完好性处理设施（IPF），任务控制设施（MCF），卫星控制设施（SCF），服务产品设施（SPF）设施组成。

（2）Galileo 上行链路站（GUS）。往返于卫星的数据将通过 Galileo 上行链路站的全球网络来传输，其中每个 GUS 都综合了一个 TT&C 站和一个任务上行站（MUS）。TT&C 站上行链路通过 S 波段发射，MUS 通过 C 波段发射。

（3）Galileo 监测站（GSS）网络。分布在全球范围的 GSS 网络接收卫星导航信息（SIS），并且检测卫星导航信号的质量，以及气象和其他所要求的环境信息。这些站收到的信息将通过 Galileo 通信网（GCN）中继传输至两个 GCC。完好性信息是 Galileo 与其他 GNSS 系统的主要区别。

（4）Galileo 全球通信网络。利用地面和 VSAT 卫星链路，把所有地面站和地面设施连接起来。

（5）其他地面管理和支持设施。包括管理中心、服务中心、外部区域完好性系统等设施，

其主要工作是：管理星座、计划卫星补网发射、针对伽利略卫星导航系统的改进、向地面站提供安全保障、评估系统服务性能、检查系统操作运行中的异常、工作人员培训、仿真与实验、提供面向通用协调时的界面、提供地球防卫的参数、提供太阳系主要行星星历表、验证系统改进等。

3）用户部分

用户接收机及终端，其基本功能使在用户段实现 Galileo 系统所提供的各种卫星无线导航服务，它应具备下列功能：

（1）直接接收 Galileo 的 SIS 信号。

（2）拥有与区域和局域设施部分所提供服务的接口。

（3）能与其他定位导航系统（例如 GPS）及通信系统（例如 UMTS）互操作。

另外，Galileo 接收机还具有通过集成标准化微芯片来实现其他功能的技术潜力。例如，实现下列功能：

（1）将 Galileo 微型终端集成进入移动电话，使之具备定位导航功能。

（2）集成航空导航功能，使之应用于飞行器试验。

（3）集成进入车载导航平台，向驾驶员提供定位与交通监测服务。

Galileo 卫星导航计划目前正处于开发和确认阶段，在 2008 年 Galileo 系统正式建成并进入商业运行之前，其体系功能都还可能有所更新。Galileo 作为世界上第一个全球民用卫星导航定位系统，将对未来世界科技、经济发展产生重大影响，因而跟踪了解 Galileo 系统，对于我国将来更好地应用该系统，发展我国的科技与国民经济有着重要的意义。

4. BDS 的组成

1）卫星星座部分

北斗二代卫星导航系统的空间部分计划由 35 颗卫星组成，包括 5 颗静止轨道卫星，27 颗中圆地球轨道卫星及 3 颗倾斜同步轨道卫星。5 颗静止轨道卫星定点位置分别为东经 58.75°，80°，110.5°，140° 和 160°，中圆地球轨道卫星运行在 3 个轨道面上，轨道面之间为相隔 120° 均匀分布。

至 2012 年底北斗亚太区域导航正式开通时，已经发射了 16 颗卫星，其中 14 颗组网并提供服务。这 14 颗卫星分别为 5 颗静止轨道卫星、5 颗倾斜地球同步轨道卫星、4 颗中圆地球轨道卫星（均在倾角 55° 的轨道面上）。北斗二号导航卫星星座和卫星组成如图 2.21 所示。

2）地面监控部分

系统的地面段由主控站、注入站和监测站组成。

（1）主控站用于系统运行管理与控制等。主控站从监测站接收数据并进行处理，生成卫星导航电文和差分完好性信息，而后交由注入站执行信息的发送。

（2）注入站用于向卫星发送信号，对卫星进行控制管理，在接收主控站的调度后，将卫星导航电文和差分完好性信息向卫星发送。

（3）监测站用于接收卫星的信号，并发送给主控站，可实现对卫星的监测，以确定卫星轨道，并为时间同步提供观测资料。

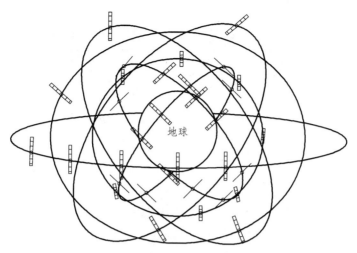

图 2.21　北斗二号导航卫星星座

3）用户设备部分

用户段即用户的终端，即可以是专用于北斗卫星导航系统的信号接收机，也可以是同时兼容其他卫星导航系统的接收机。接收机需要捕获并跟踪卫星的信号，根据数据按一定的方式进行定位计算，最终得到用户的经纬度、高度、速度、时间等信息。

2.2.1.3　GNSS 定位原理

测量学中的交会法测量里有一种测距交会确定点位的方法。与其相似，GPS 的定位原理就是利用空间分布的卫星以及卫星与地面点的距离交会得出地面点位置。简言之，GPS 定位原理是一种空间的距离交会原理。

设想在地面待定位置上安置 GPS 接收机，同一时刻接收 4 颗以上 GPS 卫星发射的信号。通过一定的方法测定这 4 颗以上卫星在此瞬间的位置以及它们分别至该接收机的距离，据此利用距离交会法解算出测站 P 的位置及接收机钟差 δt。

如图 2.22 所示，设时刻 t_i 在测站点 P 用 GPS 接收机同时测得 P 点至四颗 GPS 卫星 S_1、S_2、S_3、S_4 的距离 ρ_1、ρ_2、ρ_3、ρ_4，通过 GPS 电文解译出四颗 GPS 卫星的三维坐标 (X^j, Y^j, Z^j)，$j = 1, 2, 3, 4$，用距离交会的方法求解 P 点的三维坐标 (X, Y, Z) 的观测方程为：

$$\begin{cases} \rho_1^2 = (X - X^1)^2 + (Y - Y^1)^2 + (Z - Z^1)^2 + c\delta t \\ \rho_2^2 = (X - X^2)^2 + (Y - Y^2)^2 + (Z - Z^2)^2 + c\delta t \\ \rho_3^2 = (X - X^3)^2 + (Y - Y^3)^2 + (Z - Z^3)^2 + c\delta t \\ \rho_4^2 = (X - X^4)^2 + (Y - Y^4)^2 + (Z - Z^4)^2 + c\delta t \end{cases} \quad (2.31)$$

式中，c 为光速；δt 为接收机钟差。

由此可见，GPS 定位中，要解决的问题就是两个：

一是观测瞬间 GPS 卫星的位置。

二是观测瞬间测站点至 GPS 卫星之间的距离。站星之间的距离是通过测定 GPS 卫星信号在卫星和测站点之间的传播时间来确定。本章在讲述定位原理的同时，将解决距离测定的问题。

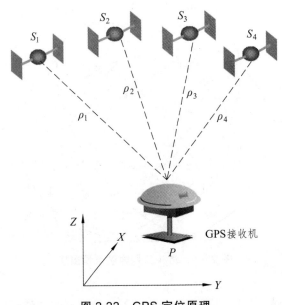

图 2.22　GPS 定位原理

对于北斗一号系统，测距是双程测距模式，信号的发送和接收都是以地面控制中心的钟为准，不涉及站星间的时间同步问题。而实际上该系统只有两颗工作卫星，其定位原理则是测站至两卫星间的距离和测站所在的高程交会出来的位置。可形象地看成是两球面加地球面交会的结果。

通过以上分析可知，GNSS 定位中，要解决的问题是两个：一是观测瞬间 GNSS 卫星的位置。GNSS 卫星发射的导航电文含有 GNSS 的卫星星历，通过卫星星历可以实时确定卫星的位置信息。二是观测时刻测站至 GNSS 卫星之间的距离。站、星之间的距离是通过测定 GNSS 卫星信号在卫星和测站之间的传播时间延迟来确定的。距离测量主要采用两种方法：一种是 GNSS 卫星发射的测距码信号到达用户接收机的传播时间，即伪距测量；另一种是测量具有载波多普勒频移的 GNSS 卫星载波信号与接收机产生的参考载波信号之间的相位差，即载波相位测量。因此，GNSS 在实际定位中又有多种不同的定位方法。

2.2.1.4　GNSS 定位方法

用户可以根据不同的用途采用不同的 GNSS 定位方法。在大地测量中，主要应用的是 GPS 技术，其他的 GNSS 系统由于某些原因还未大范围地应用到大地测量的数据采集作业中。这里主要介绍 GPS 的定位方法。其他的系统与 GPS 相似。

1. GPS 卫星的信号

GPS 卫星的测距码信号和导航电文信号都属于低频信号，其中 C/A 码和 P 码的数码率分别为 1.023 Mbit/s 与 10.23 Mbit/s，而 D 码的数码率仅为 50 bit/s。GPS 卫星离地面 20 000 多千米，其电能又非常紧张，因此很难将上述数码率很低的信号传输到地面。解决这一问题的办法就是另外发射一种高频信号，并将低频的测距码信号和导航电文加载到这一高频信号上，构成一高频的已调波发射给地面。

GPS 卫星所发射信号的频率，都要受到卫星上原子钟的控制，GPS 卫星原子钟的基准频

率 f_0 名义值为 10.23 MHz，考虑到相对论效应，其实际值向下调整了 4.55×10^{-3} Hz。卫星利用频率综合器产生的载波频率与基准频率存在如下关系：

$$f_1 = 154 f_0 \tag{2.32}$$

$$f_2 = 120 f_0 \tag{2.33}$$

即每颗 GPS 卫星用两个 L 波段的信号（即 L1 和 L2）作为载波信号，其中载波 L1 的频率 f_1 为 1 575.42 MHz，相应的波长 λ_1 约为 19 cm；载波 L2 的频率 f_2 为 1 227.60 MHz，相应的波长 λ_2 约为 24.4 cm。

在 GPS 卫星载波 L1 和 L2 上调制的信号成分并不完全相同，载波 L1 上调制有 C/A 码、P 码和数据码，而载波 L2 上只调制有 P 码和数据码，如图 2.23 所示。

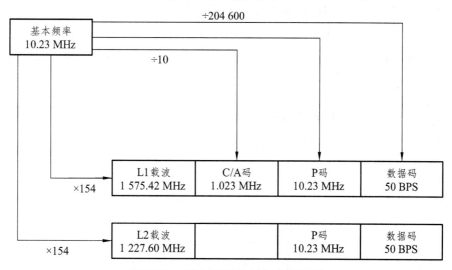

图 2.23　GPS 卫星信号构成示意图

2. GPS 定位服务

GPS 定位服务包括精密定位服务（PPS）和标准定位服务（SPS）。

（1）PPS：授权的精密定位系统用户需要密码设备和特殊的接收机，包括美国军队、某些政府机构以及批准的民用用户。PPS 的定位精度为 15～7 m，时间精度为 100 ns。

（2）SPS：对于普通民用用户，美国政府对于定位精度实施控制，仅提供 SPS 服务。SPS 服务可供全世界用户免费、无限制地使用。美国国防部通过所谓的选择可用性（SA）方法有意将 SPS 的精度降低至 100 m。SA 已于 2000 年取消，SPS 的定位精度为 10 m，时间精度为 340 ns。

3. GPS 定位方法的分类

1）按定位的模式划分

利用 GPS 进行定位的方法有很多种。若按照参考点的位置不同，则定位方法可分为

（1）绝对定位。即在协议地球坐标系中，利用一台接收机来测定该点相对于协议地球质心的位置，也叫单点定位。这里可认为参考点与协议地球质心相重合。GPS 定位所采用的协议地球坐标系为 WGS-84 坐标系。因此绝对定位的坐标最终成果为 WGS-84 坐标。

（2）相对定位。即在协议地球坐标系中，利用两台以上的接收机测定观测点至某一地面参考点（已知点）之间的相对位置。也就是测定地面参考点到未知点的坐标增量。由于星历误差和大气折射误差有相关性，所以通过观测量间求差可消除这些误差，因此相对定位的精度远高于绝对定位的精度。

2）根据定位时接收机运行状态划分

按用户接收机在作业中的运动状态不同，则定位方法可分为如下两种：

（1）静态定位。即在定位过程中，将接收机安置在测站点上并固定不动。严格说来，这种静止状态只是相对的，通常指接收机相对与其周围点位没有发生变化。

（2）动态定位。即在定位过程中，接收机处于运动状态。

GPS 绝对定位和相对定位中，又都包含静态和动态两种方式。即动态绝对定位、静态绝对定位、动态相对定位和静态相对定位。

3）根据获取定位结果的时间划分

（1）实时定位。实时定位是根据接收机观测到的数据，实时地解算出接收机天线所在的位置。

（2）非实时定位。非实时定位又称后处理定位，它是通过对接收机接收到的数据进行后处理获得接收机天线所在的位置的方法。

若依照测距的原理不同，又可分为测码伪距法定位、测相伪距法定位、差分定位等。

2.2.1.5　GPS 接收机

1. 导航型接收机

此类型接收机主要用于运动载体的导航，它可以实时给出载体的位置和速度。这类接收机一般采用 C/A 码伪距测量，单点实时定位精度较低，一般为 ±25 m，有 SA 影响时为 ±100 m。这类接收机价格便宜，应用广泛。根据应用领域的不同，此类接收机还可以进一步分为：车载型—用于车辆导航定位；航海型—用于船舶导航定位；航空型—用于飞机导航定位。由于飞机运行速度快，因此，在航空上用的接收机要求能适应高速运动。星载型—用于卫星的导航定位。由于卫星的速度高达 7 km/s 以上，因此对接收机的要求更高。

GPS 导航接收机的产品种类很多，功能和操作也有不同，但其基本功能相差不多，基本工作过程也类似。一般的导航接收机的基本工作过程是：

（1）接通电源。

（2）等待搜索卫星。接收机自动寻找天上可观测的卫星，完成锁定。这样等待一段时间，不同接收机的等待时间不同，大约几秒钟到几分钟。

（3）显示定位结果。接收机锁定 4 颗（或 4 颗以上）卫星即开始定位并显示。一般将显示位置和速度，他们是经纬度、高程，向北速度、向东速度和向上速度。接收机选定的数据更新率，不断更新定位、定速结果。

2. 相位测量接收机

由于载波的波长远小于测距码的波长，所以在分辨率相同的情况下，载波相位的观测精度较码相位的观测精度为高。例如，对载波 L_1 而言，其波长为 19 cm，所以相应的距离观测误差约为 2 mm；而对载波 L_2 的相应误差约为 2.5 mm。载波相位观测是目前精度最高的观测方法。近年来已有不少公司生产出不同型号的 GPS 相位测量接收机。美国 Litton Aero Service 公司生产的 Macrometer V-1000 是一种单频（L_1）相位测量接收机，这是最早推出的商用相位测量接收机。近年来 GPS 接收机的发展趋势是向小型化、高精度和高稳定性方向发展。

2.2.2　卫星测高

卫星测高（satellite altimetry）是利用人造地球卫星携带的测高仪，测定卫星到瞬时海平面（或平坦地面）的垂直距离的技术和方法。主要用于海洋大地测量，目的是根据卫星测高获取的海洋面至卫星的高度，确定海洋大地水准面和海面地形。其原理为：用地面跟踪站的观测数据确定卫星的轨道数和位参数（确定卫星的地心向径），用测高仪测取海洋面至卫星的高度（确定海洋面的地心向径），而地球椭球体的几何参数和定位参数（地球椭球体面的地心向径）为已知，由此可算出海洋面与地球椭球体面之间的地心向径之差，即海面高度 ζ；再用海面高度并根据海洋大地水准面的定义，可确定海洋大地水准面，大地水准面的差距 N 也可进而确定。利用 ζ-N 的数据并进行滤波，即得海面地形。还应顾及诸如轨道改正、仪器改正、大气改正、海洋物理改正等。

2.2.2.1　基本原理

卫星测高仪是一种星载的微波雷达，它通常由发射机、接收机、时间系统和数据采集系统组成。卫星测高技术就是利用这种测高仪来实现其功能。一般采用 13.9 GHz 的发射频率，发射功率达到 2 kW，作用距离达到 800 km。雷达天线采用直径为 0.6～1 m 的抛物形天线。为了同时保证测量精度、分辨率以及作用距离等指标的要求，发射的雷达脉冲必须具有较大的时频宽度，于是采用了脉冲压缩技术进行发射和接收。压缩后的脉冲宽度可达到纳秒级（10^{-9} s）。脉冲压缩技术解决了无线电理论中脉冲的时域和频域宽度不能同时做很大的矛盾。脉冲的时频宽之积称为压缩比。

它的基本原理是：利用星载微波雷达测高仪，通过测定微波从卫星到地球海洋表面再反射回来所经过的时间来确定卫星至海面星下点的高度，根据已知的卫星轨道和各种改正来确定某种稳态意义上或一定时间尺度平均意义上的海面相对于一个参考椭球的大地高或海洋大地水准面高。

卫星作为一个运动平台，其上的雷达测距仪沿垂线方向向地面发射微波脉冲，并接受从地面（海面）反射回来的信号卫星上的计时系统同时记录雷达信号往返传播时间 Δt。已知光速值 c，则雷达天线相位中心到瞬时海面的垂直距离 h_a 为

$$h_a = c \times \frac{\Delta t}{2} \tag{2.34}$$

由于卫星发射的雷达波束宽约 1°，所以卫星发射雷达波束到达海面的波迹半径约为 3～5 km。因此，测高仪测得的距离 h_a 相当于卫星天线相位中心到这个半径为 3～5 km 圆形面积内海面的平均距离。

卫星测高的基本观测方程为

$$h_a = r_s - r_p + \frac{r_s}{8}\left(1 - \frac{r_p}{r}\right)e^4 \sin^2 2\varphi - (N + \zeta_i + \zeta_s) \tag{2.35}$$

式中，e 为椭球第一偏心率；h_a 为卫星相对瞬时海面的高度；r_s 为卫星的地心距（由卫星的位置取得）；r_p 为卫星星下点（卫星在平均地球椭球面的投影点）P 的地心距；ζ_i 为瞬时海面和似静海面之间的差距；ζ_s 为似静海面至大地水准面间的差距；φ 为地理纬度；N 为大地水准面高。相对关系如图 2.24 所示。

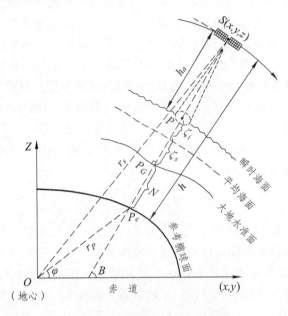

图 2.24　卫星测高几何原理图

由于测高卫星在运行和工作过程中时刻受着各种客观因素的影响，其观测值不可避免地存在误差，因此要使用观测值，必须先对其进行相应的各种地球物理改正以消除误差源的影响。这些改正包括仪器校正、海面状况改正、电离层效应改正以及周期性海面影响改正等。只有经过改正之后的 h_a 才有意义。卫星至所选定的平均椭球面之间的距离（即大地高）h 可以根据卫星的精密轨道数据得出，当精确求得 h_a 后可确定海面高 h_0

$$h_0 = h - h_a \tag{2.36}$$

2.2.2.2　测高观测量及误差分析

式（2.35）给出了测高仪器的简明观测方程，在实际应用中需对其进行精化。图 2.25 给出了卫星测高的几何学关系，由此可得

$$h = N + H + \Delta H + a + d \tag{2.37}$$

式中，h 仍为根据轨道计算的测高仪卫星的大地高；N 为大地水准面高；H 为海面地形；ΔH 为瞬间潮汐效应；a 仍为测高仪的观测值；d 为计算的轨道与真实的轨道之差。

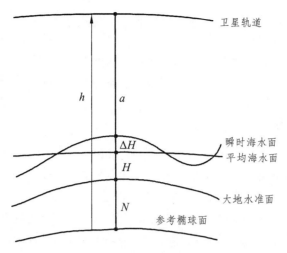

图 2.25　卫星测高的几何关系

$H + \Delta H$ 等于观测值与大地水准面高的差值，记为 $\bar{H}$。测高仪的观测量 a 应作大气影响的改正，这一改正应参照卫星的质量中心。大地水准面与平均海水面间的差称为海面地形，其差可达 $1 \sim 2$ m。平均海水面被定义为不随时间变化的静止海面，海平面与大地水准面之差与海水的含盐度、温度、大范围的气压差及强潮流等的不同有关。对于优于 2 m 的分辨率，用平均海水面来逼近大地水准面的方法已不再有效，而要把与各种验潮结果结合在一块的高程系统连续起来，也会有很多的困难。

测高观测量中包含的误差和改正项主要有三类：真实轨道与计算轨道之差（轨道误差）；信号传播路径上的影响；瞬间海水面与大地水准面之差。

轨道误差主要是由下列原因引起的：用于轨道计算的地球重力场模型的精度；跟踪站的坐标误差；跟踪系统的误差或局限性；轨道计算中的模型误差。其中最主要的影响一般来自地球重力场。由于每颗卫星只对球谐系数的某一子集特别敏感，因此对于特定卫星的观测量来研制特定的重力场模型是很有效的方法。例如将 GEMIO 重力模型用于 GEOS-3 测高卫星，就使其轨道精度从 10 m 提高到 $1 \sim 2$ m。跟踪系统是影响轨道精度的第二个重要的因素。为获得高精度的轨道，可采用星载 GPS 定轨技术。跟踪站的地心坐标也应采用 SLR、VLBI、GPS 等技术精确测定，并随着新的观测量的增加而不断改善，目前的精度达到了几个厘米。即使如此，剩余的轨道误差仍比测高仪的精度大得多。因此，必须改进轨道计算模型、应用一些非动力学的方法等。

信号路径上的影响可分为仪器误差和传播误差。最主要的仪器影响包括：雷达天线相位中心和卫星质量中心之间的距离；测高仪电子线路中的传播延迟；测量系统中的计时误差等。在制造测高仪器时，可将这些影响减小到最低程度并可以估算。仪器误差的全部影响应在精度勘测过的试验区内进行测高仪标定时加以测定和控制。信号传播误差是由电离层折射引起的，为 $5 \sim 20$ cm，这取决于电离的强度，其影响可以用双频来改正。对流层折射的影响大约是 2.3 m，因为只使用了垂直方向上的观测量，其影响可以用适合的大气折射模型很好地加以改正，精度可达到几厘米。传播误差中还包括实际海况对反射信号的影响。

瞬时海水面与大地水准面的偏差可分为不随时间变化的 H 部分以及随时间变化的 ΔH 部分。在用测高观测量确定平均海水面之前，应先对随时间变化的分量加以改正。由波浪引

起的海水面变化已在测高仪观测过程中被平滑掉了，可以忽略不计。因此要考虑的改正项主要是因潮汐等引起的海水面变化。

卫星测高直接测得的海面高的分辨率与精度可达到 5 km 和 5 cm 的水平，但由于受海面地形、海洋潮汐环境改正模型误差的影响，海洋大地水准面的精度很难达到 ± 10 cm。

2.2.3 甚长线干涉测量

甚长基线干涉测量（Very Long Baseline Interferometry，VLBI）技术是 20 世纪 60 年代后期发展起来的射电干涉观测技术。它能把相距几千甚至上万千米的两台射电望远镜组合成一个分辨率非常高的射电干涉测量系统。两台站间的连线称为基线，因此 VLBI 被称为甚长基线干涉。VLBI 的分辨率随基线的延伸也得到了提高，目前已经达到 0.1 mas 的量级。VLBI 技术的超高分辨率促成了其在天文、地球物理、大地测量和空间技术等领域得到了广泛的应用，包括射电天文、地球自转参数精确测定、地壳形变监测、深空探测及电离层探测等。

2.2.3.1 VLBI 大地测量原理

VLBI 技术的观测目标是距地球非常遥远的河外射电源，它们一般都在距离地球一亿光年以外的宇宙空间。当天体辐射的电磁波到达地球表面时，传播距离远远大于 VLBI 的基线距离，可以认为此刻波前面是平行传播的，也称为平面波。由于两天线到某一射电源的距离不同，有一路程差 L，则射电信号的同一波前面到达两天线的时间也将不同，有一时间延迟。根据图 2.26 的几何关系可得

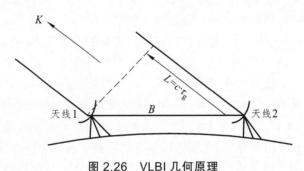

图 2.26　VLBI 几何原理

$$L = c \cdot \tau_g \tag{2.38}$$

式中，c 为真空光速。若设 $\boldsymbol{B}$ 为天线 1 到天线 2 的基线向量，$\boldsymbol{K}$ 为被观测电源的方向，则有

$$\tau_g = -\frac{1}{c}(\boldsymbol{B} \cdot \boldsymbol{K}) \tag{2.39}$$

由于地球的运动，向量 $\boldsymbol{K}$ 相对于基线向量 $\boldsymbol{B}$ 的方向将发生变化，使得 τ_g 是时间的函数，它对时间的导数称为延迟率 $\dot{\tau}_g$，即

$$\dot{\tau}_g = -\frac{1}{c}\frac{\partial}{\partial t}(\boldsymbol{B} \cdot \boldsymbol{K}) \tag{2.40}$$

大地测量所采用的 VLBI 观测量主要就是延迟和延迟率。

式（2.39）和式（2.40）中的 **B**、**K** 必须是同一坐标系中的量。但通常射电源方向是用天球坐标系中的赤经和赤纬 (τ, δ) 表示的，而基线向量是用地球坐标中的向量 $b = (\Delta X, \Delta Y, \Delta Z)$ 表示的。实际计算时需将 b 转换到天球坐标系中，即

$$B = PNSWb \tag{2.41}$$

式中，**P**、**N**、**S**、**W** 分别为岁差旋转矩阵、章动旋转矩阵、地球周日自转旋转矩阵和极移旋转矩阵。

为简明起见，在讨论 VLBI 原理时，暂不考虑岁差、章动和极移的影响，则式（2.41）可表示为

$$B = R_Z(-\theta_g)b = \begin{pmatrix} \Delta X \cos\theta_g - \Delta Y \sin\theta_g \\ \Delta X \sin\theta_g - \Delta Y \cos\theta_g \\ \Delta Z \end{pmatrix} \tag{2.42}$$

将式（2.42）代入式（2.40）、式（2.41）整理可得

$$\tau = -\frac{1}{c}[\Delta X \cos\delta \cos(\theta_g - \alpha) - \Delta Y \cos\delta \sin(\theta_g - \alpha) + \Delta Z \sin\delta] \tag{2.43}$$

$$\dot{\tau} = -\frac{1}{c}[\Delta X \omega_g \cos\delta \sin(\theta_g - \alpha) + \Delta Y \cos\delta \cos(\theta_g - \alpha)] \tag{2.44}$$

式中，θ_g 为格林尼治地方恒星时，ω_g 为地球自转速度。

式（2.43）、式（2.44）就是利用 VLBI 延迟和延迟率观测量解算有关大地测量参数的原理公式。通过分析可知，VLBI 参数解算具有下列特点：

（1）VLBI 延迟和延迟率是纯几何观测量，其中没有包含地球引力场的信息，因此观测量的获得也不受地球引力场的影响。

（2）VLBI 是相对测量，利用 VLBI 技术只能测定出两个天线之间的相对位置，即基线矢量，不能直接测出各天线的地心坐标。为确定 VLBI 站的地心坐标，通常是一个测站上同时进行 VLBI 和激光测卫（SLR）观测。以 SLR 技术测量的地心坐标为基准，进而推算出其他 VLBI 站的地心坐标。

（3）由于射电源的赤经（α）和地球自转的变化（θ_g）之间有直接关系，无法独立从延迟和延迟率观测量中解算出来。因此，VLBI 技术不能独立地确定射电源参考系的赤经原点，它必须用其他技术来测定。

（4）延迟率观测量中不包含基线 ΔZ 分量的影响，所以仅由延迟率观测无法解算出基线 ΔZ 分量。另外，将延迟率的数据加到延迟数据中，并不会减少为求得所有未知参数所需观测的射电源数目。目前延迟率仅作为辅助观测参加数据处理和参数解算，而起决定作用的是延迟观测量。

2.2.3.2　VLBI 系统

VLBI 系统结构如图 2.27 所示，由天线、接收机、记录设备和相关处理机等单元组成。以下结合各单元的基本功能，简要介绍 VLBI 观测量数据采集过程。

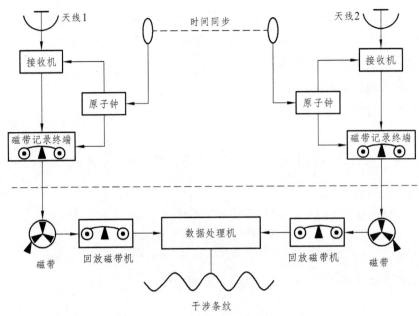

图 2.27　VLBI 系统结构

（1）首先由组成系统的两个天线接收被测射电源发射的射电信号，并将其聚焦在天线抛物面的焦点上，之后由馈源将收集到的电磁波转换成高频电流，传输给接收机。天体测量与大地测量 VLBI 观测量（时延、时延率）的观测精度与系统的信噪比成正比，而信噪比与天线口径成正比，由于河外射电源的信号一般非常微弱，为使时延和时延率的观测能获得足够的信噪比，VLBI 的天线口径一般都在 20 m 以上。

（2）接收机接收射电信号，并对信号进行处理。接收机的主要作用是利用高频放大器将该信号放大成射频信号，之后由混频器变频为具有一定带宽的中频信号。混频器混频时需要一个本振信号，本振信号是由台站的本机振荡器提供的。

（3）接收机将中频信号送达数据记录终端设备。目前 VLBI 台站上采用的数据记录终端设备有 MARK3 系统或升级版的 MARK4 和 MARK5 系统。其中，MARK3 记录系统主要包含 2 个中频分配器、14 个视频变换器和格式单元的数据采集系统、1 个磁带记录机、1 台控制数据采集系统和磁带机运行的计算机。来自接收机的中频信号被送到中频分配器后，再分送给 14 个视频变换器，视频变换器的功能是将中频频段内不同频段的信号转换为能被磁带机记录的 0 ~ 2 MHz 的视频信号（也称基带信号，base band）。视频变换器输出的视频信号被送到格式单元，它的主要功能是将视频信号数字化。由格式编码器对数据进行编码，把信号和必要信息编制成特定格式。经格式化后的数据由磁带记录机按照特定的模式记录到专用的磁带上。这里需要指出的是，每个频率转换器都有独立本振，它们会引起相位漂移，因此需要进行相位校准。相位校准系统是由 1 个脉冲发生器组成，每 1 μs 发出 1 个脉冲注入信号中，这个脉冲注入点被定义为延迟的参考点。由于 VLBI 观测数据量非常大，一般计算机所使用的硬盘容量很难满足 VLBI 的观测数据量，所以 VLBI 的数据记录系统通常采用的是专用磁带或磁盘阵列。从 MARK1 到 MARK4 数据采集系统都是把观测数据记录在磁带上，从

MARK5 开始，采用磁盘阵列记录 VLBI 数据。记录容量和数据率有了较大提高，同时出现了全频谱记录系统，可以不再需要中频分配器。

（4）最后，由磁带记录机记录的观测数据被送到相关处理系统，首先对数据进行回放，再输入给对应通道的相关器进行互相关计算，得到相关函数值，即干涉条纹，然后在计算机上利用软件系统进行条纹拟合计算，从而获得所需的时延和时延率观测值。

2.2.3.3　射电天线（射电望远镜）

射电天线是 VLBI 系统中的核心设备。其主要功能为对准并跟踪观测的射电源，接收射电源的射电辐射，然后输出给接收机做进一步信号处理用。从而解算出观测目标的位置、天线的位置及与地球的运动相关的许多有价值的参数。这种观测模式就好像人们拿着望远镜去观测遥远的射电源，因而形象地把 VLBI 天线称为射电望远镜。

由于 VLBI 观测的射电源一般都非常遥远，大多在 1 亿光年以远，所以信号十分微弱，其流量密度只有几个 Jy 甚至于更低（Jy 为射电源的流量密度单位，$1\,Jy = 1 \times 10^{-26}\ W/(m^2 \cdot Hz)$）。要接收到这么微弱的信号，需要有高灵敏度且口径很大的天线才可以实现。所以射电天线的口径较大，一般为几十米，甚至上百米。对于天体测量与大地测量应用的固定 VLBI 观测站，天线口径一般为 20 ~ 30 m。早在 1946 年，英国曼彻斯特大学就开始建造直径 66.5 m 的固定抛物面射电望远镜，1955 年建成当时世界上最大的 76 m 直径的可转抛物面射电望远镜。与此同时，澳、美、苏、法、荷等国也竞相建造大小不同和形式各异的早期射电望远镜。除了一些直径在 10 m 以下、主要用于观测太阳的设备外，还出现了一些直径 20 ~ 30 m 的抛物面望远镜，发展了早期的射电干涉仪和综合孔径射电望远镜。20 世纪 60 年代以来，相继建成的射电望远镜有美国国立射电天文台的（42.7 m）、加拿大的（45.8 m）、澳大利亚的（64 m 全可转抛物面）、美国的（305 m 固定球面）、工作于厘米和分米波段的射电望远镜以及一批直径 10 m 左右的毫米波段的射电望远镜。

2012 年 10 月亚洲最大的射电望远镜在上海建成，其天线口径为 65 m，总体性能在国际上处于第四位。这台 65 m 的射电天文望远镜如同一只灵敏的耳朵，能仔细辨别来自宇宙的射电信号。它覆盖了从最长 21 cm 到最短 7 mm 的八个接收波段，涵盖了开展射电天文观测的厘米波段和长毫米波段，是中国目前口径最大、波段最全的一台全方位可动的高性能的射电望远镜，总体性能仅次于美国的 110 m 射电望远镜、德国的 100 m 射电望远镜和意大利的 64 m 射电望远镜。图 2.28 为 65 m 天线建成后的照片。

世界最大单口径射电望远镜 – 500 m 口径球面射电望远镜（FAST 工程）已于 2017 年在贵州建成。该天线的口径为 500 m，大小相当于 30 个足球场的面积，如图 2.29 所示。FAST 是"十一五"国家重大科技基础设施建设项目，是世界上口径最大、最具威力的单天线射电望远镜。该项目建设工期为 5.5 年，建设地点在贵州省黔南州平塘县大窝凼洼地。项目于 2011 年 3 月动工，工程进展如期推进，截止到 2016 年 5 月 1 日已完成 4 290 块反射面面板安装，工程进入收尾阶段。FAST 的反射面总面积约 25 万平方米，由 4450 块反射面板组成，用于汇聚无线电波供馈源接收机接收。反射面安装工程预计 2016 年 5 月下旬完成，5 月底进入整体调试阶段。到 2016 年 9 月，FAST 将完成全部工程并投入使用。

图 2.28　上海 65 m 射电望远镜

图 2.29　500 m 口径球面射电望远镜（FAST 工程）

　　FAST 被喻为"天眼"，它的主要目标是探测宇宙中的遥远信号和物质，在开展从宇宙起源到星际物质结构的探讨、对暗弱脉冲星及其他暗弱射电源的搜索、高效率开展对地外理性生命的搜索等方面实现科学和技术的重大突破。FAST 与号称"地面最大的机器"的德国波恩 100 m 望远镜相比，灵敏度提高约 10 倍；与被评为人类 20 世纪十大工程之首的美国 Arecibo 300 m 望远镜相比，其综合性能提高约 2.25 倍。作为世界最大的单口径望远镜，FAST 将在未来 20—30 年保持世界一流设备的地位。

2.2.3.4　空间 VLBI 技术

　　为了提高 VLBI 技术的分辨能力，国际上从 1970 年开始提出了空间 VLBI 的概念，以及建立空间 VLBI 系统的各种设想。到了 1980 年空间 VLBI 在理论和技术实现上已比较成熟。1997 年人类历史上的第一颗空间 VLBI 卫星（VSOP）在日本发射成功。虽然空间 VLBI 是为天体物理学研究而提出来的，但从概念上讲，它比地面 VLBI 有更大的优势应用于大地测量等领域，因此它必将成为大地测量的一种更加有效的观测技术。

从 VLBI 的原理来说，空间 VLBI 与地面 VLBI 没有什么不同，空间 VLBI 站可视为地面 VLBI 网向空间延伸的一个组成部分，它与地面天线的作用一样，用于接收射电源发出的信号并与地面天线接收的信号进行相关处理，获得各种科学研究所需的观测数据。但由于将天线放置在空间，使得它在技术实现上与地面 VLBI 有所不同，其主要特点是：

（1）空间站本振的相位锁定在地面跟踪站的氢脉冲频标上，这个频标由跟踪站通过一条向上无线电通道发送给空间站。

（2）空间站接收到的射电信号以及其他数据通过一条向下无线电通道发回给地面跟踪站。

（3）空间站上必须配备高精度的天线姿态调整、轨道控制和检测系统。

（4）空间站的能源通过接收太阳能来提供。

（5）须有全球覆盖的、能与空间站保持不间断通信的地面支持系统。图 2.30 为空间 VLBI 系统的示意图。

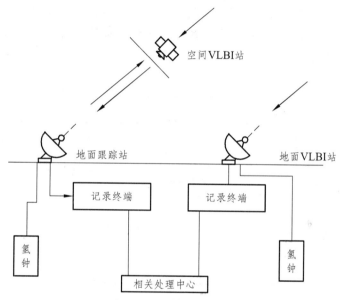

图 2.30　空间 VLBI 系统

空间 VLBI 应用于大地测量在技术上一个最显著的优势就是将地面 VLBI 的几何测量变为动力测量。在前面已经指出，由两个地面 VLBI 站组成基线进行的测量，从大地测量的角度来看是几何测量，只能测定两站的相对位置，而不能独立测定地心坐标。引入空间 VLBI 后，由于它的轨道是在地心坐标系中描述的，其运动受到各种地球动力学因素的影响，这样通过空间站与地面站组成基线时便可形成一个动力测量系统，从而直接测定出地面站的地心坐标。由于世界上所有的 VLBI 天线都将参加空间 VLBI 的观测，所以可利用空间 VLBI 技术本身独立地建立一个完整的地球参考系。因为空间 VLBI 站不仅能作为地面上各种人卫跟踪站的被观测体，而且它本身也将作为人卫轨道上的一个空间观测站，直接观测河外射电源，从而能实现人卫动力学参考系与射电源参考系的直接连接和统一。除此之外，借助于空间 VLBI，就可在 VLBI 技术的内部建立起协议地球参考系与天球参考系的转换，从而形成一个统一的天球和地球参考系统（即有公共走义的原点，统一的旋转和尺度系统）。这种坐标系统的统一对大地测量及相关领域的研究具有重要意义。

2.3 高程测量技术

由第一节可知：一个待测点的空间位置包括其平面位置和高程，高程即该点沿铅垂线方向到高程基准面的距离。在测量技术和仪器已经大为改善的今天，高程可以通过 GPS 等方法直接获得，但对于传统测量学来说，高程一般无法直接确定，而是通过测量在相同水准面上的高差，并由已知点的高程传递而得。本节将讲述两种重要的高差测量方法：水准测量和三角高程测量。

2.3.1 水准测量

2.3.1.1 水准测量的原理

水准测量的基本原理其实很简单，如图 2.31 所示，若 A 点的高程 H_A 已知，如果可以测得 A 点到 B 点的高差 h_{AB}（ $h_{AB} = H_B - H_A$ ，B 点到 A 点的高差为 $h_{BA} = H_A - H_B$ ，且 $h_{AB} = -h_{BA}$ ），就可以求得 B 点的高程。

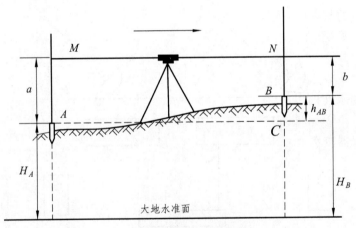

图 2.31　水准测量的原理图

然而，在具体的工作中，我们无法将仪器深入地面进行测量，为了间接地测得高差，需要使用水准仪和水准尺。首先，在 A、B 两点各竖立一根水准尺，然后将水准仪安置在 A、B 两点之间。假设水准仪的水平视线在 A 和 B 处的水准尺面分别相交在 M 和 N 的位置，MA 即 A 点水准尺的读数 a，NB 即 B 点水准尺的读数 b，过 A 点作一条水平线与 B 点的铅垂线相交于 C，则可得 A 点到 B 点的高差为

$$h_{AB} = a - b \qquad (2.45)$$

由于 A 点的高程已知，在测量中称之为后视点，读数 a 为后视读数，B 点则为前视点，读数 b 为前视读数，因此在水准测量中，高差等于后视读数减去前视读数。可见，高差有正有负，当 $(a > b)$ 时，h_{AB} 为正，此时 B 点高于 A 点；当 $a < b$ 时，h_{AB} 为负，此时 B 点低于 A 点。因此，在水准测量中，高差符号的下标非常重要，不能随意混淆。

不过，上述的基本原理只适用于 A、B 两点相距不远的情况，即只用安置一次水准仪就可以得到两根水准尺的读数。如果两点距离较远或者高差较大，仅仅安置一次仪器并不能测

得高差时，那么就需要另外加设若干个临时的立尺点，将已知点的高程传递到未知点，这些立尺点称为转点。此时，两点之间的高差是按照一条施测路线，依次安置水准仪，然后通过求和计算得到的，而每安置一次水准仪称为一个测站。

不过，需要注意以下几点：

（1）当条件满足时，要尽量减少测站的数目，因为每增加一个测站，误差也会随之增加；

（2）每一个测站的高差都是后视读数减去前视读数，顺序不能颠倒；

（3）如果转点较多，为防止出现简单的计算错误，最好先对各测站的高差求和，再用后视读数之和减去前视读数之和，判断两个结果是否相同。

2.3.1.2　水准测量的工具

水准测量的主要工具有水准仪、三脚架、水准尺和尺垫等，其中水准仪的三脚架与经纬仪和全站仪的三脚架类似，只不过水准仪不需要对中，所以水准仪的脚架顶端不允许仪器能够移动。

1. 水准仪

由水准测量的基本原理可知，水准测量的关键是必须能建立水平视线，水准仪就是能为水准测量提供水平视线的仪器。为此，水准仪应具备一个构成视准轴的望远镜；必须有一个能够引导视准轴居于水平位置的原件（水准器是这种原件中最简单的一种）；为了将视准轴放置在水平位置，并能做水平旋转，需要有脚螺旋和垂直轴。这些部件结合起来，就可以构成一台最简单的水准仪，如图 2.32 所示。这些基本部件之间应满足以下条件：① 视准轴应与水准器轴平行；② 水准器轴应与垂直轴垂直。

这样，当仪器按水准器整平后，视准轴在各个方向上都水平了。

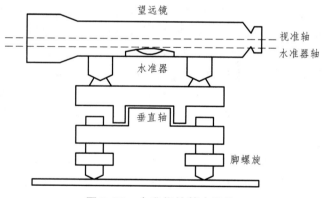

图 2.32　水准仪的基本结构

我国生产的微倾式水准仪主要有 DS05、DS1、DS3 和 DS10 系列（D 表示大地测量，S 表示水准仪），精度（每公里往返测高差中数偶然中误差最大值）分别为 0.5 mm、1 mm、3 mm 和 10 mm（S05 系列用于国家一等精密水准测量，S1 系列用于国家二等精密水准测量，S3 系列用于国家三、四等水准测量和一般工程测量，S10 系列只能用于一般工程测量）。

2. 精密水准仪

精密水准仪一般是指精度高于 ±1 mm/km 的水准仪，我国水准仪系列中 DS_1 等均属于精

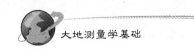

密水准仪。精密水准仪有微倾式、自动补偿式和数字式。精密水准仪主要用于高精度测量工程如：建筑物、构筑物、地面的沉降观测、重要工程高程控制网的布设、大型建筑物的施工和设备安装等测量工作。精密水准仪种类很多，目前大地测量中常用有 DS05（如蔡司 Ni004、威特 N3、徕卡 NAK2 + 测微器、苏州一光 DSZ2 + FS1 等）和 DS1 型（如北光 SZ1532 + 测微器、南方测绘 NL2 等）。精密水准仪每千米测量中误差低于 ± 0.5 mm 或 ± 1 mm，可用于国家一、二等水准测量、大型工程建筑物施工和地下建筑物测量、建筑物垂直位移监测等。

3. 激光水准仪

建立水平视线测定地面两点间高差的仪器，主要部件有望远镜、管水准器（或补偿器）、垂直轴、基座、脚螺旋。按结构分为微倾水准仪、自动安平水准仪、激光水准仪和数字水准仪（又称电子水准仪）。按精度分为精密水准仪和普通水准仪。① 微倾水准仪。借助微倾螺旋获得水平视线。其管水准器分划值小、灵敏度高。望远镜与管水准器联结成一体。凭借微倾螺旋使管水准器在竖直面内微作俯仰，符合水准器居中，视线水平。② 自动安平水准仪。借助自动安平补偿器获得水平视线。当望远镜视线有微量倾斜时，补偿器在重力作用下对望远镜做相对移动，从而迅速获得视线水平时的标尺读数。这种仪器较微倾水准仪工效高、精度稳定。③ 激光水准仪。利用激光束代替人工读数。将激光器发出的激光束导入望远镜筒内使其沿视准轴方向射出水平激光束。在水准标尺上配备能自动跟踪的光电接收靶，即可进行水准测量。④ 数字水准仪，这是 20 世纪 90 年代新发展的水准仪，集光机电、计算机和图像处理等高新技术为一体，是现代科技最新发展的结晶。激光水准仪主要包括：

1）折叠微倾水准仪

借助于微倾螺旋获得水平视线的一种常用水准仪。作业时先用圆水准器将仪器粗略整平，每次读数前再借助微倾螺旋，使符合水准器在竖直面内俯仰，直到符合水准气泡精确居中，使视线水平。微倾的精密水准仪同普通水准仪比较，前者管水准器的分划值小、灵敏度高，望远镜的放大倍率大，明亮度强，仪器结构坚固，特别是望远镜与管水准器之间的连接牢固，装有光学测微器，并配有精密水准标尺，以提高读数精度。中国生产的微倾式精密水准仪，其望远镜放大倍率为 40 倍，管水准器分划值为 10″/2 mm，光学测微器最小读数为 0.05 mm，望远镜照准部分、管水准器和光学测微器都共同安装在防热罩内。

2）自动安平激光水准仪

在自动安平水准仪上加上激光发射器就构成了自动安平激光水准仪。除了有补偿器的激光器水准仪（如蔡司 Ni025 及 Ni007）以外，还有一种瑞士生产的光电水准仪，也属于这一类型。

3）具有旋转激光束的面水准仪

具有旋转激光束的面水准仪的特点是激光光束可以绕仪器的水平面进行扫描，形成一个连续的闪光面。瑞典 AGA 公司的 Geoplan300 面激光水准仪就是这种仪器。仪器配有专用的水准标尺，可以目视读数，也可根据标尺上装的光电检波器的指示灯读数。这种仪器测量高差精度为 $\pm \dfrac{2 \text{ mm}}{100 \text{ m}}$。工作范围，目视记录可达 100 m，光电记录可达 500 m，仪器及脚架重 8 kg。中国一些仪器厂家，也已经开始生产自动激光扫描仪。它能在一定范围内长时间不间断地提供一个统一的水平基准，无须埋设大量的桩标，与普通水准仪相比，效率大为提高，可广泛用于广场、机场、体育场等大面积施工的基础水平。对大型建筑和高层建筑的施工测量也很方便。

4. 电子水准仪

电子水准仪又称数字水准仪，是以自动安平水准仪为基础，在望远镜光路中增加了分光镜和探测器（CCD 线阵），并采用条码标尺和图像处理电子系统而构成的光机电测一体化的高科技产品。

电子水准仪采用条码标尺，其读数采用自动电子读数：即利用仪器里的十字丝瞄准的电子照相机，当按下 measure 测量键时，仪器就会把瞄准并调焦好的尺子上的条码图片来一个快照并将其与仪器内存中的同样尺子的条码图片进行比较和计算，从而尺子的读数就可以被计算出来并且保存在内存中了。

目前，电子水准仪的照准标尺和调焦仍需目视进行。人工调试后，标尺条码一方面被成像在望远镜分化板上，供目视观测，另一方面通过望远镜的分光镜，又被成像在光电传感器（又称探测器）上，供电子读数。由于各厂家标尺编码的条码图案各不相同，因此条码标尺一般不能互通使用。当使用传统水准标尺进行测量时，电子水准仪也可以像普通自动安平水准仪一样使用，不过这时的测量精度低于电子测量的精度，特别是精密电子水准仪，由于没有光学测微器，当成普通自动安平水准仪使用时，其精度更低。

5. 水准标尺

水准标尺是测量高差的标准尺，是水准测量的重要工具。在水准测量中，水准标尺必须与水准仪配套使用，不同种类、不同型号的水准仪所配套使用的水准尺一般都不一样。

一般长 3 m，分普通水准标尺和精密水准标尺两类。普通水准标尺一般为木质，其两面分别喷制黑白和红白相间的厘米分格，由下向上逐次标注长度；精密水准标尺为木质框架的中央装一条因瓦合金带尺，尺上喷制 1 cm 或 0.5 cm 间隔的分划线，用弹簧引张在尺面上，也称铟瓦水准尺。

在水准尺的尺身后面两侧都装有扶尺环，供扶尺用。为了将标尺竖立在稳固的基础上，还配有尺台或尺桩。

2.3.2 三角高程测量

就现阶段而言，水准测量尤其是等内水准测量是精度最高的高程（高差）测量方法。当精度要求不是很高时，可以使用三角高程测量取代水准测量，并且与水准测量相比，三角高程测量在速度上具有明显的优势。此外，当水准测量面临地形起伏剧烈等困难条件时，一般也采用三角高程测量的方法，可以大大缩减观测的站数和时间。

2.3.2.1 三角高程测量的基本原理

如图 2.33 所示，为测 A 点到 B 点的高差 h_{AB}，在 A 点架设全站仪（本书仅介绍全站仪的三角高程测量法），在 B 点竖立反射棱镜，仪器高（望远镜旋转轴中心 A' 到测站点的高度）为 a，棱镜高（棱镜中心 B' 到测点中心的高度）为 b。

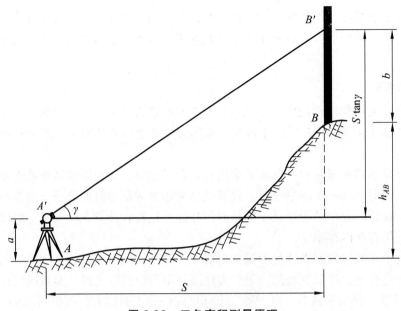

图 2.33　三角高程测量原理

将望远镜十字丝的中心对准棱镜中心，或者用十字丝的横丝照准棱镜中心，获得高度角 γ，同时观测出水平距离 S，则

$$\tan \gamma = \frac{h_{AB} + b - a}{S} \tag{2.46}$$

即

$$h_{AB} = S \tan \lambda + a - b \tag{2.47}$$

当然，对于全站仪，可以直接在显示屏幕上读出高差结果。

2.3.2.2　球气差对三角高程测量的影响

由前文可知，水准面曲率对于高差测量的影响不容忽视。在传统的水准测量中，为了削弱水准面曲率的影响，可以用保持前后视距相等的方式。不过，在三角高程测量中，望远镜只照准一次，是单向观测，因此无法用类似于"前后等距"的方式来处理。

空气的密度随高程的变化而变化，越到高空越稀薄，而越近地面越浓密，当光线穿过密度不同的气层时，光线会产生折射，称为大气折射。

如图 2.34 所示，A 点的高程为 H_A，B 点的高程为 H_B，A 点到 B 点的高差为 H_{AB}，仪器放置在 A 点，仪器高为 a，棱镜竖立在 B 点，棱镜高为 b。由于大气折射的影响，本应照射到 G 点的光线照射到 F 点，设 $r = FG$，为大气折射的影响值。另由于水准面曲率的影响，水平视线 $A'E$ 本应是 $A'D$，设 $p = DE$，为水准面曲率的影响。

由图可得如下关系

$$H_B = H_A + a + p + EP - b = H_A + a + p + EG - r - b \tag{2.48}$$

则

$$h_{AB} = a + p + EG - r - b \qquad (2.49)$$

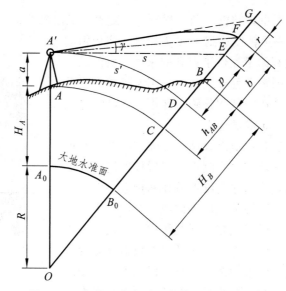

图 2.34　水准面曲率对三角高程测量的影响

设 $\angle A'OG = \eta$ ，根据正弦定理得

$$\frac{EG}{\sin \lambda} = \frac{A'E}{\sin \angle A'OG} = \frac{S}{\sin(\gamma + \eta)} \qquad (2.50)$$

由于 η 的值非常小，所以

$$EG = \frac{S \cdot \sin \gamma}{\cos(\gamma + \eta)} \approx S \cdot \sin \gamma \qquad (2.51)$$

因此

$$h_{AB} = a + p + S \cdot \tan \gamma - r - b \qquad (2.52)$$

设 $f = p - r$ ，为水准面曲率和大气折射对高差的综合影响，又称为球气差或两差改正，则

$$h_{AB} = S \cdot \tan \gamma + a - b + f \qquad (2.53)$$

即真实的高差等于观测高差加上球气差。

由前文可知

$$p = \frac{S^2}{2R} \qquad (2.54)$$

大气折射系数不易测定，通常全站仪设大气折射系数 $k = 0.14$ ，即

$$r = 0.14p \qquad (2.55)$$

则

$$f = p - r = 0.86p = 0.43 \frac{S^2}{R} \qquad (2.56)$$

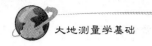

2.3.2.3 电磁波测距高程导线

电磁波测距高程导线也称精密三角高程测量。随着电磁波测距仪的发展，测边和测角的精度有了很大的提高，测边精度达到 1/10 万以上，测角精度达 0.5″，为精密三角高程测量提供了有利的条件。目前三、四等水准测量可完全由测距高程导线替代，国家有关部门已制定了相应的技术标准。在山区和丘陵地区用测距高程导线替代水准测量的经济效益非常显著。

测距高程导线的方法有：每点设站法、隔点设站法和单高程双测法。每点设站法是在每一测点上安置仪器进行往返对向三角高程测量。隔点设站法是仪器放在两标志中间，逐站前进，标志交替设置，测站数应设为偶数，类似于水准测量，但不同的是采用倾斜视线代替水平视线进行测量。单程双测法是在第一种和第二种基础上，每站变换仪器高做两次观测或每站对上、下两个标志做两次观测。以上方法都是用特别的觇板作为照准标志。如图 2.35 为特制固定在水准标尺上的觇板，觇板上有上、下两个照准标志，在觇板的下面安装了一个用于测量测量距离的棱镜。

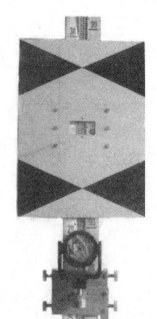

图 2.35 测量高程导线特制觇板

1. 电磁波测高导线的基本原理

每点设站法实际上就是对向三角高程测量，若考虑大气垂直折光影响，则相邻测站间观测高差公式为

$$h = S \cdot \sin\alpha + \frac{1-k}{2R}(S\cos\alpha)^2 + i - a \tag{2.57}$$

式中，S 为经过各项改正后的斜距；α 为观测垂直角；R 为测区地球平均曲率半径；i 为仪器高；a 为觇板照准标志高；k 为大气垂直折光系数。

相邻测站间对观测的高差中数取平均作为这两点的高差值。

对于隔点设站法如图 2.36 所示，电子速测仪放置在前后照准觇板中央位置 O，设仪器高为 i，分别前后觇板上标志的垂直角和斜距为 α_1、S_1 和 α_2、S_2，前后觇板照准标志高设为 a_1 和 a_2，则仪器点 O 到两尺点 1、2 的高差分别为

$$h_{O1} = S_1 \sin\alpha_1 + \frac{1-k_1}{2R}(S_1\cos\alpha_1)^2 + i - a_1 \tag{2.58}$$

$$h_{O2} = S_2 \sin\alpha_2 + \frac{1-k_2}{2R}(S_2\cos\alpha_2)^2 + i - a_2 \tag{2.59}$$

式中，k_1 和 k_2 分别为仪器到后尺和前尺的垂直折光系数。则立尺点 1 和点 2 的高差为

$$h_{12} = h_{1O} + h_{2O} = -h_{O1} + h_{2O} \tag{2.60}$$

由于仪器放置在两立尺点中间位置，则仪器距前后照准方向的垂直折光系数可近似认为相等，可得点 1 和点 2 的高差为

$$h_{12} = S_2 \sin \alpha_2 - S_1 \sin \alpha_1 + a_1 - a_2 \qquad （2.61）$$

若仪器搬到下一站，则 h_{23} 的公式为

$$h_{23} = S_4 \sin \alpha_4 - S_3 \sin \alpha_3 - a_1 + a_2 \qquad （2.62）$$

$S_前$、$\alpha_前$ 为所测前标志的斜距和垂直角；$S_后$、$\alpha_后$ 为所测后标志的斜距和垂直角。若采用的是水平距离 D，则式（2.62）可变为

$$h = \sum D_前 \tan \alpha_前 - \sum D_后 \tan \alpha_后 \qquad （2.63）$$

式（2.61）和式（2.62）即为隔点设站法高差计算的基本公式。从式中可看出不用量取仪器高，若在观测中采用前后尺交替进行，且保持觇板固定，也无须量取觇板标志高。这样在实际作业过程中，仅测量垂直角和距离，加快了高差传递速度。

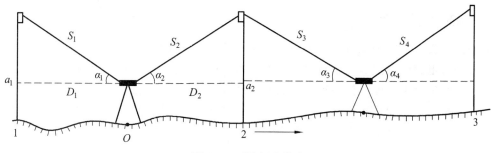

图 2.36　隔点设站法

2. 观测方法及要求

（1）高程导线测量应依据测区地形情况，采用每点设站法或隔点设站法。一般情况下，若跨越较宽的河流、山谷时，适合采用每点设站法。而在一般地形的测区，适合用隔点设站法。

（2）斜距和垂直角应在成像清晰、稳定的条件下观测。

（3）每点设站法的往返均要测量边长，往测时先测边长后测垂直角，返测时先测垂直角后测边长。气象元素与测量边长同时测定。

（4）隔点设站法先测测站至后、前觇板的距离，再测垂直角。观测垂直角程序为先照准后觇板上标志测两测回，再旋转经纬仪照准前觇板上标志测四测回，再照准后觇板上的标志测两测回。这就完成了对觇板上标志的垂直角观测，观测下标志垂直角的程序与上标志相同。

（5）隔点设站法觇板安置顺序应交替前进，且每条导线的测站数为偶数，以消除觇板零点不等差的影响。

（6）距离观测两测回，每测回照准棱镜一次，测距四次。

（7）垂直角按中丝双照准法观测。

（8）每点设站法仪器高和觇板上下标志高在观测前后，用经过检定的尺子各量一次，估读至 0.5 mm，若仪器高难以量取，可用水准仪或解析法量出。隔点设站测量不量仪器高，若在外业过程中固定觇板可不量觇板高。

以上是测距高程导线的基本作业方法和要求。测距高程导线的观测、记录和计算是比较复杂的，但可以借助电磁波测距仪与计算机连接，用程序控制完成以上工作。

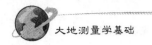

2.4 重力测量技术

研究地球的形状、大小及质量分布等物理特性，是大地测量的基本任务之一。为了精确描述地球的物理特性，除了在地面上进行几何大地测量的边角、高程等数据采集及空间大地测量的数据采集外，还需要进行大量的重力数据采集。在大地测量中，重力测量指的是测定某点的重力加速度值。重力是矢量，其方向可用天文测量方法确定。测定重力值大小可利用与重力有关的物理现象，例如在重力作用下的自由落体运动、摆的摆动、弹簧的伸缩振动等。这种直接测量重力的方法分为绝对重力测量和相对重力测量两类。也可以利用地球重力场的建立间接地获得空间一点的重力值，这种间接测量重力的方法如卫星重力测量。

2.4.1 重力参考系统

2.4.1.1 国际重力基准网

由于绝对重力仪比较笨重，观测费时等许多不宜于野外作业的因素，因此绝对重力测量测量的地区与点数均有限。为了获得某一点上的绝对重力值，一种方法是利用绝对重力仪直接测量该点的绝对重力值；另一种常用的方法是以一个已知的绝对重力点作为相对重力测量的起始点，然后由它起算按点间重力差推算出某一点的绝对重力值。世界上公认的起算点称为世界重力基点。从该点出发推算的重力值通常称为波茨坦系统下的重力值。波茨坦基点的绝对重力值为

$$g = 981\ 274.20 \pm 3\ \text{mGal} \tag{2.64}$$

波茨坦的这个绝对重力值是在 1894—1904 年期间测定的。从 1930 年起世界上有许多国家陆续利用当时先进的绝对重力仪进行了国际与洲际间相对重力测量，其中也包括与波茨坦重力基点的联测，结果发现波茨坦重力基点的重力值包含了较大的误差。1971 年国际大地测量与地球物理联合会（IUGG）决定建立国际重力基准网（简写为 IGSN-71），以便统一世界重力测量资料。

IGSN-71 基准网由 8 个台站 10 次绝对重力测量确定。它用了六种重力仪测定了 1200 个动力型的相对重力点，用五种重力仪测定了 23 700 多个静力型相对重力点。国际重力基准网的结果是以上观测值进行平差解算出 1854 个重力值。其中大约有 500 个是中心站，其余的是地区的辅助性测站。它们的平均精度优于 1 μGal。并且波茨坦基点的绝对新重力值为

$$g = 981\ 260.19 \pm 0.017\ \text{mGal} \tag{2.65}$$

比原来的值小了 14 mGal。

2.4.1.2 IGSN 系统的连接

不必重新测量，可以将区域性的旧网连接到 IGSN 上。一种较为简单的方法是将本地区的所有重力值减去 14 mGal，这种方法宜用在包含波茨坦基点的网中；另一种方法是采用线性校正的方法，即：IGSN-71 基准网中的重力值 g_{71} 与波茨坦系统中的重力值 g_p 有以下关系：

$$g_{71} = g_p + A + B(g_p - g_0) \tag{2.66}$$

式中，g_0 为任意常数值（通常取为该地区的最低值或平均值）；系数 A、B 可通过平差方法确定。

2.4.2　绝对重力测量

绝对重力测量是以测量下落物体的距离和时间这两个基本量作为基础的。通常用来进行绝对重力测量的方法有两种，一种是根据"摆"的自由摆动测定绝对重力；另一种是根据物体的自由下落运动测定绝对重力。因为这两种方法的原理都是观测物体的运动状态以测定重力值，所以这两种方法统称为测定重力的动力法。

经典绝对重力仪所采用的主要技术是：用铷（或铯）原子频标作为测量时间的标准，用高稳定度的激光作为测量长度的标准，用高分辨率的时间间隔测量仪测量微小时间段，用长周期弹簧悬挂参考棱镜来隔离地面震动，采用落体在高真空中多次下落测量多点位法得到精确的重力值。整个测量过程由计算机程序控制。

绝对重力仪的测长系统由迈克尔逊干涉仪和氦氖激光器组成。干涉仪的两个棱镜一个装在落体内、另一个作为参照点固定在干涉仪上。落体的下落运动会造成两棱镜之间的光程变化，每移动半波长距离，干涉条纹将出现一个明暗交替变化，由此记录干涉条纹数便可以实现精确的长度测量。在测量时先预设固定的条纹数，当记录干涉条纹数的计数器值达到预设的条纹数时，用高分辨率的时间间隔测量仪测量出所对应的微小时间段。这样就得到多组时间和距离的参数，最后通过最小二乘法拟合得到所需要的重力值。

目前国际上主要研制的绝对重力仪分为两类，一类是经典绝对重力仪、另一类是原子干涉绝对重力仪。这两类绝对重力仪利用当代先进的电子技术、激光技术和原子干涉技术使绝对重力值测量水平提高到新的高度。研制经典绝对重力仪最成功的是美国 Micro-g 公司，他们的产品根据测量条件以及测量精度的不同分为：FG5、FG5-L、A10 和 I10 系列。FG5 系列的测量精度可达到 2 μGal；FG5-L 系列的测量精度为 50 μGal，但它的造价便宜，适合一般测量；I10 系列则专门适用于实验室条件下的测量；A10 系列适合于户外测量。

2.4.2.1　用摆法测定绝对重力的原理

摆法是利用自由摆在摆动过程中测定摆的周期，结合摆的长度推求重力值的大小。

1. 数学摆

设有一条长度为 l 质量可以忽略不计的细线，线的末端系有一个质量为 m 的小球，细线的上端悬挂在 O 点上，在重力矩的作用下小球绕 O 点摆动，如图 2.37 所示。小线与铅垂线的夹角 ψ 满足微分方程

$$l\frac{d^2\psi}{dt^2} = g\sin\psi \tag{2.67}$$

它的解可写为

$$T = \pi\sqrt{\frac{l}{g}}\left(a + \frac{1}{4}\sin^2\frac{\psi_0}{2} + \frac{9}{64}\sin^4\frac{\psi_0}{2} + \cdots\right) \tag{2.68}$$

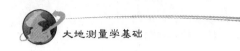

这里 ψ_0 为小线与铅垂线的最大夹角，T 为摆由 $-\psi_0$ 位置到 $+\psi_0$ 位置所经历的时间，习惯上称之为周期（它是通常意义下周期的一半）。一般而言，ψ_0 通常小于 $30'$，故上式近似地表示为

$$T = \pi\sqrt{\frac{l}{g}}\left(1 + \frac{1}{16}\psi_0^2\right) \quad \text{或} \quad T = \sqrt{\frac{l}{g}} \tag{2.69}$$

当摆长 l 固定并且周期 T 测定时，就可以方便地求得重力值 g，即

$$g = l\left(\frac{\pi}{T}\right)^2 \tag{2.70}$$

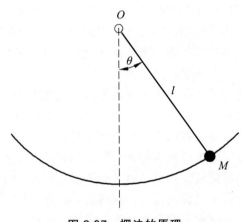

图 2.37　摆法的原理

2. 物理摆

数学摆中没有质量的细线这样的假设是不现实的。为了提高重力测量的精度，通常采用物理摆，又称复摆，如图 2.38 所示。将细线与质量体改为具有质量 m 的复合刚体，悬挂在 O 点上，重心在 C 点，重心至 O 点的距离为 a，小线与铅垂线的夹角为 ψ；此摆在重力矩的作用下绕 O 点摆动。选定坐标轴 $O\text{-}XYZ$，则摆对 X 轴的重力矩为

$$M_x = amg\sin\psi \tag{2.71}$$

图 2.38　物理摆的原理

由转动定理：$M_x = J_x\dfrac{d\omega}{dt} = J_x\dfrac{d^2\psi}{dt^2}$，令 $l = \dfrac{J_x}{am}$，则上式可写为

$$l\frac{d^2\psi}{dt^2} = g\sin\psi \tag{2.72}$$

（2.72）式与数学摆中的公式一致，该式的解 T 也与数学摆的解相同。只是这里的 l 为摆的"改化摆长"。绝对重力值的精度取决于摆的周期和改化摆长的精度。例如，当要求重力值的测定精度为 1 mGal 时，则周期测定的精度必须达到秒，改化摆长的测定精度不得低于 1 μm。

3. 可倒摆

物理摆中摆的周期容易测定，而改化摆长是几个物理量的组合，无法直接测定。为了解决这一问题通常采用可倒摆，可倒摆有两个悬挂点 O 和 O'，或者说，它既能以 O 点为悬挂点摆动，又能以 $O'O$ 点为悬挂点摆动，故称之为倒摆。由理论力学中的史泰乃尔定理有：$J_x = J_C + a^2 m$，将此式代入前式中得到以 O 点为悬挂点时的改化摆长（$l = OO'$）

$$l = a + \frac{J_C}{am} \tag{2.73}$$

同理以 O' 点为悬挂点时的改化摆长（$l' = O'O$）

$$l' = l - a + \frac{J_C}{(l-a)m} = l \tag{2.74}$$

按照摆长与周期的关系，当改化摆长相等时，摆动周期必然相等。反之，当摆动周期相等时，两个悬挂点之间的距离必是改化摆长。由此可知，改化摆长变为一段固定的距离，该距离可用测定距离的精密仪器测定。在 $O'O$ 间安装两个可移动的质量块，移动质量块改变重心的位置使得两个悬挂点上的摆动周期相等。

2.4.2.2　用自由落体法测定绝对重力的原理

1. 自由落体运动的原理

物体自由下落时的运动方程由等式 $m\ddot{z} = mg$ 求得

$$z = z_0 + v_0 t + \frac{1}{2}gt^2 \tag{2.75}$$

常数 z_0、v_0 为落体在初始时刻 $t = 0$ 的位置与速度，如图 2.39 所示，当落体自高处下落时，经过位置 z_i 的时刻为 t_i，当经过三个位置时，可求得

$$g = 2\frac{(z_3 - z_1)(t_2 - t_1) - (z_2 - z_1)(t_3 - t_1)}{(t_3 - t_1)(t_3 - t_2)(t_2 - t_1)} \tag{2.76}$$

说明：① 当观测点多于三个时，须采用最小二乘法求解上述问题。

② 上述推导是以 g 为常数时得到的公式。事实上，重力是随高度变化而变化的。

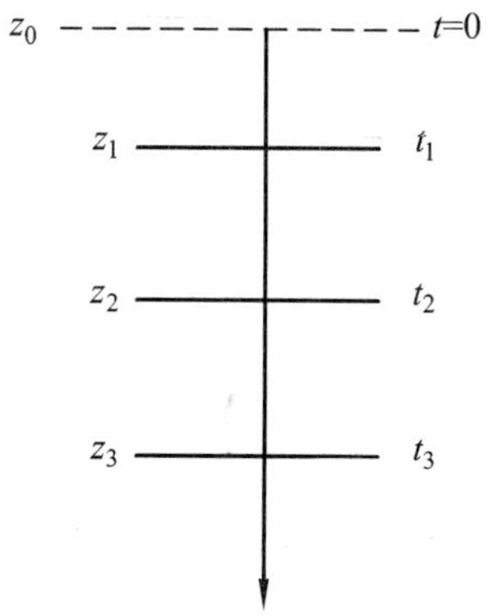

2. 对称的上抛和下落运动的原理

其基本方法是将单位质点向铅垂方向上抛，质点升至顶点后自由下落回至原来的位置。事实上只要测量质点通过两个（相距 s）平面时的时刻即可。原理如图 2.40 所示。

$$g = \frac{8s}{(t_4 - t_1)^2 - (t_3 - t_2)^2} \tag{2.77}$$

图 2.39　自由落体的原理

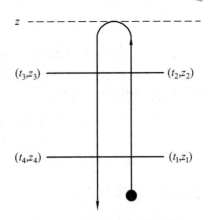

图 2.40　物体上抛下落的原理

3. 非均匀重力场中的自由落体

由于重力 g 并不恒为常数，至少它应与高程有很强的相关性。设重力场与高程的变化为线性关系，则自由落体的运动方程为

$$\ddot{z} = g(z) = g_0 + g_z z \tag{2.78}$$

式中，$g_0 = g$ 为 $z = 0$ 处的重力值；$g_z = \dfrac{\partial g}{\partial z}$ 为 $z = 0$ 处的重力梯度值；$\ddot{z}$ 为对时间的导数。

2.4.3　相对重力测量

相对重力测量是先测定两点之间的重力差，然后通过至少一个已知重力值的点，逐点推求各点重力值的测量技术。

静力法是利用一种力（例如弹簧的弹力）来平衡物体所受的重力，重力的变化将引起平衡位置（弹簧位置）的变化，只要测出平衡位置的变化（弹簧的升缩量），就可算出重力的变化（运用虎克定律），也就是测定了两点的重力差。

目前常用的重力仪基本上都是以弹簧的弹力来平衡重力，这些重力仪称为弹簧重力仪。例如北京地质仪器厂制造的 ZSM 型石英弹簧重力仪和美国的拉科斯特（LCR）金属弹簧重力仪，它们都是由弹性系统、光学系统、测量机械装置、仪器面板及保温外壳等组成。ZSM 测量重力差范围为 80 ~ 120 mGal，测量精度一般为 0.1 ~ 0.3 mGal。LCR 重力仪又分为 G 型和 D 型，G 型的直接测量范围可达 7 000 mGal，用它可在全球范围内进行相对重力测量，测量精度可以达到 ±20 μGal。D 型的直接测程只有 200 mGal，一般用于局部地区的重力普查，其测量精度略高于 G 型。

2.4.4　航空重力测量

航空重力测量是以飞机为载体，综合应用重力仪、GPS、测高仪以及姿态确定设备测定近地空间重力加速度的重力测量方法，如图 2.41 所示。它能够在一些难以开展地面重力测量的特殊地区，如沙漠、冰川、沼泽、原始森林等地进行作业。可以快速、高精度、大面积及分布均匀地获取重力场信息。它较之经典的地面重力测量技术，无论是测量设备、运载工具、测量方法，还是数据采集方式、数据归算理论等，都截然不同。充分体现了当代高新技术在大地测量领域的综合应用，对大地测量学、地球物理学、海洋学、资源勘探以及空间科学等都具有非常重要的意义。

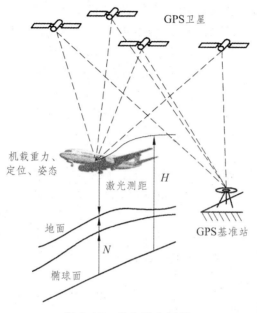

图 2.41 航空重力测量

国际上首次航空重力测量试验是 1958 年进行的，由于导航手段的精度很低而无法保证飞机垂直扰动加速度的测定精度优于 10 mGal，故直到 20 世纪 70 年代末，航空重力测量技术的发展实际上处于停滞状态。GPS 技术的问世，特别是厘米级动态差分 GPS 的实现，使得以 10 mGal 级精度分离作用于运动载体上的重力和非重力成为可能。航空重力测量可以分为标量法和矢量法两种，前者仅能测定重力加速度的大小，而后者可同时测定重力异常和垂线偏差。目前航空矢量重力测量技术仍处在攻关研制阶段，而航空标量重力测量因只需测定沿某一固定轴方向的重力大小，观测信息简单，相对较易实现。本节将重点介绍航空标量重力测量技术的基本原理、系统配置和数据处理方法等。

2.4.4.1 航空重力测量的基本原理

航空重力测量的基本原理是利用飞机携带的机载重力仪测出飞行剖面各时刻相对于地面基准重力点的重力变化，然后算出各扰动改正项并通过一定的数据处理方法推算出相应时刻空中点的重力加速值，最后采用延拓方法将其归算为地面点的重力值。航空重力测量是相对重力测量，即在飞机起飞前，应当与地面已知重力点进行联测。其基本的数据模型为

$$\Delta g_h = g_b + \delta g - A_v - A_E - A_h + 0.3086H - \gamma_0 \tag{2.79}$$

式中，Δg_h 是高程 H 处的空间点的重力异常；g_b 为地面重力基准点的重力值；δ_b 为机载重力仪实测的相对于 g_b 的重力变化；A_v 为飞机垂直加速度改正；A_E 是厄特沃什改正；A_h 为水平加速度倾斜改正；γ_0 表示观测点在参考椭球面上的正常重力值；$0.3086H$ 为正常重力的空间改正。

飞机的垂直扰动加速度 A 主要是飞机的垂直运动和机身自震造成的，机身自震以高频为主，可采用低通滤波器和重力仪敏感元件的强阻尼等方法消除；飞机的垂直运动则采用连续测量其飞行的高度，通过适当的计算方法来修正。测定飞行高度变化在海面上比较容易实施，直接用测高仪测定飞机到海水面的变化即可；但在陆地上，测高仪测量的是飞机至地面高度的变化，因此要推求飞机的高度变化，还须同时已知航线上的地形高度变化。

重力是地球质量的万有引力与地球自转产生的离心力的合力。当在运动的载体上测量重力时，载体速度与地球自转速度合成而使离心力产生变化，这种变化即为厄特沃什改正，其计算公式为

$$A_E = \left(1 + \frac{H}{R}\right)\left(2\omega V \sin A \cos\varphi + \frac{V^2}{R}\right) \tag{2.80}$$

式中，H 为飞行高度；R 为地球平均半径；V 为载体运动速度；A 代表运动方位角；ω 为地球自转角速度；φ 是测点的地心纬度。观测重力时，重力仪应与水准面应严格平行。

在航空重力测量中，如果重力仪平台与水准面不严格平行，则除了对重力加速度产生影响外，还对水平加速度的垂直分量产生影响，这种影响称之为水平加速度倾斜改正。设 g 为实际重力值，g_t 为重力仪实测值，θ 是平台平面与水准面倾角，A_e 表示横向水平加速度，则水平加速度倾斜改正可表示为

$$A_h = g(\cos\theta - 1) + A_e \sin\theta \tag{2.81}$$

由式（2.62）可以分析，当 $A_e = 500$ mGal ，$\theta \leqslant 3.4'$ 时，A_b 可小于 1×10 mGal 。由于陀螺平台水平精度达 0.27，故此项改正通常可以忽略，相应的误差小于 0.05 mGal。

2.4.4.2 航空重力测量系统

航空重力测量系统是由现代重力传感器、卫星定位、惯性和精密测高等技术集合而成，主要由五个分系统组成。

（1）重力传感器系统。它主要包括机载重力仪和平台。机载重力仪应有足够的动态范围，能测出随飞机起飞和着陆过程中产生的巨大短时加速度等信息，以便计算各类重力扰动改正项。

（2）动态定位系统。该系统的主要作用是采用 GPS 技术来保证最佳的实时导航，提供初始轨道和精密的位置信息，计算与载体运动有关的加速度。实时导航仅用伪距观测量即可，为获得精确的飞行轨迹，则需综合利用伪距、相位及多普勒观测信息。

（3）姿态传感器系统。飞机的飞行姿态通常以俯仰角、横滚角和方位角来表示，并由惯性测量设备来获取。由于惯性测量设备价格昂贵、漂移较大、难以维护等缺陷，近年来发展了测量姿态精度高、无漂移、价格低等 GPS 姿态测定设备。

（4）高度传感器系统。该系统的主要作用是采用微波测高仪、雷达测高仪、气压测高仪或 GPS 技术等提供用于计算厄特沃什改正、空中重力异常归算至地面改正的高程信息。

（5）数据采集处理系统。它包括机载数据采集设备和地面数据处理设备。机载设备用于同步记录重力传感器、导航定位、姿态及测高各分系统的输入数据，要求记录的每组数据均带有精确统一的时标，以便于地面设备计算处理。

2.4.5　卫星重力测量

卫星重力测量的主要手段有：地面跟踪卫星，卫星跟踪卫星（Satellite to Satellite Tracking，SST），卫星重力梯度测量（Satellite Gravity Gradiometry，SGG）和卫星测高（Satellite Altimetry，SA）。

2.4.5.1　地面跟踪卫星测定地球重力场

地面跟踪卫星测定地球重力场的技术有 SLR、DORIS 等。地面跟踪卫星的观测量主要包括地面跟踪站至卫星的方向、距离、距离变化率、相位等。根据这些观测数据，可以建立卫星轨道与地面跟踪站之间的几何和物理的函数关系，而卫星轨道是地球重力场等摄动因素的隐函数，由此可以推算地球重力场。

2.4.5.2　卫星跟踪卫星测量地球重力场

卫星跟踪卫星技术可以分为高低卫星跟踪（SST-hl）和低低卫星跟踪（SST-ll）两大类。SST-hl 利用低轨卫星（LEO，高度 400 km 左右）上的星载 GPS 接收机与 GPS 卫星星座（高度 21 000 km 左右）构成高低卫星的空间跟踪网，测定低轨道卫星的三维位置、速度和加速度，即重力位的一阶导数。SST-ll 利用两个相距 200～400 km 的相同卫星，对两者之间的相对运动——卫星间的距离变化用微波干涉仪做精密的测量，利用星间距离变化率，确定地球引力场的系数。

德国的 CHAMP（challenging mini-satellite payload for geophysical research andaplication）卫星采用 SST-hl 跟踪模式，如图 2.42 所示。CHAMP 卫星于 2000 年 7 月 15 日在德国发射升空，由德国地球科学研究中心（GFZ）独立研制，圆形近极轨道，轨道倾角 83°，偏心率 0.004，近地点约 470 km。其基本原理是低轨 CHAMP 卫星上的星载双频 GPS 接收机，接收高轨 GPS 卫星信号精密确定低轨卫星的轨道，利用卫星上安装的三轴加速度计测量非保守力，如大气阻力、太阳光压等，从而精确获得低轨卫星的位置、速度和加速度，进而建立其与重力位的

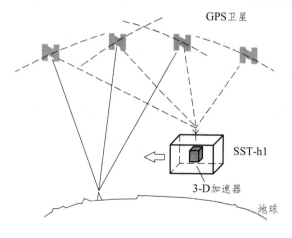

图 2.42　SST-hl 跟踪模式

关系，解算重力场。此外，星载设备还装配了反射棱镜和地磁探测仪，用于激光测距、磁场测量、大气和电离层探测等。CHAMP 卫星的主要科学任务包括：确定全球重力场的中长波静态部分及其随时间的变化；测定全球磁场和电场；大气和电离层探测。CHAMP 卫星的设计寿命为 5 年，实际于 2010 年 9 月进入大气层，结束任务。

GRACE（gravity recovery and climate experiment）卫星由美国和德国联合开发，采用 SST-hl 和 SST-ll 组合跟踪模式，如图 2.43 所示。研制 GRACE 卫星的重要科学目标是提供高精度和高空间分辨率的静态及时变地球重力场，由两颗卫星组合而成，于 2002 年 3 月 17 日发射升空。通过 K 波段微波系统精确测定出两颗星之间的距离及速率变化来反演地球重力场，圆形近极轨卫星，倾角为 89°，初始平均轨道高度为 500 km，两颗星之间的距离为 220 km。

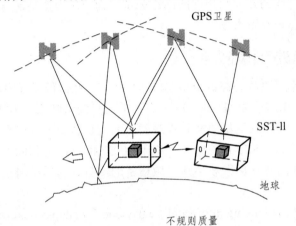

图 2.43　SST-ll 跟踪模式

GRACE 卫星的主要特点包括：卫星轨道低，对地球重力场敏感度高；利用差分观测方式，抵消了测量中的许多公共误差；星载 GPS 接收机能同时接收到多颗 GPS 卫星，使确定的卫星轨道精度提高；星载三轴加速度仪直接测量了非保守力摄动加速度，不再需要把大气阻力、太阳光压等非保守力模型化；卫星上的 K 波段微波测距和测速系统实现了两颗星之间速率变化的测定精度好于 10^{-6} m/s；卫星上装有激光发射镜，实现了 SLR 的辅助定轨和轨道的检核；卫星上还装载了确定卫星方位的恒星照相机阵列及其他设备，给出了高精度的卫星姿态，星载加速度数据的正确解释。

2004 年 8 月底，GRACE 资料全球公开，极大地推动了 GRACE 卫星观测资料的研究，其主要研究内容集中在以下几方面：利用 GRACE 资料确定高精度地球重力场，研究大地水准面和重力异常，利用 GRACE 时变重力场研究地球表面流体质量的季节性分布变化，特别是全球水质量分布变化。GRACE 卫星设计寿命为 5 年，实际远超设计寿命，坚持运行到了 2015 年。

2.4.5.3　卫星重力梯度测量

卫星重力梯度测量是利用卫星内一个或多个固定基线（大约 70 cm）上的差分加速度计来测定三个互相垂直方向的重力加速度差值，测量到的信号反映了重力加速度分量的梯度，即重力位的二阶导数。非引力加速度（例如空气阻力）以同样的方式影响卫星内所有加速度计，取差分可以理想地被消除掉。它的任务之一是以更高时空分辨率探测地球重力场及其变化。

欧洲航天局（ESA）的 GOCE（Gravity and Ocean Circular Exploration）卫星，采用 SGG 模式，如图 2.44 所示。GOCE 卫星于 2009 年 3 月 17 日发射升空，轨道高度为 295 km，轨道倾角为 96.7°。GOCE 卫星是 ESA 研制和发射的最先进的探测卫星之一，被认为是欧洲首颗利用高精度和高空间分辨率技术提供全球重力场模型的卫星，质量约 1 t，装备有 1 套能够对地球重力场的变化进行三维测量的高灵敏度重力梯度仪。ESA 可根据 GOCE 卫星收集的数据绘制高清晰度地球水准面和重力场图，以便于对地球内部结构进行深入研究。其主要科学目标是：测定地球重力场的精度达到 1 mGal；确定大地的水准面精度达到 1~2 cm；并且实现上述的空间分辨率优于 100 km。2010 年 7 月 8 日，GOCE 卫星无法向地面接收站传回科学数据。之后通过 GOCE 缓慢传回地面站的数据，利用软件补丁对故障进行了排除，卫星最终得以修复。2013 年 11 月 10 日，GOCE 卫星燃料耗尽，分解成诸多碎片，随后坠落至地球表面以上 80 km 处。坠落后大部分残骸在大气层中烧毁，只有 25% 左右落到地球表面上。

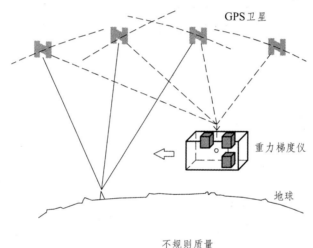

图 2.44　SGG 模式

【本章小结】

本章简要介绍大地测量中常用的地面边角测量技术、空间测量技术、高程测量技术、重力测量技术等数据采集技术的方法、原理等。边角测量技术包括水平角测量和竖直角测量，其中水平角用于确定地面点的平面位置，而竖直角用于三角高程测量和倾斜距离向水平距离的换算。简述了光学经纬仪、全站仪的构造及使用方法。在角度测量时，经纬仪和全站仪的差异只是体现在观测工具和读数上，但外业观测原理是相同的；用方向法、全圆方向法以及全组合法进行角度测量；对角度测量中的误差来源进行了分类。介绍了大地天文测量中天文坐标系的定义，恒星天顶距法测定钟差的基本原理，恒星中天法测定钟差的原理，双星等高法测定钟差的基本原理以及传统和新型天文测量方法。总结了空间测量技术中 GNSS 的四大导航定位系统，包括 GPS、GLONASS、Galileo、BDS。介绍了甚长线干涉测量中 VLBI 大地

测量原理及系统组成，高程测量技术中包括水准测量的原理，水准仪的分类以及三角高程测量的基本原理，球气差对三角高程测量的影响，电磁波测高导线的基本原理，观测方法及要求。对重力测量技术中重力参考系统包括国际重力基准网与 IGSN 系统的连接，绝对重力测量中用摆法包括数学摆、物理摆、可倒摆，用自由落体法中对称的上抛和下落运动，非均匀重力场中的自由落体测定绝对重力的原理进行了总结。对相对重力测量、航空重力测量及卫星重力测量的基本原理进行了介绍。

【思考与练习题】

1. 边角测量技术的基本原理及方法是什么？
2. 空间大地测量技术有哪几种？他们的基本内容是什么？
3. 高程测量包括哪些技术？简述它们相应的测量原理及方法。
4. 重力测量的分类及各自特点是什么？
5. 简要回顾我国近五十年来大地测量的进展。

第 3 章 测绘基准和测绘控制网

【本章要点】

1. 大地基准与传统大地控制网：大地原点；大地基准；传统大地控制网建立的基本原理。

2. 地心基准与空间大地控制网：地心基准；全球和区域地心参考框架；GPS 大地控制网建立的基本原理。

3. 高程基准与高程控制网：高程基准；深度基准；国家高程控制网建立的基本原理。

4. 重力基准与重力控制网：国际重力基准；我国重力基准；国家重力控制网建立的基本原理。

确定地球表面各种地形和物体的空间位置信息，必须要有相应的测量参考点（称为基准点）和参考面（称为基准面），即测绘基准。测绘基准是指一个国家的整个测绘的起算依据和各种测绘系统的基础，包括所选用的各种大地测量参数，统一的起算面、起算基准点、起算方位以及有关的地点、设施和名称等。测绘基准主要由大地基准、高程基准、深度基准和重力基准等构成。测绘基准为各种测绘工作提供起算数据，是确定地理空间信息的几何形态和时空分布的基础，是在数据空间里表示地理要素在真实世界的空间位置的参考基准。测绘基准的任务包括确定和定义坐标系统、高程系统和重力参考系统，具体的实现是建立和维持与之相对应的坐标框架（水平大地控制网、卫星大地控制网）、高程框架（高程控制网）和重力测量框架（重力控制网）。测绘基准具有以下特征：（1）科学性。任何测绘基准都是依靠严密的科学理论、科学手段和方法经过严密的演算和施测建立起来的，其形成的数学基础和物理结构都必须符合科学理论和方法的要求，从而使测绘基准具有科学性特点。（2）统一性。为保证测绘成果的科学性、系统性和可靠性，满足科学研究、经济建设和国防建设的需要，一个国家和地区的测绘基准必须是严格统一的。（3）法定性。测绘基准由国家最高行政机关国务院批准，测绘基准数据由国务院测绘行政主管部门负责审核，测绘基准的设立必须符合国家的有关规范和要求。（4）稳定性。测绘基准是一切测绘活动和测绘成果的基础和依据，测绘基准一经建立，便具有相对稳定性，在一定时期内不能轻易改变。

传统的水平大地基准和高程基准采用传统的地面大地测量方法实现，其控制范围有限，只能作为区域性基准，一般情况下只适用于某一国家或地区范围内。卫星地心基准和重力基准既可以作为全球性基准又可以作为区域性基准，具有更广泛的适用性及全球的统一性。各种测绘基准是通过一系列控制点的坐标、高程及其重力值来体现，具体地说，通过建立不同的高精度测绘控制网来实现的，因此水平大地控制网、卫星大地控制网、高程控制网、重力控制网分别是水平大地基准、卫星地心基准、高程基准和重力基准的延伸和拓展。本章主要讨论测绘基准问题及测绘控制网的建立方法、基本原则和布设方案等问题。

3.1 大地基准与传统大地控制网

水平大地基准通过一系列大地控制点的水平坐标来体现，而这些具体的坐标值需要由建立高精度大地控制网的方法来实现，这样才能为各行各业，尤其为测图、各项建设规划迅捷地提供统一的、高精度的控制，构建空间点位水平坐标的基础框架。

3.1.1 大地原点和大地基准

1. 大地原点

大地原点是国家水平控制网中推算大地坐标的起算点。在国家大地控制网中选择一个比较适中的点，并在该点上高精度测定它的天文经纬度、高程以及到某一相邻点的天文方位角，根据参考椭球定位的方法，求得该点的大地经纬度、大地高和到对应相邻点的大地方位角，这些数据称为大地基准数据，该点就是大地原点。

我国 1954 年北京坐标系的大地原点在苏联的普尔科沃天文台圆形大厅中心，因此 1954 年北京坐标系可以认为是苏联 1942 年普尔科沃坐标系在我国的延伸。但是随着我国社会主义经济建设和国防建设的快速发展，国家有关方面决定建立我国自己独立的大地坐标系统，即 1980 西安坐标系。国家有关部门从 1975 年开始组织人力、搜集分析了大量资料，并根据"原点"要求，对郑州、武汉、西安、兰州等地的地形、地质、大地构造、天文、重力和大地测量等因素实地考察、综合分析，最后将我国的大地原点，确定在陕西省泾阳县永乐镇石际寺村境内，该原点建立于 1978 年 12 月，坐标为东经 108°55′25.00″，北纬 34°32′27.00″，海拔高度 417.20 m。我国大地原点的整个设施占地 3.92 公顷，由主体建筑、中心标志、测量仪器台和投影台等组成。建筑主体为七层圆顶台式结构，高 25.8 米，顶层为观察室，内设仪器台。整体建筑的顶部是由玻璃钢制成的半圆形屋顶，采用电控自动启闭，以便进行天文观测，如图 3.1 所示。大地原点的中心标志位于塔楼地下室花岗岩标石顶面，以镶嵌的球形玛瑙做标志，直径 10 cm，精美且坚固，如图 3.2 所示。大地原点不但在各项建设和科学技术上有重要影响，而且象征着国家的尊严，是我国测绘事业独立自主的象征。

图 3.1　大地原点整体设施外景　　　　图 3.2　大地原点标志

2. 大地基准

大地基准是建立国家大地坐标系统和推算国家水平控制网中各点大地坐标的基本依据，它包括一组大地测量参数和一组起算数据，其中，大地测量参数主要包括作为建立大地坐标系依据的地球椭球的四个常数，即地球椭球赤道半径，地心引力常数 GM，带球谐系数 J_2（由此导出椭球扁率 f）和地球自转角速度 w，以及用以确定大地坐标系统和大地控制网长度基准的真空光速 c；而一组起算数据是指国家大地控制网起算点（成为大地原点）的大地经度、大地纬度、大地高程和至相邻点方向的大地方位角。

水平大地基准由一系列大地控制点构成的水平大地控制网来实现。控制点的坐标由大地原点起算，通过三角测量、导线测量、天文测量等经典大地测量方法推算得到。在现代大地测量中，水平大地基准一般采用 GPS 测量方法来实现。

3.1.2　建立国家水平大地控制网的传统方法

在一个国家范围内的广大地面上，按一定要求选定一系列的点，并使其根据一定的几何图形构成网状，在网中测量角度、边长和高差，然后在一个统一坐标系统中算出这些点的精确位置，这个网状的统一整体，称为国家大地控制网（简称大地网）。如图 3.3 所示的三角网就是大地网的一种形式，网中的 A、B、C、D、……就是大地点。

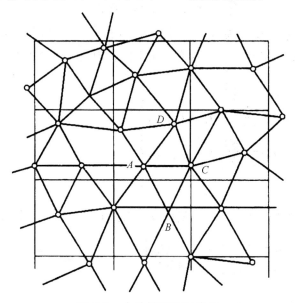

图 3.3　大地控制网示意图

大地控制网中的点是空间点，其点位表示方法很多，一般选择两个水平坐标和一个高程来表示点位。由于水平坐标和高程的测定在原理和方法上的本质区别，无法将它们统一观测和处理，因此常规大地控制网是将水平控制网和高程控制网分两个体系来建立，前者确定点的水平基准，后者确定点的高程基准。通过参考椭球定位，将参考椭球面和大地水准面的相对关系固定下来，就把这两种控制网联系起来从而构成统一而完整的大地控制网。这种分别由两套系统建立的控制网也称为 "2 + 1" 维网，该方法目前仍在生产中广泛使用。下面先介绍传统水平控制网的建立方法。在后续的章节中介绍高程控制网和 GPS 控制网的建立方法。

1. 三角测量法

我国建立水平控制网的主要方法是三角测量法。在地面上按一定的要求选定一系列的点，它们与周围临近点通视，并构成相互连接的三角形网状图形，称为三角网，如图 3.4 所示，网中各点称为三角点。在各三角点上可以进行水平角观测，精确测定各三角形内角，另外至少精确测定一条三角形边的长度和方位角，作为网的起始边长和起始方位角，按平面三角学原理即可逐一推算网中其余边长、方位角，进而推算各点坐标。

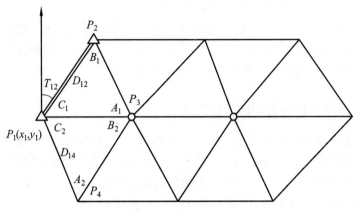

图 3.4　三角测量法

图中 P_1 点为已知点，其坐标为 (x_1, y_1)，P_1P_2 的平面边长和平面方位角分别为 D_{12} 和 T_{12}，A_i、B_i、C_i 为观测得来并化算到平面上的所有三角形的各内角。由 P_1P_2 边开始可算得网中各边的长度和方位角，如

$$\left.\begin{array}{ll} D_{13} = D_{12}\dfrac{\sin B_1}{\sin A_1} & T_{13} = T_{12} + C_1 \\[2mm] D_{14} = D_{13}\dfrac{\sin B_2}{\sin A_2} & T_{14} = T_{13} + C_2 \\[2mm] \cdots & \cdots \end{array}\right\} \tag{3.1}$$

根据推算出的这些边长和方位角，就可以从 P_1 点开始，进一步推算出网中各点的坐标

$$\left.\begin{array}{l} x_2 = x_1 + \Delta x_{12} = x_1 + D_{12}\cos T_{12} \\ y_2 = y_1 + \Delta y_{12} = y_1 + D_{12}\sin T_{12} \\ \cdots \end{array}\right\} \tag{3.2}$$

这就是用三角测量法建立水平控制网的基本原理。

2. 导线测量法

我国建立水平控制网的辅助方法是导线测量法。在地面上按一定要求，选定相邻点间相互通视的一系列控制点 P_1、P_2 …连接成一条折线形式，称为导线。由若干条导线纵横交错构成的网，称为导线网。如图 3.5 所示，已知 P_1 点的坐标 (x_1, y_1)，已知 P_1P_0 方向的坐标方位角为 T_{10}、D_{12}、D_{23} …为经过观测并已化算到平面上的各导线边长，β_1、β_2、β_3 …为由观测得来并已化算到平面上的各导线点的转折角。可由 T_{10} 开始，依次推算出各导线边的坐标方位角如下：

$$\left.\begin{array}{l} T_{12} = T_{10} + \beta_1 \\ T_{23} = T_{12} + \beta_2 - 180° \end{array}\right\} \tag{3.3}$$

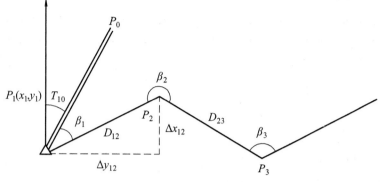

图 3.5　导线测量法

根据推得的这些方位角和各平面边长，由 P_1 点开始逐次算得各导线点的平面坐标：

$$\left.\begin{array}{l} x_2 = x_1 + \Delta x_{12} = x_1 + D_{12} \cos T_{12} \\ y_2 = y_1 + \Delta y_{12} = y_1 + D_{12} \sin T_{12} \\ \cdots \end{array}\right\} \tag{3.4}$$

这就是用导线测量法建立水平控制网的基本原理。

3. 三边测量法和边角同测法

三边测量法是只测三角网中各三角形的边长，而三角形的各内角则通过计算得出，进而推算出各边的方位角和各点的坐标。假定一个三角网中所有的边长均直接测定（而不测内角），该网称作测边网。边角同测法指的是为了提高控制网的点位精度，在测角网的基础上加测全部或部分边长。边角同测法的精度较高，相应的工作量也较大。三边测量法和边角同测法只是在特殊情况下采用，我国的大地控制网布设中没有采用该方法。

综上所述，用常规大地测量方法建立国家水平控制网，就是通过测角、测边推算大地网点的平面坐标。其中三角测量法的优点是：几何条件多，图形结构强度好，控制面积大，便于迅速扩展、加密。外业工作主要是观测水平角和少量的边长，便于组织作业。使用精密测角仪器和激光测距仪，边角观测都可达到很高的精度，进而保证了较高的点位精度。正是这样，我国和世界上许多国家用常规方法建立国家水平控制网时，都把三角测量法作为主要方法。该方法的主要缺点是：在隐蔽地区布网比较困难，由于绝大部分边靠推算得到，故其精度不够均匀，距起始边愈远精度愈低。

导线测量法的主要优点是：单线推进速度快，布设灵活，容易克服地形障碍和穿过隐蔽地区，各边的边长是直接测定，精度均匀。主要缺点是：几何条件少，结构强度低，控制面积小。纵观其优缺点，在高原、森林隐蔽地区布设导线，往往比三角测量法更能克服地形障碍，尤其在广泛使用电磁波测距仪直接测边的今天，在平原隐蔽地区加密低等控制网时，导线测量法将成为一种重要的方法和手段。

我国除了青藏高原采用精密导线测量方法布设国家水平控制网之外，其他地区一律采用三角测量，按纵横锁系布网法分成一、二、三、四等布设国家水平控制网。

4. 天文测量法

天文测量法是在地面点上架设仪器，通过观测天体（主要是恒星）并记录观测瞬间的时刻，来确定地面点的地理位置，即天文经度、天文纬度和该点至另一点的天文方位角。这种方法各点彼此独立观测，也无须点间通视，组织工作简单，测量误差不会积累。但因其定位精度不高，所以，它不是建立国家平面大地控制网的基本方法。然而，在大地控制网中，天文测量却是不可缺少的，因为为了控制水平角观测误差积累对推算方位角的影响，需要在每隔一定距离的三角点上进行天文观测，以推求大地方位角，即

$$A = \alpha + (L - \lambda)\sin\varphi \tag{3.5}$$

式中，A 为大地方位角；L 为大地经度；φ 为天文纬度；λ 为天文经度；α 为天文方位角。该式也称为拉普拉斯方程式，由此计算出来的大地方位角又称为拉普拉斯方位角，这也是通常称国家大地控制网为天文大地网的由来。

3.1.3 建立国家水平大地控制网的原则

三角测量法是布设国家水平大地控制网的主要方法，用三角测量法布设的国家水平大地控制网称为国家三角网。建立国家三角网是一项任务艰巨的基本测绘建设工程。为了完成这一基本工程建设，需要正确地处理数量、质量、时间和经费之间的辩证关系，是关系国家开发、建设和发展的大问题。面对如此艰巨的任务，显然事先必须全面规划、统筹安排，制定统一的布设原则以指导建网工作。

1. 分级布网、逐级控制

国家水平控制网可采用一个等级的布设方法，也可采用多级布设的方法。对于领土面积不大的国家通常布设一个等级的控制网，可以使全网精度均匀，平差计算工作量不大，且可直接作为测图控制基础。而我国的具体情况是领土广阔、地形复杂，再加上各地区开发建设的先后次序不同，因而对于测图范围、比例尺大小和控制点的精度、密度要求各异；如果以最高精度、最大密度的一个等级的三角网布满全国，不但造成巨大的浪费，而且在时间上也不允许。为此，我国国家三角网采取分级布设、逐级控制的原则。即在全国范围内布设精度高而密度较稀的首级控制网作为统一的控制骨架。再根据各个地区建设和不同特点的实际需要，分期分批逐次加密控制网。这种布设方法是在统一的坐标系骨架中，按不同地区有先有后地布设各级三角网，这样既能充分而及时地满足各地精度要求，又能达到快速、节约的目的。

我国国家三角网共分四个等级，先以高精度且较稀疏的一等三角锁，纵横交叉地布满全国，形成统一坐标系统的骨干网。然后根据实际需要，在一等三角锁内逐级布设二、三、四等三角网，各级控制网的边长逐级缩短，精度逐级降低，控制点逐级加密。先完成的高等级三角点，可以作为低一级的三角网的起算数据并起到控制的作用。

2. 应有足够的精度

控制网的精度应根据科学研究和生产应用需要来确定。作为国家水平控制网骨干的一、二等控制网，应在满足基本比例尺地形图的测图需要外，还要力求精度更高一些才有利于为

现代科学技术发展提供可靠的数据资料。而三、四等水平控制网主要用于地形图图根点的高一级控制和基本工程建设的需要。国家水平控制网是控制测图的基础，它的精度必须保证满足测图的实际需要。如一、二等水平控制点点位精度应该满足 1∶5 万基本比例尺的需要，而三、四等水平控制点精度应该满足 1∶1 万地形图测图需要。

3. 应有必要的密度

国家水平控制网是测图的基本控制，故其密度应满足测图的要求。控制点的密度以平均若干平方千米一个点来表示，也可以用平均边长表示。网点中的边长愈短，控制点的密度愈大。控制点的密度主要根据测图方法及测图比例尺的大小而定。例如，用航测方法成图时，密度要求的经验数值见表 3.1。

表 3.1　各种比例尺成图对控制点的密度要求

测图比例尺	每幅图要求点数	每个三角点控制面积	三角网平均边长	等级
1∶50 000	3	约 150 km²	13 km	二等
1∶25 000	2～3	约 50 km²	8 km	三等
1∶10 000	1	约 20 km²	2～6 km	四等

由于控制点的边长与点的密度有关，若令 Q 代表点的密度（每个三角点所控制的面积），s 代表平均边长，可以得到两者的近似关系：

$$s = 1.07\sqrt{Q} \qquad\qquad (3.6)$$

将表 3.1 中每个三角点控制面积 Q 的数值代入式(3.6)，则可求得相应三角网平均边长 s。

国家控制点的密度必须满足测图要求，而测图比例尺和成图方法的不同，对点的密度要求也存在差异。一般要求每个图幅平均有 3～4 个大地点，以满足加密控制点的需要。而对于不同的高程建设，可能对点的密度要求不同，应根据实际情况而定。

4. 应有统一的规格

由于我国领土辽阔，建立水平控制网的规模巨大，加之各地区国防建设、经济开发的时间不同，必将有很多单位，在不同地区有先有后地开展建网和测图工作。为了保证国家三角网能构成一个统一的整体，必须由国家制定统一的大地测量法式和作业规范，作为测量和建立全国统一技术规格的水平控制网的依据，成为国家控制网的重要组成部分。有关布设的总体方案、预期的精度指标、基准选取等问题在大地测量方式中体现。具体实施方案、使用仪器、操作方法、限差规定和成果验收等问题在规范中规定。

3.1.4　国家水平控制网的布设方案

为在全国布设统一的高精度水平控制网，就要遵照布网原则，设计统一的布网方案。我国在建网初期主要采用传统的三角网作为水平控制网的基本形式，只是在青藏高原等特殊困难地区布设了一等电磁波测距导线。我国国家三角网共分四个等级，由高级到低级，其精度逐级降低，边长逐级缩短，密度逐级增大，最终达到作为测图控制基础所应有的精度和密度。下面分别介绍各级三角锁网的布设方案。

1. 一等三角锁

国家一等三角锁是国家水平控制网的骨干，其作用主要是在全国领土上迅速建立一个坐标的精密骨架，为控制二等及以下各级三角网的建立并为研究地球形状、大小和有关地球科学提供资料，因此必须具有尽量高的精度。

一等三角锁一般尽可能沿经纬线方向布设，构成纵横交叉的网状结构。如图 3.6 所示，相邻两交叉处之间的一段三角锁称为锁段，锁段长度约为 200 km，纵横锁段成锁环。在锁段两端交叉点处用基线尺或电磁波测距仪精确测定起始边长，以限制边长推算误差的积累，要求起始边测定的相对中误差优于 1/350 000。在起始边的两端点上，精密测定天文经度、纬度和天文方位角，并把天文方位角化算为大地方位角，以限制方位角推算误差的积累。在全国一等锁系的适中地带选择一个三角点，作为大地原点，精确测定它的天文经度、纬度和至另一点的天文方位角，测定中误差分别小于 ±0.3″和 ±0.5″，作为国家三角网的起算数据。凡是测定天文经度、纬度的三角点都要计算垂线偏差。

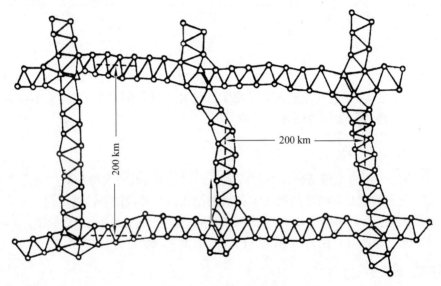

图 3.6 一等三角网

一等三角锁根据地形条件，一般采用单三角形锁，也可组成大地四边形和中点多边形，一等锁系中三角形的平均边长，平原地区一般约为 20 km，山区一般约为 25 km，每一锁段按三角形闭合差计算的测角中误差不得大于±0.7″，三角形的任一内角不得小于 40°，大地四边形或中点多边形的传距角应大于 30°。由于布设方案中要进行天文观测，所以国家水平控制网又称为国家天文大地网。

2. 二等三角网

二等三角网是在一等锁的控制下，以连续三角网的形式布设在一等三角锁环围绕的地区内，它是国家三角网的全面基础，又是地形测图的基本控制，与一等三角锁同属于国家高级网，因此，必须兼顾精度和密度两个方面的要求。就其密度而言，基本上满足 1∶50 000 比例尺测图要求。我国二等三角网的布设有两种形式：两级布设方法和一级全面布设方法。

1958 年以前，采用两级布设二等三角网的方法，如图 3.7 所示，即在一等三角锁环内首先布设纵横交叉的二等基本锁，将一等三角锁分为四个部分，然后再在每个部分中布设二等补充网。在二等锁系交叉处加测起始边长和起始方位角，二等基本锁的平均边长为 15 ~ 20 km，按三角形闭合差算得的测角中误差应小于 ±1.2″，二等补充网的平均边长为 13 km，测角中误差应小于 ±2.5″。1958 年以后改用二等全面网，即在一等三角锁环内直接布设二等三角网。如图 3.8 所示，二等三角网要求与一等三角锁有效的连接，为保证二等网的精度，在每个锁环的中部，要测定一条起始边长，并在该边的两端点上测定天文经度、纬度和天文方位角，以控制边长和方位角推算误差的积累。二等网的平均边长约为 13 km，按三角形闭合差算得的测角中误差不得大于 ±1.0″。

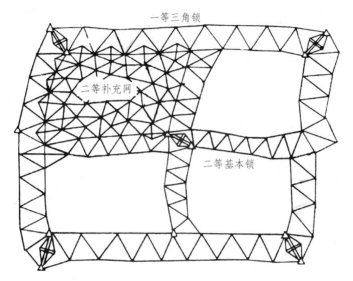

图 3.7　二等补充网

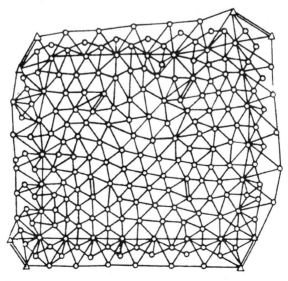

图 3.8　二等全面网

3. 三、四等三角网

三、四等三角网是在二等三角网基础上的进一步加密，作为图根控制测量的基础。其密度必须与测图比例尺度相适应，这是三、四等三角点布设的特点。三、四等三角点的布设尽可能采用插网的方法，也可采用插点法布设。

1）插网法

所谓插网法就是在高等级三角网内，以高级点为基础，布设次一等级的连续三角网，连续三角网的边长根据测图比例尺对密度的要求而定，可按两种形式布设，一种是在高级网中（双线表示）插入三、四等点，相邻三、四等点与高级点间连接起来构成连续的三角网，如图3.9（a）所示。这适用于测图比例尺小，要求控制点密度不大的情况；另一种是在高等级点间插入很多低等点，用短边三角网附合在高等级点上，不要求高等级点与低等级点构成三角形，如图3.9（b）所示。此种方法适用于大比例尺测图，要求控制点密度较大的情况。

三等三角网平均边长为 8 km，每个三角点控制面积约为 50 km²，大体可满足 1∶25 000 或 1∶100 000 测图对控制点的密度要求。四等网边长在 2～6 km 范围内变通，每个三角点的控制面积约为 20 km²，则可满足 1∶5 000 和 1∶2 000 的测图需要。三、四等三角点必须每点都设站观测，由三角形闭合差计算的测角中误差，三等应小于 ±1.8″，四等应小于 ±2.5″。

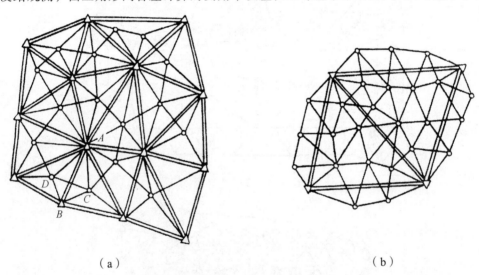

　　　　（a）　　　　　　　　　　　　　　　　（b）

图 3.9　插网法三、四等三角网

2）插点法

插点法是在高等级三角网的一个或两个三角形内插入一个或两个低等级的新点，插点法的图形种类较多，如图 3.10（a）所示，插入 A 点的图形是三角形内插一点的典型图形。而插入 B、C 两点的图形是三角形内外各插一点的典型图形。

在用插点法加密三角点时，要求每一插点须由三个方向测定，且各方向均双向观测，并应注意新点的点位，当新点位于三角形内切圆中心附近时，插点精度高；新点离内切圆中心越远则精度越低。规范规定，新点不得位于以三角形各顶点为圆心，角顶至内切圆心距离一半为半径所做的圆弧范围之内[图 3.10（b）的斜线部分，也称为危险区域]。

采用插网法（或插点法）布设三、四等网时，因故未联测的相邻点间的距离[例如图 3.10（b）的 A、B 两点间的边]有限制，三等应大于 5 km，四等应大于 2 km，否则必须联测。因为不联测的边，边长较短时则边长的相对中误差较大，不能满足进一步加密的需要。

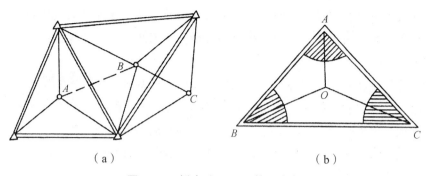

（a）　　　　　　　　　　（b）

图 3.10　插点法三、四等三角网

4. 导线控制网

　　虽然导线测量在控制面积、检核条件及控制方位角传算误差时不如三角网，但是它具有布设灵活、推进迅速，易克服地形障碍等显著优点。在 20 世纪 60 年代初，我国青藏高原大部分地区就是采用导线法布设稀疏的一、二等控制网。随着电磁波测距仪的普及，电磁波测距仪在提高精度、增大测程、减轻重量等方面的不断改进，使导线测量的应用越来越广。在低等控制网加密，用来代替三、四等三角网控制大比例尺测图中，导线测量就具有上述优点。另外，导线测量还是军事上阵地联测的重要方法。

　　导线测量的布设原则和三角测量布设原则基本相同，它分为四个等级，各等级导线测角测边的精度要求，应与导线推算的各元素精度与相应等级三角网推算的精度大体一致。国家导线网布设规格见表 3.2 所示。

表 3.2　国家导线网布设规格

等级	导线长度 /km	导线节长度 /km	导线边长度 /km	导线节边长	转折角测角中误差/(″)	边长测定相对中误差
一	1 000 ~ 2 000	100 ~ 150	10 ~ 30	< 7	± 0.7	< 1∶25 万
二	500 ~ 1 000	100 ~ 150	10 ~ 30	< 7	± 1.0	< 1∶21 万
三		附合导线 < 200	7 ~ 20	< 20	± 1.8	< 1∶25 万
四		附合导线 < 150	4 ~ 15	< 20	± 2.5	< 1∶10 万

　　一等导线一般沿主要交通干线布设，纵横交叉构成较大的导线环，几个导线环连成导线网。图 3.11 为导线布设示意图。一等导线网与临接的三角锁要妥善连接，构成整体大地控制网。一等导线环周长一般在 1 000 ~ 2 000 km。二等导线一般布设在一等导线（或三角锁）环内，两端闭合在一等导线（或三角锁）点上，成附合形式。二等导线间也构成相互交叉的导线环，并连接成网。二等导线环周长一般在 500 ~ 1 000 km。一、二等导线边长可在 10 ~ 30 km 范围内变动。为了控制导线边的方位角误差和减少导线的横向误差，一、二等导线每隔 100 ~ 150 km，和它与一、二等三角锁网连接处，以及所有一、二等导钱交叉处，需测定导线边两端点的天文经纬度和天文方位角，以求定该边的起始方位角。由于导线结构不及三角网强固，方位角传算误差积累较快，因此导线的起始方位角的间隔要小。两端有方位角控制的导线称

为导线节，导线节要尽量布设成直伸形式。导线网内两交叉点之间走向大体一致的若干导线节合称为导线段。方位角传算误差随边数增加而增大，因此一、二等导线每一导线节的边数不得多于 7 条。

三、四等导线是在一、二等导线网（或三角锁网）的基础上进一步加密，应布设为附合导线。单个附合导线总长三等不超出 200 km，四等不超出 150 km。布设几条附合导线时，应尽量连成网状，以增强导线结构。三、四等导线边长的选择，可根据测边测角仪器的性能以及所需大地点的密度而定，一般三等边长在 7 ~ 20 km 范围内变通；四等在 4 ~ 15 km 范围内变通；作业时应尽量采用较长的边。

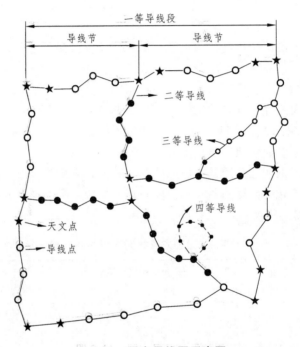

图 3.11　国家导线网示意图

5. 我国天文大地网简介

我国一等三角网和二等三角网合称天文大地网，是从 1951 年开始布设，于 1971 年完成。一等锁全长约 8 万千米，包括 400 多个锁段构成 100 多个锁环，共有 5000 多个一等三角点，具体布设形状见图 3.11。1978—1984 年完成了天文大地网整体平差工作，网中包括一等三角锁系、二等三角网、部分三等网和导线，有近 5 万个控制点，467 条起始边和 916 个起始方位角。共组成约 30 万个误差方程式和 15 万多个法方程式。平差结果表明，网中离大地原点最远点的点位中误差为 ± 0.8 m，相邻点的相对精度大部分小于 1/200 000。通过天文大地网整体平差，消除了原来分区平差和逐级控制产生的不合理影响，提高了大地网精度，建立了我国自己的 1980 国家大地坐标系，并为精化地心坐标提供了条件，它是我国大地测量发展史上的一个里程碑，也为我国大地测量的进一步发展打下了良好的基础。我国已布设的天文大地网如图 3.12 所示。

中国地图

图 3.12　国家天文大地网示意图

3.1.5　国家水平控制网的实施

要完成国家水平控制网的布设任务，主要包括技术设计、实地选点、造标埋石、外业观测和内业平差计算等步骤。现在对前三个实施步骤进行简单的介绍。

3.1.5.1　技术设计

像任何工程设计一样，水平控制测量的技术设计是关系全局的重要环节，技术设计是使控制网的布设既满足质量要求又做到经济合理的重要保障，是指导生产的重要技术文件。技术设计的任务是根据控制网的布设宗旨结合测区的具体情况获得网的最佳布设方案。

1. 对控制点点位的要求

不论是技术设计还是实地选点，水平控制网点的位置应满足下列要求：

（1）选定的三角点应扩展方便，计划观测方向均应通视良好，视线应超越和偏离障碍物一定的高度和距离：在山区一等不小于 1 m，二等不小于 2 m，在平原地区，一等不小于 6 m，二等不小于 4 m；三、四等方向以能保证成像清晰，便于观测为原则。

（2）决定视线高度时，须考虑到树林和农作物高度的增长。视线应尽量避免沿斜坡或河坎旁通过。当视线通过稻田、草原、沙漠、戈壁、沼泽、湖泊、大片树林、较大城市以及工矿区时，视线高度一等不低于 8 m，二等不低于 6 m。

（3）三角点一般应选在便于造标和观测，埋石后标志能长期保存的制高点上，点位离开公路、铁路、河流不得少于 50 m，离高压线不少于 120 m。

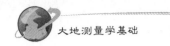

（4）点位选取时，保证要控制点间所构成的边长、角度、图形结构应完全符合有关规范的要求。

2. 资料搜集

技术设计前，应充分搜集测区内各项有关资料进行分析研究并进行实地勘察，然后进行图上设计，编写技术设计书。收集的资料包括：测区的各种比例尺地图、航空像片图、遥感图、交通图和气象资料；已有的大地点成果，已有控制标志的保存完好情况；测区的自然地理和人文地理情况，交通运输和物资供应情况等。对这些资料进行分析和研究，作为设计的依据和参考。

3. 图上设计

图上设计是技术设计的重要内容，根据收集的已有资料信息，宜在中等比例尺地形图（1：25 000～1：100 000）上进行，图上设计应标绘出已有平面和高程控制点的位置和新设计的三角点位置和观测方向及和已有平面控制网、已有高程控制网的联测方向和联测路线。其方法和步骤如下：

（1）在地形图上展绘已知控制点，包括平面和高程控制点。

（2）按上述对控制点点位的基本要求，从已知控制点开始扩展，依据布设原则和方案，展绘新设计的三角点，并要考虑与已有平面控制网的联测。

（3）判断和检查点间的通视情况。

（4）估算控制网中各推算元素的精度。

（5）拟定水准联测路线。目的在于获得三角点高程，并控制高程传递的误差积累。

（6）根据测区的情况调查和图上设计结果，写出文字说明，并拟定作业计划。

4. 编写技术设计书

测绘技术设计的目的是制定切实可行的技术方案，保证测绘成果（或产品）符合技术标准和满足顾客要求，并获得最佳的社会效益和经济效益。因此，每个测绘项目作业前应进行技术设计。技术设计书主要包括以下几个方面内容：

（1）项目概况：项目来源、内容和目标，作业区范围和行政隶属、任务量、完成期限，项目承担单位和成果接收单位。

（2）作业区自然地理概况和已有资料情况：根据测绘项目的具体内容和特点，根据需要说明与测绘作业有关的作业区自然地理概况；说明已有资料的数量、形式、主要质量情况（包括已有资料的主要技术指标和规格等）和评价；说明已有资料利用的可能性和利用方案等。

（3）引用文件：说明项目设计书编写过程中所引用的标准、规范或其他技术文件。文件一经引用，便构成项目设计书设计内容的一部分。

（4）成果（或产品）主要技术指标和规格：说明成果（或产品）的种类及形式、坐标系统、高程基准，比例尺、分带、投影方法，分幅编号及其空间单元，数据基本内容、数据格式、数据精度以及其他技术指标等。

（5）设计方案：软件和硬件配置要求，技术路线及工艺流程，技术规定，上交和归档成果（或产品）及其资料内容和要求，质量保证措施和要求。

（6）进度安排和经费预算：根据统计的工作量和计划投入的生产实力，参照有关生产定额，分别列出年度计划和各工序的衔接计划；根据设计方案和进度安排，编制分年度（或分期）经费和总经费计划，并做出必要说明。

（7）附录：需进一步说明的技术要求，有关的设计附图、附表。

（8）主管部门的审批意见。

3.1.5.2　实地选点

实地选点的任务是把控制网的图上设计点位放到实地位置，图上设计是否正确以及选点工作是否顺利，很大程度上取决于所用的地形图的准确性。如果图上和实地差异过大，则应根据实际情况确定点位，对原来的图上设计做出必要的修改。实地选点时需要携带必要的通信工具和测量仪器，点位确定后，打下木桩并绘点之记。选点完成后，应提供如下资料：选点图、点之记、三角点一览表等。

3.1.5.3　造标埋石

1. 造　标

由于国家三角点或导线点之间相距较远，一般情况下直接看不到对方，因此常常要造测量觇标用来指示点的具体位置，作为被照准的目标。各等级三角点上的测量觇标类型统一采用以下名称：

寻常标——没有内架的木质三脚或四脚觇标；

钢寻常标——设有内架的钢质三脚或四脚觇标；

混凝土寻常标——用钢筋混凝土建筑的没有内架的三脚觇标；

复合标——内、外架相连接的木质三脚或四脚觇标；

双锥标——内、外架不相连接的木质三脚或四脚觇标；

钢标——钢材制成的有内、外架的觇标；

墩标——用混凝土、天然石、砖块或木材筑成的仪器墩上加设圆筒的觇标；

原生树标——在森林区用原生树去掉树梢，树枝作为外架橹柱的觇标；

马架标——用钢材或木材建造的高度约 1.5 m 的内架，并加设圆筒的觇标；

活动标——可以移动的钢标或木标。

2. 埋　石

为了长期保存三角测量的成果，就必须埋设稳定、坚固和耐久的中心标石，同时要广泛宣传保护测量标志的重要意义。中心标石是控制点位的永久性标志。野外观测是以标石的标志中心为准，最后算得点的平面坐标和高程，就是标志中心的位置。如果标石被破坏或发生位移，测量成果就失去作用，点的坐标也就毫无意义。

三角点标石一般用混凝土灌制，也可用相同规格的花岗石、青石等坚硬石料代替。三角点的标石类型主要有：一、二等三角点标石；三、四等三角点标石；岩石地区三角点标石；冻土地区三角点标石；沙漠地区三角点标石；特殊困难地区三角点标石。

三角点标石一般分盘石和柱石两部分，两者的顶部中央均需嵌入一个中心标志，并应安放正直，粘接牢固。中心标志可用金属材料或瓷质材料制成。以石料凿成的标石，应在盘石或柱石中心位置凿刻断面成"V"形的十字中心标志，线长约 5 cm，线的上宽和深度各约为

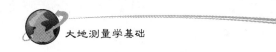

5 mm，内涂红色油漆，以代替瓷质或金属中心标志。柱石的中心标志应稍高于柱石顶面，以便于安放水准标尺。在一般地区内，一、二等点的标石由柱石及上、下盘石组成，见图 3.13；三、四等点的标石由柱石和一块盘石组成。

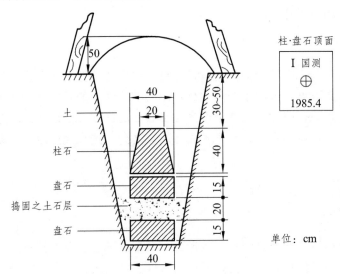

图 3.13　一、二等三角点标石埋石图

在冻土地区，盘石应埋在最深冻土层以下，其他各类地区标石的规格和要求见有关规范。

埋石工作结束后，要到所在地的乡人民政府办理三角点的托管手续，并广泛宣传保护测量标志的重大意义。

3.1.5.4　三角点观测工作及外业验算

1. 观测工作程序

（1）观测点要做好各项准备工作。包括安装仪器、确定仪器整置中心、测定测站点和照准点归心元素、设置测伞、整置仪器、选择零方向、编制观测度盘表等。

（2）在完成上述准备工作后，即可开始观测工作，具体观测要求见《国家三角测量规范》和《精密导线测量规范》。

（3）在完成观测工作后，离开本点前，应对观测成果进行详细的检查、整理和计算。

总之，要在确保本点成果齐全并准确无误时，方可迁站。在离开本点前，必须将标石埋封好，以保证标石的永久保存。

2. 三角测量外业验算

外业验算应包括以下内容和程序：

（1）检查外业资料，包括观测手簿、观测记簿、归心投影用纸等。

（2）编制已知数据表和绘制三角锁网图。

（3）三角形近似球面边长计算和球面角超计算。

（4）归心改正计算，并将观测方向值化至标石中心。

（5）分组的测站平差。

（6）三角形闭合差和测角中误差的计算。

（7）近似坐标和曲率改正计算。

（8）极条件闭合差计算，基线条件闭合差计算，方位角条件闭合差计算等。

3.1.6　工程测量水平控制网建立的基本原理

3.1.6.1　工程测量水平控制网的分类

我们知道，在各种工程建设中，从工程的进行而言，大体上可分为设计、施工和运营 3 个阶段。因此，作为为工程建设服务的工程测量控制网来说，根据工程建设的不同阶段对控制网提出的不同要求，工程测量控制网一般可分为以下三类：测图控制网、施工控制网和变形观测专用控制网。

1. 测图控制网

这是在工程设计阶段建立的用于测绘大比例尺地形图的测量控制网。在这一阶段，技术设计人员将要在大比例尺图上进行建筑物的设计或区域规划，以求得设计所依据的各项数据。因此，作为图根控制依据的测图控制网，必须保证地形图的精度和各幅地形图之间的准确拼接。另外，这种测图控制网也是地籍测量的基本控制。

2. 施工控制网

这是在工程施工阶段建立的用于工程施工放样的测量控制网。在这一阶段，施工测量的主要任务是将图纸上设计的建筑物放样到实地上。对于不同的工程来说，施工测量的具体任务也不同。例如，隧道施工测量的主要任务是保证对向开挖的隧道能按照规定的精度贯通，并使各建筑物按照设计修建；放样过程中，标尺所安置的方向、距离都是依据控制网计算出来的。因此，在施工放样以前，应建立具有必要精度的施工控制网。

3. 变形观测专用控制网

这是在工程竣工后的运营阶段，建立的以监测建筑物变形为目的的变形观测专用控制网。由于在工程施工阶段改变了地面的原有状态，加之建筑物的重量将会引起地基及其周围地层的不均匀变化。此外建筑物本身及其基础也会由于地基的变化而产生变形，这种变形，如果超过了一定的限度，就会影响建筑物的正常使用，严重的还会危及建筑物的安全。在一些大中城市，由于地下水的过量开采，也会引起市区大范围的地面沉降，从而造成危害。所以，在工程竣工后的运营阶段，需要对有的建筑物或市区进行变形监测，这就需要布设变形监测专用控制网。 而这种变形的量级一般都很小，为了能精确地测出其变化，要求变形监测网具有较高的精度。

有时又把以上 2、3 阶段（施工和运营阶段）布设的控制网称为专用控制网。

3.1.6.2　工程测量水平控制网的布设原则

工测控制网可分为两种：一种是在各项工程建设的规划设计阶段，为测绘大比例尺地形图和房地产管理测量而建立的控制网，叫作测图控制网；另一种是为工程建筑物的施工放样或变形观测等专门用途而建立的控制网，我们称其为专用控制网。建立这两种控制网时亦应遵守下列布网原则。

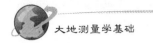

1. 分级布网、逐级控制

对于工测控制网，通常先布设精度要求最高的首级控制网，随后根据测图需要，测区面积的大小再加密若干级较低精度的控制网。用于工程建筑物放样的专用控制网，往往分两级布设。第一级作总体控制，第二级直接为建筑物放样而布设；用于变形观测或其他专门用途的控制网，通常无须分级。

2. 要有足够的精度

以工测控制网为例，一般要求最低一级控制网（四等网）的点位中误差能满足大比例尺 $1:500$ 的测图要求。按图上 0.1 mm 的绘制精度计算，这相当于地面上的点位精度为 $0.1 \times 500 = 5$（cm）。对于国家控制网而言，尽管观测精度很高，但由于边长比工测控制网长得多，待定点与起始点相距较远，因而点位中误差远远大于工测控制网。

3. 要有足够的密度

不论是工测控制网或专用控制网，都要求在测区内有足够多的控制点。如前所述，控制点的密度通常是用边长来表示的。《城市测量规范》中对于城市三角网平均边长的规定列于表 3.3。

表 3.3　三角网的主要技术要求

等级	平均边长（km）	测角中误差（″）	起始边边长相对中误差	最弱边边长相对中误差
二等	9	≤±1.0	≤1/300 000	≤1/120 000
三等	5	≤±1.8	≤1/200 000（首级） ≤1/120 000（加密）	≤1/80 000
四等	2	≤±2.5	≤1/120 000（首级） ≤1/80 000（加密）	≤1/45 000
一级小三角	1	≤±5.0	≤1/40 000	≤1/20 000
二级小三角	0.5	≤±10.0	≤1/20 000	≤1/10 000

4. 要有统一的规格

为了使不同的工测部门施测的控制网能够互相利用、互相协调，也应制定统一的规范，如现行的《城市测量规范》和《工程测量规范》。

3.1.6.3　工程测量水平控制网的布设方案

现以《城市测量规范》为例，将其中三角网的主要技术要求列于表 3.3，电磁波测距导线的主要技术要求列于表 3.4。从这些表中可以看出，工测三角网具有如下的特点：① 各等级三角网平均边长较相应等级的国家网边长显著地缩短；② 三角网的等级较多；③ 各等级控制网均可作为测区的首级控制。这是因为工程测量服务对象非常广泛，测区面积大的可达几千平方千米（例如大城市的控制网），小的只有几公顷（例如工厂的建厂测量），根据测区面积的大小，各个等级控制网均可作为测区的首级控制；④ 三、四等三角网起算边相对中误差，按首级网和加密网分别对待。对独立的首级三角网而言，起算边由电磁波测距求得，因此起算边的精度以电磁波测距所能达到的精度来考虑。对加密网而言，则要求上一级网最弱边的精度应能作为下一级网的起算边，这样有利于分级布网、逐级控制，而且也有利于采用测区内已有的国家网或其他单位已建成的控制网作为起算数据。以上这些特点主要是考虑到工测控制网应满足最大比例尺 1∶500 测图的要求而提出的。

布设工测控制网时，应尽量与国家控制网联测，这样可使工测控制网纳入国家坐标系中，以便于各有关部门互相利用资料，而不造成重复测量和浪费。

此外，在我国目前测距仪使用较普遍的情况下，电磁波测距导线已上升为比较重要的地位。表 3.4 中电磁波测距导线共分 5 个等级，其中的三、四等导线与三、四等三角网属于同一个等级。这 5 个等级的导线均可作为某个测区的首级控制。

表 3.4　电磁波测距导线的主要技术要求

等级	闭合环或附合导线长度（km）	平均边长（m）	测距中误差（mm）	测角中误差（″）	导线全长相对闭合差
三等	15	3 000	≤ ±18	≤ ±1.5	≤ 1/60 000
四等	10	1 600	≤ ±18	≤ ±2.5	≤ 1/60 000
一级	3.6	300	≤ ±15	≤ ±5	≤ 1/60 000
二级	2.4	200	≤ ±15	≤ ±8	≤ 1/60 000
三级	1.5	120	≤ ±15	≤ ±12	≤ 1/60 000

3.1.6.4　专用控制网的布设特点

专用控制网是为工程建筑物的施工放样或变形观测等专门用途而建立的。由于专用控制网的用途非常明确，因此建网时应根据特定的要求进行控制网的技术设计。例如：桥梁三角网对于桥轴线方向的精度要求应高于其他方向的精度，以利于提高桥墩放样的精度；隧道三角网则对垂直于直线隧道轴线方向的横向精度的要求高于其他方向的精度，以利于提高隧道贯通的精度；用于建设环形粒子加速器的专用控制网，其径向精度应高于其他方向的精度，以利于精确安装位于环形轨道上的磁块。以上这些问题将在工程测量中进一步介绍。

3.2　地心基准与空间大地控制网

3.2.1　地心基准

基准即一组起算数据。20 世纪 80 年代以来，国际上通行以地球质量中心作为原点，以总地球椭球参数和定位参数为基础建立三维地心坐标系，其中的原点和参数定义了地心基准。地心基准需要通过地面上一系列大地控制点的三维坐标来体现，而这些三维坐标的实现不同于传统的水平和高程控制网的建立方法，必须采用全球导航卫星系统（GNSS）、甚长基线干涉（VLBI）、卫星激光测距（SLR）、多普勒卫星定轨无线电综合定位（DORIS）等空间大地测量技术手段建立的空间大地控制网来实现，从而构建高精度的地球参考框架。

大地测量学基础

3.2.2 全球地心参考框架网

GNSS（GPS、GLONASS、GALIEO、BDS）、VLBI、SLR 和 DORIS 等空间大地测量技术的发展，为建立全球性的地心基准创造了条件。全球性的地心基准是利用分布在全球范围内的上述空间大地测量台站联成相应的全球性网来实现。这些技术的科学服务组织设在国际大地测量协会（IAG），每一种空间技术分别由相应的国际组织：国际 GNSS 服务（IGS）、国际 VLBI 服务（IVS）、国际 SLR 服务（ILRS）和国际 DORIS 服务（IDS）等进行组织、协调和管理。各种单一空间大地测量技术实现的大地网经联合平差后，形成综合性的地心基准，即国际地球参考框架（ITRF）。

3.2.2.1 全球 IGS 网

IGS（International GPS Service for Geodynamics）原本是国际大地测量协会 IAG 为支持大地测量和地球动力学研究而于 1993 年组建的一个国际协作组织。此后由于服务领域的扩大和延伸，如提供天顶方向的对流层延迟参数为气象学研究和天气预报服务；提供全球格网点上的 VTEC 值为电离层延迟服务等,因而其名称改为 International GPS Service,缩写仍为 IGS,后来由于研究对象已从 GPS 系统扩展至 GLONASS 系统，今后也将会进一步扩展至 BDS、GALIEO 等系统，故又将名称改为 International GNSS Service，但缩写仍保持不变。

IGS 是覆盖全球范围的 GNSS 连续运行站网和综合服务系统，已在全球范围内较为均匀地建立了 400 余个永久的基准站，它无偿向全球用户提供 GPS，GLONASS 各种信息，如卫星精密星历、快速星历、预报星历、IGS 站坐标及其运动速率、IGS 站所接收的卫星信号的相位和伪距数据、地球自转速率等。在大地测量和地球动力学方面支持了无数科学项目，包括电离层、气象、参考框架、地壳运动、精密时间传递、高分辨地推算地球自转速率及其变化等。其主要服务及产品包括以下方面：

（1）GPS 卫星星历服务，产品包括预报、快速和最终三类精密星历，精度分别是 25 cm、5 cm 和优于 5 cm；延时分别是 0 h、17 h 和 13 d。GLONASS 卫星只提供最终星历，精度大约为 30 cm。

（2）GPS 精密卫星差服务,产品包括预报、快速和最终三类钟差,精度分别是 5 ns、0.2 ns 和 0.1 ns；延时分别是 0 h、17 h 和 13 d。

（3）测站坐标（包括相应的框架、历元）和站运动速率服务，产品包括测站水平、垂直位置和水平、垂直运动速率，其水平和垂直位置精度分别是 3 mm 和 6 mm，相应的年运动速率精度是 2 mm/a 和 3 mm/a；测站坐标和测站速度的延时都是 12 d。

（4）地球自转参数服务，产品包括快速和最终极移、短期章动、日长变化等。IGS 公布的最终极移参数和变率分别是 0.1 mas 和 0.2 mas/d，快速极移参数和变率分别是 0.2 mas 和 0.4 mas/d，最终和快速极移产品的延时分别为 11 d 和 17 h。

（5）大气参数服务，产品包括对流层天顶延迟参数，精度为天顶延迟 4 mm，延时为 4 周，进一步还将提供电离层格网电子密度分布参数。

由 IERS 综合利用 VLBI、SLR、GNSS、DORIS 等空间大地测量资料来建立和维持国际地球参考框架 ITRF，给出统一的精度更高的结果。与 VLBI、SLR、DORIS 相比，IGS 的基准站数量更多，地理分布也更好（如 VLBI、SLR 等技术的测站数为 50 个左右，而且大部分

100

位于北半球，在南半球的测站很少），其台站在全球的分布如图 3.14 所示，因而可以在统一的 ITRF 框架下起到补充和加密作用。

世界地图

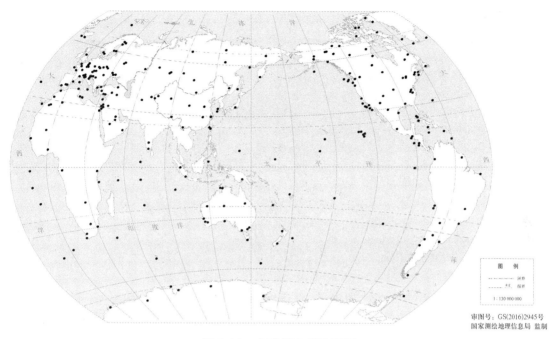

审图号：GS(2016)2945号
国家测绘地理信息局 监制

图 3.14　全球 IGS 跟踪网图

3.2.2.2　全球 IVS 网

VLBI 观测的特点之一为多台站组网观测，因此，它必须要求广泛的国际合作。为了更有效地开展 VLBI 观测和技术发展方面的国际合作，建立了国际性的 VLBI 组织 IVS，负责为全球性的 VLBI 应用于天体测量和地球动力学方面的合作组织，开展 VLBI 观测、数据处理及技术发展的国际合作并提供服务。IVS 协调有关 VLBI 技术的各种活动，为其提供支持。

中国的上海余山站和乌鲁木齐的南山站均为 IVS 的站点。全球 IVS 台站的分布如图 3.15 所示。IVS 网由于其观测目的不同又可分为如下的子网和组织：欧洲 VLBI 网（European VLBI Network，EVN）、亚太射电望远镜（Asa-Pacific Telescope，APT）、地球自转连续观测（Continuous Observation Rotation of Earth，CORE）、VLBI 空间观测站计划（VLBI Space Observatory Program，VSOP）、VLBI 深空探测及我国的 VLBI 网。

我国 VLBI 的发展开始于 20 世纪 70 年代后期。1979 年正式提出建立中国的 VLBI 干涉仪和台站系统，初步包括上海、乌鲁木齐和昆明 3 个台站和一个相关处理中心，并决定首先在上海建立一个 25 m 的射电天线。上海的余山站于 1987 年 11 月建成并投入调试运行，与 1988 年 4 月开始实施多项国际天文地球动力学 VLBI 联合观测计划，如中日 VLBI 合作观测、中德 VLBI 大地测量合作计划、美国（NASA）的 CDP（Crustal Dynamics Project）、DOSE（Dynamics of Solid Earth）及 CORE 计划的 VLBI 观测，以及 APSG（Asia-Pacific Space Geodynamics）的 VLBI 观测等。

世界地图

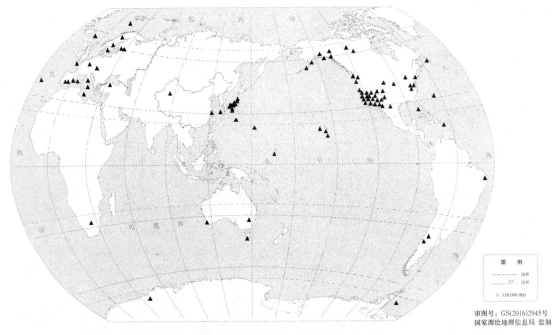

审图号：GS(2016)2945号
国家测绘地理信息局 监制

图 3.15　全球 IVS 台站网图

　　1994 年 10 月乌鲁木齐的南山站建成，使得中国的 VLBI 技术有了进一步的发展。1998 年底总参测绘局研制的 3 m 口径天线的 VLBI 流动站投入调试运行，主要放置在云南的昆明。这一年，上海的佘山 VLBI 站参加了三次由美国宇航局组织的火星全球勘探者的差分 VLBI 定位观测，获得成功。1999 年佘山站与南山站一起成为 CORE 计划的基准站。2003 年这两个 VLBI 测站对地球空间探测"双星计划"的赤道卫星的发射过程进行了成功的 VLBI 跟踪观测，并得到了质量很好的观测数据。

　　2004 年 1 月，国家航天局宣布，我国将正式启动月球资源探测卫星工程（"嫦娥工程"）立项进程，标志着我国的深空探测进入了实际操作阶段。"嫦娥工程"以我国的 USB 测控系统为主，以中国科学院的 VLBI 测量系统为辅进行轨道监测。为此，在原有中国 VLBI 网的基础上，组建了昆明（40 m 天线）和北京（50 m 天线）两个 VLBI 站，同时改造扩充了原有的上海（25 m 天线）和乌鲁木齐（25 m 天线）VLBI 观测站的功能，建立了 VLBI 站与相关处理中心的实时数据快速传递通道、实时相关处理机和相关处理中心。目前的中国 VLBI 网已成为一个具有 4 个固定台站和一个相关处理中心的实时观测网（见图 3.16）。

　　FAST（Five-hundred-meter Aperture Spherical radio Telescope）500 m 口径球面射电望远镜位于贵州省黔南布依族苗族自治州平塘县大窝凼的喀斯特洼坑中。500 m 口径球面射电望远镜被誉为"中国天眼"，由我国天文学家于 1994 年提出构想，从预研到建成历时 22 年，于 2016 年 9 月 25 日落成启用，如图 3.17 所示。由中国科学院国家天文台主导建设，是具有我国自主知识产权、世界最大单口径、最灵敏的射电望远镜，将在未来 20 至 30 年保持世界一流地位。全新的设计思路，加之得天独厚的台址优势，使其突破了望远镜的百米工程极限，开创了建造巨型射电望远镜的新模式。FAST 不仅在科研方面有着巨大价值，在航天测控方面也有着很大的应用价值，它可以作为一个巨大的天线，来接收更远距离的空间飞行器传回的信号，大大提升我国深空探测的测控能力，同时，也将成为国际 VLBI 观测网中当之无愧的"大哥"。

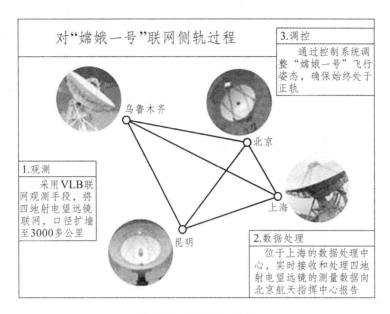

图 3.16　中国 VLBI 网

图 3.17　FAST 射电望远镜

3.2.2.3　全球 ILRS 网

目前全球共有 50 余个 SLR 站，其分布如图 3.18 所示。为了组织国际联合观测、加强合作协调，在原有 50 余个 SLR 站基础上，经过重新讨论和选举，于 1998 年 11 月成立了"国际激光测距服务（ILRS）"，中央局设在 NASA/GSFC。ILRS 网又可分为若干个子网。

世界地图

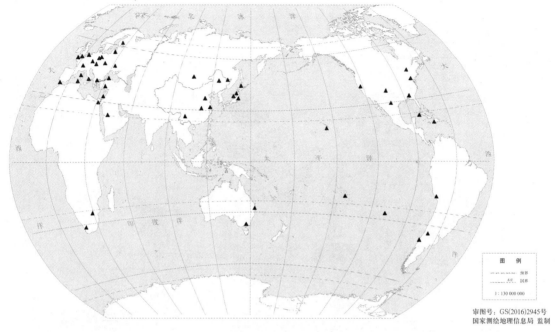

审图号：GS(2016)2945号
国家测绘地理信息局 监制

图 3.18　全球 SLR 网

1. 美国宇航局（NASA）网

20 世纪 70 年代末，美国宇航局网已有 MOBLAS 站、McDonald 天文台和夏威夷 Haleakala 站等 5 个站。80 年代，又增加了 4 个小型流动站 TLRS 1～4。20 世纪 90 年代以来，由于经费不足，小型流动站不再流动，较少运转。为了充分发挥已有仪器的能力，NASA 重新分布了 5 台 MOBLAS，1998 年一台搬到南太平洋 Tahiti 岛上，2000 年一台搬到南非（Hartebeesthoeck）。

NASA 网长期处于国际 SLR 界的领先地位，技术先进，测距精度高，观测数量约占全球常规运行的 50 多个站的一半。

2. 欧洲网（Eurolas）

欧洲网成立于 1989 年，现有 18 个站。其中，最重要的站台是英国的 Herstmonceux，奥地利的 Graz，法国的 Grasse，德国的 Wettzell 和 Potsdam，瑞士的 Zimmerwald，意大利的 Matera 等。欧洲台站的天气情况不如美国和澳大利亚，观测数量相对较少。但 Wettzell 站设备先进，现拥有一套大型综合测量设备-TIGO，包括多种测量手段，如 SLR、VLBI、GPS、PRARE 以及重力仪、地震仪气象仪器等，其中 SLR 系统采用了最先进的半导体激光器泵浦的铁宝石激光器，可以主行双波长测距。Matera 站新安装了一台十分先进的 SLR 系统，望远镜口镜 1.5 m，测距精度与 NASA 相同。

3. 西太平洋网（WPLTN）

西太平洋 SLR 网成立于 1994 年，成员国有中国、日本、澳大利亚、俄罗斯和沙特阿拉伯，共 15 个站，其中俄罗斯的 SLR 站较多，澳大利亚有 2 个站，日本有 4 个站。中国有 5

个固定站和 2 个流动站，部分站的设备如图 3.19 所示。

北京站　　　　　　　　　　上海站　　　　　　　　　　流动站

图 3.19　中国 SLR 网设备

中国 SLR 网成立于 1989 年，由上述台站组成，目前负责单位是中科院上海天文台。上海天文台负责观测的组织协调，统一观测规范，合作进行技术改造。上海台还是 SLR 区域数据中心和数据分析中心，负责国内 SLR 资料的归档，观测资料的评估，每周发表全球观测资料的评估报告。同时，利用国内及国际的 SLR 资料进行天文地球动力学和大地测量等应用研究。

3.2.2.4　全球 DORIS 网

DORIS 是一种多普勒测量系统。但与子午卫星系统相反，在 DORIS 系统中，无线电信号发射器是安放在地面跟踪站上的，多普勒接收机则放在卫星上。定轨工作既可在卫星上实时完成，以提供精度稍差的实时轨道信息，也可将观测值集中起来统一下传给地面计算中心（当卫星飞越该站上空时），由地面站来进行数据处理，以生成精度较好的事后轨道。除了精密定轨以外，DORIS 还被广泛用于空间大地测量，如建立和维持地球参考框架（精确测定跟踪站的坐标及变化速度）；测定地壳变形及地球质心的运动、尺度的变化；测定地球定向参数 EOP；进行大气科学研究等。特别是成立国际 DORIS 服务 IDS 后，DORIS 与 VLBI、SLR、GPS 等一起成为全球大地测量观测系统（Global Geodetic Observing System，GGOS）中的重要组成部分。

目前的 DORIS 卫星全球跟踪网是由均匀分布在全球的 50 多个地面站组成，地 面跟踪站的分布图如图 3.20 所示。当截止高度角为 12° 时，低轨卫星的可观测弧段占总弧长的比例分别为：ENVISAT 卫星（$H = 800$ km）87%；SPOT 卫星（$H = 830$ km）88%；Topex/Poseidon 卫星（$H = 1\ 330$ km）98%。数量众多的地 理分布良好的全球跟踪网的建立是 DORIS 系统取得成功的一个重要因素。

在选择 DORIS 地面站时，特别是开始时，要考虑的一个重要条件是与 VLBI、SLR、GNSS 等站并址。这样不但能为 DORIS 提供一个高精度的起始站坐标，而且对于建立和维持 ITRF 也是非常有益的。并址站上，DORIS 信标发射机与其他空间大地测量仪器间的大地联测是按照极其严格的联测规范进行的，大部分的联测误差都在 3 mm 以内。

世界地图

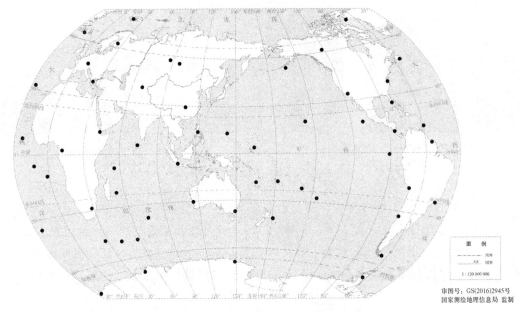

图 3.20　全球 DORIS 地面跟踪网

3.2.3　区域地心参考框架网

在众多的空间大地测量技术中，由于 VLBI、SLR 等设备昂贵、布设测站比较困难，这些空间大地测量技术实现的台站数量在全球分布较少且很不均匀，因而在某区域内很难联成有效的控制网，在实际工作中它们只能在全球范围内联成三维控制网，通过国际协作的方式参与全球性的联测来实现全球性的三维地心基准。相对而言，GNSS 技术具有测量方便、快捷、建站方便等特点，因而建立区域性的三维控制网主要采用 GNSS 技术，我国的三维地心控制网的布设主要通过 GNSS 技术观测完成。

3.2.3.1　国家 GPS A、B 级网

国家 GPS A 级网于 1992 年结合国际 IGS92 会战，由国家测绘局、中国地震局等单位布测，全网 27 个点，平均边长约 800 km。1996 年国家测绘局进行了 A 级网复测，经全网整体平差后，地心坐标精度优于 0.1 m，点间水平方向的相对精度优于 2×10^{-8} 垂直方向优于 7×10^{-8}。

B 级网由国家测绘局于 1991—1995 年布测，包括 A 级点共 818 个点。B 级网的结构在东部地区为连续网，点位较密集；中部地区为连续网与闭合环结合，点位密度适中；西部地区为闭合环与导线型，点位密度较稀疏。B 级网 60% 的点与我国一、二等水准点重合，其余进行了水准联测。B 级网点间重复精度水平方向优于 4×10^{-8}，垂直方向优于 8×10^{-8}。国家 GPS A、B 级网点分布见图 3.21。

3.2.3.2　全国 GPS 一、二级网

总参测绘局为了满足军事测绘和国防建设的需要，于 1991—1997 年在全国范围内布测了高精度的 GPS 网，分为一、二级网，称为全国 GPS 一、二级网。其规模和精度大体与国

中国地图

1 : 48 000 000

审图号：GS(2016)1595号
国家测绘地理信息局 监制

图 3.21　国家 GPS A、B 级网

中国地图

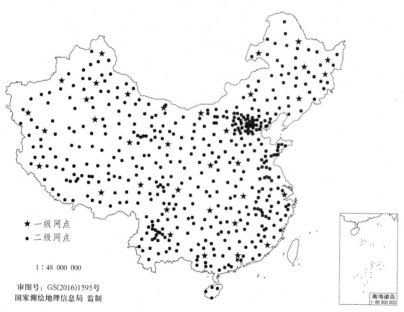

★ 一级网点
● 二级网点

1 : 48 000 000

审图号：GS(2016)1595号
国家测绘地理信息局 监制

图 3.22　全国 GPS 一、二级网

家 GPS A、B 级网相同，其点位分布如图 3.22 所示。全网 534 个点，在全国陆地（除台湾）、海域布设，还包括南沙重要岛礁。一级网 44 点，平均边长约 800 km，于 1991 年 5 月至 1992 年 4 月观测；二级网分 7 个测区（南海岛礁，东北测区，华北测区，西北测区，华东测区，东南测区，青藏云贵川测区）观测，先后于 1992—1997 年施测。二级网在一级网基础上布测，平均边长约 200 km，一、二级网点均进行了水准联测。经平差计算后，一级网的精度约为 3×10^{-8}，二级网精度为 1×10^{-8}。

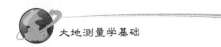

3.2.3.3 中国地壳运动观测网络

中国地壳运动观测网络由中国地震局、总参测绘局、国家测绘局、中国科学院等四单位于 1998 年开始布测（见图 3.23），是以地震预报为主要目的并兼顾大地测量需要的监测网，网点的布设主要分布在我国的大板块和地震活跃区附近。全网包括基准网点、基本网点和区域网点共 1 081 点。其中基准网点间距 1 000 km 左右，为 GPS 常年连续观测点；基本网点间距约 500 km，为定期复测点。基准网和基本网主要分布于国内较大的板块，区域网点间距几十到上百千米，为不定期复测点，全国范围内分布不均，较密集地分布在地壳运动活跃地区。地壳运动观测网络基本情况见表 3.5。

中国地图

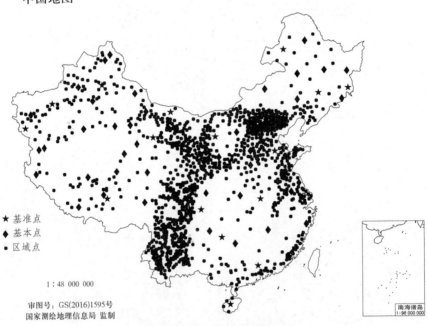

图 3.23 中国地壳运动观测网络

表 3.5 中国地壳运动观测网络基本情况

	基准网	基本网	区域网
点数	25	56	1000
分布	国内板块	国内板块	地壳运动活跃地区
观测	连续观测	定期复测	不定期复测
水平精度		2.5 mm	1.8 mm
垂直精度		4.8 mm	4.9 mm
基线年变化率精度	1.3 mm		
定国精度	0.5 mm		

3.2.3.4 2000 国家 GPS 大地控制网

已布成的国家 A、B 级网、全国 GPS 一、二级网和中国地壳观测网络等大规模 GPS 网已成为我国现代大地测量和基础测绘的基本框架，在国民经济建设中发挥了越来越重要的作用。它们以其特有的高精度把我国传统天文大地网进行了全面改善和加强，从而克服了传统天文大地网的精度不均匀，系统误差较大等传统测量手段不可避免的缺点。但是，由于布网原则、布网目的、观测纲要、实施年代、测量仪器以及数据处理的基准和方法的不同，使得各大规模 GPS 网之间存在着基准差异和系统差，这给实际应用带来了很大的困难，并在实际应用中难以发挥整体效益。

为了充分发挥我国各大规模 GPS 网的整体效益，首先必须消除各网的不兼容性，将各网的系统基准统一，建立统一的、坚强的、高精度的国家 GPS 大地控制网，为建立全国统一的地心坐标系统，提高我国大地水准面精度，更好地为国民经济和国防建设、地学研究服务。为此，原总参谋部测绘局、国家测绘局和中国地震局联合进行了上述各 GPS 网的统一平差，经联测和数据处理，统一后的 GPS 网称为"2000 国家 GPS 大地控制网"，全网共 2 609 个点，如图 3.24 所示。该网可满足现代测量技术对地心坐标的需求，同时为建立中国新一代的地心坐标系统（2000 国家大地坐标系）打下了坚实的基础。

中国地图

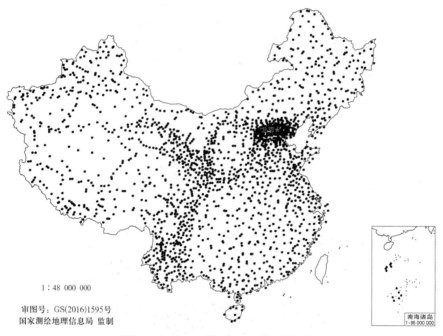

图 3.24 2000 国家 GPS 大地控制网

3.2.3.5 中国大陆构造环境监测网络

中国大陆构造环境监测网络（简称"陆态网络"）由中国地震局牵头、联合总参测绘局、中国科学院、国家测绘局、中国气象局和教育部共同承担建设。"九五"期间，我国建设了"中国地壳运动观测网络"重大科学工程，在地震预报、国防建设、大地测量、地学研究和气象预报等方面发挥了显著效益。但我国现有的连续观测基准站，台站密度与发达国家相比相差几十甚至几百倍。面对复杂多变的国际形势和频发的自然灾害以及社会、经济快速发展的态势，急需在原有基础上进一步提升观测、服务能力。

"陆态网络"项目于 2006 年 10 月立项，2007 年 12 月正式开工建设，2012 年 3 月通过

国家验收。"陆态网络"项目在原有"中国地壳运动观测网络"基础上，以卫星导航定位系统（GNSS）观测为主，辅以甚长基线干涉测量（VLBI）和卫星激光测距（SLR）等空间技术，并结合精密重力和水准测量等多种技术手段，建成了由 260 个连续观测和 2000 个不定期观测站点构成的、覆盖中国大陆的高精度、高时空分辨率和自主研发数据处理系统的观测网络，其点位分布如图 3.25 和图 3.26 所示。主要用于监测中国大陆地壳运动、重力场形态及变化、

中国地图

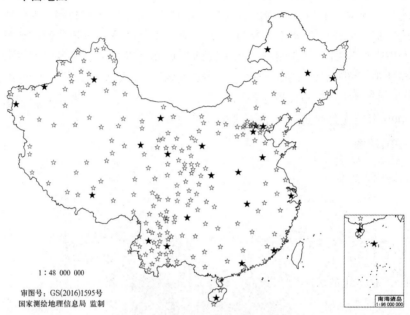

图 3.25　陆态网络工程基准站网

中国地图

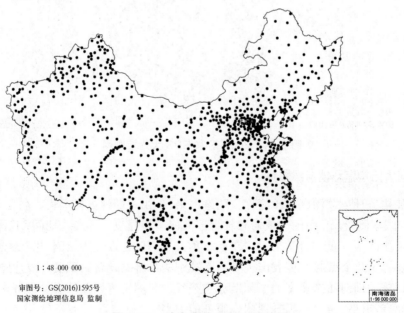

图 3.26　陆态网络工程区域站网

大气圈对流层水汽含量变化及电离层离子浓度的变化，为研究地壳运动的时-空变化规律、构造变形的三维精细特征、现代大地测量基准系统的建立和维持、汛期暴雨的大尺度水汽输送模型等科学问题提供基础资料和产品。

3.2.3.6　国家现代测绘基准框架

我国已着手建设新一代的国家测绘基准，该建设工程的主要内容是：

（1）国家卫星定位连续运行基准站网建设。新建 150 个、改造 60 个卫星定位连续运行基准站，直接利用 150 个站，形成 360 个站组成的国家卫星定位连续运行基准网。

（2）国家卫星大地控制网建设。新建 2 500 个卫星大地控制点，直接利用 2 000 个点，形成 4 500 个点组成的国家卫星大地控制网，与国家卫星定位连续运行基准网共同组成新一代国家大地基准框架。

（3）国家高程控制网建设。新建、改建 27 400 个高程控制点，新埋设 110 个水准基岩点，布设 12.2 万千米的国家一等水准网，形成国家现代高程基准框架。

（4）重力基准点建设。布设 50 个国家重力基准点，完善国家重力基准基础设施。

（5）国家测绘基准管理服务系统建设。建设国家测绘基准数据中心，形成国家现代测绘基准管理服务系统。

该工程将建设我国全新的测绘基准，其主要特点是：

（1）设计理念科学。该工程改变了以往平面、高程、重力基准独立设计的理念，在 3 个方面实现了一体化的 3 网融合布网。

① 设计了一体化的新型测量标石，既是卫星大地控制点、也是水准点，同时又可作为重力控制点，实现了基础设施综合测绘基准属性的融合。

② 综合考虑卫星大地控制网与国家一等水准网布设的点位位置和相互关系，尽量将基岩卫星大地控制点作为水准节点布设，同时尽可能将卫星大地控制点纳入到一等水准路线中，在全国范围形成大量的同期建设的全球导航卫星系统（GNSS）和水准点，为我国厘米级（似）大地水准面建立提供基础保障。

③ 在连续运行基准站上并置重力基准站，实测绝对重力，建立平面基准与重力基准的联系。

（2）精确度高。测绘基准工程建设的是我国最高等级的国家平面、高程和重力控制网，施工的技术要求和精度指标在所有的大地测量技术标准、规范中是最高的。

其中，连续运行基准站的绝对地心坐标精度达到厘米级；卫星大地控制点相邻点间相对精度每百千米达到几毫米；国家一等水准观测精度每千米优于 1 mm，重力基准点观测精度优于 5 μGal。国家测绘基准服务管理系统将具备每天处理 600 个连续运行基准站观测数据的能力，处理精度和技术性能达到国际先进水平。

（3）建设规模大。工程是迄今为止全国最大规模的测绘基准基础设施建设工程，全国范围内（除港澳台外）新完成 12.2 万千米一等水准路线布设，这在全世界各国高等级水准路线中是最长的；2 500 个点的卫星大地控制网和 210 个站的卫星导航定位连续运行基准网建设，也是有史以来我国最多的。如此大规模的基准建设，在世界范围内包括发达国家都是少有的。

（4）技术要求高。4 年内完成如此大规模的卫星定位连续运行基准站新建与改造工作、一等水准布设与观测任务以及卫星大地控制网建设，每项工作有非常高的要求。例如，20

世纪 90 年代国家二期一等水准复测 9.4 万 km，从 1991 年到 1999 年，历时近 10 年。而本工程要在 4 年内完成，这就要求水准观测精度、数据质量以及工作效率都必须达到一个非常高的标准，包括西部无人区每一条水准路线的观测、每一个水准点重力改正，都必须达到国家规范要求，才能够保证整个水准网拼环的精度。本工程新建的 150 个连续运行基准站，要求有独立的观测室和工作室，观测墩需建在基岩上，若建在土层上则深度要求达到 8 m，这在我国基准站建设中也是要求最高的。

该工程建设周期为 4 年，2015 年基本完成工程建设，2017 年工程验收。

3.2.3.7　GNSS 连续运行基准站系统

GNSS 连续运行基准站系统（Continuous Operation Reference System，简称 CORS），是利用 GNSS 技术、计算机技术、数据通信和互联网络（LAN/WAN）等技术，在一个城市、一个地区或一个国家根据需要按一定距离建立起来的常年连续运行的若干个固定 GNSS 基准站组成的，提供数据、定位、定时及其他服务的网络系统。CORS 系统由基准站、数据处理中心、数据传输系统、定位导航数据勃发系统、用户应用系统五部分组成，可进行毫米级、厘米级、分米级、米级的实时、准实时的快速定位或事后定位。全天候地支持各种类型的 GNSS 测量、定位、变形监测和放样作业。可满足覆盖区域内各种地面、空中和水上交通工具的导航、调度、自动识别和安全监控等功能，服务于高精度中短期天气状况的数值预报、变形监测、地震监测、地球动力学等。CORS 系统还可以构成国家的新型大地测量动态框架体系和构成城市地区新一代动态参考站网体系。它不仅能满足各种测绘参考的需求，还能满足环境变迁动态信息监测等多种需求。

依据管理形式、任务要求和应用范围，CORS 系统可划分为国家级 CORS、区域级 CORS和专业级 CORS。国家级 CORS 是国家地理空间信息的重要基础设施，主要用于维持和更新国家地心坐标参考框架，开展全国范围内高精度定位、导航、工程建设、地震监测、气象预报等国民经济建设、国防建设和科学研究服务。区域级 CORS 是省、市、自治区等区域地理空间信息的重要基础设施，用于维持和更新区域地心坐标参考框架，开展区域内位置服务和相关信息服务。区域地心坐标参考框架应与国家地心坐标参考框架保持一致。专业级 CORS是由专业部门或机构根据专业需求建立的基准站网，用于开展专业信息服务。专业级 CORS宜与国家地心坐标参考框架建立联系。

目前除了国家级 CORS 外，绝大多数的省区、重点城市和行业都建立了自己的 CORS系统。国外发达国家和地区也都建立了自己的 CORS 系统，主要包括美国的连续运行参考站网系统（CORS），欧洲永久性连续运行网（EPN），英国的连续运行参考站网系统（COGRS），德国的全国卫星定位网，其他欧洲国家，即使领土面积比较小的芬兰、瑞士等也已建成具有类似功能的永久性 GNSS 跟踪网，日本的 GNSS 连续应变监测系统（COSMOS）等，详细内容可以参考相关文献资料。

3.2.4　建立 GPS 大地控制网

中华人民共和国成立以来，我国于 20 世纪 50 年代和 80 年代分别建立了 1954 年北京坐标系和 1980 西安坐标系，测绘了各种比例尺地形图，在国民经济、社会发展和科学研究中发挥了重要作用。限于当时的技术条件，中国大地坐标系基本上是依赖于传统技术手段实现的。随着空间大地测量技术特别是 GNSS 技术的发展，GNSS 大地控制网已经全面取代常规大地测量控制网，成为建立现代大地控制网和工程控制网的主要技术手段，目前高精度大地控制测量主要使用 GPS 技术。GPS 测量与常规测量相类似，在制定的布设原则指导下，实际工作中也可划分为方案设计、外业施测及内业数据处理三个阶段。本节主要介绍布设原则、技术设计、外业实施三部分内容。

3.2.4.1　布设原则

1. 分级布网原则

各类 GPS 网一般逐级布设，不但有利于近期和远期发展的需要，也便于 GPS 网数据的整理和成果检核。例如，首先在全球范围内用 GPS 建立多个高精度的稀疏骨架控制网，在以上控制网基础上根据需要进一步用 GPS 加密。在进步加密时，应用 GPS 技术可以不预先做全面的大地网，而是按照用户所需要的精度要求随用随做。以直接用 GPS 测量从几百千米以外直接获取已知点。这样既能节省大量人力、物力资源，又满足了实际生产的需要。

2. 精度原则

根据 GPS 控制网的用途不同，GPS 控制网划分为不同的精度等级。按照国家标准《全球定位系统（GPS）测量规范》（GB/T 18314—2009），GPS 测量按其精度为 A、B、C、D、E 五个等级。A 级 GPS 网由卫星定位连续运行基准站构成，用于建立国家一等大地控制网，进行全球性的地球动力学研究、地壳形变测量和卫星精密定轨测量；B 级 GPS 测量主要用于建立国家二等大地控制网，建立地方或城市坐标基准框架、区域性的地球动力学研究、地壳形变测量和各种精密工程测量等；C 级 GPS 测量用于建立三等大地控制网，以及区域、城市及工程测量的基本控制网等；D 级 GPS 测量主要用于建立四等大地控制网；E 级 GPS 测量用于测图、施工等控制测量。各等级边长和精度指标如表 3.6 和表 3.7 所示。

表 3.6　GPS A 级网精度指标

级别	坐标年变化率中误差/（mm/a）		相对精度	地心坐标各分量年平均中误差/mm
	水平分量	垂直分量		
A	2	3	1×10^{-8}	0.5

表 3.7　GPS B、C、D、E 级精度指标

级别	相邻点基线分量中误差/mm		相邻点间平均距离/km
	水平分量	垂直分量	
B	5	10	50
C	10	20	20
D	20	40	5
E	20	40	3

3. 密度原则

各种不同的任务要求和服务对象，对 GPS 网的布设有不同的要求。例如，国家特级网基准点主要用于提供国家级基准，用于定轨、精密星历计算和大范围大地变形监测等，其平均距离为几百千米。而一般工程测量所需要的网点则应满足测图加密和工程测量，平均边长为几千米，甚至更短。综合以上因素，国家相关部门对 GPS 网中相邻点间的距离做出规定：各级 GPS 相邻点间的平均距离应符合表 3.7 所列数据要求，相邻点间最小距离可以是平均距离的三分之一或二分之一，最大距离可以是平均距离的 2 ~ 3 倍。在特殊情况下，个别点的间距也可结合任务对象，对 GPS 点的分布要求做出具体的规定。

3.2.4.2 GPS 网技术设计

根据现行国家标准《全球定位系统（GPS）测量规范》（GB/T 18314-2009），A 级网是卫星连续运行基准站，本节 GPS 网设计主要指 GPS B、C、D、E 级。GPS B、C、D、E 级网主要是为建立国家二、三、四等大地控制网以及测图控制点。由于点位多，布设工作量大，布设前应进行技术设计，以获得最优的布设方案。在技术设计前应根据任务的需要，收集测区范围已有的卫星定位连续运行基准站、各种大地点位资料、各种图件、地质资料，以及测区总体建设规划和近期发展方面的资料。

在开始技术设计时，应对上述资料分析研究，必要时进行实地勘察，然后进行图上设计。图上设计主要依据任务中规定的 GPS 网布设的目的、等级、边长、观测精度等要求，综合考虑测区已有的资料、测区地形、地质和交通状况以及作业效率等情况，按照优化设计原则在设计图上标出新设计的 GPS 点的点位、点名、点号和级别，还应标出相关的各类测量站点、水准路线及主要的交通路线、水系和居民地等。制订出 GPS 联测方案以及与已有的 GPS 连续运行基准站、国家三角网点、水准点联测方案。

技术设计后应上交野外踏勘技术总结和测量任务书与专业设计书。

3.2.4.3 GPS 网点选址与埋石

1. GPS 网选点基本原则

（1）GPS B 级点必须选在一等水准路线结点或一等与二等水准路线结点处，并建在基岩上，如原有水准结点附近 3 km 范围内无基岩，可选在土层上。

（2）GPS C 级点作为水准路线的结点时应建在基岩上，如结点处无基岩或不利于今后水准联测，可选在土层上。

（3）点位应均匀布设，所选点位应满足 GPS 观测和水准联测条件。

（4）点位所占用的土地，应得到土地使用者或管理者的同意。

2. 选点基本要求

（1）选点人员应由熟悉 GPS、水准观测的测绘工程师和地质师组成。选点前充分了解测区的地理、地质、水文、气象、验潮、交通、通信、水电等信息。

（2）实地勘察选定点位。点位确定后用手持 GPS 接收机测定大地坐标，同时考察卫星通视环境与电磁干扰环境，确定可用于标石类型、记录点之记有关内容，实地竖立标志牌、拍摄照片。

（3）点位应选择在稳定坚实的基岩、岩石、土层、建筑物顶部等能长期保存及满足观测、扩展、使用条件的地点，并做好选点标记。

（4）选点时应避开环境变化大、地质环境不稳定的地区。应远离辐射功率强大的无线发射源、微波通道、高压线（电压高于 20 万伏）等，距离不小于 200 m。

（5）选点时应避开多路径影响，点位周围应保证高度角 15° 以上无遮挡，困难地区高度角大于 15° 的遮挡物在水平投影范围总和不应超过 30°。50 m 以内的各种固定与变化反射体应标注在点之记换试图上。

（6）选点时必须绘制水准联测示意图。

（7）选点完成后提交选点图、点之记信息、实地选点情况说明、对埋石工作的建议等。

3. GPS 点建造

标石类型和适用等级见表 3.8，为了长期地保存点位，GPS 控制点一般应设置在具有中心标志的标石上以精确标志点位。标石和标志必须稳定、坚固。其标石可以深埋地下也可以建造观测墩或带有强制归心装置的观测墩。有关标石的构造、类型和建造方法可参阅 §3.1 和有关规范。

表 3.8 GPS 控制网标石类型

等级	可用标石类型
B 级点	基岩 GPS、水准共用标石
C 级点	基岩 GPS、水准共用标石；土层 GPS、水准共用标石
D、E 级点	基岩 GPS、水准共用标石；土层 GPS、水准共用标石；楼顶 GPS、水准共用标石

3.2.4.4 GPS 网外业实施

GPS 土层点埋石结束后，一般地区应经过一个雨季，冻土深度大于 0.8m 的地区还应经过一个冻、解期，岩层上埋设的标石应经一个月，方可进行观测。

1. 基本技术要求

（1）最少观测卫星数 4 颗。

（2）采样间隔 30 s。

（3）观测模式：静态观测。

（4）观测卫星截止高度角 10°。

（5）坐标和时间系统：WGS-84，UTC。

（6）观测时段及时长：B 级点连续观测 3 个时段，每个时段长度大于等于 23 h；C 级点观测大于等于 2 个时段，每个时段长度大于等于 4 h；D 级点观测大于等于 1.6 个时段，每个时段长度大于等于 1 h；E 级点观测大于等于 1.6 个时段，每个时段长度大于等于 40 min。

2. 观测设备

各等级大地控制网观测均应采用双频大地型 GPS 接收机。

3. 观测方案

GPS 观测可以采用以下两种方案：

（1）基于 GPS 连续运行站的观测模式。

（2）同步环边连接 GPS 静态相对定位观测模式：同步观测仪器台数大于等于 5 台，异步环边数小于等于 6 条，环长应小于等于 1 500 km。

4. 作业要求

（1）架设天线时要严格整平、对中，天线定向线应指向磁北，定向误差不得大于 ±5°。根据天线电缆的长度在合适的地方安放仪器，将天线与接收机用电缆连接并固紧。

（2）认真检查仪器、天线及电源的连接情况，确认无误后方可开机观测。

（3）开机后应输入测站编号（或代码）、天线高等测站信息。

（4）在每时段的观测前后各量测一次天线高，读数精确至 1 mm。

（5）观测手簿必须在观测现场填写，严禁事后补记和涂改编造数据。

（6）观测员应定时检查接收机的各种信息，并在手簿中记录需填写的信息，有特殊情况时，应在备注栏中注明。

（7）观测员要认真、细心地操作仪器，严防人或牲畜碰动仪器、天线和遮挡卫星信号。

（8）雷雨季节观测时，仪器、天线要注意防雷击，雷雨过境时应关闭接收机并卸下天线。

3.3 高程基准与高程控制网

高程基准通过一系列的高程点来体现，而这些高程点值需要通过建立高程控制网来具体实现。高程控制网是以水准测量为主、以三角高程测量为辅的方法建立。如何确定全国统一的高程起算面和起算点是实现高程基准的关键。

3.3.1 高程基准

布测全国统一的高程控制网，首先必须建立一个统一的高程基准面，所有水准测量测定的高程都以这个面为零起算，也就是以高程基准面作为零高程面。用精密水准测量联测到陆地上预先设置好的一个固定点，定出这个点的高程作为全国水准测量的起算高程，这个固定点称为水准原点。包括高程起算基准面和相对于这个基准面的水准原点，就构成了高程基准。

3.3.1.1 高程基准面

高程基准面就是地面点高程的统一起算面，由于大地水准面所形成的体形—大地体是与整个地球最为接近的体形，因此通常采用大地水准面作为高程基准面。

大地水准面是假想海洋处于完全静止的平衡状态时的海水面延伸到大陆地面以下所形成的闭合曲面。事实上，海洋受着潮汐、风力的影响，永远不会处于完全静止的平衡状态，总是存在着不断的升降运动，但是可以在海洋近岸的一点处竖立水位标尺，成年累月地观测海水面的水位升降，根据长期观测的结果可以求出该点处海洋水面的平均位置，人们假定大地水准面就是通过这点处实测的平均海水面。长期观测海水面水位升降的工作称为验潮，进行这项工作的场所称为验潮站。根据各地的验潮结果表明，不同地点平均海水面之间还存在着差异，因此，对于一个国家来说，只能根据一个验潮站所求得的平均海水面作为全国高程的统一起算面—高程基准面，其他验潮站的结果作为参考。

中华人民共和国成立前，我国曾在不同时期以不同方式建立坎门、吴淞口、青岛和大连等地验潮站，得到不同的高程系统。由于高程基准面的不统一，导致全国的高程系统比较混乱。为了结束过去高程系统繁杂的局面，新中国成立后的 1956 年，我国根据基本验潮站应具备的条件，认为青岛验潮站位置适中，地处我国海岸线的中部，坐标为东经 120°18′40″，北纬 36°5′15″，而且青岛验潮站所在港口是有代表性的规律性半日潮港，又避开了江河入海口，外海海面开阔，无密集岛屿和浅滩，海底平坦，水深在 10 m 以上等有利条件，因此，在 1957 年确定青岛验潮站为我国基本验潮站，验潮井建在地质结构稳定的花岗石基岩上，以该站 1950 年至 1956 年共 7 年间的潮汐资料推求的平均海水面作为我国的高程基准面。以此高程基准面作为我国统一起算面的高程系统，称为"1956 年黄海高程系统"。

"1956 年黄海高程系统"高程基准面的确立，对统一全国高程有其重要的历史意义，对国防和经济建设、科学研究等方面都起了重要的作用。但从潮汐变化周期来看，确立"1956 年黄海高程系统"的平均海水面所采用的验潮资料时间较短，还不到潮汐变化的一个周期（一个周期一般为 18.61 年），同时又发现验潮资料中含有粗差，因此有必要重新确定新的国家高程基准。新的国家高程基准面是根据青岛验潮站 1952—1979 年 27 年间的验潮资料计算确定，根据这个高程基准面作为全国高程的统一起算面，称为"1985 国家高程基准"。

3.3.1.2　水准原点

为了长期、牢固地表示出高程基准面的位置，作为传递高程的起算点，通常要在确定国家高程基准面的验潮站附近建立一座十分稳固、精度可靠、能长期保存的水准原点，用精密水准测量方法将它与验潮站的水准标尺进行联测，以高程基准面为零推求水准原点的高程，以此高程作为全国各地推算高程的依据。我国水准原点网由 1 个原点（主点）、2 个附点和 3 个参考点共 6 个点构成。其中水准原点位于青岛验潮站附近的观象山上，2 个附点和 3 个参考点位于青岛市区内。为了保护水准原点，将水准原点建在一幢小石屋内，屋内全部由崂山花岗岩砌成，顶部中央及四角各竖一石柱，雕琢精细，玲珑别致。小石屋建筑面积 7.8 m²，石屋外面有两层高栅栏，石屋内还有三道铁将军把门，俄式建筑风格，1954 年建成（见图 3.27）。室内墙壁上镶嵌一块刻有"中华人民共和国水准原点"的黑色大理石石碑，室中有一口约 2 m 深的旱井，旱井底部，有一个价值不菲的拳头大小的黄玛瑙，玛瑙标志上有铜制和石制两层护盖，玛瑙上一个红色小点，这就是水准原点的标志（见图 3.28）。

我国于 1956 年规定以黄海（青岛）的多年平均海平面作为统一基准面，叫"1956 年黄海高程系统"，为中国第一个国家高程系统，从而结束了过去高程系统繁杂的局面。但由于计算这个基面所依据的青岛验潮站的资料系列（1950—1956 年）较短等原因，中国测绘主管部门决定重新计算黄海平均海面，以青岛验潮站 1952—1979 年的潮汐观测资料为计算依据，叫"1985 国家高程基准"，并用精密水准测量位于青岛的中华人民共和国水准原点，得出 1985 国家高程基准高程和 1956 年黄海高程系统高程的关系为：1985 国家高程基准高程=1956 年黄海高程系统高程 – 0.029 m。1985 年国家高程基准已于 1987 年 5 月开始启用，1956 年黄海高程系统同时废止。1956 黄海高程水准原点的高程是 72.289 米。1985 国家高程系统的水准原点的高程是 72.260 m。习惯说法是高程系统"新的比旧的低 0.029 m"，黄海平均海平面是"新的比旧的高"，如图 3.29 所示。

图 3.27　水准原点整体设施外景

图 3.28　水准原点标志

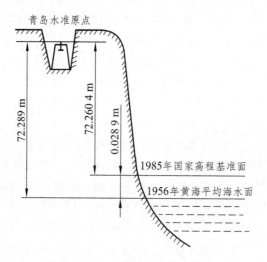

图 3.29　不同高程基准面的差异

3.3.2　深度基准

3.3.2.1　深度基准概念

　　在海洋测绘中，海底地形测量同陆地地形测量所采用的技术手段不同，需要通过水深测量来实现。海洋测深的本质是确定海底表面至某一基准面的差距。水深测量通常在随时升降的水面上进行，因此不同时刻测量同一点的水深是不相同的，水深随各地的潮汐、潮流和波浪等因素影响不同，在一些海域十分明显。为了修正测得水深中的潮高，必须确定一个起算面，把不同时刻测得的某点水深归算到这个面上，这个面就是深度基准面。目前世界上常用的基准面为深度基准面、平均海面和海洋大地水准面。其中的深度基准面是指按潮汐性质确定的一种特定深度基准面，即狭义上的深度基准面，这也是海洋测深实际用到的基准面。

　　确定深度基准面的基本原则：一是充分考虑船舶航行安全；二是保证航道或水域水深资源的利用效率，衡量航道水深资源利用率的尺度就是深度基准面保证率；三是相邻区域的深度基准面尽可能一致。在计算深度基准面保证率中，应具备一年以上的潮汐观测资料，且时间越长可靠性越大，一般深度基准面保证率的合适数值应在 90% ～ 95%。综合以上原则，深度基准面通常取在当地多年平均海面下深度为 L 的位置，如图 3.30 所示。深度基准面与当地海域潮差的大小有紧密关系，世界各国海岸线潮差不同，海图深度基准面的定义和标准也各不相同，世界各国根据其海域潮汐特征，采用不同的计算模型来确定 L，因此采用的深度基准面也不相同。如平均大潮低潮面、平均低低潮面、平均低潮面、最低低潮面、印度大潮低潮面或略最低低潮面、理论深度基准面、最低天文潮面。

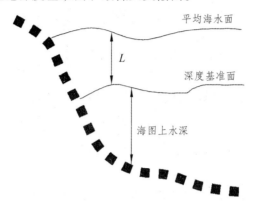

图 3.30　深度基准面

3.3.2.2　我国深度基准发展概况

世界各国所采用的海图深度基准面颇不一致，我国也是如此，较常用的有略最低低潮面和理论深度基准面，20 世纪 70 年代又提出过近最低潮面。

1956 年以前，我国采用略最低低潮面（印度大潮低潮面）。

1956 年以后，海军司令部海道测量部在全国海洋测绘中，统一采用理论深度基准面。其推算是按照苏联弗拉基米尔斯基方法，即以 8 个主要分潮组合的调和常数计算出的理论上的潮高最小值为深度基准面，在浅海区及海面季节变化较大的海区，又考虑 3 个浅水分潮的改正，共 11 个分潮。其对船舶航行的保证率要求在 95% 以上。

1977 年，中科院海洋所和海洋局情报所出于对我国南北海域潮汐差异较大的情况，提出了近最低潮面，即实际海面低于海图理论深度基准面的概率为 0.14% 所对应的潮位，但未给予大范围推广。

1990 年，《海道测量规范》（GB 12327—1990）规定，原来作为海洋测绘深度基准面的理论深度基准面改名为理论最低潮面。同时规定，在计算理论最低潮面时，增加 2 个长周期分潮进行长周期改正，因此计算理论最低潮面的分潮从 11 个增加到 13 个。

1998 年，《海道测量规范》（GB 12327—1998）又规定：对浅水分潮和长周期分潮改正进行了改进，一律采用 13 个分潮进行计算，取消了 3 个浅水分潮振幅之和大于 20 cm 时进行浅水改正的条件，从而使深度基准面保持了其算法和意义的一致性。

目前，我国统一采用理论最低潮面为深度基准面。

3.3.3　国家高程控制网

高程控制网的建立实现了高程基准，是确定地貌地物海拔高程的坐标系统，它和平面坐

标一起，统一地表达点的三维空间位置。国家高程控制网必须通过高精度的几何水准测量方法来建立。它的任务是在全国范围内为施测各种比例尺地形图和各类工程建设提供高程控制基础，并为研究地壳垂直形变的规律，海洋平均海水面的高程变化，以及其他有关地质和地貌的研究等地球科学研究提供精确的高程数据资料。

3.3.3.1 布设原则

根据我国地域辽阔、领土广大、地形条件复杂和各地经济发展不平衡的特点，按以下原则布设国家高程控制网。

1. 从高到低、逐级控制

国家水准网采用从高级到低级、从整体到局部、逐级控制、逐级加密的布设方式，分为四个等级布设。一等水准测量是国家高程控制网的骨干，同时也为相关地球科学研究提供高程数据；二等水准测量是国家高程控制网的全面基础；三、四等水准测量是直接为地形测图和其他高程建设提供高程控制点。

2. 水准点分布应满足一定的密度

国家各等级的水准路线上，每隔一定距离应埋设稳固的水准标石，以便于长期保存和使用。水准点分为基岩水准点、基本水准点、普通水准点三种类型。各种水准点的间距及布设要求应符合相应测量规范的要求，如表 3.9 所示。

表 3.9　各类水准点的间距和布设要求

水准点类型	间距	布设要求
基岩水准点	400 km 左右	宜设于一等水准路线结点处，在大城市、国家重点工程和地质灾害多发区应予增设；基岩较深地区可适当放宽；每省（直辖市、自治区）不少于 4 座
基本水准点	40 km 左右。经济发达地区 20～30 km；荒漠地区 60 km 左右	设在一、二等水准路线上及其结点处；大、中城市两侧；县城及乡、镇政府所在地，宜设置在坚固岩层中
普通水准点	4～8 km，经济发达地区 2～4 km；荒漠地区 10 km 左右	设在地面稳定，利于观测和长期保存的地点；山区水准路线的高程变换点附近；长度超过 300 m 的隧道两端跨河水准测量的两岸标尺点附近

3. 水准测量达到足够的精度

足够的测量精度是保证水准测量成果使用价值的头等重要问题，特别是一等水准测量应当用最先进的仪器、最完善的作业方法和最严格的数据处理，以期达到尽可能高的精度。各等级水准测量的精度，是用每公里高差中数的偶然中误差 M_Δ 和每公里高差中数的全中误差 M_W 来表示，限差要求见表 3.10。

表 3.10　各等级水准网的精度要求　　　　　　　　　　单位：mm

测量等级	一等	二等	三等	四等
M_Δ	0.45	1.0	3.0	5.0
M_W	1.0	2.0	6.0	10.0

4. 水准网应定期复测

国家一等水准网每 15 年复测一次，每次复测的起讫时间不超过 5 年。二等水准网根据实际需要可以进行不定期的复测。国家二等水准网应根据需要进行复测，复测周期最长不超过 20 年。复测的目的主要取决于满足涉及地壳垂直运动的地学研究对高程数据精度不断提高的要求，改善国家高程控制网的精度，增强其现势性。同时也是监测高程控制网的变化和维持完善国家高程基准和传递的有效措施。

3.3.3.2　布设方案及精度

按照以上的布设原则，我国的水准测量分为四个等级。各等级水准测量路线必须自行闭合或闭合于高等级的水准路线上，与其构成环形或附合路线，以便控制水准测量系统误差的积累和便于在高等级的水准环中布设低等级的水准路线。

一等水准路线尽可能沿公路布设，水准路线应闭合成环，并构成网状。一等水准环线的周长，东部地区应不大于 1 600 km，西部地区应不大于 2 000 km，山区和困难地区可酌情放宽。二等水准网在一等水准环内布设。二等水准路线尽量沿公路、大路及河流布设。二等水准环线的周长，在平原和丘陵地区应不大于 750 km，山区和困难地区可酌情放宽。三、四等水准网是在一、二等水准网的基础上进一步加密，根据需要在高等级水准网内布设附合路线、环线或结点网，直接提供地形测图和各种工程建设所必需的高程控制点。单独的三等水准附合路线，长度应不超过 150 km；环线周长不应超过 200 km；同级网中结点间距离应不超过 70 km；山地等特殊困难地区可适当放宽，但不宜大于上述各指标的 1.5 倍。单独的四等水准附合路线，长度应不超过 80 km；环线周长不应超过 100 km；同级网中结点间距离应不超过 30 km；山地等特殊困难地区可适当放宽，但不宜大于上述各指标的 1.5 倍。

水准路线附近的验潮站基准点应按一等水准测量精度连测。国家卫星定位系统基本网点和连续运行站、国家重力基本网点、地壳监测网络基准点、城市及工业区的沉降观测基准点应列入水准路线予以连测，若连测确有困难可以支测。施测等级与布设路线的等级相同。路线附近的其他大地点、水文点、气象站等应根据需要进行连测或支测。支测的等级可根据使用单位的精度要求和支线长度决定。若使用单位没有特殊的精度要求，则当支线长度在 20 km 以内时，按四等水准测量精度施测；支线长度在 20 km 以上时，按三等水准测量精度施测。

每完成一条水准路线的测量，应进行往返测高差不符值及每千米水准测量的偶然中误差 M_Δ 的计算（小于 100 km 或测段数不足 20 个的路线，可纳入相邻路线一并计算），每千米水准测量的偶然中误差 M_Δ 计算公式为

$$M_\Delta = \pm\sqrt{[\Delta\Delta/R]/(4\cdot n)} \tag{3.7}$$

式中　Δ——测段往返测高差不符值，单位为毫米（mm）；

　　　R——测段长度，单位为千米（km）；

　　　n——测段数。

每完成一条附合路线或闭合环线的测量，应对观测高差施加有关改正，然后计算附合路线或环线的闭合差。当构成水准网的水准环超过 20 个时，还需按环线闭合差 W 计算每千米水准测量的全中误差 M_W，计算公式为：

$$M_W = \pm\sqrt{[WW/F]/N} \tag{3.8}$$

式中：W 为经过各项改正后的水准环闭合差，单位为毫米（mm）；F 为水准环线周长，单位为千米（km）；N 为水准环数。

3.3.3.3　水准路线的设计、选点和埋石

1. 技术设计

水准网布设前，必须进行技术设计。技术设计是根据任务要求和测区情况，在小比例尺地图上，拟定最合理水准网或水准路线的布设方案。为此，设计前应充分了解测区情况，搜集有关资料（例如测区地形图、已有水准测量成果等）。在设计时应尽量沿路面坡度较小、交通不太繁忙、施测方便的交通道路布设水准路线。但为了使观测少受外界干扰，水准路线要避开城市、火车站等繁闹地区，还要尽量避免跨越河流、湖泊、山谷、较宽的河流及其他障碍物等。拟设的水准路线应注意与原测路线重合时，若旧点符合要求应尽量利用，否则应重新埋设，但对旧点必须连测。

2. 选　点

图上设计完成后，需进行实地选线，其目的在于使设计方案能符合实际情况，以确定切实可行的水准路线和水准点的具体位置。选定水准点时，必须能保证点位地基稳定、安全僻静，并利于标石长期保存与观测使用。水准点应尽可能选在路线附近的机关、学校、公园内。不宜在易于淹没和土质松软的地域埋设水准标石，也不宜在易受震动和地势隐蔽而不易观测的地方埋石。

基岩水准点与基本水准点，应尽可能选在基岩露头或距地面不深处。选定基岩水准点，必要时应进行钻探；选设土层中基本水准点的位置，应注意了解地下水位的深度、地下有无孔洞和流沙、土质是否坚实稳定等情况，确保标石稳固。

水准点点位选定后，应填绘点之记，绘制水准路线图及结点接测图。

3. 埋　石

水准点选定后，就应进行水准标石的埋设工作。水准标石的作用是在地面上长期保留水准点位和永久地保存水准测量成果，为各种测量工作和其他科研工作服务。所谓水准点的高程是指嵌设在标石上面的水准标志顶面相对于高程基准面的高度，因此必须高度重视水准标石的埋设质量。如果水准标石埋设不好，容易产生垂直位移或倾斜，其最后的高程成果将是不可靠的。

按用途区分，水准标石有基岩水准标石、基本水准标石和普通水准标石三种类型。

基岩水准标石是与岩层直接联系的永久性标石，它是研究地壳和地面垂直运动的主要依据，经常用精密水准测量联测和检测基岩水准标石和高等级水准点的高差，研究其变化规律，可在较大范围内测量地壳垂直形变，为地质构造、地震预报等科学研究服务。

基本水准标石的作用在于能长久地保存水准测量成果，以便根据它们的高程联测新设水准点的高程或恢复已被破坏的水准标石。

普通水准标石的作用是直接为地形测量和其他测量工作提供高程控制，要求使用方便。

各类水准标石的制作材料和埋设规格及其埋设方法等，在《国家一、二等水准测量规范》中都有具体的规定和说明，在此不再叙述。

3.3.3.4　水准路线上的重力测量

因精密水准测量成果需进行重力异常改正，故在一、二等水准路线沿线要进行重力测量。

高程大于 4 000 m 或水准点间的平均高差为 150 ~ 250 m 的地区，一、二等水准路线上每个水准点均应测定重力。高差大于 250 m 的测段，在地面倾斜变化处应加测重力。

高程在 1 500 ~ 4 000 m 或水准点间的平均高差为 50 ~ 150 m 的地区，一等水准路线上重力点间平均距离应小于 11 km；二等水准路线上应小于 23 km。

在我国西北、西南和东北边境等有较大重力异常的地区，一等水准路线上每个水准点均应测定重力。

在由青岛水准原点至国家大地原点的一等水准路线上，应逐点测定重力，以便精确求得大地原点的正常高。

水准点上重力测量，按加密重力点要求施测。

3.3.3.5　我国国家水准网的布设概况

我国国家水准网的布设，按照布测目的、完成年代、采用技术标准和高程基准等，基本上可分为三期：第一期主要是 1976 年以前完成的，以"1956 年黄海高程系统"起算的各等级水准网；第二期主要是 1976 年至 1990 年完成的，以"1985 国家高程基准"起算的国家一、二等水准网；第三期是 1990 年以后进行的国家一等水准网的复测和局部地区二等水准网的复测，现已完成外业观测和内业平差计算工作，成果已提供使用。

1. 我国第一期一、二等水准网的布设

我国第一期一、二等水准网的布设开始于 1951 年至 1976 年初，共完成了一等水准测量约 60 000 km，二等水准测量 130 000 km，构成了基本上覆盖全国大陆和海南岛的一、二等水准网，使用的仪器主要有：蔡司 Ni007、Ni004、威特 N_3 和 HA-1 等类型的水准仪和线条式铟瓦水准标尺。水准网平差采用与布测方案相适应的区域性水准网平差、逐区传递、逐级控制的方式进行，首先完成我国东南部地区精密水准网平差，将该区水准点的平差高程作为后平差区的起算值逐区传递。起算高程为 1956 年黄海高程系统的国家水准原点高程 72.289 m。

第一期一、二等水准网建立的全国统一的高程基准起算的国家高程控制网和所提供的高程数据，为满足国家经济建设的需要发挥了重要作用，同时也为地球科学研究提供了必要的高程资料。我国一等水准网布测示意图见图 3.31。

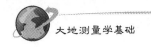
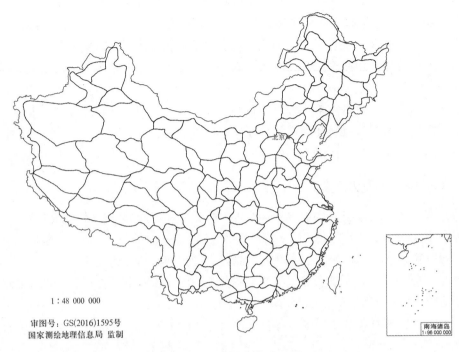

1 : 48 000 000

审图号：GS(2016)1595号
国家测绘地理信息局 监制

南海诸岛
1 : 96 000 000

图 3.31　国家一等水准网

2. 国家第二期一、二等水准网的布设

我国第一期一、二等水准网的布设，由于当时条件的限制，在路线分布、网形结构、观测精度和数据处理等方面还存在缺陷和不足。且随着时间的推移，标石存在下沉，使得国家高程控制网在精度和现实性方面已不能满足经济建设和科学研究的需要。为此，于 1976 年 7 月国家有关部门研究确定了新的国家一等水准网的布设方案和任务分工，外业观测工作主要在 1977 年至 1981 年进行。1981 年末又布置了对国家一等网加密的二等水准网的任务，外业观测主要在 1982 年至 1988 年完成，到 1991 年 8 月完成了全部外业观测工作和内业数据处理任务，从而建立起我国新一代的高程控制网的骨干和全面基础。使用的仪器是：一等主要有蔡司 Ni007、Ni002、Ni004，二等主要有蔡司 Ni007 和 Ni002。国家一等水准网共布设 289 条路线，总长度 93 360 km，全网有 100 个闭合环和 5 条单独路线，共埋设固定水准标石 2 万多座。国家二等水准网共布设 1139 条路线，总长度 136 368 km，全网有 822 个闭合环和 101 条附合路线和支线，共埋设固定水准标石 33 000 多座。国家一、二等水准网按全网分等级平差。一等水准网先将大陆的进行平差，再求得海南岛的结果。二等是以一等水准环为控制进行平差计算的，起算高程采用"1985 国家高程基准"的国家水准原点高程 72.260 4 m。为实现对国家一、二等水准测量成果资料的科学化、系统化、规范化的管理，提高水准测量数据的处理能力、快速多途径的查询能力和提供多种服务，于 1991 年底建立了《国家一、二等水准测量数据库》。

国家一、二等水准网的布设和平差的完成，在全国范围内建立起了统一的、高精度的高程控制网，还为在全国范围内使用 1985 国家高程基准提供了高程控制骨干和全面基础。

3. 国家一等水准网复测

随着科学技术的发展和国家经济建设的需要，应以更高精度和要求进行国家第二期一等水准的复测。为此，为使水准复测在网形结构、结点和基岩设置、仪器标尺及其检定和观测方法、系统性误差的削弱和改正、数据处理等方面有较大改善和提高，国家相关部门专门进行了研究设计，于 1988 年初正式实施。在全面分析第二期一等水准布设状况，吸收各项专题成果和国外最新成果的基础上研究制定了一等水准网复测技术方案。设计方案确定的复测水准网共 273 条路线，总长 9.4 万千米，构成 99 个闭合环，全网共设置水准点 2 万多个。复测工作自 1991 年起开始，现已完成全部外业观测任务、成果的综合分析和数据处理工作，成果已公布启用。

国家一等水准网复测是一项基础性的重点测绘工程，它的完成将为国家提供新的精度更高、现实性更强的高程控制系统，它对于地壳垂直运动的研究、国家经济建设、自然灾害的预防等都具有重要的意义。

按照《国家一、二等水准测量测量规范》的规定：一等水准网应每隔 15 ~ 20 年复测一次。因此，国家正在着手准备新一期国家高程控制网的布设工作，预计用 10 年左右的时间完成。

3.3.3.6　精密水准测量的实施

精密水准测量一般指国家一、二等水准测量，在各项工程的不同建设阶段的高程控制测量中，极少进行一等水准测量，故在工程测量技术规范中，将水准测量分为二、三、四等三个等级，其精度指标与国家水准测量的相应等级一致。

下面以二等水准测量为例来说明精密水准测量的实施。

1. 精密水准测量作业的一般规定

水准规范中对精密水准测量的实施做出了各种相应的规定，目的在于尽可能消除或减弱各种误差对观测成果的影响。

（1）观测前 30 min，应将仪器置于露天阴影处，使仪器与外界气温趋于一致；观测时应用测伞遮蔽阳光；迁站时应罩以仪器罩。

（2）仪器距前、后视水准标尺的距离应尽量相等，其差应小于规定的限值：二等水准测量中规定，一测站前、后视距差应小于 1.0 m，前、后视距累积差应小于 3 m。这样，可以消除或削弱与距离有关的各种误差对观测高差的影响，如 i 角误差和垂直折光等影响。

（3）对气泡水准仪，观测前应测出倾斜螺旋的置平零点，并做标记，随着气温变化，应随时调整置平零点的位置。对于自动安平水准仪的圆水准器，须严格置平。

（4）同一测站上观测时，不得两次调焦；转动仪器的倾斜螺旋和测微螺旋，其最后旋转方向均应为旋进，以避免斜螺旋和测微器隙动差对观测成果的影响。

（5）在两相邻测站上，应按奇、偶数测站的观测程序进行观测，对于往测奇数测站按"后前前后"、偶数测站按"前后后前"的观测程序在相邻测站上交替进行。返测时，奇测站与偶数测站的观测程序与往测时相反，即奇数测站由前视开始，偶数测站由后视开始。这样的观测程序可以消除或减弱与时间成比例均匀变化的误差对观测高差的影响，如 i 角的变化和仪器的垂直位移等影响。

（6）在连续各测站上安置水准仪时，应使其中两脚螺旋与水准路线方向平行，而第三脚

螺旋轮换置于路线方向的左侧与右侧。

（7）每一测段的往测与返测，其测站数均应为偶数，由往测转向返测时，两水准标尺应互换位置，并应重新整置仪器。在水准路线上每一测段仪器测站安排成偶数，可以削减两水准标尺零点不等差等误差对观测高差的影响。

（8）每一测段的水准测量路线应进行往测和返测，这样，可以消除或减弱性质相同、正负号也相同的误差影响，如水准标尺垂直位移的误差影响。

（9）一个测段的水准测量路线的往测和返测应在不同的气象条件下进行，如分别在上午和下午观测。

（10）使用补偿式自动安平水准仪观测的操作程序与水准器水准仪相同。观测前对圆水准器应严格检验与校正，观测时应严格使圆水准器气泡居中。

（11）水准测量的观测工作间歇时，最好能结束在固定的水准点上，否则，应选择两个坚稳可靠、光滑突出、便于放置水准标尺的固定点，作为间歇点加以标记，间歇后，应对两个间歇点的高差进行检测，检测结果如符合限差要求（对于二等水准测量，规定检测间歇点高差之差应≤1.0 mm），就可以从间歇点起测。若仅能选定一个固定点作为间歇点，则在间歇后应仔细检视，确认没有发生任何位移，方可由间歇点起测。

2. 精密水准测量观测

1）测站观测程序

往测时，奇数测站照准水准标尺分划的顺序为：

后视标尺的基本分划。

前视标尺的基本分划。

前视标尺的辅助分划。

后视标尺的辅助分划。

往测时，偶数测站照准水准标尺分划的顺序为：

前视标尺的基本分划。

后视标尺的基本分划。

后视标尺的辅助分划。

前视标尺的辅助分划。

返测时，奇、偶数测站照准标尺的顺序分别与往测偶、奇数测站相同。

按光学测微法进行观测以往测奇数测站为例，一测站的操作程序如下：

① 置平仪器。气泡式水准仪望远镜绕垂直轴旋转时，水准气泡两端影像的分离，不得超过1 cm，对于自动安平水准仪，要求圆气泡位于指标圆环中央。

② 将望远镜照准后视水准标尺，使符合水准气泡两端影像近于符合（双摆位自动安平水准仪应置于第Ⅰ摆位）。随后用上、下丝分别照准标尺基本分划进行视距读数［如表5-4中的（1）和（2）］。视距读取4位，第四位数由测微器直接读得。然后，使符合水准气泡两端影像精确符合，使用测微螺旋用楔形平分线精确照准标尺的基本分划，并读取标尺基本分划和测微分划的读数（3）。测微分划读数取至测微器最小分划。

③ 旋转望远镜照准前视标尺，并使符合水准气泡两端影像精确符合（双摆位自动安平水准仪仍在第Ⅰ摆位），用楔形平分线照准标尺基本分划，并读取标尺基本分划和测微分划的

读数（4）。然后用上、下丝分别照准标尺基本分划进行视距读数（5）和（6）。

④ 用水平微动螺旋使望远镜照准前视标尺的辅助分划，并使符合气泡两端影像精确符合（双摆位自动安平水准仪置于第 H 摆位），用楔形平分线精确照准并进行标尺辅助分划与测微分划读数（7）。

旋转望远镜，照准后视标尺的辅助分划，并使符合水准气泡两端影像精确符合（双摆位自动安平水准仪仍在第 E 摆位），用楔形平分线精确照准并进行辅助分划与测微分划读数(8)。

表 3.11 中第（1）至（8）是读数的记录部分，（9）至（18）是计算部分，现以往测奇数测站的观测程序为例，来说明计算内容与计算步骤。

表 3.11　精密水准测量观测记录表

测自＿＿＿＿＿至＿＿＿＿＿　　　　　　　　20　　年　　月　　日

时间 始＿＿时＿＿分 末＿＿时＿＿分　　　　成　　像＿＿＿＿＿

温度＿＿＿＿＿　云量＿＿＿＿＿　　　　　风向风速＿＿＿＿＿

天气＿＿＿＿＿　土质＿＿＿＿＿　　　　　太阳方向＿＿＿＿＿

测站编号	后尺 下丝 上丝	前尺 下丝 上丝	方向及尺号	标尺读数		基＋K－辅（一减二）	备考
	后距	前距		基本分划（一次）	辅助分划（二次）		
	视距差 d	∑d					
	（1）	（5）	后	（3）	（8）	（14）	
	（2）	（6）	前	（4）	（7）	（13）	
	（9）	（10）	后－前	（15）	（16）	（17）	
	（11）	（12）	h	—		（18）	
			后				
			前				
			后－前				
			h				

视距部分的计算

$(9) = (1) - (2)$

$(10) = (5) - (6)$

$(11) = (9) - (10)$

$(12) = (11) + 前站(12)$

高差部分的计算与检核

$(14) = (3) + K - (8)$

式中 K 为基辅差（对于 N3 水准标尺而言 $K = 3.0155\,\text{m}$）

$(13) = (4) + K - (7)$

$(15) = (3) - (4)$

$(16) = (8) - (7)$

$(17) = (14) - (13) = (15) - (16)$ 检核

$(18) = \dfrac{1}{2}[(15) + (16)]$

以上即一测站全部操作与观测过程。一、二等精密水准测量外业计算尾数取位如表 3.12 规定。

表 3.12　精密水准测量外业计算尾数取位表

项目 等级	往（返）测距 离总和/km	测段距离中 数/km	各测站高差 /mm	往（返）测高 差总和/mm	测段高差 中数/mm	水准点高程 /mm
一	0.01	0.1	0.01	0.01	0.1	1
二	0.01	0.1	0.01	0.01	0.1	1

表 3.11 中的观测数据系用 N3 精密水准仪测得的，当用 S1 型或 Ni 004 精密水准仪进行观测时，由于与这种水准仪配套的水准标尺无辅助分划，故在记录表格中基本分划与辅助分划的记录栏内，分别记入第一次和第二次读数。

2）水准测量限差

按照不同的等级，单程精密水准测量的各项限差如表 3.13 所示。

表 3.13　精密水准测量各项限差

等级	项目									
	视线长度		前后 视距差 /m	前后视距 累积差 /m	视线高度 （下丝读数） /m	基辅分 划读数 之差 /mm	基辅分 划所得 高差之 差/mm	上下丝读数平均值 与中丝读数之差		检测间 歇点高 差之差 /mm
	仪器 类型	视线长 度/m						0.5 cm 分 划标尺 /mm	1 cm 分 划标尺 /mm	
一	S05	≤30	≤0.5	≤1.5	≤0.5	≤0.3	≤0.4	≤1.5	≤3.0	≤0.7
二	S1	≤50	≤1.0	≤3.0	≤0.3	≤0.4	≤0.6	≤1.5	≤3.0	≤1.0
	S05	≤50								

测段路线往返测高差不符值、附合路线和环线闭合差以及检测已测测段高差之差的限值如表 3.14 所示。

表 3.14　精密水准测量各项检测限差

项目 等级	测段路线往返测 高差不符值/mm	附合路线闭合差 /mm	环线闭合差 /mm	检测已测测段高差 之差/mm
一等	$\pm 2\sqrt{K}$	$\pm 2\sqrt{L}$	$\pm 2\sqrt{F}$	$\pm 3\sqrt{R}$
二等	$\pm 4\sqrt{K}$	$\pm 4\sqrt{L}$	$\pm 4\sqrt{F}$	$\pm 6\sqrt{R}$

若测段路线往返测不符值超限，应先就可靠程度较小的往测或返测进行整测段重测；附合路线和环线闭合差超限，应就路线上可靠程度较小，往返测高差不符值较大或观测条件较差的某些测段进行重测，如重测后仍不符合限差，则需重测其他测段。

3. 水准测量的精度

水准测量的精度根据往返测的高差不符值来评定，因为往返测的高差不符值集中反映了水准测量各种误差的共同影响，这些误差对水准测量精度的影响，不论其性质和变化规律都是极其复杂的，其中有偶然误差的影响，也有系统误差的影响。

根据研究和分析可知，在短距离，如一个测段的往返测高差不符值中，偶然误差是得到反映的，虽然也不排除有系统误差的影响，但毕竟由于距离短，所以影响很微弱，因而从测段的往返高差不符值 Δ 来估计偶然中误差，还是合理的。在长的水准线路中，例如一个闭合环，影响观测的，除偶然误差外，还有系统误差，而且这种系统误差，在很长的路线上，也表现有偶然性质。环形闭合差表现为真误差的性质，因而可以利用环形闭合差 W 来估计含有偶然误差和系统误差在内的全中误差，现行水准规范中所采用的计算水准测量精度的公式，就是以这种基本思想为基础而导得的。

由 n 个测段往返测的高差不符值 Δ 计算每千米单程高差的偶然中误差（相当于单位权观测中误差）的公式为

$$\mu = \pm\sqrt{\frac{\frac{1}{2}\left[\dfrac{\Delta\Delta}{R}\right]}{n}} \tag{3.9}$$

往返测高差平均值的每公里偶然中误差为

$$M_{\Delta} = \frac{1}{2}\mu = \pm\sqrt{\frac{1}{4n}\left[\frac{\Delta\Delta}{R}\right]} \tag{3.10}$$

式中，Δ 是各测段往返测的高差不符值，取 mm 为单位；R 是各测段的距离，取 km 为单位；n 是测段的数目。

式（3.10）就是水准规范中规定用以计算往返测高差平均值的每公里偶然中误差的公式，这个公式是不严密的，因为在计算偶然误差时，完全没有顾及系统误差的影响。顾及系统误差的严密公式，形式比较复杂，计算也比较麻烦，而所得结果与式（3.10）所算得的结果相差甚微，所以式（3.10）可以认为是具有足够可靠性的。

按水准规范规定，一、二等水准路线须以测段往返高差不符值按式（3.10）计算每公里水准测量往返高差中数的偶然中误差 M_{Δ}。当水准路线构成水准网的水准环超过 20 个时，还需按水准环闭合差 W 计算每公里水准测量高差中数的全中误差 M_{W}。

计算每千米水准测量高差中数的全中误差 M_{W} 的公式为

$$M_{\mathrm{W}} = \pm\sqrt{\frac{W^T Q^{-1} W}{N}} \tag{3.11}$$

式中，W 是水准环线经过正常水准面不平行改正后计算的水准环闭合差矩阵，W 的转置矩阵

$W^{\mathrm{T}} = (w_1\ w_2 \cdots w_N)$，$w_i$ 为 i 环的闭合差，以 mm 为单位；N 为水准环的数目，协因数矩阵 Q 中对角线元素为各环线的周长，非对角线元素，如果图形不相邻，则一律为零，如果图形相邻，则为相邻边长度（公里数）的负值。

每千米水准测量往返高差中数偶然中误差 M_Δ 和全中误差 M_W 的限值列于表 3.15 中。

表 3.15　往返测高差平均值的每千米中误差限值

等级	一等/mm	二等/mm
M_Δ	≤0.45	≤1.0
M_W	≤1.0	≤2.0

偶然中误差 M_Δ、全中误差 M_W 超限时，应分析原因，重测有关测段或路线。

3.3.3.7　水准测量的概算

水准测量概算是水准测量平差前所必须进行的准备工作。在水准测量概算前必须对水准测量的外业观测资料进行严格的检查　在确认正确无误、各项限差都符合要求后，方可进行概算工作。概算的主要内容有：观测高差的各项改正数的计算和水准点概略高程表的编算等。

1. 水准标尺每米长度误差的改正数计算

水准标尺每米长度误差对高差的影响是系统性质的。根据规定，当一对水准标尺每米长度的平均误差 f 大于 ± 0.02 mm 时，就要对观测高差进行改正。对于一个测段的改正数 $\sum \delta_f$ 计算公式为

$$\sum \delta_f = f \sum h \tag{3.12}$$

式中，$\sum h$ 为一个测段各测站观测高差之和。

由于往返测观测高差的符号相反，所以往返测观测高差的改正数也将有不同的正负号。

2. 正常水准面不平行的改正数计算

按水准规范规定，各等级水准测量结果，均需计算正常水准面不平行的改正。正常水准面不平行改正数 ε 计算公式为

$$\varepsilon_i = -AH_i(\Delta\varphi)' \tag{3.13}$$

式中，ε_i 为水准测量路线中第 i 测段的正常水准面不平行改正数；A 为常系数，当水准测量路线的纬度差不大时，常系数 A 可按水准测量路线纬度的中数 φ_m 为引数在现成的系数表中查取，如表 3.16 所示；H_i 为第 i 测段始末点的近似高程，以 m 为单位；$\Delta\varphi_i' = \varphi_2 - \varphi_1$，以分为单位，$\varphi_1$ 和 φ_2 为第 i 测段始末点的纬度，其值可由水准点点之记或水准测量路线图中查取。

表 3.16 正常水准面不平行性改正数的系数 A

$$A = 0.000\,001\,537\,1 \cdot \sin 2\varphi$$

φ (°)	0′ ×10⁻⁹	10′ ×10⁻⁹	20′ ×10⁻⁹	30′ ×10⁻⁹	40′ ×10⁻⁹	50′ ×10⁻⁹	φ (°)	0′ ×10⁻⁹	10′ ×10⁻⁹	20′ ×10⁻⁹	30′ ×10⁻⁹	40′ ×10⁻⁹	50′ ×10⁻⁹
0	000	009	018	027	036	045	30	1 331	1 336	1 340	1 344	1 349	1 353
1	054	063	072	080	089	098	31	1 357	1 361	1 365	1 370	1 374	1 378
2	107	116	125	134	143	152	32	1 382	1 385	1 389	1 393	1 397	1 401
3	161	170	178	187	196	205	33	1 404	1 408	1 411	1 415	1 418	1 422
4	214	223	232	240	249	258	34	1 425	1 429	1 432	1 435	1 438	1 441
5	267	276	285	293	302	311	35	1 444	1 447	1 450	1 453	1 456	1 459
6	320	328	337	340	354	363	36	1 462	1 465	1 467	1 470	1 473	1 475
7	372	381	389	398	406	415	37	1 478	1 480	1 482	1 485	1 487	1 489
8	424	432	441	449	458	466	38	1 491	1 494	1 496	1 498	1 500	1 502
9	475	483	492	500	509	517	39	1 504	1 505	1 507	1 509	1 511	1 512
10	526	534	542	551	559	567	40	1 514	1 515	1 517	1 518	1 520	1 521
11	576	584	592	601	609	617	41	1 522	1 523	1 525	1 526	1 527	1 528
12	625	633	641	650	658	666	42	1 529	1 530	1 530	1 531	1 532	1 533
13	674	682	690	698	706	714	43	1 533	1 534	1 534	1 535	1 535	1 536
14	722	729	737	745	753	761	44	1 536	1 536	1 537	1 537	1 537	1 537
15	769	776	784	792	799	807	45	1 537	1 537	1 537	1 537	1 537	1 536
16	815	822	830	837	845	852	46	1 536	1 536	1 535	1 535	1 534	1 534
17	860	867	874	882	889	896	47	1 533	1 533	1 532	1 531	1 530	1 530
18	903	911	918	925	932	939	48	1 529	1 528	1 527	1 526	1 525	1 523
19	946	953	960	967	974	981	49	1 522	1 521	1 520	1 518	1 517	1 515
20	988	995	1 002	1 008	1 015	1 022	50	1 514	1 512	1 511	1 509	1 507	1 505
21	1 029	1 035	1 042	1 048	1 055	1 061	51	1 504	1 502	1 500	1 498	1 496	1 494
22	1 068	1 074	1 081	1 087	1 093	1 099	52	1 491	1 489	1 487	1 485	1 482	1 480
23	1 106	1 112	1 118	1 124	1 130	1 172	53	1 478	1 475	1 473	1 470	1 467	1 465
24	1 142	1 148	1 154	1 160	1 166	1 172	54	1 462	1 459	1 456	1 453	1 450	1 447
25	1 177	1 183	1 189	1 195	1 200	1 206							
26	1 211	1 217	1 222	1 228	1 233	1 238							
27	1 244	1 249	1 254	1 259	1 264	1 269							
28	1 274	1 279	1 284	1 289	1 294	1 299							
29	1 304	1 308	1 313	1 318	1 322	1 327							

3. 水准路线闭合差计算

水准测量路线闭合差 W 的计算公式为

$$W = (H_0 - H_n) + \sum h' + \sum \varepsilon \qquad (3.14)$$

式中，H_0 和 H_n 为水准测量路线两端点的已知高程；$\sum h'$ 为水准测量路线中各测段观测高差加入尺长改正数 δ_f 后的往返测高差中数之和；$\sum \varepsilon$ 为水准测量路线中各测段的正常水准面不平行改正数之和。

4. 高差改正数的计算

水准测量路线中每个测段的高差改正数可按下式计算，即

$$v = \frac{R}{\sum R} W \qquad (3.15)$$

即按水准测量路线闭合差 W 按测段长度 R 成正比的比例配赋予各测段的高差中。

最后根据已知点高程及改正后的高差计算水准点的概略高程，即

$$H = H_0 + \sum h' + \sum \varepsilon + \sum v \qquad (3.16)$$

高程控制网的建立除了水准测量作为主要方法外，还可以利用三角高程测量、GPS 测量得到地面点的高程，后两种方法的优点是建网速度快，一般是和水平控制网同时测定的，主要缺点是没有精密水准测量精度高。

3.4 重力基准与重力控制网

重力测量测定的是空间一点的重力加速度。重力基准是标定一个国家或地区的绝对重力值的标准。重力系统是指采用的椭球常数及其相应的正常重力场。重力测量框架是由分布在各地的若干绝对重力点和相对重力点构成的重力控制网，以及用作相对重力尺度标准的若干条长短基线，是重力基准的具体实现。同三维控制网、水平控制网和高程控制网一样，重力控制网的建立也是大地测量基准建设的一项基础性工程。高精度重力网的建立对确定和精化地球重力场及大地水准面都有极为重要的作用。

3.4.1 国际重力基准

重力基准是指绝对重力值已知的重力点。作为相对重力测量（测定两点间重力差的重重测量）的起始点，这个起始点也称为重力原点。经国际测量组织认可的起始重力点称为国际重力基准。各国进行重力测量时都尽量与国际重力基准相联系，以检验其重力测量的精度并保证测量成果的统一。国际通用的重力基准有 1900 年的维也纳重力基准、1909 年波茨坦重力基准、1971 年的国际重力基准网（IGSN71）以及 1987 年的国际绝对重力基本网（IAGBN）。

1. 维也纳重力基准

1900 年在巴黎举行的国际大地测量协会会议上，决定采用维也纳重力基准，即以奥地利

维也纳天文台的重力值为基准，其值为 $g = (981.290 \pm 0.01) \times 10^{-2}\ \mathrm{ms^{-2}}$。此值是 Oppolzer 在 1884 年用可倒摆绝对重力测量方法测定的。

2. 波茨坦重力基准

1909 年国际大地测量协会在伦敦举行，会议上决定废除维也纳重力基准，启用波茨坦重力基准。以德国波茨坦大地测量研究所摆仪厅的重力值作为基准，代替过去的维也纳重力基准，其值为 $g = (981.274 \pm 0.003) \times 10^{-2}\ \mathrm{ms^{-2}}$，此值是 1898—1906 年由 Kuhnen 和 Furtwangler 用可倒摆测定的。波茨坦重力基准应用范围最广，世界上凡进行重力测量的国家几乎都采用波茨坦重力基准，该基准被采用了 60 年。

随着科技的进步，对重力测量的精度不断提出新的要求。1930 年以后，一些国家先后进行了绝对重力仪的研制和测量，世界上的绝对重力点多起来，用相对重力仪将新的绝对重力点与波茨坦重力基准联测结果证明，波茨坦的重力值有较大的系统误差，误差约 $(12 \sim 16) \times 10^{-5}\ \mathrm{ms^{-2}}$（mGal）。1967 年国际大地测量协会决定对波茨坦重力值采用 $-14 \times 10^{-5}\ \mathrm{ms^{-2}}$（mGal）的改正值。1968—1969 年，在波茨坦重力原点又进行了一次新可倒摆绝对重力测量，测量精度达到 $\pm 3 \times 10^{-5}\ \mathrm{ms^{-2}}$（mGal），比先前提高了一个数量级，观量结果与原重力值相差 $-13.9 \times 10^{-5}\ \mathrm{ms^{-2}}$（mGal）。

3. 1971 国际重力基准网（IGSN71）

1971 年在莫斯科举行的国际大地测量与地球物理联合会（IUGG）第 15 届大会上通过决议，决定废止波茨坦重力原点，建立 1971 年国际重力基准网（IGSN71），作为新一代的国际重力测量基准。

IGSN71 是全球范围的重力基准网，包括 1 854 个重力点，其中绝对重力点 10 个，分别用三种绝对重力仪测定。25 200 多个相对重力仪测量点，其中有 1 200 多个摆仪观测点，其余为重力仪测量点。将观测结果整体平差后，分别求出了 1 854 个点的重力值，96 个重力仪尺度因子和 26 个仪器（摆仪和重力仪）零漂率。平差后各点重力值精度为 $\pm 0.1 \times 10^{-5}\ \mathrm{ms^{-2}}$（mGal）。每个点都可作为重力测量起算点，从而以多点基准结束了单点基准（由一个重力原点起算）的时代。

随着高精度测时和测距技术的进步，20 世纪 70 年代前后，利用自由落体测量绝对重力的仪器在一些国家研制成功，重力测量精度大大提高，许多国家着手建立本国的重力控制网，而不需要以 IGSN71 的点作为重力起算点，故该网实际上已经不起控制作用。由于几个 $\mathrm{\mu Gal}$（$10^{-8}\ \mathrm{ms^{-2}}$）的精度对研究全球重力场变化有重要作用，所以，统一全球的绝对重力基准仍有必要。

4. 国际绝对重力基准网（IAGBN）

IGSN71 建立后，经过一段时间研究和准备，于 1982 年提出了国际绝对重力基本网（IAGBN）的布设方案。1983 年在 IUGG 第 18 届大会上，决定建立国际绝对重力基准网（IAGBN）取代 IGSN71。IAGBN 的主要任务是长期监测重力随时间的变化，其次是作为重力测量的基准，以及为重力仪标定提供条件。国际大地测量协会设立了专题研究组，对绝对重力选址提出了严格条件。这些点建立后按规则间隔年数进行重复观测。IAGBN 分为 A、B 两类点，A 类点是根据点位选择要求和布设方案选定的，共计 36 个点，其中有南极大陆一个

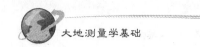

点；B 类点是为了某些历史原因或照顾某些国家的愿望而设立的。1987 年 IUGG 第 19 届大会曾通过决议，建议着手实施。大部分点已进行了一次或数次观测，但是由于种种原因，目前尚未完全实现。我国有 IAGBN 的 A 类点两个，分别在北京和南宁。表 3.17 为国际重力基准的基本情况。

表 3.17　国际重力基准基本情况

名称	测量年代/年	使用年代/年	精度/ms^{-2}
维也纳重力基准	1884	1900—1908	$\pm 10 \times 10^{-5}$ ms^{-2}
波茨坦重力基准	1898—1904	1909—1971	$\pm 3 \times 10^{-5}$ ms^{-2}
1971 国际标准重力网	1950—1970	1971—1983	$\pm 0.1 \times 10^{-5}$ ms^{-2}
国际绝对重力基准网	1983—		$\pm 0.01 \times 10^{-5}$ ms^{-2}

3.4.2　国家重力基准网

19 世纪末，外国人在我国上海及西南地区用弹性摆进行了重力测量。20 世纪 30 年代，北平研究院物理研究所也用弹性摆进行了重力测量。之后，上海石油局在上海附近用重力仪测了一些重力点。中华人民共和国成立初期，大约只测了 200 多个重力点，精度 $(5 \sim 10) \times 10^{-5}$ ms^{-2}（mGal），分布地区十分有限，没能建立重力基本网。中华人民共和国成立后为满足各方面需要，先后建立过三代重力基本网，即 1957 国家重力基本网、1985 国家重力基本网和 2000 国家重力基本网。

1. 1957 国家重力基本网

1956—1957 年，为了适应全国天文大地控制网数据处理对高程异常和垂线偏差的需要，我国同苏联合作建立了我国第一代重力基本网。当时没有进行绝对重力测量，基准点重力值从莫斯科经由伊尔库茨克、阿拉木图和赤塔 3 个基本点用航空联测方法，用 9 台相对重力仪联测到北京西郊机场。在此之前，苏联航空重力队曾在波茨坦和莫斯科之间进行联测。北京西郊机场上的重力点是我国第一个重力原点，其重力属于波茨坦重力系统，相对于波茨坦国际重力原点的精度为 $\pm 0.51 \times 10^{-5}$ ms^{-2}（mGal）。与此同时，在全国布设了 27 个重力基本点和 82 个一等重力点，基本重力点的联测精度为 $\pm 0.15 \times 10^{-5}$ ms^{-2}（mGal），一等点的精度为 $\pm 0.25 \times 10^{-5}$ ms^{-2}（mGal），这些点一并平差处理，构成 1957 国家重力基本网，简称"57 网"。其基本点相对于北京重力原点的误差不大于 $\pm 0.32 \times 10^{-5}$ ms^{-2}（mGal），一等点不大于 $\pm 0.40 \times 10^{-5}$ ms^{-2}（mGal）。该网的基准是由苏联重力网的三个基本点引入的，属于波茨坦系统。

"57 网"建立后的近 30 年间，有关部门共施测了数以万计的不同等级的重力点，这些重力点在国民经济建设和国防建设中发挥了重要作用。20 世纪 70 年代初，中国计量科学院研制成功自由落体绝对重力仪，进行了我国首次绝子重力测量，与北京重力原点联测，证明原值大了 13.5×10^{-5} ms^{-2}（mGal）。因此，在生产中凡采用波茨坦重力系统重力时，一律改正 -13.5×10^{-5} ms^{-2}（mGal）。有些单位则直接采用国际有关组织决定，对波茨坦重力系统的重力值加 -14.0×10^{-5} ms^{-2}（mGal）改正数。

2. 1985 国家重力基本网

我国"57 网"存在的问题主要是没有绝对重力点（统称为基准点）；重力系统由波茨坦

辗转联测过来，当时相对重力仪测量精度不高，而且波茨坦重力系统已经废止，以 IGSN71 代之，我国还没有纳入这个新系统，因此有必要建立第二代国家重力基本网。

1981 年，根据中国和意大利科技合作协议，中意合作利用意大利计量院的自由落体绝对重力仪在我国测了 11 个绝对重力点。1983—1984 年，由国家测绘总局组织，地质矿产部、石油部、国家地震局、国家计量局、总参测绘局、中国科学院测量与地球物理研究所等有关部门参加，开展了国家重力基本网的联测。整个测量分为两期，使用了 9 台 LCRG 型重力仪，按照《国家重力基本网野外作业规定（试行）》进行。相对联测要求每条测线不得少于 2 台仪器的 4 个联测结果，平均值中误差一般不得大于 $\pm 15 \times 10^{-5}$ ms^{-2}（mGal）。同时，用 6 台 LCR-G 型重力仪进行了北京、上海和巴黎、东京、京都和香港的国际联测，使我国重力基本网与国际绝对重力点、IGSN71 点、日本环太平洋国际重力联测点相互连接。

平差于 1985 年由国家测绘局中国测绘科学研究院完成。已知点有北京、上海、青岛、福州、南宁、昆明。考虑到这 6 个基准点分布不均，其最大重力范围只占全网重力范围的 65%，因此，还利用巴黎、东京 A、东京 B、京都、香港 5 个重力点，共 11 个点作为已知点。平差时观测值加入了仪器计数化算、仪器高度、固体潮和气压改正，按不等权间接平差方法进行。国家重力基本网由 6 个基准点、46 个基本点和 5 个基本点引点组成，简称为"85 网"。该网不但改善了图形结构，提供了外部精度标准，而且使"85 网"与 IGSN71 有了较紧密的连接，使"85 网"的重力系统纳入 IGSN71 系统。

"85 网"整体平差的单位权中误差为 $\pm 15 \times 10^{-8}$ms^{-2}（μGal），点重力值中误差（内部符合）为 $\pm$（$8 \sim 13$）$\times 10^{-8}$ ms^{-2}（μGal），经外部符合检核，发现重力值中有一定的系统性影响，所以"85 网"重力值的精度被认为是在 $\pm 20 \times 10^{-8}$ ms^{-2} 到 $\pm 30 \times 10^{-8}$ ms^{-2} 之间。

"85 网"是我国第二个国家重力控制网，包括基本网和一等网。其重力基准是由国内的多台绝对重力仪观测值和国际的已知重力系统共同定义的。必须指出，国际重力点的基准值，有的是绝对观测值，有的是 IGSN71 系统，有的是日本环太平洋联测系统。现在回头看，这种共同定义的 85 网重力基准，并不是完全由国内的绝对重力点来独立定义的，只能说是综合性的。

3. 2000 国家重力基本网

我国"85 网"较之于"57 网"，在精度上提高了一个数量级，消除了波茨坦系统的误差，增大了基本点的密度。它作为我国基本重力控制网提供使用后，十几年来在测绘、地质、地震、石油、国防等领域发挥了重要作用。但是，随着时间的推移，经济建设迅速发展，使"85 网"基本点因受损而不便使用或不能使用。据调查统计，有 2/3 以上的"85 网"重力基本点不能使用。另一方面，由于受当时设备、技术等方面的限制，"85 网"绝对重力点的观测精度较低，点位分布不均匀，图形结构不尽合理。由此可见，"85 网"的这种状况已不能充分发挥国家重力基准应有的作用。

我国引进的精度达到 $(3 \sim 5) \times 10^{-8}$ ms^{-2}（μGal）的 FG5 绝对重力仪，在中国地壳运动观测网基准点上施测精度很高，为我国独立建立新一代更高精度的重力基准提供了技术手段。另外从国际重力基准的变化来看，已决定建立国际绝对重力基准网。而"85 网"仍属于 IGSN71 重力系统。从以上各方面分析，有必要建立新一代国家基本重力网，即 2000 国家重力基本网。

1998 年由国家测绘局发起，总参测绘局和中国地震局参加，开始共同建立 2000 国家重力基本网，简称"2000 网"。经过近三年的艰苦努力，于 2002 年圆满完成了 2000 国家重力

基本网的建立工作。2000 国家重力基本网由 147 个点组成。其中基准点 21 个，基本点 126 个；另有引点 112 个，城市地面联测点 66 个。其点位分布如图 3.32 所示。

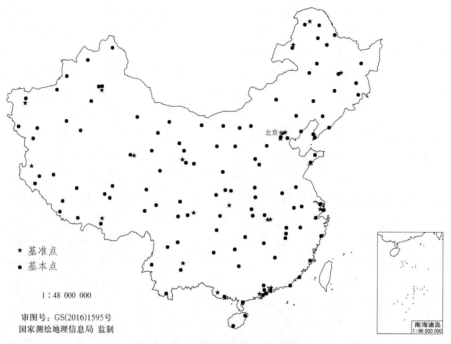

图 3.32　2000 国家重力基本网

2000 国家重力基本网平差后的精度指标为：基本网中重力点平均中误差为 $\pm 7.35 \times 10^{-8}$ ms^{-2}（μGal）；其中具有绝对重力观测成果的基准点平均中误差 $\pm 2.3 \times 10^{-8}$ ms^{-2}（μGal）；基本点平均中误差 $\pm 6.6 \times 10^{-8}$ ms^{-2}（μGal）；基本点引点平均中误差 $\pm 8.7 \times 10^{-8}$ ms^{-2}（μGal）。8 个国家重力仪格值标定场的 64 个重力点平均中误差为 $\pm 3.4 \times 10^{-8}$ ms^{-2}（μGal）。"2000 网"联测的"85 网"和地壳运动网等其他 66 个重力点平均中误差为 $\pm 9.5 \times 10^{-8}$ ms^{-2}（μGal）。

2000 国家重力基本网是由基准点、基本点、引点以及长基线、短基线构成，并对已有的"85 网"点进行了联测，网形结构合理，充分考虑了国家基础建设、国防建设和防震减灾等方面的需要，种类齐全，功能完备，设计科学合理。该网精度高，覆盖范围大，点数多，点位顾及了我国实际情况，额度适宜，分布基本均匀。建网中采用了多项国内外先进技术和现代作业方式。该网数据处理理论方法严密，技术先进，平差结果可靠，精度真实可信，与"85 网"相比具有质的飞跃。表 3.18 为我国重力建网的基本情况。

表 3.18　我国重力网基本简况

名称	点数			测量精度/10^{-5}ms^{-2}		系统
	基准点	基本点	一等点	基准点	基本点	
1957 国家重力基本网		21	82		±0.15	波茨坦系统
1985 国家重力基本网	6	46		±0.01	±0.02	IGSN7
2000 国家重力基本网	21	126		±0.005	±0.01	绝对重力系统

3.4.3　国家重力控制网的建立

重力测量分为绝对重力测量和相对重力测量，前者由于设备大，造价高，主要用于少量重力基准点的重力测量；后者是用于重力测量的最基本的方法，它被广泛应用于测定地球表面上的重力值。

3.4.3.1　重力控制网等级

国家重力控制网等级分为三级：国家重力基本网，国家一等重力网，国家二等重力点。此外还有国家级重力仪标定基线。

1. 国家重力基本网

重力基本网是由重力基准点和基本点以及引点组成。重力基准点经多台、多次的高精度绝对重力仪测定，基本点以及引点由多台高精度的相对重力仪测定，并与基准点联测。

2. 国家一等重力网

国家重力一等网由一等重力点组成，一等重力点由多台高精度的相对重力仪测定，并与国家重力基准点或国家重力基本点联测。

3. 国家二等重力网

二等重力点主要是为加密重力测量而设定的重力控制点，其点位可由一台高精度的相对重力仪测定，并与国家重力基本点或一等重力点联测。

4. 国家级重力仪标定基线

国家级重力仪标定基线主要是为标定施测所用的相对重力仪的格值，分为长基线和短基线两种，供标定重力仪使用。

3.4.3.2　重力控制测量设计原则

重力控制测量的目的是建立国家重力基准和重力控制网，国家重力控制网按逐级控制原则布设，基本网和一等网应布设成闭合环状。基准点应用高精度绝对重力仪测定，基本点之间和基本点与基准点之间应用高精度相对重力仪联测。一等网以国家重力基准点和基本点为控制联测，二等网以高等级重力控制点为控制联测。

1. 重力基本网的设计原则

应有一定的点位密度，有效地覆盖国土范围，以满足控制一等重力点相对联测的精度要求和国民经济及国防建设的需要。基本重力控制点应在全国构成多边形网，其点距应在500 km 左右。

2. 一、二等重力点的布设

应满足各部门进行区域重力测量的需要，在全国范围内分布，点间距应在 300 km 左右，由基本重力点开始联测，可布设成附合形式或闭合形式。

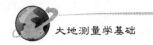

3. 长基线

应基本控制全国范围内重力差，大致沿南北方向布设，两端点重力值之差应大于 $2000 \times 10^{-5} \, \mathrm{ms}^{-2}$（mGal），每个基线点应为基准点；短基线按区域布设，两端站重力值之差应大于 $150 \times 10^{-5} \, \mathrm{ms}^{-2}$（mGal）。段差相对误差应小于 5×10^{-5}。短基线至少一个端点与国家重力控制点联测。

4. 重力控制点的坐标系统和高程系统

坐标系统采用 2000 国家大地坐标系；高程系统采用 1985 国家高程基准。

3.4.3.3　加密重力测量设计原则

加密重力测量的设计应以测区已有各级重力控制点为起算点，按附合路线或闭合路线进行加密重力测线设计。加密重力测线附合或闭合时间一般不应超过 60 小时。加密重力测量的主要任务及服务对象：

（1）在全国建立 $5' \times 5'$ 的国家基本格网的数字化平均重力异常模型。

（2）为精化大地水准面，采用天文、重力、GPS 水准测量方法确定全国范围的高程异常值。

（3）为内插大地点的天文大地垂线偏差而进行的局部加密重力测量。

（4）为国家一、二等水准测量正常高系统改正而进行的局部加密重力测量。

3.4.3.4　重力控制网选点与埋石

1. 重力基准点选点与埋石

（1）重力基准点应位于稳固的非风化基岩上。

（2）远离工厂、矿区、铁路、公路等各种震源，避开高压线和变电设备等强磁电场。

（3）附近地区不会产生较大的质量迁移；不宜在大河、大湖和水库附近，地面沉降漏斗、冰川及地下水位变化剧烈的地区建点。

（4）基准点应建立永久性牢固的观测室，其面积不应小于 $3 \, \mathrm{m} \times 5 \, \mathrm{m}$，天花板离仪器观测墩面不小于 $2 \, \mathrm{m}$，观测室内应保持干燥，具有稳定的电源。

（5）仪器观测墩标石的尺寸为 $1.2 \, \mathrm{m} \times 1.2 \, \mathrm{m} \times 1.0 \, \mathrm{m}$，标石用混凝土现场灌制，标石周围与地面应留宽为 $0.1 \, \mathrm{m}$ 的隔震槽，填以泡沫塑料，标石距墙壁不得小于 $0.5 \, \mathrm{m}$，两个观测墩之间相距应大于 $0.8 \, \mathrm{m}$。

2. 重力基本点及引点的选点与埋石

（1）基本重力点及引点一般选在机场附近，应远离飞机跑道及繁忙的交通要道，避开人工、高压线路及强磁设备。

（2）点位应位于地基坚实稳定、安全僻静和便于长期保存的地点。

（3）点位便于重力联测及点位坐标、高程的测定。

（4）观测墩标石的尺寸为 $1.0 \, \mathrm{m} \times 1.0 \, \mathrm{m} \times 1.0 \, \mathrm{m}$，标石用混凝土现场灌制，墩面应平整光滑，标志镶嵌在标石面的中央。

3. 一等重力点选点与埋石

（1）一等重力点一般选在机场、公路附近，应避开人工震源、高压线路及强磁设备。

（2）点位应位于地基坚实稳定、安全僻静和便于长期保存的地点。

（3）点位便于重力联测及点位坐标、高程的测定。

（4）一等重力点与基本重力点及引点的仪器观测墩标石尺寸相同。

（5）标石应标定正北方向。

3.4.3.5　重力测量

重力测量是测定重力加速度的测量技术和方法，绝对重力测量是利用绝对重力仪测定地面点的绝对重力加速度的重力值，相对重力测量是利用摆仪或相对重力仪测定两点间重力加速度的差值。

1. 绝对重力测量

绝对重力测量应使用标称精度优于 $2 \times 10^{-8} \mathrm{ms}^{-2}$ 的绝对重力仪。绝对重力仪观测技术要求如下：

（1）观测前首先要设置有关参数，包括运行命令、测点参数、仪器参数等。绝对重力仪自动运行，开始观测采集数据。

（2）根据每次下落采集的距离和时间对组成观测方程，解算出落体下落初始位置高度处的观测重力值 g_r。

（3）进行固体潮改正、气压改正、极移改正和光速有限改正。

（4）将重力值 g_r 进行观测高度改正，分别归算至离墩面 1.3 m 和墩面，以获得 1.3 m 处和墩面的观测重力值。

（5）每个点的总均值标准差应优于 $5 \times 10^{-8} \mathrm{ms}^{-2}$。

（6）重力垂直梯度和水平梯度的测定。每个绝对重力点在测定重力值时，也应同时测定重力垂直梯度，如果该点过去未进行过水平梯度测量，则还需测定水平梯度。

2. 基本重力点联测

（1）国家基本重力点（含引点）联测应采用对称观测，即：A-B-C…C-B-A。

（2）观测过程中仪器停放超过 2 小时，则在停放点应重复观测，以消除静态零漂。

（3）每条测线一般在 24 小时内闭合，特殊情况可以放宽到 48 小时。

（4）每条测线计算一个联测结果。

3. 一、二等重力点联测

（1）一等重力联测。① 一等重力点联测路线应组成闭合环或附合在两基本点间，其测段数一般不超过 5 段，特殊情况下可以按辐射状布测一个一等点；② 联测时应采用对称观测，即：A-B-C…C-B-A，观测过程中仪器停放超过 2 小时，则在停放点应重复观测，以消除静态零漂；每条测线一般在 24 小时内闭合，特殊情况可以放宽到 48 小时。

（2）二等重力联测。① 联测组成的闭合路线或附合路线中的二等重力点数不得超过 4

个，在支测路线中允许支测 2 个二等重力点；② 一般情况下，二等联测应尽量采用三程循环法，即 A-B-A，B-A-B 作为两条测线计算；③ 每条测线一般在 36 小时内闭合，困难地区可以放宽到 48 小时。

（3）精度要求。一、二等重力点联测使用 LCR 重力仪，每点观测程序与国家基本重力点（含引点）联测相同。一等重力点（含引点）段差联测中误差不得劣于 $25 \times 10^{-8} \mathrm{~ms}^{-2}$，二等重力点段差联测中误差不得劣于 $250 \times 10^{-8} \mathrm{~ms}^{-2}$。

4. 加密重力点联测

加密重力测量的起算点为各等级重力控制点，重力测线应形成闭合或附合路线，其闭合时间一般不应超过 60 小时，困难地区可以放宽到 84 小时。

5. 平面坐标和高程测定

（1）各类重力点均必须测定坐标和高程，重力点的平面坐标、高程测定中误差不应超过 1.0 m。

（2）重力点坐标采用国家大地坐标系，高程采用国家高程基准。

（3）各等级重力点平面坐标可采用卫星定位系统和常规方法测定。

（4）各等级的高程可以采用常规方法或卫星定位结果与似大地水准面模型相结合的方法测定。

3.4.3.6　重力观测的数据计算

1. 绝对重力测量数据计算

绝对重力测量数据计算包括以下内容：

（1）墩面或离墩面 1.3 m 高度处重力值计算。

（2）每组观测重力值的平均值计算及精度估算。

（3）总平均值计算及精度估算。

（4）重力梯度计算。

2. 相对重力测量数据计算

相对重力测量数据计算包括以下内容：

（1）初步观测值的计算。

（2）零飘改正后的观测值计算。

【本章小结】

本章所述的是测绘基准和测绘控制网的重要基础理论，主要介绍了大地基准、高程基准和重力基准的基本概念，重点介绍了实现测绘基准的传统大地控制网、空间卫星大地控制网、高程控制网和重力控制网的基本原理，详细介绍了建立传统大地控制网、空间卫星大地控制网、高程控制网和重力控制网的方法、基本原则和布设方案等问题。

【思考与练习题】

1. 简述建立传统国家大地控制网的方法及特点。
2. 建立传统国家大地控制网的原则是什么？
3. 为什么国家大地控制网又称为天文大地网？
4. 工程测量水平控制网分为哪几类？
5. 全球地心参考框架网由哪几部分框架网构成？
6. 国家现代测绘基准框架的特点是什么？
7. 高程基准和深度基准的概念是什么？
8. 建立国家高程基准的原则是什么？
9. 国家重力基准网有哪些？
10. 国家重力控制网等级的具体内容是什么？

第4章　大地水准面与高程系统

【本章要点】本章介绍了地球重力场和地球椭球基本理论，重点讲述了各种高程系统的定义及其转换关系，并着重讲述了大地水准面确定的几种方法。

地球形状理论（地球重力场理论）是确定大地测量基准面的依据。地球形状的概念是多义的。通常把地球的真实形状理解为地球的自然表面，即大陆地面、无干扰海洋和湖泊的表面，野外测量工作就是在这个面上进行的。在大地测量学中所指的地球形状是指对其真实形状进行数学或物理抽象后的形体，包括大地水准面、参考椭球面和正常椭球。可以把大地水准面理解为地球的物理化形状，把参考椭球面理解为地球的数学化形状，把正常椭球理解为地球的数学物理化形状。参考椭球或正常椭球是对大地水准面的近似，因而在大地测量学中研究的地球形体主要是指大地水准面的形状。大地水准面又是地面点高程的起算面。由于大地水准面是地球重力场中的一个水准面，故在处理水准测量数据时必须顾及地球重力场理论的特点。选择不同的高程基准面、基准线就构成了不同的高程系统。

4.1　地球重力场的基本理论

地球重力场及其时变反映地球表层及内部物质的空间分布、运动和变化，同时决定着大地水准面的起伏和变化。地球重力场基本理论是研究地球形状的重要方法，也是建立大地水准面、大地体、正常重力、垂线偏差、地球椭球（水准椭球）等概念的重要理论基础。

牛顿（I. Newton）于 1687 年在《自然哲学的数学原理》中发表的万有引力定律表明，任意两个质点在连线方向存在吸引力。地球上任意质点，除受到地球引力和地球自转离心力的作用外，还受到其他天体（主要是月亮和太阳）的吸引，其中月亮的引力约为地球引力的一千万分之一，太阳的引力更小，只有在高精度的研究中才顾及它们。因此在这里，我们主要研究由地球引力及离心力所形成的地球重力场基本理论。

4.1.1　引力、离心力及重力

用 F 及 P 分别表示地球引力及由于质点绕地球自转轴旋转而产生的离心力。这两个力的合力称地球重力，用 g 表示，如图 4.1 所示。重力 g 向量等于地球引力向量 F 及离心力向量 P 的和向量，即

$$g = F + P \tag{4.1}$$

根据牛顿的万有引力定律，地球的引力场由地球形状及其内部质量分布决定。如图 4.1 所示，若地球为均质球体，则对其外部质点的引力 F 指向地心，其大小由下式给出

$$F = \frac{GMm}{r^2} \tag{4.2}$$

式中：M 为地球质量；m 为质点质量；G 为万有引力常数；r 为质点至地心的距离。地球引力常数 $GM = 398\,600\ \text{km}^3/\text{s}^2$，实际上，地球引力无论在数值还是方向上，都与式（4.1）是不同的。

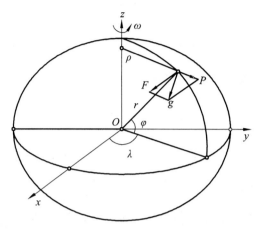

图 4.1　地球引力、离心力及重力

随着地球自转产生的质点离心力 P 指向质点所在平行圈半径的外方向，其计算公式为

$$P = m\omega^2 \rho \tag{4.3}$$

式中，ω 为地球自转角速度，按天文精确测量 $\omega = 2\pi : 86\,164.095 = 7.292\,115\times10^{-5}\ \text{rad·s}^{-1}$；$\rho$ 为质点所在平行圈半径，随纬度不同而不同。

由（4.3）式可知，离心力 P 在赤道达最大值，其数值比地球引力 1/200 还要小一些。所以重力基本上是地球引力确定的。

4.1.2　引力位、离心力位与重力位

1. 引力位

借助位理论来研究地球重力场是非常方便的。根据牛顿的万有引力定律，由于空间任意两质点 M 和 m 相互吸引，质点沿力的方向上移动一微小量 $\text{d}r$ 所做的功

$$\text{d}A = \frac{GMm}{r^2}\text{d}r \tag{4.4}$$

此功等于该点位能的减少

$$-\text{d}V = \frac{GMm}{r^2}\text{d}r \tag{4.5}$$

对上式积分后可得位能

$$V = \frac{GMm}{r} \tag{4.6}$$

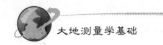

为研究问题简便起见，将质点 m 的质量取单位质量，则（4.6）式变为

$$V = \frac{GM}{r} \tag{4.7}$$

在大地测量学和地球形状理论中，将式（4.7）表示的位能称为物质 M 的引力位。

由牛顿第二定律及万有引力定律可得加速度 a：

$$a = \frac{GM}{r^2} \tag{4.8}$$

对式（4.7）微分并顾及式（4.8）可得

$$a = -\frac{dV}{dr} \tag{4.9}$$

负号的意义是加速度方向与向径向量方向相反。上式又可简写成梯度的形式

$$a = -\text{grad}V \tag{4.10}$$

由此可知，引力位梯度的负值，在数值上就等于单质点受 r 处的质体 M 吸引而形成的加速度值。在这种情况下，二者可不加区别。

由于位函数是个标量函数，所以地球总体的位函数应等于组成其质量的各基元分体（dm_i）位函数 $dV_i(i=1,2,\cdots,n)$ 之和，于是，对整个地球而言，显然有

$$V = \int_{(M)} dv = G \int_{(M)} \frac{1}{r} dm \tag{4.11}$$

式中，r 为地球单元质量 dm 至被吸引的单位质量的距离，积分沿整个地球质量 M 积分。

式（4.9）推广到空间直角坐标系中，引力位 V 确认这样一个加速度引力场，即引力位对被吸引点各坐标轴的偏导数等于相应坐标轴上的加速度（或引力）向量的负值。用公式表达为

$$a_x = -\frac{\partial V}{\partial x}, \quad a_y = -\frac{\partial v}{\partial y}, \quad a_z = -\frac{\partial V}{\partial z} \tag{4.12}$$

及
$$r^2 = (x-x_m)^2 + (y-y_m)^2 + (z-z_m)^2 \tag{4.13}$$

式中，x、y、z 为被吸引的单位质点的坐标；（x_m，y_m，z_m）为吸引点 M 的坐标。

将单位质点从起点 Q_0 在引力作用下移动到终点 Q，则引力所做的功等于两点间的位能差，即

$$A = |-\int_{Q_0}^{Q} dV| = V(Q) - V(Q_0) \tag{4.14}$$

由式（4.14）可知，引力对单位质点所做的功等于位函数在终点和起点的函数值之差，与质点所经过的路程无关。假设终点在无穷远处，即 $r_Q \to \infty$，则 $V(Q) = 0$，此时有 $A = -V(Q_0)$，即在某一位置质点的引力位就是将单位质点从无穷远处移动到该点引力所做的功。

对引力位求二阶导数。首先对式（4.11）求一阶导数

$$\left.\begin{array}{l} \dfrac{\partial V}{\partial x} = G\!\int \dfrac{\partial \frac{1}{r}}{\partial x}\,\mathrm{d}m \\[4mm] \dfrac{\partial V}{\partial y} = G\!\int \dfrac{\partial \frac{1}{r}}{\partial y}\,\mathrm{d}m \\[4mm] \dfrac{\partial V}{\partial z} = G\!\int \dfrac{\partial \frac{1}{r}}{\partial z}\,\mathrm{d}m \end{array}\right\} \tag{4.15}$$

若设单位质点坐标为（x，y，z），而吸引点的坐标为（x_{m}，y_{m}，z_{m}），则顾及式（4.13），于是

$$\left.\begin{array}{l} \dfrac{\partial}{\partial x}\!\left(\dfrac{1}{r}\right) = -\dfrac{(x-x_{\mathrm{m}})}{r^{3}} \\[4mm] \dfrac{\partial}{\partial y}\!\left(\dfrac{1}{r}\right) = -\dfrac{(y-y_{\mathrm{m}})}{r^{3}} \\[4mm] \dfrac{\partial}{\partial z}\!\left(\dfrac{1}{r}\right) = -\dfrac{(z-z_{\mathrm{m}})}{r^{3}} \end{array}\right\} \tag{4.16}$$

则

$$\dfrac{\partial V}{\partial x} = -G\!\int \dfrac{(x-x_{\mathrm{m}})}{r^{3}}\,\mathrm{d}m \tag{4.17}$$

进一步求其二阶导数，得

$$\dfrac{\partial^{2} V}{\partial x^{2}} = \dfrac{\partial}{\partial x}\!\left[-G\!\int \dfrac{(x-x_{\mathrm{m}})}{r^{3}}\,\mathrm{d}m\right] = -G\!\int\!\left[\dfrac{1}{r^{3}} - 3\cdot\dfrac{(x-x_{\mathrm{m}})}{r^{4}}\cdot\dfrac{\partial r}{\partial x}\right]\mathrm{d}m \tag{4.18}$$

在（4.13）式中，对 x 取全微分，得

$$\dfrac{\mathrm{d}r}{\mathrm{d}x} = \dfrac{x-x_{\mathrm{m}}}{r} \tag{4.19}$$

故

$$\dfrac{\partial^{2} V}{\partial x^{2}} = -G\!\int\!\left[\dfrac{1}{r^{3}} - 3\dfrac{(x-x_{\mathrm{m}})^{2}}{r^{5}}\right]\mathrm{d}m \tag{4.20}$$

同理

$$\dfrac{\partial^{2} V}{\partial y^{2}} = -G\!\int\!\left[\dfrac{1}{r^{3}} - 3\dfrac{(y-y_{\mathrm{m}})^{2}}{r^{5}}\right]\mathrm{d}m \tag{4.21}$$

$$\dfrac{\partial^{2} V}{\partial z^{2}} = -G\!\int\!\left[\dfrac{1}{r^{3}} - 3\dfrac{(z-z_{\mathrm{m}})^{2}}{r^{5}}\right]\mathrm{d}m \tag{4.22}$$

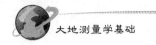

以上三式相加，则得

$$\Delta V = \frac{\partial^2 V}{\partial x^2} + \frac{\partial^2 V}{\partial y^2} + \frac{\partial^2 V}{\partial z^2} \qquad (4.23)$$

式（4.23）称拉普拉斯方程，ΔV 又称拉普拉斯算子。凡是满足式（4.23）的称为调和函数。显然，引力位函数是调和函数。

2. 离心力位

由图 4.1 可知，质点坐标可用质点向径 r、地心纬度 φ 及经度 λ 表示为

$$\begin{cases} x = r\cos\varphi\cos\lambda \\ y = r\cos\varphi\sin\lambda \\ z = r\sin\varphi \end{cases} \qquad (4.24)$$

考虑到地球自转仅引起经度变化，且经度关于时间的一阶导数等于地球自转角速度 ω 时，可得

$$\begin{cases} x' = -r\omega\cos\varphi\sin\lambda \\ y' = r\omega\cos\varphi\cos\lambda \\ z' = 0 \end{cases} \qquad (4.25)$$

继续求二阶导数，并顾及（4.24）式，可得

$$\begin{cases} x'' = -\omega^2 x \\ y'' = -\omega^2 y \\ z'' = 0 \end{cases} \qquad (4.26)$$

坐标对时间的二阶偏导数，就是单位质点的离心加速度。与引力加速度相似，它也可以用离心力位的偏导数表示，实际上，假设有离心力位

$$Q = \frac{\omega^2}{2}(x^2 + y^2) \qquad (4.27)$$

式（4.27）对位置坐标的偏导数满足

$$\left. \begin{array}{l} \dfrac{\partial Q}{\partial x} = \omega^2 x = -x'' \\[2mm] \dfrac{\partial Q}{\partial y} = \omega^2 y = -y'' \\[2mm] \dfrac{\partial Q}{\partial z} = 0 \end{array} \right\} \qquad (4.28)$$

除了符号相反之外，此式与离心力加速度分量表达式（4.26）是完全一样的，因此我们可以把（4.27）式称离心力位函数。离心力位的二阶偏导数为

$$\left.\begin{array}{l} \dfrac{\partial^2 Q}{\partial x^2} = \omega^2 \\[2mm] \dfrac{\partial^2 Q}{\partial y^2} = \omega^2 \\[2mm] \dfrac{\partial^2 Q}{\partial z^2} = 0 \end{array}\right\} \tag{4.29}$$

定义算子

$$\Delta Q = \frac{\partial^2 Q}{\partial x^2} + \frac{\partial^2 Q}{\partial y^2} + \frac{\partial^2 Q}{\partial z^2} = 2\omega^2 \neq 0 \tag{4.30}$$

式（4.30）称为布阿桑算子，它表明在客体的全部空间里，其布阿桑算子是一个常数。同时，也可以看出离心力位函数不是调和函数。

3. 重力位

由于位函数为标量函数，其运算相对简单，在研究地球重力场时一般要引入重力位的概念。重力位包含了重力场的所有信息，一个"平滑"的重力位函数对应于平滑的重力场，一个复杂的重力位函数对应于不规则的重力场。利用重力位描述地球重力场需要用到重力等位面及力线的概念，所谓重力等位面，就是所有重力位相等的点构成的曲面，处处与重力方向相切的曲线称为力线。

由于重力是引力和离心力的合力，则重力位为引力位 V 和离心力位 Q 之和为

$$W = Q + V \tag{4.31}$$

根据式（4.11）和式（4.27），重力位可表示为

$$W = G \int \frac{\mathrm{d}m}{r} + \frac{\omega^2}{2}(x^2 + y^2) \tag{4.32}$$

假若质点的重力位 W 已知，对三坐标轴求偏导数可得重力的分力或重力加速度

$$\left.\begin{array}{l} g_x = -\dfrac{\partial W}{\partial x} = -\left(\dfrac{\partial V}{\partial x} + \dfrac{\partial Q}{\partial x}\right) \\[3mm] g_y = -\dfrac{\partial W}{\partial y} = -\left(\dfrac{\partial V}{\partial y} + \dfrac{\partial Q}{\partial y}\right) \\[3mm] g_z = -\dfrac{\partial W}{\partial z} = -\left(\dfrac{\partial V}{\partial z} + \dfrac{\partial Q}{\partial z}\right) \end{array}\right\} \tag{4.33}$$

显然，重力 g 的模

$$g = \sqrt{g_x^2 + g_y^2 + g_z^2} \tag{4.34}$$

其 3 个方向余弦

$$\cos(g, x) = \frac{g_x}{|g|}, \quad \cos(g, y) = \frac{g_y}{|g|}, \quad \cos(g, z) = \frac{g_z}{|g|} \tag{4.35}$$

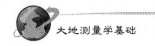

重力方向为铅垂方向，其方向线为铅垂线，重力位对任意方向的偏导数等于重力在该方向上的分力，即

$$\frac{\partial W}{\partial l} = g \cos(g,l) \tag{4.36}$$

显然，当 g 与 l 相垂直时，$\cos(g,l)=0$，则 $\frac{\partial W}{\partial l}=0$，$W=$常数，重力在该面上不做功，说明重力位相等。当给出不同的常数值，就得到一簇曲面，这些重力位相等的面称为重力等位面，就是我们常说的水准面，可见水准面有无穷多个，其中，将通过平均海水面的重力等位面，称为大地水准面，如图 4.2 所示（宁津生等，2006）。

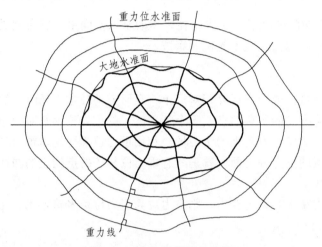

图 4.2　重力等位面示意图

同样，如果令 g 与 l 夹角等于 π，则有

$$dl = -\frac{dW}{g} \tag{4.37}$$

（4.37）式说明水准面之间既不平行，也不相交和相切。

对（4.31）式取二阶导数，相加后，则对外面空间点，结合式（4.23）、式（4.30）显然可得重力位二阶导数之和

$$\Delta W = \Delta V + \Delta Q = 2\omega^2 \tag{4.38}$$

对内部点不加证明给出

$$\Delta W = \Delta V + \Delta Q = -4\pi G\delta + 2\omega^2 \tag{4.39}$$

式中，δ 为体密度。

从以上各式可以看出，它们都不等于零，故重力位函数不是调和函数。

4.1.3　地球重力场模型

所谓地球重力场模型就是地球重力位的数学表达式。由（4.32）式地球重力位计算公式

$$W = G \int \frac{\mathrm{d}m}{r} + \frac{\omega^2}{2}(x^2 + y^2)$$

可知，要精确计算出地球重力位，必须知道地球表面的形状及内部物质密度，可事实上，地球内部物质分布极不规则，目前也无法知道，故不能精确的求得地球的重力位。为此引进一个与其近似的地球重力位——正常重力位。

正常重力位是一个函数简单、不涉及地球形状和密度便可直接计算得到的地球重力位的近似值的辅助重力位。当知道了地球正常重力位，想求出它同地球重力位的差异（又称扰动位），便可据此求出大地水准面与这已知形状的差异，最后解决确定地球重力位和地球形状的问题。

由于（4.32）式右端第二项是容易计算的，因此求解地球正常重力位的关键是先找出表达地球引力位的计算公式，再根据需要选取头几项而略去余项，再顾及右端第二项，就可得到地球正常重力位。

1. 地球引力位的数学表达式

如图 4.3 所示，在空间直角坐标系 $O\text{-}xyz$ 中，坐标原点置于地球质心，x 轴在赤道平面并指向格林尼治子午面与赤道面之交点，z 轴与地球自转轴一致，y 轴在赤道面上，构成右手坐标系，则空间一点 S 的坐标可用两种方式表示，一种是空间直角坐标 (x, y, z)，另一种是空间球面极坐标 (r, φ, λ)，地面质点 M 的坐标用 $(x_\mathrm{m}, y_\mathrm{m}, z_\mathrm{m})$ 表示。若 θ 是 S 的极距，$\theta + \varphi = 90°$，S 的空间球面极坐标也可用 (r, θ, λ) 表示。

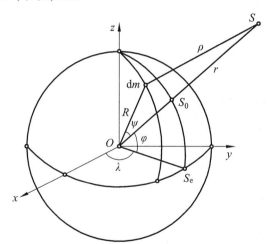

图 4.3　球坐标与直角坐标

前面我们证明过，质体对外部点的引力位

$$V = \int\limits_{(M)} \mathrm{d}v = G \int\limits_{(M)} \frac{1}{r} \mathrm{d}m$$

满足拉普拉斯方程

$$\frac{\partial^2 V}{\partial x^2} + \frac{\partial^2 V}{\partial y^2} + \frac{\partial^2 V}{\partial z^2} = 0 \tag{4.40}$$

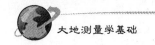

凡是满足拉普拉斯方程的函数称为调和函数。显然，引力位函数 V 是调和函数,或称为球谐函数。

如图 4.3 所示的求坐标系中，S 的直角坐标（x,y,z）与球面极坐标 (r,θ,λ) 的关系为

$$\begin{cases} x = r\sin\theta\cos\lambda \\ y = r\sin\theta\sin\lambda \\ z = r\cos\theta \end{cases}$$

将式（4.40）转化为球坐标系中的拉普拉斯方程（略去推导），有

$$r^2\frac{\partial^2 V}{\partial r^2} + 2r\frac{\partial V}{\partial r} + \frac{\partial^2 V}{\partial \theta^2} + \cot\theta\frac{\partial V}{\partial \theta} + \frac{1}{\sin^2\theta}\frac{\partial^2 V}{\partial \lambda^2} = 0 \tag{4.41}$$

解以上微分方程（略去推导），可得球坐标系下调和函数的一般形式为

$$V(r,\theta,\lambda) = \sum_{n=0}^{\infty}\frac{1}{r^{n+1}}[A_n P_n(\cos\theta) + \sum_{k=1}^{n}(A_n^k\cos K\lambda + B_n^K\sin K\lambda)P_n^K(\cos\theta)] \tag{4.42}$$

（4.42）式即为用球谐函数表示的地球引力位公式。

式（4.42）是一个级数展开式，表示地球对外部点的引力位可以用一无穷级数来描述。式中，(r,θ,λ) 为地球外部点的球坐标；A_n^k、B_n^K 为常系数，称为地球引力场参数，可由地球表面的观测值确定。因此，由式（4.42），可以说研究引力位实际上就是研究引力位系数；在这里，勒让德多项式 $P_n(\cos\theta)$ 称为 n 阶主球函数（或带球函数），$P_n^K(\cos\theta)$ 称为 n 阶、K 次勒让德伴随函数。

伴随勒让德多项式的形式为

$$P_0(\cos\theta) = 1$$

$$P_1(\cos\theta) = \cos\theta$$

$$P_1^1(\cos\theta) = \sin\theta$$

$$P_2(\cos\theta) = \frac{3}{4}\cos 2\theta + \frac{1}{4}$$

$$P_2^1(\cos\theta) = 3\cos\theta\sin\theta$$

$$P_2^2(\cos\theta) = -\frac{3}{2}\cos 2\theta + \frac{3}{2}$$

$$\vdots$$

$P_n(\cos\theta)$ 的一般表达式为

$$P_n(\cos\theta) = \frac{1}{2^n n!}\frac{\mathrm{d}^n(\cos^2\theta - 1)^n}{\mathrm{d}(\cos\theta)^n} \tag{4.43}$$

当已知 $P_0(\cos\theta) = 1$，$P_1(\cos\theta) = \cos\theta$，$P_2(\cos\theta) = \frac{3}{4}\cos 2\theta + \frac{1}{4}$ 时，用下面递推公式计算高阶次结果

$$P_{n+1}(\cos\theta) = \frac{2n+1}{n+1}\cos\theta P_n(\cos\theta) - \frac{n}{n+1}P_{n-1}(\cos\theta) \tag{4.44}$$

$P_n^K(\cos\theta)$ 用下式计算

$$P_n^K(\cos\theta) = \sin^K\theta\frac{d^K P_n(\cos\theta)}{d(\cos\theta)^K} \tag{4.45}$$

常系数 A_n^k、B_n^K 与地球的质量分布和形状等因素有关，可以推导得

$$A_n^0 = G\int_{(M)} r_1^n P_n(\cos\theta_1)\mathrm{d}m \tag{4.46}$$

$$A_n^K = 2\frac{(n-k)!}{(n+k)!}G\int_{(M)} r_1^n P_n^K(\cos\theta_1)\cos K\lambda_1\mathrm{d}m \tag{4.47}$$

$$B_n^K = 2\frac{(n-k)!}{(n+k)!}G\int_{(M)} r_1^n P_n^K(\cos\theta_1)\sin K\lambda_1\mathrm{d}m \tag{4.48}$$

式中，(r_1,θ_1,λ_1) 是 $\mathrm{d}m$ 的坐标位置。$P_n^K(\cos\theta_1)\cos K\lambda_1$ 及 $P_n^K(\cos\theta_1)\sin K\lambda_1$ 称为缔合球函数（其中，当 $K=0$ 时，称为扇球函数，当 $n\neq K$ 时称为田球函数）。当 $K=0$ 时，$P_n^K(\cos\theta)$ 即为 $P_n(\cos\theta)$，A_n^K 即为 A_n。显然，通过上式可进一步分析地球引力位球谐函数展开式中各阶系数的意义。一般来说，一个无穷级数总是前几项起主要作用，我们讨论几个低阶项系数的意义。

零阶项只有一个系数，即 A_0^0，等于 A_0，由式（4.46）得

$$A_0^0 = GM$$

式中，M 是地球的总质量，即相当于一个球心在坐标原点、质量与地球质量相同的均质球体产生的引力位。

一阶项有三个系数，即 A_1^0、A_1^1、B_1^1，由式（4.46）、（4.47）、（4.48）并顾及球坐标和直角坐标的关系，得

$$A_1^0 = G\int_{(M)} r_1\cos\theta_1\mathrm{d}m = G\int_{(M)} z_m\mathrm{d}m$$

$$A_1^1 = G\int_{(M)} r_1\sin\theta_1\cos\lambda_1\mathrm{d}m = G\int_{(M)} x_m\mathrm{d}m$$

$$B_1^1 = G\int_{(M)} r_1\sin\theta_1\sin\lambda_1\mathrm{d}m = G\int_{(M)} y_m\mathrm{d}m$$

由理论力学可知，物质质心坐标（地球质心坐标）x_0、y_0、z_0 满足

$$x_0 = \frac{\int_M x_m\mathrm{d}m}{M},\, y_0 = \frac{\int_M y_m\mathrm{d}m}{M},\, z_0 = \frac{\int_M z_m\mathrm{d}m}{M}$$

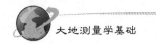

因而，一阶项的三个系数为

$$A_1^0 = GMz_0 , \quad A_1^1 = GMx_0 , \quad B_1^1 = GMy_0$$

可见，如果将坐标原点放在地球质心，那么这一阶项数值为零。如果我们把质点 M 对 x, y, z 轴的转动惯量分别表示为

$$A = \int_M (y_m^2 + z_m^2)\mathrm{d}m , \quad B = \int_M (x_m^2 + z_m^2)\mathrm{d}m , \quad C = \int_M (x_{nl}^2 + y_m^2)\mathrm{d}m$$

把惯性积（离心力矩）分别表示为

$$D = \int_M y_m z_m \mathrm{d}m , \quad E = \int_M x_m z_m \mathrm{d}m , \quad F = \int_M x_m y_m \mathrm{d}m$$

那么二阶项的 5 个系数 A_2^0、A_2^1、A_2^2、B_2^1、B_2^2，由式（4.46）、（4.47）、（4.48）积分后得

$$A_2^0 = G \cdot \left(\frac{A+B}{2} - C \right) , \quad A_2^2 = G \cdot \left(\frac{B-A}{4} \right) , \quad A_2^1 = GE , \quad B_2^1 = GD , \quad B_2^2 = \frac{1}{2}GF$$

所以，二阶项与地球对坐标轴的转动惯量和乘积惯量有关。三阶以上系数比较复杂，这里不再讨论。

2. 地球重力位数学表达式及地球正常重力位

由式（4.32）、（4.42），并顾及 $(x^2 + y^2) = r^2 \cdot \sin^2 \theta$，则地球重力位数学表达式，也即地球重力场模型可写成

$$W = \sum_{n=0}^{\infty} \frac{1}{r^{n+1}} [A_n P_n(\cos\theta) + \sum_{K=1}^{n} (A_n^K \cos K\lambda + B_n^K \sin K\lambda) P_n^K(\cos\theta)] +$$
$$\frac{\omega^2}{2} r^2 \sin^2 \theta \tag{4.49}$$

为了表达地球正常重力位，根据观测资料的精度和对正常重力位所要求的精度，可选取上式中的前几项来作为正常重力位。当选取前 3 项时，将重力位 U 写成

$$U = \sum_{n=0}^{2} \frac{1}{r^{n+1}} [A_n P_n(\cos\theta) + \sum_{K=1}^{2} (A_n^K \cos K\lambda + B_n^K \sin K\lambda) P_n^K(\cos\theta)] +$$
$$\frac{\omega^2}{2} r^2 \sin^2 \theta \tag{4.50}$$

顾及坐标原点选在地球质心上，则 $A_1^0 = A_1^1 = B_1^1 = 0$；又规定坐标轴为主惯性轴，则 $A_2^1 = B_2^1 = B_2^2 = 0$，再将地球视为旋转体，则 $A = B$。于是上式中与经度 λ 有关的项全部消失。

这样，经过整理后，正常重力位 U 可用带球谐级数表示：

$$U = GM / r[1 - \Sigma J_{2n}(a_e / r)^{2n} P_{2n}(\cos\theta)] + \omega^2 r^2 \sin^2 \theta / 2 \tag{4.51}$$

式中，P_{2n} 为主球谐系数；J_{2n} 为 J_2 的闭合表达式；$J_2 = 1\,082.628\,3 \times 10^{-6}$，$J_2$ 与地球扁率 α 满足 $\alpha = 3J_2 / 2 + q / 2 + 9J_2^2 / 8$；$a_e$ 为椭球长半轴。

因此，正常重力位完全可用 4 个专用的确定的常数完整地表达：

$$U = f(a, J_2, fM, \omega) \qquad (4.52)$$

因此，我们可以把相应于实际地球的 4 个基本参数 GM、J_2、ω 及 a_e 作为地球正常（水准）椭球的基本参数，又称它们是地球大地基准常数，由此可以导出其他的几何和物理常数。例如，WGS-84 地球椭球的大地基准常数是

$$GM = 3\ 986\ 005 \times 10^8\ \mathrm{m^3 \cdot s^{-2}}$$

$$J_2 = 1\ 082.629\ 989\ 05 \times 10^{-6}$$

$$a_e = 6\ 378\ 137\mathrm{m}$$

$$\omega = 7\ 292\ 115 \times 10^{-11}\ \mathrm{rad \cdot s^{-1}}$$

3. 正常重力公式

按照位和力的关系，正常重力可通过对正常重力位求导而得到。略去推导过程，我们直接给出正常椭球（水准椭球）面上正常重力值 γ_0 的简化公式：

$$\gamma_0 = \gamma_a (1 + \beta \sin^2 B - \beta_1 \sin^2 2B) \qquad (4.53)$$

式中，γ_a 为赤道处的重力值；B 为计算点的大地纬度；系数 β、β_1 及赤道重力 γ_a 分别为

$$\gamma_a = \frac{fM}{ab}\left(1 - \frac{3}{2}m - \frac{3}{7}m\alpha - \frac{125}{294}m\alpha^2\right)$$

$$\beta = -\alpha + \frac{5}{2}m - \frac{17}{14}m\alpha + \frac{15}{4}m^2$$

$$\beta_1 = -\frac{1}{8}\alpha^2 + \frac{5}{8}m\alpha$$

其中，$m = \dfrac{\omega^2 a^2 b}{GM}$；$a$、$b$ 为椭球的长、短半轴；α 是椭球扁率。

同时，在这里我们也直接给出高出水准椭球面 H 米正常重力计算公式

$$\gamma = \gamma_0 - 0.308\ 6H \qquad (4.54)$$

即点的高度提高 1 m，则正常重力减小 0.3 mGal。

4. 正常重力场和扰动位

众所周知，旋转椭球体为我们提供了一个非常简单而又精确的地球几何形状的数学模型，它已被用于普通测量及大地测量中二维及三维的数学模型的公式推导与计算中。但要想达到提供一个比较简单的地球数学模型使其达到作为测量归算和测量计算的参考面的目的，还必须给这个椭球模型加上密合于实际地球的引力场，以使这样的椭球既可应用在几何模型中又可应用在物理模型中。为此，我们首先把旋转椭球赋予与实际地球相等的质量 M（此时地球引力常数 GM 也相等），同时假定它与地球一起旋转（即具有相同的角速度 ω），进而用数学约束条件把椭球面定义为其本身重力场中的一个等位面，并且这个重力场中的铅垂线方

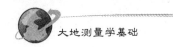

向与椭球面相垂直，由以上这些特性所决定的旋转椭球的重力场称为正常重力场。这样的椭球称为正常椭球，也称为水准椭球。引入正常椭球后，对于空间任意点都存在着两个重力位值：真正的地球重力位 W 和正常重力位 U。这两者之间当然是有差别的，这个差值称为扰动位 T，这样，我们可有下面的公式：

$$T = W - U = W - V - Q$$

式中，U 为正常重力位；V 为正常引力位；Q 为离心力位。扰动位可以理解为地球的质量分布与正常椭球的质量分布不一致引起的引力位差。我们把这两种质量之差（注意这里指的是每点的质量差而不是总质量差）称为扰动质量。因此，扰动位就是由扰动质量所构成的质体的引力位。它是一个比较小的数值。

4.2　大地水准面与地球椭球

在大地测量学中所指的地球形状是指对真实地球形状进行数学或物理上抽象描述后的形体，包括大地水准面、参考椭球面和正常椭球。外业测量和内业计算均是在这些投影面上进行的工作。大地水准面是地球的物理化形状，是外业测量的基准面，是地面高程点的起算面，是地球重力场中的等位面；参考椭球或正常椭球是对大地水准面的近似描述，是内业计算的基准面。因而，在大地测量学中研究的地球形体主要是指大地水准面的形状。

4.2.1　水准面、大地水准面、似大地水准面

1. 水准面

我们知道，地球上每一点都受到惯性离心力和地球引力的作用，这两个力的合力称为重力。重力的作用线称为铅垂线，重力方向称为铅垂线方向。由于地球内部物质分布不均匀和地球表面起伏的影响，各点铅垂线方向的变化很不规则，铅垂线并不是直线。

当液体处于静止状态时，其表面必处处与重力方向正交，液体不流动，重力在该面上不做功，说明静止液体表面重力位相等，重力位相等的面，称为重力等位面，也称水准面。由于重力位 W 是标量函数，只与点的空间位置有关，所以通过不同高度的点就有不同的水准面。

水准面是物理表面，应用重力位概念可以进一步研究水准面的一些性质。由位函数的性质知，重力位 W 对任意方向 s 的导数等于重力 g 在该方向的分力 g_s，即

$$\frac{\mathrm{d}W}{\mathrm{d}s} = g_s = g\cos(g, s) \tag{4.55}$$

考虑 s 方向和重力 g 方向垂直，此时 $\cos(g, s) = 0$，则有 $\mathrm{d}W = g_s \mathrm{d}s = 0$，积分后得

$$W_{(x, y, z)} = 常数$$

当给右端的常数一个定值，就得一个曲面方程。因为在这个面上重力位值处处相等，故称为等位面。另外，在这个曲面上任一点所受重力的方向都与曲面相交，这样的曲面是处于

均衡状态的液体表面，即为水准面。

在式（4.55）中，若 s 的方向为重力 g 的反方向 h，由于 $\cos(g,h)=-1$，则得

$$\frac{\mathrm{d}W}{\mathrm{d}h}=-g \quad 也即 \quad \mathrm{d}h=-\frac{\mathrm{d}W}{g} \tag{4.56}$$

式中，$\mathrm{d}W$ 可视为两个无限接近的水准面之间的位差；$\mathrm{d}h$ 是这两个水准面之间的垂直距离。式（4.56）说明，水准面之间的距离与重力成反比。

由于同一水准面上各处的 g 不同，两个无穷接近的水准面之间的距离不是一个常数，所以水准面具有不平行性。另外，g 的数值是有限的值，$\mathrm{d}h$ 不可能为 0，所以水准面具有不相交性。但在较小的范围内，重力值变化很小，这时就可以把两个水准面视为平行。例如，在水准高差测量中，就认为每一站的前后标尺所在两个水准面是平行的。

处处与重力方向相切的曲线称为力线。因此，力线与所有水准面都正交，彼此不平行，是空间曲线。

在控制测量实际作业中，观测水平角时，置平经纬仪就是使仪器的纵轴位于铅垂线方向，从而使水平度盘位于通过度盘中心的水准面的切平面上。因此，所测的水平角实际上就是视准线在水准面上的投影线之间的夹角。高差测量中，用水准仪所求出的两点间的高差，就是过这两点的水准面间的垂直距离。对于边长的观测值，也存在化算到哪个高程水准面上的问题。

上述 3 类地面观测值，除水平角外，都同水准面的选取有关，特别是水准测量的结果，更是直接取决于水准面的选择。于是，为了使不同测量部门所得出的观测结果能够互相比较、互相统一、互相利用，有必要选择一个最有代表性的水准面作为外业成果的统一基准。

2. 大地水准面

大地测量学所研究的是在整体上非常接近于地球自然表面的水准面。由于海洋占全球面积的 71%，故设想与平均海水面相重合，不受潮汐、风浪及大气压变化影响，并延伸到大陆下面处处与铅垂线相垂直的水准面称为大地水准面，它是一个没有褶皱、无棱角的连续封闭曲面。由它包围的形体称为大地体，可近似地把它看成是地球的形状。

由于地球具有很复杂的形状，质量分布特别是外壳的质量分布不均匀，使得大地水准面的形状（几何性质）及重力场（物理性质）都是不规则的，不能用一个简单的形状和数学公式表达。在我们目前尚不能唯一地确定它的时候，各个国家和地区往往选择一个平均海水面代替它。我国曾规定采用青岛验潮站求得的 1956 年黄海平均海水面作为我国统一高程基准面，1988 年改用"1985 国家高程基准"作为高程起算的统一基准。

大地水准面具有水准面的一切性质。大地水准面上的重力位用 W_0 表示。位 W 的水准面相对于位 W_0 的大地水准面的高度，可按下式积分后确定

$$W_0-W=\int_0^h g\,\mathrm{d}h$$

由于大地水准面的形状和大地体的大小均接近地球自然表面的形状和大小，并且它的位置是比较稳定的，因此，我们选取大地水准面作为测量外业的基准面，而与其相垂直的铅垂线则是外业的基准线。

随着海洋学研究的深入发展，人们认识到平均海水面和大地水准面是有区别的。由于海洋受许多因素（例如温度、气压、含盐量、风力、气流、地球自转和潮汐等等）的影响，平均海水面并不是水准面，亦即不是等位面。而且，不同国家和地区根据当地验潮结果所求得的平均海水面也是不一致的。如果选取某一等位面作为标准海面，那么，各个海域的平均海水面相对于标准海面的高低起伏，叫作海面地形，或叫海面倾斜。在全球范围内，这种起伏为 1～2 m。在我国的东部海域，也存在着南高北低的海面倾斜，其高差约为 60 cm。由于平均海水面不是等位面，根据它来定义大地水准面就不够确切。因此人们提出用通过高程起算点（指水准零点）的重力等位面（水准面）来定义大地水准面。

大地测量学所研究的大地水准面是在整体上最接近于地球自然表面的形体，由大地水准面所包围的整个形体称为大地体。"大地体"是大地水准面的最佳拟合，常用来表示地球的物理形状。根据不同轨道倾角卫星的长期观测成果，按地球重力场位函数求得的大地体，整体而言，它更接近梨形，子午圈也并非为一个规则椭圆，它在北极凸出南极凹进，在北纬 45° 地区凹陷，在南纬 45° 地区隆起，其偏差约 5 m。北半球半径比南半球半径大约长 44.7 m。

3. 似大地水准面

由于地球质量特别是外层质量分布的不均性，使得大地水准面形状非常复杂。大地水准面的严密测定取决于地球构造方面的学科知识，目前尚不能精确确定它。为此，苏联学者莫洛金斯基建议研究与大地水准面很接近的似大地水准面。这个面不需要任何关于地壳结构方面的假设便可严密确定。似大地水准面与大地水准面在海洋上完全重合，而在大陆上也几乎重合，在山区只有 2～4 m 的差异。似大地水准面尽管不是水准面，但它可以严密地解决关于研究与地球自然地理形状有关的问题。

4.2.2 地球椭球、正常椭球、总地球椭球、参考椭球

大地水准面是接近地球形体的一个不规则曲面，但这种不规则性很微小，因为它的起伏主要是地壳层的物质质量分布不均匀引起的，而地壳质量仅占地球总质量的 1/65。所以大地水准面在总体上应非常接近一个规则形体，18 世纪以来的大地测量结果表明，这个规则形体是一个南北稍扁的旋转椭球面。旋转椭球是由一个椭圆绕其短轴旋转而成的几何形体。图 4.4 表示以 O 为中心，以 NS 为旋转轴的椭球。大地测量中，用来代表地球形状和大小的旋转椭球称为地球椭球。

在地球椭球面上，包含椭球旋转轴（短轴）的平面称为大地子午面，大地子午面与椭球面的截线称为大地子午圈（大地子午线）。通过椭球中心且垂直于旋转轴的平面称为大地赤道面，赤道面与椭球面的截线称为赤道。平行于赤道的平面与椭球面的截线称为平行圈（平行线），又称纬圈。椭球面上旋转轴的两端点 N、S 分别称为北极和南极。

地球椭球由表征地球几何特征的椭球长半轴 a_e、扁率 α，以及表征地球物理特征的椭球总质量 M、椭球绕其短轴旋转的角速度 ω 等 4 个参数表示。

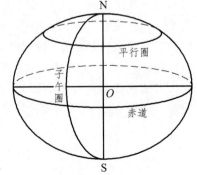

图 4.4 地球椭球

由于地球形状和质量分布的不规则，地球重力场及其水准面也变得很复杂，在物理大地

测量学中为研究复杂的重力及重力场的方便而引入的地球椭球称为正常椭球。由正常椭球产生的重力场称为正常重力场，它可作为实际重力场的近似值，相应的重力、重力位和水准面分别称为正常重力、正常重力位和正常水准面。正常椭球面是大地水准面的规则形状。因此引入正常椭球后，真的地球重力位被分成正常重力位和扰动位两部分，实际重力也被分成正常重力和重力异常两部分。

由斯托克司定理可知，如果已知一个水准面的形状 S 和它内部所包含物质的总质量 M，以及整个物体绕某一固定轴旋转的角速度 ω，则这个水准面上及其外部空间任意一点的重力位和重力都可以唯一地确定。这就告诉我们，选择正常椭球时，除了确定其 M 和 ω 值外，其规则形状可以任意选择。但考虑到实际使用的方便和有规律性以便精确算出正常重力场中的有关量，又顾及几何大地测量中采用旋转椭球的实际情况，目前都采用水准椭球作为正常椭球。因此，在一般情况下，这两个名词不加以区别，甚至在有些文献中还把它们统称为等位椭球。

对于正常椭球，除了确定其 4 个基本参数：GM、J_2、ω、a_e 外，也要定位和定向。正常椭球的定位是使其中心和地球质心重合，正常椭球的定向是使其短轴与地轴重合，起始子午面与起始天文子午面重合。

为研究全球性问题，就需要一个和整个大地体最为密合的总的地球椭球。如果从几何大地测量来研究全球问题，那么总的地球椭球可按几何大地测量来定义：总地球椭球中心和地球质心重合（$\Delta x_0 = \Delta y_0 = \Delta z_0 = 0$），总的地球椭球的短轴与地球地轴相重合，起始大地子午面和起始天文子午面重合（$\varepsilon_x = \varepsilon_y = \varepsilon_z = 0$），同时还要求总地球椭球和大地体最为密合，也就是说，在确定参数 a_e、α 时，要满足全球范围的大地水准西差距 N 的平方和最小，即

$$\iint\limits_{\sigma} N^2 \mathrm{d}\sigma = \min$$

如果从几何和物理两个方面来研究全球性问题，我们可把总地球椭球定义为最密合于大地体的正常椭球。正常椭球参数是根据天文大地测量，重力测量及人卫观测资料一起处理确定的，并由国际组织发布。譬如，1979 年，在堪培拉举行的第 17 届国际大地测量与地球物理联合会，曾推荐了下面的椭球参数：

$$GM = 398\,600.5\ \mathrm{km^3 \cdot s^{-2}}, \quad J_2 = 1.082\,63 \times 10^{-3},$$

$$\omega = 7\,292\,115 \times 10^{-11}\ \mathrm{rad \cdot s^{-1}}, \quad a_e = 6\,378\,137\ \mathrm{m}$$

总的地球椭球对于研究地球形状是必要的。但对于天文大地测量及大地点坐标的推算，在进行国家测图及区域绘图时，往往采用其大小及定位定向最接近于本国或本地区的地球椭球。这种最接近，表现在两个面最接近及同点的法线和垂线最接近。所有地面测量都依法线投影在这个椭球面上，我们把这样的椭球叫参考椭球。很显然，参考椭球是地球具有区域性质的数学模型，仅具有数学性质而不具物理特性。参考椭球在大小及定位定向上都不与总地球重合。由于地球表面的不规则性，适合于不同地区的参考椭球的大小，定位和定向都不一样，每个参考椭球都有自己的参数和参考系。因此，我们选择参考椭球面作为测量内业计算的基准面，而与其相垂直的法线则是内业计算的基准线。

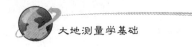

4.3 高程系统

4.3.1 选择高程系统的要求

我们常用水准测量、三角高程测量、GPS 测量来确定地面点的高程。但无论是哪种方法求出的地面点高程，都有一个基准面（起算面）和基准线（按什么线方向量取高程）的问题。地面点高程的一般定义是：由该点沿基准线至基准面的距离。两地面点的高差是此两点高程之差。不同的高程基准线、面构成了不同的高程系统。显然，同一地面点在不同高程系统中其高程值是不相同的。

对于所选择的高程系统，应有如下的基本要求：

（1）作为点的位置表示，自然地要求点的高程应该是单值的。对于水准测量，点位高程不应取决于水准路线。

（2）从实践的角度看，换算到所采用的高程系统时，测量高差所加的改正数应当很小，以便在处理低等水准测量数据时可以忽略这些改正。

（3）从解决几何问题的角度看，由于大地高为测高部分和大地水准面高度两项之和，由此要求所采用的高程系统应使大地水准面与参考椭球面（正常椭球面）间差距的确定方法既足够严密又方便实用。

（4）从解决物理问题的角度看，要求所采用的高程系统能使同一水准面上各点的高程尽可能是相等的。

以上第四个要求与第二个要求实际上是有矛盾的，因此实践中寻求最好的高程系统是按应用的不同要求采取特殊的折中方法。

4.3.2 水准面不平行性对水准测量高程的影响

水准测量原理是建立在假设水准面相互平行的基础上的，在较小范围内将水准测量每一站的前后标尺所在的两个水准面视为平行，从而将测出的水准面之间的距离作为两点的高程之差。事实上，我们知道水准面是互不平行的。当水准路线较长，测区范围较大时，就不能视水准面互相平行，必须考虑水准面不平行对水准测量所测高程的影响。

我们知道，水准测量所测定的高程是由水准路线上各测站所得高差求和而得到的。在图 4.5 中，地面点 B 的高程可以按水准路线 OAB 各测站测得高差 $\Delta h_1, \Delta h_2 \cdots$ 之和求得，即

$$H^B_{测} = \sum_{OAB} \Delta h$$

如果沿另一条水准路线 ONB 施测，则 B 点的高程应为水准路线 ONB 各测站测得高差 $\Delta h'_1, \Delta h'_2, \cdots$ 之和，即

$$H'^B_{测} = \sum_{ONB} \Delta h'$$

由水准面的不平行性可知，$\sum_{OAB} \Delta h \neq \sum_{ONB} \Delta h'$，因此，$H^B_{测} \neq H'^B_{测}$，也就是说，用水准测量测得两点间高差的结果随测量所循水准路线的不同而有差异。

如果将水准路线构成闭合环形 $OABNO$ ，既然 $H_{测}^{B} \neq H_{测}'^{B}$ ，可见，即使水准测量完全没有误差，这个水准环形路线的闭合差也不为零。在闭合环形水准路线中，由于水准面不平行所产生的闭合差称为理论闭合差。

由于水准面的不平行性，两固定点间的高差沿不同的测量路线所测得的结果不一致而产生多值性，为了使点的高程有唯一确定的数值，有必要合理地定义高程系，并加入改正数（当然这些改正数应当很小，以便在处理低等水准测量成果时可以忽略这些改正）。在大地测量中定义下面四种高程系统：正高、正常高、大地高、力高高程系。

4.3.3　正高高程系

以大地水准面为基准面，以铅垂线为基准线。地面点沿铅垂线量至大地水准面的距离称为该点的正高。如图 4.5 所示， B 点沿铅垂线 BC 量得的各水准面间的高差用 ΔH 表示，则 B 点的正高 $H_{正}^{B}$ 为

$$H_{正}^{B} = \Delta H_1 + \Delta H_2 + \cdots$$
$$= \sum_{CB} \Delta H = \int_{cB} \mathrm{d}H \qquad (4.57)$$

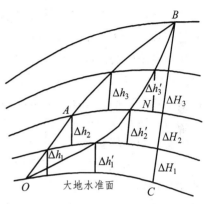

图 4.5　水准面不平行性对水准测量高程的影响

设 g 为水准路线上相应 $\mathrm{d}h$ 处的重力加速度，而沿垂线 BC 的重力加速度用 g_B 表示，在垂线 BC 的不同点上， g_B 也有不同的数值。由于水准面为等位面，图 4.5 中两无限接近水准面的位能差为

$$g_B \mathrm{d}H = g \mathrm{d}h \quad 或 \quad \mathrm{d}H = \frac{g}{g_B} \mathrm{d}h \qquad (4.58)$$

将式（4.58）代入式（4.57）得

$$H_{正}^{B} = \int_{CB} \mathrm{d}H = \int_{OAB} \frac{g}{g_B} \mathrm{d}h \qquad (4.59)$$

如果取垂线 BC 上重力加速度的平均值为 g_m^B ，上式又可写为

$$H_{正}^{B} = \frac{1}{g_m^B} \int_{oAB} g \mathrm{d}h \qquad (4.60)$$

从（4.60）式可以看出，某点 B 的正高不随水准测量路线的不同而有差异，这是因为式中 g_m^B 为常数， $\int g \mathrm{d}h$ 为过 B 点的水准面与大地水准面之间的位能差，也不随路线而异，因此，正高高程是唯一确定的数值，可以用来表示地面的高程。

如果沿着水准路线每隔若干距离测定重力加速度，则（4.60）式中的 g 值是可以得到的。但是由于沿垂线 BC 的重力加速度 g_B 不但随深入地下深度不同而变化，而且与地球内部物质密度的分布有关，所以重力加速度的平均值 g_m^B 并不能精确测定，也不能由公式推导出来，所以严格说来，地面一点的正高高程不能精确求得。

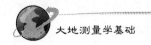

4.3.4 正常高高程系

将正高系统中不能精确测定的 g_m^B 用正常重力 γ_m^B 代替，便得到另一种系统的高程，称其为正常高，用公式表达为

$$H_{常}^B = \frac{1}{\gamma_m^B} \int_{oAB} g\,dh \tag{4.61}$$

式中，g 由沿水准测量路线的重力测量得到；dh 是水准测量的高差，γ_m^B 是按正常重力公式（4.53）、（4.54）算得的正常重力平均值，所以正常高可以精确求得，其数值也不随水准路线而异，是惟一确定的。因此，我国规定采用正常高高程系统作为我国高程的统一系统。

如果计算出地面各点的正常高 $H_{常}$，沿着各自铅垂线（实际上应为正常重力线）方向向下量取 $H_{常}$，得到与地面各点——相对应的点，把它们连成一个连续的曲面，这个曲面就是正常高系统的基准面，它与大地水准面极为接近，称为似大地水准面。因此，所谓正常高系统是以似大地水准面为基准面的高程系统，地面点的正常高是该点沿铅垂线（实际上应为正常重力线）到似大地水准面的距离。

似大地水准面不是水准面，但接近于水准面，它只是用于计算的辅助面，并没有严格的几何意义和物理意义。

似大地水准面与大地水准面之间的差（即正常高与正高之差）与点的高程和地球内部质量分布有关。忽略海面地形，在平均海水面上，由于观测高差 dh 为 0，故 $H_{常} = H_{正} = 0$，在海洋面上似大地水准面与大地水准面重合，所以作为高程起算面的高程原点对两者都是适用的。在高山地区，似大地水准面与大地水准面的差最大可达 3.0 m。平原地区，这种差异约几厘米。

实际应用中，直接用式（4.61）计算正常高很不方便，顾及式中的实测重力值可分为正常重力 γ 和重力异常 $(g - \gamma)$ 两部分，可将水准测量各个测段的观测高差，加上正常水准面不平行改正和重力异常改正，化算为相应的正常高，略去推导，其结果为

$$H_{常}^B = \int_{o4B} dh + \frac{1}{\gamma_m^B} \int_{OAB} (\gamma_0 - \gamma_0^B)\,dh + \frac{1}{\gamma_m^B} \int_{oAB} (g - \gamma)\,dh \tag{4.62}$$

（4.62）式等号右边各项的意义如下：第一项是水准测量测得的高差；第二项中 γ_0 是沿水准路线 OAB 上各点的正常重力，由于正常位水准面也不平行，是随纬度变化的，$\gamma_0 \neq \gamma_0^B$，所以，该项称为正常位水准面不平行的改正；第三项中（$g - \gamma$）是重力异常，该项是由正常位水准面与重力位水准面不一致所引起的。

4.3.5 大地高高程系

大地高是以参考椭球面（现代大地测量中参考椭球与正常椭球是一致的，故此可把参考椭球面理解为正常椭球面）为基准面，以椭球的法线为基准线的高程系统。地面点沿法线至参考椭球面的距离称为该点的大地高。

如图 4.6 所示，P 点为地面点，它沿椭球面的法线为基准线投影到椭球面上点 P_0，则距离 $\overline{PP_0}$ 为大地高 H。

大地高是一个纯几何量，不具有物理意义。它是大地坐标的一个分量，与基于参考椭球的大地坐标系有着密切的联系。显然大地高与大地基准有关，同一个点在不同的大地基准下，具有不同的大地高。

大地高可通过卫星定位测量获得。三角高程测量可获得地面两点的大地高高差，若已知其中一点的大地高，则可求出另一点的大地高。水准测量所得的正高或正常高加上改正项可换算成大地高。

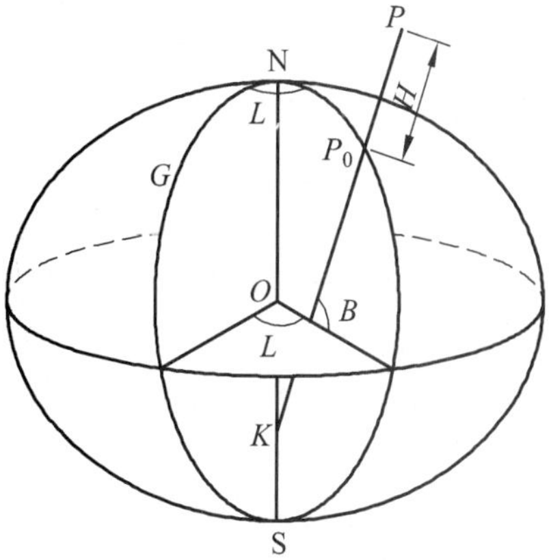

图 4.6　大地高系统

4.3.6　力高和地区力高高程系

若将正高或正常高定义公式用于同一重力位水准面上的 A、B 两点，由于此两点的 $\int_o^A g\mathrm{d}h$ 和 $\int_o^B g\mathrm{d}h$ 相等，而 g_m^A 与 g_m^B 或 γ_m^A 与 γ_m^B 不等，所以在同一个重力位水准面上两点的正高或正常高是不相等的，比如对南北狭长 450 km 的贝加尔湖，湖面上南北两点的高程差可达 0.16 m，远远超过了测量误差。这种情况往往给某些大型工程建设的测量工作带来不便。假如建设一个大型水库，它的静止水面是一个重力等位面，在设计、施工、放样等工作中，通常要求这个水面是一个等高面。这时若继续采用正常高或正高显然是不合适的。为了解决这个矛盾，可以采用所谓力高系统，它按下式定义

$$H_{力}^A = \frac{1}{\gamma_{45°}} \int_o^A g\mathrm{d}h \qquad (4.63)$$

也就是说，将正常高公式中的 γ_m^A 用纬度 45° 处的正常重力 $\gamma_{45°}$ 代替，一点的力高就是水准面在纬度 45° 处的正常高。

但由于工程测量一般范围都不大，为使力高更接近于该测区的正常高数值，可采用所谓地区力高系统，亦即在（4.63）式的 $\gamma_{45°}$ 用测区某一平均纬度 ϕ 处的 γ_ϕ 来代替，有

$$H_{力}^A = \frac{1}{\gamma_\phi} \int_o^A g\mathrm{d}h \qquad (4.64)$$

在（4.63）式及（4.64）式中，由于 $\gamma_{45°}$、γ_ϕ 及 $\int g\mathrm{d}h$ 都是常数，所以就保证了在同一水准面上的各点高程都相同。

由（4.64）式和（4.61）式可求得力高和正常高的差异，用公式可表达为

$$H_{力} - H_{常} = \frac{\gamma_m - \gamma_\phi}{\gamma_\phi} \cdot H_{常} \qquad (4.65)$$

例如，设 $\gamma_m - \gamma_\phi = 0.5 \ \mathrm{cm/s^2}$，$H_{常} = 2 \ \mathrm{km}$，并采用 $\gamma_\phi = 980 \ \mathrm{cm/s^2}$ 得 $H_{力} - H_{常} = 1 \ \mathrm{m}$。

力高是区域性的，主要用于大型水库等工程建设中。它不能作为国家统一高程系统。在工程测量中，应根据测量范围大小，测量任务的性质和目的等因素，合理地选择正常高，力高或区域力高作为工程的高程系统。

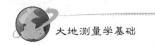

4.3.7　正高、正常高与大地高关系

根据以上讨论，同一个地面点对应有 4 个不同的高程值，它们的差异取决于不同的高程基准面。也就是说，高程是相对某一基准面的，它的精度一方面取决于观测量的精度，另一方面也取决于所采用基准面的精度。下面主要分析不同高程基准面间的关系。

大地高系统是以参考椭球面为基准面的高程系统，正高系统是以地球不规则的大地水准面为基准面的高程系统，而大地水准面和参考椭球面间存在大地水准面差距。所谓大地水准面差距就是沿参考椭球的法线，从参考椭球面量至水准面的距离，也称为大地水准面起伏，用符号 N 表示。

作为大地高基准的参考椭球与大地水准面之间的几何关系如图 4.7 所示。

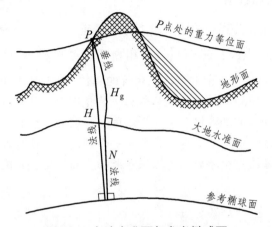

图 4.7　大地水准面与参考椭球面

正常高系统是以似大地水准面作为高程基准面来定义的。似大地水准面是沿正常重力线由各地面点向下量取正常高后所得到的点构成的曲面。与大地水准面不同，似大地水准面不是一个等位面，它没有确切的物理意义，但与大地水准面较为接近，并且在辽阔的海洋上与大地水准面是一致的。似大地水准面和参考椭球面之间存在一个高程异常。所谓高程异常，就是沿正常重力线方向，由似大地水准面上的点量测到参考椭球面的距离，用符号 ξ 表示，如图 4.8 所示。

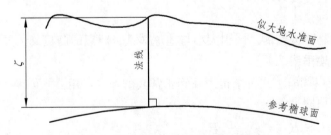

图 4.8　似大地水准面与参考椭球面

综上所述，结合大地高 H、正高 $H_{正}$、正常高 $H_{常}$ 各自的定义，三者之间的关系为

$$H = H_{正} + N \quad 或 \quad H_{正} = H - N \tag{4.66}$$

$$H = H_{常} + \xi \quad 或 \quad H_{常} = H - \xi \tag{4.67}$$

高程异常 ξ 到大地水准面差距 N 的转换关系为

$$N = \xi + \frac{g_m - \gamma_m}{\gamma_m} H_正 \qquad (4.68)$$

式中，g_m 为大地水准面与地球表面间铅垂线上真实平均重力值；γ_m 为从参考椭球沿法线方向到近似地球面的平均正常重力值。根据上面三式，可以得到 $H_正$ 与 $H_常$ 间的转换关系

$$H_常 = H_正 + \frac{g_m - \gamma_m}{\gamma_m} H_正 \quad 或 \quad H_正 = H_常 - \frac{\gamma_m - g_m}{\gamma_m} H_常 \qquad (4.69)$$

图 4.9 表示了参考椭球面、大地水准面和似大地水准面及与它们对应的大地高、正高、正常高的示意关系。

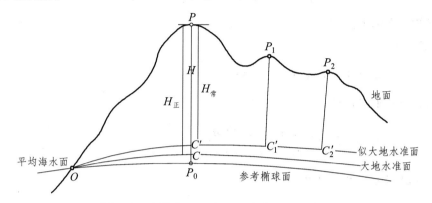

图 4.9　大地高、正高、正常高关系示意图

4.3.8　垂线偏差

地面一点上的重力向量 g 和相应椭球面上的法线向量 n 之间的夹角定义为该点的垂线偏差。很显然，根据所采用的椭球不同可分为绝对垂线偏差及相对垂线偏差，垂线同总地球椭球（或参考椭球）法线构成的角度称为绝对（或相对）垂线偏差，它们统称为天文大地垂线偏差。另外，我们把实际重力场中的重力向量 g 同正常重力场中的正常重力向量 γ 的夹角称为重力垂线偏差。在精度要求不高时，可把天文大地垂线偏差看作是重力垂线偏差。换句话说，可把总的地球椭球认为是正常椭球。然而，在高精度测量中，应该注意到正常椭球的力线与总地球椭球法线是有区别的。区别大小与地球形状，与点的高程及位置有关。在这里，我们主要研究天文大地垂线偏差。

如图 4.10 所示，以测站 O 为中心作任意半径的辅助球。图中，μ 是垂线偏差，ξ、η 分别是 μ 在子午圈和卯酉圈上的分量，在任意垂直面的投影分量

$$u_A = \xi \cos A + \eta \sin A \qquad (4.70)$$

式中，A 为投影面的大地方位角。在特殊情况下，当 $A = 0°$，$\mu_A = \xi$，$A = 90°$，$\mu_A = \eta$，根据定义

$$u^2 = \xi^2 + \eta^2 \qquad (4.71)$$

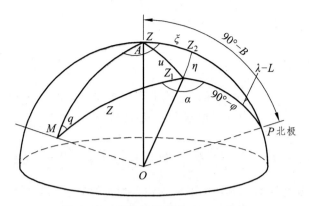

图 4.10　垂线偏差及其 ξ、η 分量

其他点、线均已在图上注明。

由图 4.10 可知

$$\xi = 90^\circ - B - (90^\circ - \varphi) = \varphi - B \tag{4.72}$$

又由球面直角三角形 Z_1Z_2P 得

$$\sin(\lambda - L) = \frac{\sin\eta}{\sin(90^\circ - \varphi)} = \frac{\sin\eta}{\cos\varphi}$$

由于 η、$(\lambda - L)$ 均是小角，故得

$$\eta = (\lambda - L)\cos\varphi \tag{4.73}$$

（4.72）、（4.73）式称为垂线偏差公式，若已知一点的天文和大地经、纬度，即可算出垂线偏差。

由以上两式可以写成

$$\left.\begin{aligned} B &= \varphi - \xi \\ L &= \lambda - \eta\sec\varphi \end{aligned}\right\} \tag{4.74}$$

（4.74）式称为天文纬度、经度同大地纬度、经度的关系式。若已知一点的垂线偏差，依据上式，便可将天文纬度和经度换算为大地纬度和经度。通过垂线偏差把天文坐标同大地坐标联系起来，从而实现两种坐标的互相转换。

在这里，我们不加推导，直接给出天文方位角 α 归算为大地方位角 A 的公式：

$$A = \alpha - (\lambda - L)\sin\varphi - (\xi\sin A - \eta\cos A)\cot Z_{\text{天}} \tag{4.75}$$

式中，右端第二项 $-(\lambda - L)\sin\varphi$ 只与点的位置有关，与照准点的方位及天顶距无关；第三项 $-(\xi\sin A - \eta\cos A)\cot Z_{\text{天}}$ 与照准点方位及天顶距有关。在通常情况下，由于垂线偏差一般小于 $10''$，当 $Z_{\text{天}} = 90^\circ$ 时，第三项改正数不过百分之几秒，故可把此项略去，得到简化公式

$$A = \alpha - (\lambda - L)\sin\varphi \tag{4.76}$$

或

$$A = \alpha - \eta\tan\varphi \tag{4.77}$$

以上三个公式是天文方位角归算公式，也叫拉普拉斯方程。

由天文天顶距 Z_0 归算大地天顶距 Z 的公式

$$Z = Z_0 + \xi \cos A + \eta \sin A \tag{4.78}$$

地面不同点的垂线偏差不同是由许多因素引起的。它们的变化一般说来是平稳的，在大范围内具有系统性质，垂线偏差这种总体上的变化主要是由大地水准面的长波和所采用的椭球参数等原因所致。除此之外，垂线偏差在某些局部还具有突变的性质，且有很大幅度，这主要是由于地球内部质量密度分布的局部变化，高山、海沟及其他不同地貌等因素引起的。

测定垂线偏差一般有以下四种方法：天文大地测量方法；重力测量方法；天文重力测量方法以及 GPS 方法。垂线偏差可以用于计算高程异常、大地水准面差距，推求平均地球椭球或参考椭球的大小、形状和定位，并用于天文大地测量观测数据的归算，也用于空间技术和精密工程测量。

4.4　确定大地水准面的基本方法

我们知道，在大地测量学中研究的地球形体主要指大地水准面的形状，而参考椭球或正常椭球只是大地水准面的近似，从参考椭球面沿法线量值大地水准面的距离叫大地水准面差距 N，显然只要设法测定大地水准面差距 N 的数值，就能确定大地水准面的形状。

确定大地水准面差距 N 的基本方法有天文大地法、地球重力场的重力位模型、重力测量法（Stokes 积分法），卫星无线电测高法，几何内插法，残差模型法等 。

4.4.1　天文大地法

天文大地法（Astro-Geodetic Method）的基本原理是利用天文观测数据并结合大地测量成果，确定出一些点上的垂线偏差，这些同时具有天文和大地观测资料的点被称为天文大地点，然后再利用这些垂线偏差来确定大地水准面差距。具体用来确定大地水准面差距的天文大地法有两种。

方法一：测定 A、B 两点间加入了垂线偏差改正的天顶角，计算出两点间大地高之差 ΔH_{AB} 利用水准测量的方法测定出两点间的正高之差 $\Delta H_{AB正}$ 或正常高之差 $\Delta H_{AB常}$。这样，就可以得出两点间大地水准面差距的变化 ΔN_{AB} 或高程异常的变化 $\Delta \xi_{AB}$：

$$\Delta N_{AB} = \Delta H_{AB} - \Delta H_{AB正} \tag{4.79}$$

$$\Delta \zeta_{AB} = \Delta H_{AB} - \Delta H_{AB常} \tag{4.80}$$

如果采用上述方法确定出了一系列相互关联的点之间的大地水准面差距的变化或高程异常的变化，并且已知其中一个点上的大地水准面差距或高程异常，则可以确定出其他点上的大地水准面差距或高程异常。

方法二：要确定 A、B 两点间大地水准面差距之差，首先设法确定出从 A 点到 B 点的路线上的垂线偏差 ε，然后沿路线 AB 进行垂线偏差的积分，即得

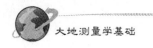

$$\Delta N_{AB} = N_B - N_A = -\int_A^B \varepsilon \mathrm{d}S - E_{AB} \tag{4.81}$$

或

$$\Delta N_{AB} = N_B - N_A = -\int_A^B \varepsilon_0 \mathrm{d}S \tag{4.82}$$

式中：ε 为在地面上所观测到的垂线偏差；ε_0 为改化到大地水准面上的垂线偏差；E_{AB} 为正高改正。

天文大地法所采用的基本数据为垂线偏差，它们是由二维大地平差所计算出的大地坐标与相应天文方法所确定出的天文坐标之间的差异。由于在该方法中需要利用大地测量成果来确定垂线偏差，因而采用该方法所获得的大地水准面差距信息是相对于大地测量成果所对应的局部参考椭球的，它是一种获得相对于参考椭球所隐含的局部大地基准的大地水准面差距的方法。该方法所得到的大地水准面差距信息本质上是天文大地点间的倾斜，大地水准面的剖面通过一系列的天文大地点来确定。另外，该方法仅适用于具有天文坐标区域，其精度与天文大地点间的距离、各剖面间的距离、大地水准面的平滑程度以及天文观测的精度等因素有关，整体的相对大地水准面差距的精度可能仅有几米。

4.4.2 地球重力场的重力位模型法

大地水准面上一点 P 的实际重力位 W 与正常椭球面上相应点 P_0 的正常重力位 U 之差，称之为该点的扰动位 T，用下式表示

$$T = W - U \tag{4.83}$$

由于在选择正常重力位时总是使地球离心力位对 W 和 U 的影响相同，因此扰动位具有引力位的性质。

如图 4.11 所示，假设大地水准面外没有质量，同时地球总质量不变。图中，S 为正常椭球面，Σ 为大地水准面，N 为 P 点的大地水准面差距。在选择椭球时，我们规定大地水准面 $W_0 = C$ 和正常椭球面 $U = C$，即这两个曲面的常数 C 相等。于是，大地水准面 P 点的重力位

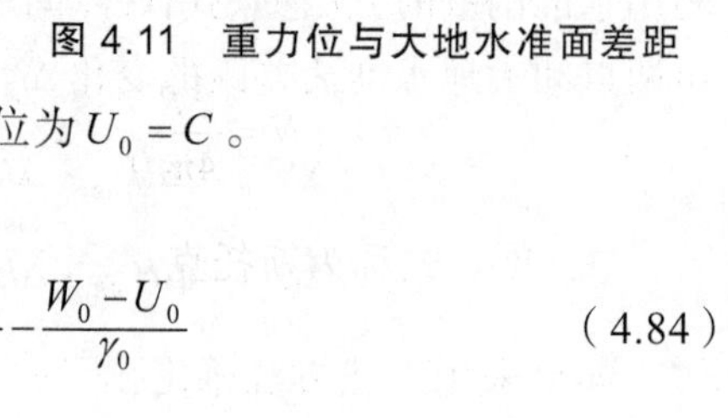

$$W_0 = U + T_0 = C$$

图 4.11 重力位与大地水准面差距

式中：T_0 为大地水准面上的扰动位。P_0 点上的正常重力位为 $U_0 = C$。

两水准面之间的距离 N

$$N = -\frac{du}{\gamma_0} = -\frac{U - U_0}{\gamma_0} = -\frac{W_0 - T_0 - U_0}{\gamma_0} = \frac{T_0}{\gamma_0} - \frac{W_0 - U_0}{\gamma_0} \tag{4.84}$$

由于约定 $W_0 = U_0$，故上式可写成

$$N = \frac{T_0}{\gamma_0} = \frac{T_0}{\gamma_{\mathrm{m}}} \tag{4.85}$$

式中，γ_0 用正常重力的平均值 γ_{m} 代替。此即为扰动位同大地水准面差距的关系式，称为布隆

斯公式。经过推导，求得扰动位 T 的球谐函数的级数展开式

$$T_0(r,\theta,\lambda) = \frac{GM}{r}\sum_{n=2}^{\infty}\left(\frac{a}{r}\right)^n\sum_{m=0}^{n}(\bar{C}_{n,m}\cos m\lambda + \bar{S}_{n,m}-\sin m\lambda)\bar{P}_{n,m}(\cos\theta) \tag{4.86}$$

将该式代入（4.85）式，得到利用重力场模型计算大地水准面差距 N 的计算公式：

$$N = \frac{GM}{\gamma_m r}\sum_{n=2}^{\infty}\left(\frac{a}{r}\right)^n\sum_{m=0}^{n}(\bar{C}_{n,m}\cos m\lambda + \bar{S}_{n,m}\sin m\lambda)\bar{P}_{n.m}(\cos\theta) \tag{4.87}$$

式中：G 为万有引力常数；M 为地球质量；a 为椭球长半轴；θ 为球面余纬度；λ 为球面经度；r 为计算点的地心向径；$\bar{C}_{n,m}$，$\bar{S}_{n,m}$ 为完全规格化的正常位球谐系数；$\bar{P}_{n,m}(\cos\theta)$ 为完全规格化的勒让德函数；γ_m 为正常重力平均值。上式右端各项都是已知的或者是可以计算的。

　　大地水准面模型的基本数据为球谐重力位系数，所得到的大地水准面差距信息相对于地心椭球，模型精度取决于用作边界条件的重力观测值的覆盖面积和精度、卫星跟踪数据的数量和质量、大地水准面的平滑性以及模型的最高阶次等因素，旧的针对一般用途的大地水准面模型的绝对精度低于 1 m，但目前最新的大地水准面模型的绝对精度有了显著提高，达到了几个厘米。另外，通过模型所得到的相对大地水准面差距的精度要比绝对大地水准面差距的精度高，因为，计算点处所存在的偏差（或长波误差）将在大地水准面差距的求差过程中被大大地削弱。实践中，要得到特定位置处的大地水准面差距，可首先提取该位置所处规则化格网节点上的模型数值，然后采用双二次内插方法来估计所需大地水准面差距。大地水准面模型的适用性很广，可在陆地、海洋和近地轨道中使用，不过目前全球性的模型在某些区域其精度和分辨率有限。

4.4.3　重力测量法（Stokes 积分法）

　　重力测量方法的基本原理是对地面重力观测值进行 Stokes 积分，得出大地水准面差距。根据斯托克司理论，推得大地水准面上的扰动位

$$T_0 = \frac{1}{4\pi R}\int_{\sigma}(g_0 - \gamma_0)S(\psi)\mathrm{d}\sigma \tag{4.88}$$

通过换元积分后，把它代入（4.85）式，则得计算大地水准面差距的最后公式

$$N = \frac{R}{4\pi\gamma_m}\int_0^{2\pi}\int_0^{\pi}(g_0 - \gamma_0)S(\psi)\sin\psi\mathrm{d}\psi\mathrm{d}A \tag{4.89}$$

（4.89）式称为斯托克司公式。式中，$(g_0 - \gamma_0)$ 是整个地球上的重力异常。斯托克司函数

$$S(\psi) = \frac{1}{\sin\left(\dfrac{\psi}{2}\right)} - 6\sin\frac{\psi}{2} + 1 -$$

$$5\cos\psi - 3\cos\psi\ln\left(\sin\frac{\psi}{2} + \sin^2\frac{\psi}{2}\right) \tag{4.90}$$

式中，ψ、A 分别为积分面元的极距和方位角。

从理论上讲，(4.89)式要对地球表面积分，但实际上不大可能，这不但是因为计算工作的复杂，而且要得到全球重力资料也不现实。为解决这个问题，往往是先用地球重力场模型确定较长波长的起伏；进而在有限范围内再应用斯托克司积分。但此时，需要用观测值减去重力场模型得到的重力异常而得到改正后的重力异常值，再代入斯托克司公式中计算。这时总的大地水准面差距

$$N = N_G + N_S \tag{4.91}$$

式中，N_G、N_S 分别为重力场模型下的及斯托克司下的大地水准面差距。

采用重力测量法所得到的大地水准面差距信息是相对于地心椭球的，其基本数据是计算点附近的地面重力观测值，仅适用于具有良好局部重力覆盖的区域。采用该方法所得到的大地水准面差距的精度与重力观测值的质量和覆盖密度有关。与大地水准面模型法相似，该方法所确定出的相对大地水准面差距精度要优于绝对大地水准面差距，其相对精度可达数十万分之一。

4.4.4 卫星无线电测高法

利用人造地球卫星无线电测高方法来研究大地水准面及其变化已成为一种最有效的途径。

安装在人造地球卫星上的无线电测高仪的发射天线垂直向下发射高频的无线电脉冲信号，此球面波首先传播到人造卫星底面最近的海面上，并且经最近距离反射回来，由专用设备进行接收，计算出信号发射时刻至接收反射信号时刻的经历时间，从而测出卫星至平均海水面（大地水准面）的高度。如图 4.12 所示，r、φ 为无线电测高仪 Q 的地心向径和地心纬度；r_0、φ_0 为 Q 点在大地水准面上投影点 Q_0 的地心向径和地心纬度，B 为无线电测高仪的大地纬度，ξ 为垂线偏差在子午面上的分量，$|Q_0Q|=h$，即无线电测高仪高出大地水准面的高度；$|Q_eQ_0|=N$，即大地水准面差距。由此，可以写出卫星水准测量的向量方程：

$$r = r_0 + h \tag{4.92}$$

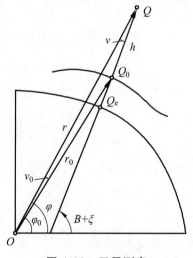

图 4.12 卫星测高

由此向量方程可知，假如已知卫星位置向量 r 和测量向量 h，那么就可计算出大地水准面 Q_0 的地心向径向量 r_0；假如给出大地水准面向量 r_0，并测量了向量 h，就可以确定无线电测高仪的地心位置向量。当已知 r 和 r_0 就可算出 h'，即可将此值同观测值 h 相比较。根据全球范围内的这些比较数据的统计分析就可以解决诸如大地水准面差距及其起伏变化等许多有意义的实际问题。

4.4.5 几何内插法

几何内插法的基本原理就是通过一些既进行了 GPS 观测又具有水准资料的点上的大地

水准面差距，采用平面或曲面拟合、配置、三次样条等内插方法，得到其他点上的大地水准面差距。下面简单介绍常用的多项式内插算法。

在进行多项式内插时，可采用不同阶次的多项式，如可将大地水准面差距表示为下面三种多项式的形式。

零次多项式（常数拟合）

$$N = a_0 \tag{4.93}$$

一次多项式（平面拟合）

$$N = a_0 + a_1 \cdot dB + a_2 \cdot dL \tag{4.94}$$

二次多项式（二次曲面拟合）：

$$N = a_0 + a_1 \cdot dB + a_2 \cdot dL + a_3 \cdot dB^2 + a_4 \cdot dL^2 + a_5 \cdot dB \cdot dL \tag{4.95}$$

式中，$dB = B - B_0$；$dL = L - L_0$；$B_0 = \dfrac{1}{n}\sum B$；$L_0 = \dfrac{1}{n}\sum L$；n 为进行了 GPS 观测的点的数量。

利用其中一些具有水准资料的所谓公共点上大地高和正高可以计算出这些点上的大地水准面差距 N。若要采用零次多项式进行内插，要确定 1 个拟合系数，因此，至少需要 1 个公共点；若要采用一次多项式进行内插，要确定 3 个拟合系数，至少需要 3 个公共点；若要采用二次多项式进行内插，要确定 6 个参数，则至少需要 6 个公共点。以进行二次多项式拟合为例，存在一个这样的公共点，就可以列出一个方程：

$$N_i = a_0 + a_1 \cdot dB_i + a_2 \cdot dL_i + a_3 \cdot dB_i^2 + a_4 \cdot dL_i^2 + a_5 \cdot dB_i \cdot dL_i \tag{4.96}$$

若存在 m 个这样的公共点，则可列出一个由 m 个方程所组成的方程组：

$$\left. \begin{array}{l} N_1 = a_0 + a_1 \cdot dB_1 + a_2 \cdot dL_1 + a_3 \cdot dB_1^2 + a_4 \cdot dL_1^2 + a_5 \cdot dB_1 \cdot dL_1 \\ N_2 = a_0 + a_1 \cdot dB_2 + a_2 \cdot dL_2 + a_3 \cdot dB_2^2 + a_4 \cdot dL_2^2 + a_5 \cdot dB_2 \cdot dL_2 \\ \cdots \\ N_m = a_0 + a_1 \cdot dB_m + a_2 \cdot dL_m + a_3 \cdot dB_m^2 + a_4 \cdot dL_m^2 + a_5 \cdot dB_m \cdot dL_m \end{array} \right\} \tag{4.97}$$

将式（4.97）写成误差方程的形式，即

$$V = Ax + L \tag{4.98}$$

式中

$$A = \begin{bmatrix} 1 & dB_1 & dL_1 & dB_1^2 & dL_1^2 & dB_1 \cdot dL_1 \\ 1 & dB_2 & dL_2 & dB_2^2 & dL_2^2 & dB_2 \cdot dL_2 \\ & & & \vdots & & \\ 1 & dB_m & dL_m & dB_m^2 & dL_m^2 & dB_m \cdot dL_m \end{bmatrix}$$

$$x = \begin{bmatrix} a_0 & a_1 & a_2 & a_3 & a_4 & a_5 \end{bmatrix}^T$$

$$N = \begin{bmatrix} N_1 & N_2 & \cdots & N_m \end{bmatrix}^T$$

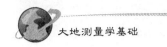

通过最小二乘法可以求解出多项式的系数

$$x = -(A^T P A)^{-1}(A^T P L)$$

（4.99）

式中：P 为大地水准面值的权阵，可根据正高和大地高的精度加以确定。

几何内插法简单易行，不需要复杂的软件，可以得到相对于局部参考椭球的大地水准面差距信息，适用于那些既有正高又有大地高的点，并且其分布和密度都较为合适的地方。该方法所得到的大地水准面差距的精度与公共点的分布、密度和质量及大地水准面的光滑度等因素有关。由于该方法是一种纯几何的方法，进行内插时，未考虑大地水准面的起伏变化，因此，一般仅适用于大地水准面较为光滑的地区，如平原地区，在这些区域，拟合的准确度可优于 1 dm，但对于大地水准面起伏较大的地区，如山区，这种方法的准确度有限。另外，通过该方法所得到的拟合系数，仅适用于确定这些系数的 GPS 网范围内。

4.4.6 残差模型法

残差模型法较好地克服了几何内插法的一些缺陷，其基本思想也是内插，不过与几何内插所针对的内插对象不同，残差法内插的对象并不是大地水准面差距或高程异常，而是它们的模型残差值，其处理步骤如下：

① 据大地水准面模型计算地面点 P 的大地水准面差距 Np。

② 对 P 点进行常规水准联测，利用这些点上的 GPS 观测成果和水准资料求出这些点的大地水准面差距 N_P'。

③ 求出采用以上两种不同方法所得到的大地水准面差距的差值 $\Delta N_P = N_P' - N_P$，即所谓的大地水准面模型残差。

④ 可算出 GPS 网中所有进行了常规水准联测的点上的大地水准面模型残差值。

⑤ 根据所得到的大地水准面模型残差值，采用内插方法确定出 GPS 网中未进常规水准联测的点上的大地水准面模型残差值 ΔN_i；并利用这些值对这些点上由大地水准面模型所计算出的大地水准面差距值 N_i 进行改正，得出经过改正后的大地水准面差距值 $N_i' = N_i + \Delta N$。

大地水准面差距精度的提高有赖于物理大地测量的理论和技术。从局部应用方面看，在这一方面的发展方向是建立区域性的高精度、高分辨率大地水准面或似大地水型。目前，应用最新的全球重力场模型，结合地面重力数据、GPS 测量成果和精密水准资料所建立的区域性水准面或似大地水准面模型的精度已达到 2 ~ 3 cm。

【本章小结】

由地球引力及离心力所形成的地球重力场基本理论是研究地球形状的重要方法，也是建立大地水准面、大地体、正常重力、垂线偏差、地球椭球（水准椭球）等概念的重要理论基础。虽然引力位函数是调和函数，而离心力位函数不是调和函数，所以有其形成的重力位函数不是调和函数。利用重力位描述地球重力场需要用到重力等位面及力线的概念，所谓重力等位面，就是所有重力位相等的点构成的曲面，处处与重力方向相切的曲线称为力线。重力等位面，亦就是我们常说的水准面，水准面有无穷多个，其中，将通过平均海水面的重力等位面，称为大地水准面。所谓地球重力场模型就是地球重力位的数学表达式，可事实上，地球内部物质分布极不规则，目前也无法知道，故不能精确地求得地球的重力位。为此引进一个与其近似的地球重力位——正常重力位。正常重力位是一个函数简单、不涉及地球形状和密度便可直接计算得到的地球重力位的近似值的辅助重力位。当知道了地球正常重力位，想求出它同地球重力位的差异（又称扰动位），便可据此求出大地水准面与这已知形状的差异，最后解决确定地球重力位和地球形状的问题。地球重力场的传统测量方法主要有地面重力观测技术、海洋卫星测高技术、卫星轨道摄动技术。

大地水准面是地球的物理化形状，是外业测量的基准面，是地面高程点的起算面，是地球重力场中的等位面；参考椭球或正常椭球是对大地水准面的近似描述，是内业计算的基准面。若沿着各自铅垂线（实际上应为正常重力线）方向向下量取正常高，得到与地面各点一一相对应的点，把它们连成一个连续的曲面，这个曲面就是正常高系统的基准面，它与大地水准面极为接近，称为似大地水准面。似大地水准面不是水准面，但接近于水准面，它只是用于计算的辅助面，并没有严格的几何意义和物理意义。

大地测量中，用来代表地球形状和大小的旋转椭球称为地球椭球。地球椭球由表征地球几何特征的椭球长半轴 a_e、扁率 α，以及表征地球物理特征的椭球总质量 M、椭球绕其短轴旋转的角速度 ω 等 4 个参数表示。由于地球形状和质量分布的不规则，地球重力场及其水准面也变得很复杂，在物理大地测量学中为研究复杂的重力及重力场的方便而引入的地球椭球称为正常椭球。正常椭球是大地水准面的规则形状，就是满足一定要求的用来代表地球的理想形体。正常椭球的定位是使其中心和地球质心重合，正常椭球的定向是使其短轴与地轴重合，起始子午面与起始天文子午面重合，正常椭球的总质量与实际地球质量相等。为研究全球性问题，就需要一个和整个大地体最为密合的总的地球椭球，如果从几何和物理两个方面来研究全球性问题，我们可把总地球椭球定义为最密合于大地体的正常椭球。而参考椭球是地球具有区域性质的数学模型，仅具有数学性质而不具物理特性。参考椭球在大小及定位定向上都不与总地球重合。由于地球表面的不规则性，适合于不同地区的参考椭球的大小、定位和定向都不一样，每个参考椭球都有自己的参数和参考系。选择参考椭球面作为测量内业计算的基准面，而与其相垂直的法线则是内业计算的基准线。

以大地水准面为基准面，以铅垂线为基准线，地面点沿铅垂线量至大地水准面的距离称为该点的正高。严格说来，地面一点的正高高程不能精确求得。将正高系统中不能精确测定的 g_m^B 用正常重力 γ_m^B 代替，便得到另一种系统的高程，称其为正常高。所谓正常高系统是以似大地水准面为基准面的高程系统，地面点的正常高是该点沿铅垂线（实际上应为正常重力线）到似大地水准面的距离。正常高可以精确求得，其数值也不随水准路线而异，是唯一确定的。因此，我国规定采用正常高高程系统作为我国高程的统一系统。大地高是以参考椭球面（现代大地测量中参考椭球与正常椭球是一致的，故此可把参考椭球面理解为正常椭球面）为基准面，以椭球的法线为基准线的高程系统。地面点沿法线至参考椭球面的距离称为该点的大地高。大地高 H、正高 $H_正$、正常高 $H_常$ 三者之间的关系为

$$H = H_正 + N ， \quad H = H_常 + \xi$$

确定大地水准面形状也即大地水准面差距 N 的基本方法有天文大地法、地球重力场的重力位模型、重力测量法（Stokes 积分法），卫星无线电测高法，几何内插法，残差模型法等。

【思考与练习题】

1. 名词解释：

   地球重力场模型　　地球总椭球　　参考椭球　　垂线偏差　　高程异常

2. 简要证明大地水准面的不平行性。

3. 比较正高、正常高、大地高、力高等几种高程系统差异和各自不同的作用。

4. 写出大地高 H、正高 $H_{正}$、正常高 $H_{常}$ 三者之间的关系式。

5. 简要介绍确定大地水准面形状的几种方法及各自的优缺点。

第 5 章　参考椭球面与大地坐标系

【本章要点】 介绍椭球的基本几何参数、常见符号和辅助函数及其关系式；阐述椭球面上几种常用坐标系的含义，推导子午面直角坐标系、大地坐标系及空间直角坐标系的关系；对子午圈和卯酉圈曲率半径、任意法截弧曲率半径、平均曲率半径及其关系做详细讲解，并对椭球面上的弧长计算做了说明；提出相对法截线及大地线的定义和性质，介绍大地线的微分方程和克莱劳方程；讲述将地面观测的水平方向和长度归算至椭球面的改化计算；提出白塞尔大地主题解算方法的基本思想，详细阐述白塞尔大地主题解算的基本过程。

5.1　椭球几何参数的定义及其相互关系

5.1.1　椭球的基本几何参数

大地测量学中，具有一定几何参数、通过定位及定向后用以代表某一区域大地水准面的旋转椭球叫作参考椭球。地面上一切观测元素均应归算到参考椭球面上，并在这个面上进行计算。参考椭球面既是大地测量计算的基准面，又是研究地球形状和地图投影的参考面。

旋转椭球是椭圆绕其短轴旋转而成的几何形体。在图 5.1 中，O 是椭球中心，NS 为旋转轴，a 为长半轴，b 为短半轴。包含旋转轴的平面与椭球面相截所得的椭圆叫子午圈（或经圈，或子午椭圆），如 NAS。垂直于旋转轴的平面与椭球面相截所得的圆叫平行圈（或纬圈），如 QKQ'。通过椭球中心的平行圈，叫赤道，赤道是最大的平行圈，而南极点、北极点是最小的平行圈。

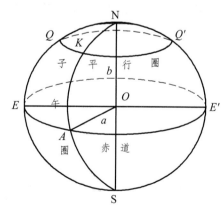

图 5.1　旋转椭球

旋转椭球的形状和大小是由子午椭圆的五个基本几何参数（或称元素）来决定的，包括：

① 椭圆的长半轴 a

② 椭圆的短半轴 b

③ 椭圆的扁率 $\alpha = \dfrac{a-b}{a}$

④ 椭圆的第一偏心率 $e = \dfrac{\sqrt{a^2-b^2}}{a}$

⑤ 椭圆的第二偏心率 $e' = \dfrac{\sqrt{a^2-b^2}}{b}$

其中：a、b 称为长度元素；扁率 α 反映了椭球体的扁平程度，如当 $a = b$ 时，$\alpha = 0$，椭球变

为球体；当 b 减小时，α 增大，则椭球体变扁；当 $b=0$ 时，$\alpha=1$，则变为平面。因此 α 值介于 1 和 0 之间。

偏心率 e 和 e' 是子午椭圆的焦点离开中心的距离与椭圆半径之比，它们也反映椭球体的扁平程度，偏心率愈大，椭球愈扁，其数值恒小于 1。

决定旋转椭球的形状和大小，只需知道五个参数中的两个参数就够了，但其中至少有一个长度元素（比如 a 或 b），通常习惯于用 a、α 或 a、e 或 a、e'。

为简化书写，还常引入以下符号：

$$c = \frac{a^2}{b}, \quad t = \tan B, \quad \eta^2 = e'^2 \cos^2 B \tag{5.1}$$

式中：B 是大地纬度；c 有明确的几何意义，它是极点处的子午圈曲率半径。

此外，还有两个常用的辅助函数：

$$\left. \begin{array}{l} W = \sqrt{1 - e^2 \sin^2 B} \\ V = \sqrt{1 + e'^2 \cos^2 B} \end{array} \right\} \tag{5.2}$$

传统大地测量利用天文大地测量和重力测量资料推求地球椭球参数。19 世纪以来，已经求出许多地球椭球参数，比较著名的有贝塞尔椭球（1841 年），克拉克椭球（1866 年），海福特椭球（1910 年）和克拉索夫斯基椭球（1940 年）等。

我国建立 1954 年北京坐标系应用的是克拉索夫斯基椭球；建立 1980 年国家大地坐标系应用的是 1975 年国际椭球；建立 2000 中国大地坐标系对应的为一等位旋转椭球；而全球定位系统（GPS）应用的是 *WGS*-84 椭球参数。

表 5.1　我国测量常用坐标系采用的椭球及其参数

	克拉索夫斯基椭球体	1975 年国际椭球体	WGS-84 椭球体	2000 中国大地坐标系（CGCS2000）
a /m	6 378 245	6 378 140	6 378 137	6 378 137
b /m	6 356 863.018 773 047 3	6 356 755.288 157 528 7	6 356 752.314 2	6 356 752.314 1
c /m	6 399 698.901 782 711 0	6 399 596.651 988 010 5	6 399 593.625 8	6 399 593.625 9
α	1/298.3	1/298.257	1/298.257 223 563	1/298.257 222 101
e^2	0.006 693 421 622 966	0.006 694 384 999 588	0.006 694 379 990 13	0.006 694 380 022 90
e'^2	0.006 738 525 414 683	0.006 739 501 819 473	0.006 739 496 743 27	0.006 739 496 775 48

5.1.2　椭球几何参数间的相互关系

依据扁率、第一偏心率和第二偏心率的表达式，可以导出各参数间的关系式：

$$\left.\begin{array}{l} a = b\sqrt{1+e'^{2}}, \quad b = a\sqrt{1-e^{2}} \\[2pt] c = a\sqrt{1+e'^{2}}, \quad a = c\sqrt{1-e^{2}} \\[2pt] e' = e\sqrt{1+e'^{2}}, \quad e = e'\sqrt{1-e^{2}} \\[2pt] e^{2} = 2\alpha - \alpha^{2} \approx 2\alpha \end{array}\right\} \tag{5.3}$$

依据式（5.1）、（5.2）和（5.3），可推导出如下关系式：

$$\left.\begin{array}{l} W = \sqrt{1-e^{2}}\,V = \dfrac{a}{b}V \\[6pt] V = \sqrt{1+e'^{2}}\,W = \dfrac{b}{a}V \\[6pt] W^{2} = 1 - e^{2}\sin^{2}B = (1-e^{2})V^{2} \\[6pt] V^{2} = 1 + \eta^{2} = (1+e'^{2})W^{2} \end{array}\right\} \tag{5.4}$$

5.2　大地坐标系与空间直角坐标系

为了表示椭球面上点的位置，必须建立相应的坐标系。依据给定的参考（总地球）椭球，可以建立不同的坐标系。空间任意点的位置可以在不同的坐标系唯一地确定，并且这些位置坐标之间可以按相应公式进行精确的相互换算。下面介绍椭球面上几种常用的坐标系、子午面直角坐标系与大地坐标系的关系及大地坐标系和空间直接坐标系的相互转换。

5.2.1　大地坐标系

如图 5.2 所示，P 点的子午面与起始子午面所构成的二面角 L，叫作 P 点的大地经度，由起始子午面起算，向东为正，叫东经（0°~180°）；向西为负，叫西经（0°~180°）。P 点的法线与赤道面的夹角 B，叫作 P 点的大地纬度，由赤道面起算，向北为正，叫北纬（0°~90°）；向南为负，叫南纬（0°~90°）。沿 P 点法线到椭球面的距离即大地高 H。在该坐标系中，P 点的位置用（B，L，H）表示。

大地坐标系是大地测量的基本坐标系，具有如下的优点：

（1）它是整个椭球体上统一的坐标系，是全世界公用的最方便的坐标系统。经纬线是地形图的基本线，所以在测图及制图中应用这种坐标系。

（2）它与同一点的天文坐标（天文经纬度）比较，可以确定该点的垂线偏差的大小。

因此，大地坐标系对于大地测量计算、地球形状研究和地图编制等都很有用。

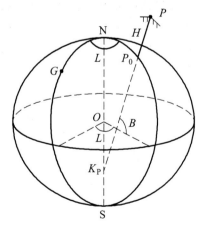

图 5.2　大地坐标系

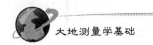

5.2.2 空间直角坐标系

如图 5.3 所示，以椭球体中心 O 为原点，椭球体的旋转轴为 Z 轴，中心 O 指向起始子午面与赤道面交点为 X 轴，在赤道面上与 X 轴正交的方向为 Y 轴，构成右手坐标系 $OXYZ$，在该坐标系中，P 点的位置用表示 (X, Y, Z)。

由于空间直角坐标系表示的位置与椭球的关系不直观，在实践中较少应用，一般用于不同坐标系转换的过渡。

5.2.3 子午面直角坐标系

设 P 点的大地经度为 L，在过 P 点的子午面上，以子午圈椭圆中心为原点，建立 x，y 平面直角坐标系。在该坐标系中，P 点的位置用 L，x，y 表示，如图 5.4 所示。

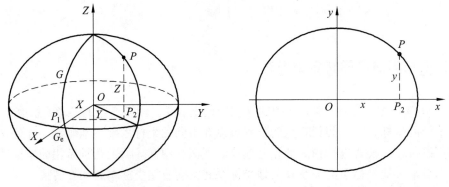

图 5.3 空间直角坐标系   图 5.4 子午面直角坐标系

5.2.4 地心纬度坐标系及归化纬度坐标系

设椭球面上 P 点的大地经度 L，在此子午面上以椭圆中心 O 为原点建立地心纬度坐标系，$OP = \rho$ 称为 P 点向径，$\angle POx = \phi$ 称为地心纬度，在此坐标系中，P 点的位置用 L、ϕ、ρ 表示，如图 5.5 所示；以椭球长半径 a 为半径作辅助圆，延长 P_2P 与辅助圆相交 P_1 点，则 OP_1 与 x 轴夹角称为 P 点的归化纬度 u，如图 5.6 所示。

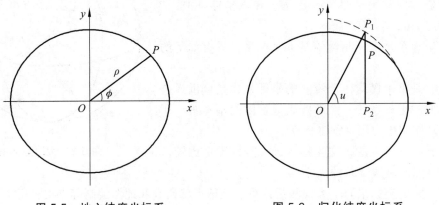

图 5.5 地心纬度坐标系   图 5.6 归化纬度坐标系

5.2.5　大地极坐标系

M 是椭球面上一点，MN 是过 M 的子午线，S 为连接 MP 的大地线长，A 为大地线在 M 点的方位角（大地线定义见本章 5.4.2 节）。

以 M 为极点，MN 为极轴，S 为极半径，A 为极角，则 P 点的大地极坐标为（S，A），如图 5.7 所示。

椭球面上点的极坐标与大地坐标可以互相换算，这种换算叫作大地主题解算。

5.2.6　子午面直角坐标系与大地坐标系的关系

如图 5.8 所示，过 P 点作法线 Pn，它与 x 轴的夹角为 B，过 P 点作子午圈的切线 TP，它与 x 轴的夹角为（$90° + B$）。由解析几何学可知，该夹角的正切值叫曲线在 P 点处切线的斜率，它等于曲线在该点处的一阶导数：

$$\frac{\mathrm{d}y}{\mathrm{d}x} = \tan(90° + B) = -\cot B \tag{5.5}$$

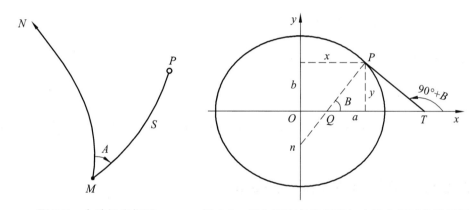

图 5.7　大地极坐标系　　　　图 5.8　子午面直角坐标系与大地坐标系的关系图

又由于 P 点在以 O 为中心的子午椭圆上，故它的直角坐标必满足如下方程：

$$\frac{x^2}{a^2} + \frac{y^2}{b^2} = 1 \tag{5.6}$$

式（5.6）对 x 求导得

$$\frac{\mathrm{d}y}{\mathrm{d}x} = -\frac{b^2}{a^2} \cdot \frac{x}{y} = -(1-e^2) \cdot \frac{x}{y} \tag{5.7}$$

由式（5.5）和式（5.7）得：

$$\cot B = (1-e^2)\frac{x}{y} \tag{5.8}$$

故

$$y = x(1-e^2)\tan B \tag{5.9}$$

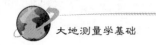
将式（5.9）代入式（5.6），解算得

$$x = \frac{a\cos B}{\sqrt{1-e^2\sin^2 B}} = \frac{a\cos B}{W} \qquad (5.10)$$

将式（5.10）代入式（5.9），得

$$y = \frac{a(1-e^2)\sin B}{\sqrt{1-e^2\sin^2 B}} = \frac{a}{W}(1-e^2)\sin B = \frac{B\sin B}{V} \qquad (5.11)$$

式（5.10）和式（5.11）即为子午面直角坐标系与大地坐标系的关系式。

设 $Pn = N$，由图 5.8 可知

$$x = N\cos B, \quad y = PQ\sin B \qquad (5.12)$$

将式（5.10）、（5.11）和（5.12）进行比较，得

$$N = \frac{a}{W}, \quad PQ = N(1-e^2) \qquad (5.13)$$

由式（5.13）可得

$$Qn = Ne^2 \qquad (5.14)$$

（5.13）式和（5.14）式指明了法线在赤道两侧的长度，利用这个结论，对今后某些公式推导是比较方便的。

5.2.7 大地坐标系与空间直角坐标系的相互转换

如图 5.9 所示，设过 P 的法线与椭球面交于 P_0，与赤道面交于 Q，与旋转轴交于 K_P，P 的法线长为 $N = P_0 K_P$。过 P 作赤道面的垂线交赤道面于 P_2，过 K_P 做 OP_2 的平行线交 PP_2 的延长线于 P_3。

设 P 点的大地坐标为（B，L，H），空间直角坐标为（X，Y，Z），根据图示的几何关系有

$$\left.\begin{array}{l} X = OP_2\cos L \\ Y = OP_2\sin L \\ Z = PP_3 - P_2 P_3 \end{array}\right\} \qquad (5.15)$$

$$\left.\begin{array}{l} OP_2 = (N+H)\cos B \\ PP_3 = (N+H)\sin B \\ P_2 P_3 = OK_P = QK_P\sin B \\ \qquad = Ne^2\sin B \end{array}\right\} \qquad (5.16)$$

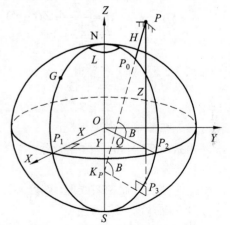

图 5.9　大地坐标系与空间直角坐标系的关系图

将式（5.16）代入式（5.15），得

$$\begin{bmatrix} X \\ Y \\ Z \end{bmatrix} = \begin{bmatrix} (N+H)\cos B \cos L \\ (N+H)\cos B \sin L \\ [N(1-e^2)+H]\sin B \end{bmatrix}\qquad (5.17)$$

式（5.17）即是大地坐标转换为空间直角坐标的公式。

由式（5.17）可得

$$L = \arctan \frac{Y}{X}\qquad (5.18)$$

$$\tan B = \frac{1}{\sqrt{X^2+Y^2}}\left(Z + \frac{ae^2\tan B}{\sqrt{1+\tan^2 B - e^2\tan^2 B}}\right)\qquad (5.19)$$

由式（5.19）可知，B 的计算需要知道 N 值，而 N 值又是 B 的非线性函数，故 B 值无法获取解析解，只能通过迭代法获得数值解。

迭代计算可参考如下过程：

初始值：

$$\tan B_0 = \frac{Z}{\sqrt{X^2+Y^2}}\qquad (5.20)$$

迭代式采用式（5.19）。

收敛条件：

$$|\tan B_{i+1} - \tan B_i| < \varepsilon\qquad (5.21)$$

其中 ε 为预先给定的微小值，一般可取 1×10^{-7}。

收敛后可求出：

$$B = B_i = \arctan(\tan B_i)\qquad (5.22)$$

由 B 值可计算出 N 值，代入式（5.17）可得

$$H = \frac{Z}{\sin B} - Z(1-e^2)\qquad (5.23)$$

5.3　椭球面上曲率半径和弧长计算

为了在椭球面上进行控制测量计算，就必须了解椭球面上有关曲线的性质。过椭球面上任意一点可作一条垂直于椭球面的法线，包含这条法线的平面叫作法截面，法截面同椭球面交线叫法截线（或法截弧），如图 5.10 所示。可见，要研究椭球面上曲线的性质，就要研究法截线的性质，而法截线的曲率半径便是一个基本内容。

包含椭球面一点的法线，可作无数多个法截面，相应有无数多个法截线。椭球面上的法截线曲率半径不同于球面上的法截线曲率半径都等于圆球的半径，而是不同方向的法截弧的曲率半径都不相同。

通常用大地方位角表示椭球面曲线的方向，其定义为椭球面曲线上一点的子午线与该曲线的夹角，从子午线北方向起，顺时针量取，范围为 0°~360°。可理解为切线的夹角，如图 5.10 所示。

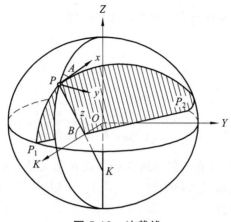

图 5.10　法截线

大地方位角等于 0° 或 180° 的法截线即为子午圈，等于 90° 或 270° 的法截线称为卯酉圈。它们相应的曲率半径称为主曲率半径。

5.3.1　子午圈曲率半径

在如图 5.11 所示的子午椭圆的一部分上取一微分弧长 $DK = \mathrm{d}S$ ，相应地有坐标增量 $\mathrm{d}x$，点 n 是微分弧 $\mathrm{d}S$ 的曲率中心，于是线段 Dn 及 Kn 便是子午圈曲率半径 M。

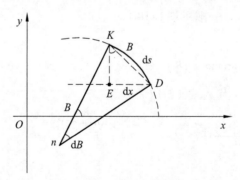

图 5.11　子午圈曲率半径推导示意图

由平面曲线的曲率半径定义公式，有

$$M = \frac{\mathrm{d}S}{\mathrm{d}B} \tag{5.24}$$

从微分三角形 DKE 可求得

$$\mathrm{d}S = -\frac{\mathrm{d}x}{\sin B} \tag{5.25}$$

式中之所以取负号，是因为子午椭圆上点的横坐标随着纬度 B 的增加而缩小。

将式（5.25）代入式（5.24），得

$$M = -\frac{dx}{dB} \cdot \frac{1}{\sin B} \qquad (5.26)$$

由（5.10）式可求得

$$\frac{dx}{db} = \frac{d(a\cos B / W)}{dB} = a\left[\frac{-\sin BW - \cos B\dfrac{dW}{dB}}{W^2}\right] \qquad (5.27)$$

又

$$\frac{dW}{dB} = -\frac{d\sqrt{1-e^2\sin B}}{dB} = \frac{-e^2\sin B\cos B}{W} \qquad (5.28)$$

将式（5.28）代入式（5.27）并化简得

$$\frac{dx}{dB} = -\frac{a\sin B}{W^2}(1-e^2) \qquad (5.29)$$

将式（5.29）代入式（5.26）化简得

$$M = \frac{a(1-e^2)}{W^3} = \frac{c}{V^3} = \frac{N}{V^2} \qquad (5.30)$$

式（5.30）即为子午圈曲率半径的计算公式。由公式可知，M 与 B 有关，它随 B 的增大而增大，变化规律如表 5.2 所示。

表 5.2　子午圈曲率半径随纬度变化规律

B	M	说明
$B = 0°$（在赤道处）	$M_0 = a(1-e^2) = \dfrac{c}{\sqrt{(1+e'^2)^3}}$	M 小于赤道半径 a
$0° < B < 90°$	$a(1-e^2) < M < c$	M 随 B 的增大而增大
$B = 90°$（在极点处）	$M_{90} = \dfrac{a}{\sqrt{1-e^2}} = c$	M 等于极点曲率半径

5.3.2　卯酉圈曲率半径

过椭球面上一点的法线，可作无限个法截面，其中一个与该点子午面相垂直的法截面同椭球面相截形成的闭合的圈称为卯酉圈。

如图 5.12 中 PEE' 即为过点的卯酉圈。卯酉圈的曲率半径用 N 表示。

为了推求 N 的计算公式，在图 5.12 过 P 点作以 O' 为中心的平行圈 PHK 的切线 PT，该切线位于垂直于子午面的平行圈平面内。因卯酉圈也垂直于子午面，故 PT 也是卯酉圈在 P 点处的切线，即 PT 是平行圈 PHK 及卯酉圈 PEE' 在 P 点处的公切线。

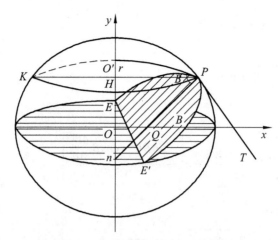

图 5.12 卯酉圈曲率半径推导示意图

由麦尼尔定理知，假设通过曲面上一点引两条截弧，一为法截弧，一为斜截弧，且在该点上这两条截弧具有公共切线，这时斜截弧在该点处的曲率半径等于法截弧的曲率半径乘以两截弧平面夹角的余弦。

由图 5.12 可知，平行圈平面与卯酉圈平面之间的夹角，即为大地纬度 B，如果平行圈的半径用 r 表示，则有

$$r = N\cos B \tag{5.31}$$

又由图 5.8 知，平行圈曲率半径即为 P 点的横坐标 x。

$$x = r = \frac{a\cos B}{W} \tag{5.32}$$

由式（5.31）及式（5.32）知，卯酉圈曲率半径

$$N = \frac{a}{W} \tag{5.33}$$

顾及 W 和 V 的关系，也可以表示为

$$N = \frac{c}{V} \tag{5.34}$$

式（5.33）及式（5.34）即为卯酉圈曲率半径的计算公式。

如图 5.12 知

$$Pn = N = \frac{PO'}{\cos B} = \frac{r}{\cos B} \tag{5.35}$$

这就是说，卯酉圈曲率半径恰好等于法线介于椭球面和短轴之间的长度，亦即卯酉圈的曲率中心位于椭球的旋转轴上。

由 N 的计算公式（5.33）和（5.34）可知，N 与 B 相关，且随 B 的增大而增大，其变化规律如表 5.3 所示。

表 5.3　卯酉圈曲率半径随纬度变化规律

B	N	说明
$B = 0°$（在赤道处）	$N_0 = a = \dfrac{c}{\sqrt{1 + e'^2}}$	M 小于赤道半径 a
$0° < B < 90°$	$a < N < c$	M 随 B 的增大而增大
$B = 90°$（在极点处）	$N_{90} = \dfrac{a}{\sqrt{1 - e^2}} = c$	M 等于极点曲率半径

5.3.3　任意法截弧曲率半径

　　子午法截弧是南北方向，其方位角为 0° 或 180°。卯酉法截弧是东西方向，其方位角为 90° 或 270°，这两个法截弧在 P 点上是正交的。

　　现在来讨论在 P 点方位角为 A 的任意法截弧的曲率半径 R_A 的计算公式。

　　按尤拉公式，由曲面上任意一点主曲率半径计算该点任意方位角的法截弧的曲率半径的公式为

$$\frac{1}{R_A} = \frac{\cos^2 A}{M} + \frac{\sin^2 A}{N} \tag{5.36}$$

上式可改写成

$$R_A = \frac{MN}{N\cos^2 A + M\sin^2 A} \tag{5.37}$$

顾及

$$\frac{N}{M} = V^2 = 1 + \eta^2 \tag{5.38}$$

于是

$$R_A = \frac{N}{1 + \eta^2 \cos^2_A} = \frac{N}{1 + e'^2 \cos^2 B \cos^2 A} \tag{5.39}$$

　　（5.39）式即为任意方向法截弧的曲率半径的计算公式。

　　从式（5.39）可知，R_A 不仅与点的纬度 B 有关，而且还与过该点的法截弧的方位角 A 有关。当 $A = 0°$（或 180°）时，R_A 值为最小，这时（5.39）式变为计算子午圈曲率半径的（5.30）式，即 $R_0 = M$；当 $A = 90°$（或 270°）时，A 值为最大，这时的曲率半径即为卯酉圈曲率半径，即 $R_{90} = N$。由此可见，主曲率半径 M 及 N 分别是 R_A 的极小值和极大值。

　　从（5.39）式还可知，当 A 由 0°→90° 时，R_A 之值由 $M \to N$，当 A 由 90°→180° 时，R_A 值由 $N \to M$，可见 R_A 值的变化是以 90° 为周期且与子午圈和卯酉圈对称的。

5.3.4 平均曲率半径

所谓平均率半径 R 是指经过曲面任意一点所有可能方向上的法截线曲率半径的算术平均值。

由（5.39）式可知，曲率半径 R_A 是随 $\cos^2 A$ 的变化而变化的，且与子午线和卯酉线对称，因此，为了确定平均曲率半径只要 A 在一个象限内（$0 \to 90°$）的微分变量 ΔA 对所有法截线曲率半径的积分即可。这里不予推导，直接给出积分结果。

$$R = \frac{1}{\frac{\pi}{2}-0} \int_0^{\frac{\pi}{2}} R_1 \mathrm{d}A = \sqrt{MN} = \frac{a\sqrt{1-e^2}}{W^2} = \frac{c}{V^2} \qquad (5.40)$$

（5.40）式就是平均曲率半径的计算公式。它表明，曲面上任意一点的平均曲率半径是该点上主曲率半径的几何平均值。

5.3.5 M、N、R的关系

椭球面上某一点 M、N、R 均是自该点起沿法线向内量取的，它们的长度通常是不相等的，由（5.30）式、（5.34）式、（5.40）式比较可知它们有如下关系

$$N > R > M(B \neq 90°) \qquad (5.41)$$

只有在极点上，它们才相等，且都等于极曲率半径 c，即

$$N_{90} = R_{90} = M_{90} = c \qquad (5.42)$$

5.3.6 椭球面上的弧长计算

在研究与椭球体有关的一些测量计算时，例如研究高斯投影计算及弧度测量计算，往往要用到子午线弧长及平行圈弧长，下面来推导它们的计算公式。

5.3.6.1 子午线弧长计算公式

我们知道，子午椭圆的一半，它的端点与极点相重合，而赤道又把子午线分成对称的两部分，因此，推导从赤道开始到已知纬度 B 间的子午线弧长的计算公式就足够使用了。

如图 5.13 所示，取子午线上某微分弧 $PP' = \mathrm{d}x$，令 P 点纬度为 B，P' 点纬度为 $B+\mathrm{d}B$，P 点的子午圈曲率半径为 M，于是有

$$\mathrm{d}x = M\mathrm{d}B \qquad (5.43)$$

因此，为了计算从赤道开始到任意纬度 B 的平行圈之间的弧长，必须求出下列积分值

$$X = \int_0^B M\mathrm{d}B \qquad (5.44)$$

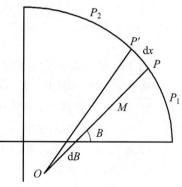

图 5.13 子午线弧长计算

对 M 进行级数展开，得

$$M = m_0 + m_2 \sin^2 B + m_4 \sin^4 B + m_6 \sin^6 B + m_8 \sin^8 B \qquad (5.45)$$

系数如下

$$m_0 = a(1-e^2), \quad m_2 = \frac{3}{2}e^2 m_0, \quad m_4 = \frac{5}{4}e^2 m_2,$$
$$m_6 = \frac{7}{6}e^2 m_4, \quad m_8 = \frac{9}{8}e^2 m_6, \cdots \qquad (5.46)$$

为便于积分往往将正弦的幂函数展开为余弦的倍数函数，得

$$M = a_0 - a_2 \cos 2B + a_4 \cos 4B - a_6 \cos 6B + a_8 \cos 8B \qquad (5.47)$$

系数如下

$$\left.\begin{aligned}
a_0 &= m_0 + \frac{m_2}{2} + \frac{3m_4}{8} + \frac{5m_6}{16} + \frac{35m_8}{128} + \cdots \\
a_2 &= \frac{m_2}{2} + \frac{m_4}{2} + \frac{15m_6}{32} + \frac{7m_8}{16} + \cdots \\
a_4 &= \frac{m_4}{8} + \frac{3m_6}{16} + \frac{7m_8}{32} \\
a_6 &= \frac{m_6}{32} + \frac{m_8}{16} \\
a_8 &= \frac{m_8}{128}
\end{aligned}\right\} \qquad (5.48)$$

将式（5.47）代入式（5.44），积分得

$$X = a_0 B - \frac{a_2}{2} \sin 2B + \frac{a_4}{4} \sin 4B - \frac{a_6}{6} \sin 6B + \frac{a_8}{8} \sin 8B \qquad (5.49)$$

如果以 $B = 90°$ 代入，则得子午椭圆在一个象限内的弧长约为 10 002 137 m。旋转椭球的子午圈的整个弧长约为 40 008 549.995 m。即一象限子午线弧长约为 10 000 km，地球周长约为 40 000 km。

为求子午线上两个纬度 B_1 及 B_2 间的弧长，只需按（5.49）式分别算出相应的 X_1 及 X_2，而后取差：$\Delta X = X_2 - X_1$，该 ΔX 即为所求的弧长。

当弧长甚短（例如 $X \leqslant 40$ km，计算精度取 0.001 m），可视子午弧为圆弧，而圆的半径为该圆弧上平均纬度处的子午圈的曲率半径 M_m。

5.3.6.2 由子午线弧长求大地纬度

利用子午线弧长反算大地纬度在高斯投影坐标反算中要用到，反解公式一般采用迭代法。
迭代计算可参考如下过程：
初始值

$$B_f^1 = X / a_0 \qquad (5.50)$$

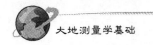

迭代式采用式（5.51）

$$B_f^{i+1} = (X - F(B_f^i))/a_0 \tag{5.51}$$

其中

$$F(B_f^i) = -\frac{a_2}{2}\sin 2B_f^i + \frac{a_4}{4}\sin 4B_f^i - \frac{a_6}{6}\sin 6B_f^i + \frac{a_8}{8}\sin 8B_f^i \tag{5.52}$$

收敛条件

$$|B_f^{i+1} - B_f^i| < \varepsilon \tag{5.53}$$

其中，ε 为预先给定的微小值，一般可取 10^{-7}。

5.3.6.3 平行圈弧长公式

旋转椭球体的平行圈是一个圆，其短半轴 r 就是圆上任意一点的子午面直角坐标，即有

$$r = x = N\cos B = \frac{a\cos B}{\sqrt{1 - e^2\cos_B^2}} \tag{5.54}$$

如果已知平行圈上两点的经度差 l''，可以写出平行圈弧长公式

$$S = N\cos B \frac{l''}{\rho''} = b_1 l'' \tag{5.55}$$

很显然，同一个经度差 l''，在不同纬度的平行圈上的弧长是不相同的。

5.3.6.4 子午线弧长和平行圈弧长变化的比较

为了对子午线弧长和平行圈弧长有个数量上的概念，现将不同纬度相应的一些弧长的数值列于表 5.4 中。

表 5.4 子午线弧长和平行圈弧长

B	子午线弧长			平行圈弧长		
	$\Delta B = 1°$	l'	l''	$l = 1°$	l'	l''
0°	110 576 m	1 842.94 m	30.716 m	111 321 m	1 855.36 m	30.923 m
15°	110 656	1 844.26	30.738	107 552	1 792.54	29.876
30°	110 863	1 847.71	30.795	96 488	1 608.13	26.802
45°	111 143	1 852.39	30.873	78 848	1 314.14	21.902
60°	111 423	1 857.04	30.951	55 801	930.02	15.500
75°	111 625	1 860.42	31.007	28 902	481.71	8.028
90°	111 696	1 861.60	31.027	0	0.00	0.000

从表中可以看出，单位纬度差的子午线弧长随纬度升高而缓慢地增长；而单位经度差的

平行圈弧长随纬度升高而急剧地缩短。平行圈弧长，仅在赤道附近才与子午线弧长大体相当，随着纬度的升高它们的差值愈来愈大。

5.4 相对法截线与大地线

我们知道，两点间的最短距离，在平面上是两点间的直线，在球面上是两点间的大圆弧，那么在椭球面上又是怎样的一条线呢？经研究认为，它应是大地线。因此，在这一节里，我们从相对法截线入手，着重研究有关大地线定义、性质及其微分方程等基本内容。

5.4.1 相对法截线

如图 5.14 所示，说明法截线的相关概念：

法截线 AaB：过 A 点法线 An_a 和 B 点的法截面与椭球面的交线，称 A 点对 B 点的法截线。

法截线 BbA：过 B 点法线 Bn_b 和 A 点的法截面与椭球面的交线，称 B 点对 A 点的法截线。

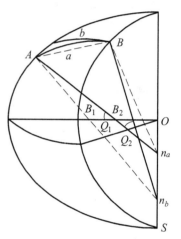

图 5.14 相对法截线

法截线 AaB 与法截线 BbA 合称 A、B 两点间的相对法截线。

法截线 AaB 与法截线 BbA 分别可称为 A 的正、反法截线或 B 的反、正法截线。

参照图 5.14，直接给出法截线的三点规律：

（1）纬度不同的两点，法线必交于旋转轴的不同点。

（2）椭球面上一点的纬度愈高，法线与旋转轴的交点愈低。

（3）当两点的纬度不同，又不在同一子午圈上时，这两点的法线将在空间交错而不相交。因此当两点不在同一子午圈上，也不在同一平行圈上时，两点间就有二条法截线存在。

通常情况下，正反法截线是不重合的。因此在椭球面上 A、B、C 三个点处所测得的角度（各点上正法截线之夹角）将不能构成闭合三角形，如图 5.15 所示。为了克服这个矛盾，在两点间另选一条单一的大地线代替相对法截线，从而得到由大地线构成的单一的三角形，如图 5.16 所示。

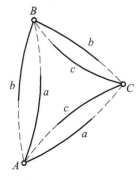

图 5.15 椭球面三角形（法截线）

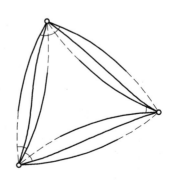

图 5.16 椭球面三角形（大地线）

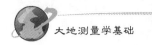

5.4.2 大地线的定义和性质

椭球面上两点间的最短程曲线叫作大地线。在微分几何中，大地线（又称测地线）另有这样的定义："大地线上每点的密切面（无限接近的三个点构成的平面）都包含该点的曲面法线"，亦即"大地线上各点的主法线与该点的曲面法线重合"。因曲面法线互不相交，故大地线是一条空间曲面曲线。

假如在椭球模型表面两点之间，画出相对法截线如图 5.17 所示，然后在两点上各插定一个大头针，并紧贴着椭球面在大头针中间拉紧一条细橡皮筋，并设皮筋和椭球面之间没有摩擦力，则橡皮筋形成一条曲线，恰好位于相对法截线之间，如图 5.17 所示，这就是一条大地线，由于橡皮筋处于拉力之下，所以它实际上是两点间的最短线。

上已言及，不在同一子午圈或同一平行圈上的两点的正反法截线是不重合的，它们之间的夹角，在一等三角测量中可达到千分之四秒，可见此时是不容忽略的。

大地线是两点间唯一最短线，而且位于相对法截线之间，并靠近正法截线（见图 5.17），它与正法截线间的夹角

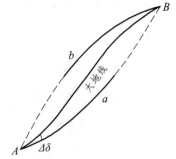

图 5.17　大地线

$$\delta = \frac{1}{3}\Delta \qquad (5.56)$$

在一等三角测量中，δ 数值可达千分之一两秒，可见在一等或相当于一等三角测量精度的工程三角测量中是不容忽略的。

大地线与法截线长度之差只有百万分之一毫米，所以在实际计算中，这种长度差异总是可忽略不计的。

但是，上面已经阐明的大地线性质告诉我们，在椭球面上进行测量计算时，应当以两点间的大地线为依据。在地面上测得的方向、距离等，应当归算成相应大地线的方向、距离。

5.4.3　大地线的微分方程和克莱劳方程

如图 5.18 所示，设 P 为大地线上任意一点，其经度为 L，纬度为 B，大地线方位角为 A。当大地线增加 dS 到 P_1 点时，则上述各量相应变化 dL，dB 及 dA。所谓大地线微分方程，即表达 dL，dB，dA 与 dS 的关系式。

由图 5.18 可知：

$$MdB = dS\cos A$$

故

$$dB = \frac{\cos A}{M}dS \qquad (5.57)$$

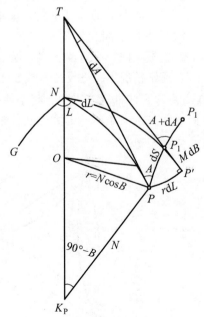

图 5.18　大地线的微分方程推导示意图

又

$$N\cos B\mathrm{d}L = \mathrm{d}S\cdot\sin A$$

故

$$\mathrm{d}L = \frac{\sin A}{N\cos B}\mathrm{d}S \tag{5.58}$$

又

$$\mathrm{d}A = \frac{r\mathrm{d}L}{PT} = \frac{N\cos B\mathrm{d}L}{PT} = \frac{N\cos B\mathrm{d}L}{N\cot B}$$

故

$$\mathrm{d}A = \mathrm{d}L\cdot\sin B \tag{5.59}$$

所以

$$\mathrm{d}A = \frac{\sin A}{N}\tan B\mathrm{d}S \tag{5.60}$$

式（5.57）、（5.58）、（5.60）三个关系式称为大地线微分方程，在解决与椭球体有关的一些测量计算中经常用到。

现在推导大地线的克莱劳方程。

将式（5.57）代入式（5.60），得

$$\mathrm{d}A = \frac{\sin A}{\cos A}\cdot\frac{M\sin B\mathrm{d}B}{N\cos B} \tag{5.61}$$

顾及 $r = N\cos B$, $M\sin B\mathrm{d}B = -\mathrm{d}r$ ，则又得

$$\cot A\mathrm{d}A = -\frac{\mathrm{d}r}{r} \tag{5.62}$$

两边积分，易得

$$r\cdot\sin A = C \tag{5.63}$$

（5.63）式即为著名的克莱劳方程，也叫克莱劳定理。

克莱劳定理表明：在旋转椭球面上，大地线各点的平行圈半径与大地线在该点的大地方位角的正弦的乘积等于常数。

式（5.63）中常数 C 也叫大地线常数。它的意义可以从两方面来理解。

当大地线穿越赤道时

$$C = a\sin A_0 \tag{5.64}$$

当大地线达极小平行圈时

$$C = r_0\cdot\sin 90° = r_0 \tag{5.65}$$

由此可见，某一大地线常数等于椭球半径与该大地线穿越赤道时的大地方位角的正弦乘积，或者等于该大地线上具有最大纬度的那一点的平行圈半径。

克莱劳方程在椭球大地测量学中有重要意义，它是经典的大地主题解算的基础。

由克莱劳方程可以写出

$$\frac{r_2}{r_1} = \frac{\sin A_1}{\sin A_2} \tag{5.66}$$

利用这个关系式可以检查纬度和方位角计算的正确性。

当顾及时，$r = N\cos B$ 克莱劳方程可写成

$$N\cos B \cdot \sin A = C \tag{5.67}$$

或依归化纬度定义，易知，$r = a\cos u$ 于是克莱劳方程又可写成下面的形式

$$a\cos u \cdot \sin A = C \tag{5.68}$$

5.5 地面观测元素归算至椭球面

上面讨论了椭球体的数学性质，并着重指出，参考椭球面是测量计算的基准面。但在野外的各种测量都是在地面上进行，观测的基准线不是各点相应的椭球面的法线，而是各点的垂线，各点的垂线与法线存在着垂线偏差。因此不能直接在地面上处理观测成果，而应将地面观测元素（包括方向和距离等）归算至椭球面。在归算中有两条基本要求：① 以椭球面的法线为基准；② 将地面观测元素化为椭球面上大地线的相应元素。

5.5.1 将地面观测的水平方向归算至椭球面

将水平方面归算至椭球面上，包括垂线偏差改正、标高差改正以及截面差改正，习惯上称此三项改正为三差改正。

1. 垂线偏差改正 δ_u

地面上所有水平方向的观测都是以垂线为根据的，而在椭球面上则要求以该点的法线为依据。这样，在每一三角点上，把以垂线为依据的地面观测的水平方向值归算到以法线为依据的方向值而应加的改正定义为垂线偏差改正，以 δ_u 表示。

垂线偏差改正同经纬仪垂直轴不垂直的改正是很相似的。如图 5.19 所示，以测站 A 为中心作出单位半径的辅助球，u 是垂线偏差，它在子午圈和卯酉圈上的分量分别以 ξ, η 表示，M 是地面观测目标 m 在球面上的投影。

由图可知，如果 M 在 ZZ_1O 田垂直面内，无论观测方向以法线为准或以垂线为准，照准面都是一个，而无需作垂线偏差改正。因此，我们可把 AO 方向作为参考方向。

如果不在 ZZ_1O 垂直面内，情况就不同了。若以垂线 AZ_1 为准，照准 m 点得 OR_1；若以法线 AZ 为准，则得 OR。由此可见，垂线偏差对水平方向的影响是 $(R - R_1)$，这个量就是 δ_u。

垂线偏差改正的计算公式是

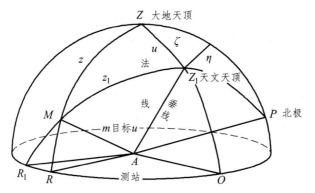

图 5.19　垂线偏差改正示意图

$$\delta_u'' = -(\xi'' \sin A_m - \eta'' \cos A_m) \cot Z_1$$

$$= -(\xi'' \sin A_m - \eta'' \cos A_m) \tan \alpha_1 \qquad (5.69)$$

式中，ξ, η 为测站点上的垂线偏差在子午圈及卯酉圈上的分量，它们可在测区的垂线偏差分量图中内插取得；A_m 为测站点至照准点的大地方位角；Z_1 为照准点的天顶距；α_1 为照准点的垂直角。

从（5.69）式可以看出，垂线偏差改正的数值主要与测站点的垂线偏差和观测方向的天顶距（或垂直角）有关。

2. 标高差改正 δ_h

标高差改正又称由照准点高度而引起的改正。不在同一子午面或同一平行圈上的两点的法线是不共面。当进行水平方向观测时，如果照准点高出椭球面某一高度，则照准面就不能通过照准点的法线同椭球面的交点，由此引起的方向偏差的改正叫作标高差改正，以 δ_h 表示。

如图 5.20 所示，A 为测站点，如果测站点观测值已加垂线偏差改正，则可认为垂线同法线一致。这时测站点在椭球面上或者高出椭球面某一高度，对水平方向是没有影响的。这是因为测站点法线不变，则通过某一照准点只能有一个法截面，为简单起见，我们设 A 在椭球面上。

设照准点高出椭球面的高程为 H_2，An_a 和 Bn_b 分别为 A 点及 B 点的法线，B 点法线与椭球面的交点为 b。因为通常 An_a 和 Bn_b 不在同一平面内，所以在 A 点照准 B 点得出的法截线是 Ab' 而不是 Ab，因而产生了 Ab 同 Ab' 方向的差异。按归算的要求，地面各点都应沿自己法线方向投影到椭球面上，即需要的是 Ab 方向值而不是 Ab' 方向值，因此需加入标高差改正数 δ_h，以便将 Ab' 方向改到 Ab 方向。

标高差改正的计算公式是

$$\delta_h'' = \frac{e^2}{2} H_2(1)_2 \cos^2 B_2 \sin 2A_1 \qquad (5.70)$$

图 5.20　标高差改正示意图

式中，B_2 为照准点大地纬度。A_1 为测站点至照准点的大地方位角。$(1)_2 = \rho'' / M_2$，M_2 是与照准点纬度相 B_2 应的子午圈曲率半径。H_2 为照准点高出椭球面的高程，它由三部分组成：

$$H_2 = H_常 + \zeta + a \tag{5.71}$$

其中，$H_常$ 为照准点标石中心的正常高；ζ 为高程异常；a 为照准点的觇标高。

在实用上，为了计算方便起见，设

$$K_1 = \frac{e^2}{2} H_2 (1)_2 \cos^2 B_2 \tag{5.72}$$

则（5.72）式变为

$$\delta_h'' = K_1 \sin 2A_1 \tag{5.73}$$

K_1 在《测量计算用表集》（之一）中有表列数值，以照准点的高程（H_2）（单位：m）和照准点纬度为 B_2 引数查取。

由（5.70）式可知，标高差改正主要与照准点的高程有关。经过此项改正后，便将地面观测的水平方向值归化为椭球面上相应的法截弧方向。

3. 截面差改正 δ_g

在椭球面上，纬度不同的两点由于其法线不共面，所以在对向观测时相对法截弧不重合，应当用两点间的大地线代替相对法截弧。这样将法截弧方向化为大地线方向应加的改正叫截面差改正，用 δ_g 表示。

如图 5.21 所示，AaB 是 A 至 B 的法截弧，它在 A 点处的大地方位角为 A_1'，ASB 是 AB 间的大地线，它在 A 点的大地方位角是，A_1 A_1 与 A_1' 之差 δ_g 就是截面差改正。

截面差改正的计算公式为

$$\delta_g'' = -\frac{e^2}{12\rho''} S^2 (2)_1^2 \cos^2 B_1 \sin 2A_1 \tag{5.74}$$

式中，S 为 AB 间大地线长度；$(2)_1 = \dfrac{\rho''}{N_1}$，$N_1$ 为测站纬度 $\bar{H}$ 相对应的卯酉圈曲率半径。

现令

$$K_2 = \frac{e^2}{12\rho''} S^2 (2)_1^2 \cos^2 B_1 \tag{5.75}$$

则（5.74）式变为

$$\delta_g'' = -K_2 \sin 2A_1 \tag{5.76}$$

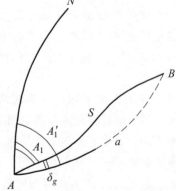

图 5.21　截面差改正示意图

K_2 在《测量计算用表集》（之一）中以 S（单位：km）和 $\bar{H}$ 为引数查取，由上式可知，截面差改正主要与测站点至照准点间的距离 S 有关。

5.5.2　将地面观测的长度归算至椭球面

根据测边使用的仪器不同，地面长度的归算分两种，一是基线尺量距的归算，二是电磁波测距的归算，下面分别介绍它们的归算方式和方法。

1. 基线尺量距的归算

将基线尺量取的长度加上测段倾斜改正后，可以认为它是基线平均高程面上的长度，以 S_0 表示，现要把它归算至参考椭球面上的大地线长度 S。

1）垂线偏差对长度归算的影响

由于垂线偏差的存在，使得垂线和法线不一致，水准面不平行于椭球面。为此，在长度归算中应首先消除这种影响。假设垂线偏差沿基线是线性变化的，则垂线偏差 u 对长度归算的影响公式是

$$\Delta S_u = \frac{u_1'' + u_2''}{2\rho''} \sum \Delta h = \frac{u_1'' + u_2''}{2\rho''}(H_2 - H_1) \qquad (5.77)$$

式中，u_1'' 和 u_2'' 为在基线端点 1 和 2 处，垂线偏差在基线方向上的分量；$\sum \Delta h$ 为各个测段测量的高差总和；H_1 和 H_2 为基线端点 1 和 2 的大地高。

从式（5.77）可见，垂线偏差对基线长度归算的影响，主要与垂线偏差分量 u 及基线端点的大地高差 $\sum \Delta h$ 有关，其数值一般比较小，此项改正是否需要，需结合测区及计算精度要求的实际情况作具体分析。

2）高程对长度归算的影响

假如基线两端点已经过垂线偏差改正，则基线平均水准面平行于椭球体面。此时由于水准面离开椭球体面一定距离，也引起长度归算的改正。

如图 5.22 所示，AB 为平均高程水准面上的基线长度，以 S_0 表示，现要求其在椭球面上的长度 S。由图可知

$$\frac{S_0}{S} = \frac{R + H_m}{R} = 1 + \frac{H_m}{R} \qquad (5.78)$$

由此得椭球面上的长度

$$S = S_0 \left(1 + \frac{H_m}{R}\right)^{-1} \qquad (5.79)$$

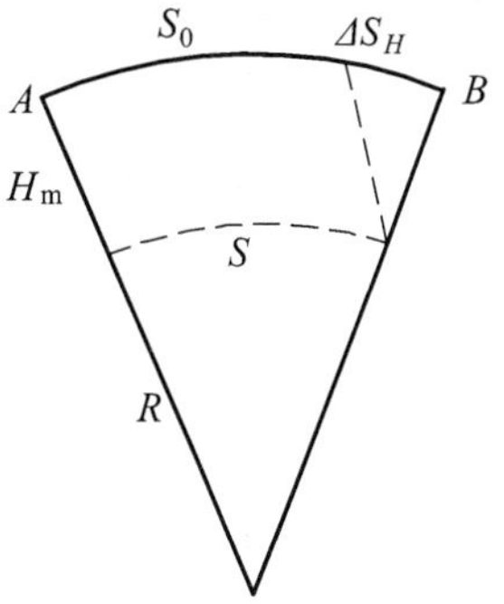

式中，$H_m = \frac{1}{2}(H_2 + H_1)$，即基线端点平均大地高程；$R$ 为基线方

向法截线曲率半径，按 $R_A = \dfrac{N}{1 + \eta^2 \cos^2 A} = \dfrac{N}{1 + e'^2 \cos^2 B \cos^2 A}$ 计算。

图 5.22　基线尺量距的归算

如果将上式展开级数，取至二次项，则有

$$S = S_0 \left(1 - \frac{H_m}{R} + \frac{H_m^2}{R^2}\right) \qquad (5.80)$$

此式为（5.79）式的近似式，由此式可得由高程引起的基线归化改正数公式

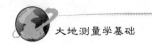

$$\Delta S_H = -S_0 \frac{H_m}{R} + S_0 \frac{H^2_m}{R^2} \quad\quad (5.81)$$

可见，此项改正数主要是与基线的平均高程 H_m 及长度有关。

这样，顾及以上两项，则地面基线长度归算到椭球面上的公式为

$$S = S_0 \left(1 + \frac{H_m}{R}\right)^{-1} + \frac{u_1'' + u_2''}{2\rho''}(H_2 - H_1) \quad\quad (5.82)$$

经过以上计算后，便得到了椭球面上的基线长度。至此，这类归算也已完成。

2. 电磁波测距的归算

电磁波测距仪测得的长度是连接地面两点间的直线斜距，也应将它归算到参考椭球面上。

如图 5.23 所示，大地点 Q_1 和 Q_2 的大地高分别为 H_1 和 H_2。其间用电磁波测距仪测得的斜距为 D，现要求大地点在椭球面上沿法线的投影点 Q_1' 和 Q_2' 间的大地线的长度 S。

由前已知，在椭球面上两点间大地线长度与相应法截线长度之差是极微小的，可以忽略不计，这样可将两点间的法截线长度认为是两点间的大地线长度。通过证明又知，两点间的法截线的长度与半径等于其起始点曲率半径的圆弧长相差也很微小，比如当 $S = 640$ km 时，之差等于 0.3 m；$S = 200$ km 时，之差等于 0.005 m。由于工程测量中边长一般都是几千米最长也不过十几千米，从而，这种差异又可忽略不计。因此，所求的大地线的长度可以认为是半径

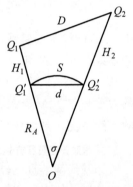

图 5.23　电磁波测距的归算

$$R_A = \frac{N}{1 + e'^2 \cos^2 B_1 \cos^2 A_1}$$

相应的圆弧长。

于是，在平面三角形 $Q_1 Q_2 O$ 中，由余弦定理有

$$\cos\sigma = \frac{(R_A + H_1)^2 + (R_A + H_2)^2 + D^2}{2(R_A + H_1)(R_A + H_2)}$$

另外，又知

$$\cos\sigma = \cos\frac{S}{R_A} = 1 - 2\sin^2\frac{S}{2R_A}$$

由以上两式易得

$$\sin^2\frac{S}{2R_A} = \frac{D^2 - (H_2 - H_1)^2}{4(R_A + H_1)(R_A + H_2)}$$

经过简单变化，得

$$S = 2R_A \arcsin\frac{D}{2R_A}\sqrt{\frac{1 - \left(\dfrac{H_2 - H_1}{D}\right)^2}{\left(1 + \dfrac{H_1}{R_A}\right)\left(1 + \dfrac{H_2}{R_A}\right)}} \quad\quad (5.83)$$

将（5.83）式按反正弦函数展开级数，舍去五次项，则得

$$S = D\sqrt{\frac{1-\left(\dfrac{H_2-H_1}{D}\right)^2}{\left(1+\dfrac{H_1}{R_A}\right)\left(1+\dfrac{H_2}{R_A}\right)}+\frac{D^3}{24R_A^2}} \tag{5.84}$$

（5.84）式即为电磁波测距的归算公式。式中大地高 H 由两项组成：一是正常高，一是高程异常。为了保证 S 的计算精度不低于 10^{-6} 级，当 $D<10\,\mathrm{km}$ 时，高差 $\Delta h = (H_2 - H_1)$ 的精度必须达到 $0.1\,\mathrm{m}$；当 $D>10\,\mathrm{km}$ 时，其精度必须达到 $1\,\mathrm{m}$。大地高 H 本身的精度，须达 5 m 级，而曲率半径 R_A 达 1 km 即可。

为了某些应用和说明各项的几何意义，（5.84）式经过一步简化，又可写成

$$S = D - \frac{1}{2}\frac{\Delta h^2}{D} - D\frac{H_m}{R_A} + \frac{D^3}{24R_A^2} \tag{5.85}$$

式中，$H_m = \dfrac{1}{2}(H_1 + H_2)$。显然，上式右端第二项是由于控制点之高差引起的倾斜改正的主项，经过此项改正，测线已变成平距；第三项是由平均测线高出参考椭球面而引起的投影改正，经此项改正后，测线已变成弦线；第四项则是由弦长改化为弧长的改正项。（5.84）式还可用下式表达

$$S = \sqrt{D^2 - \Delta h^2}\left(1 - \frac{H_m}{R_A}\right) + \frac{D^3}{24R_A^2} \tag{5.86}$$

显然第一项即为经高差改正后的平距。

将以上两式同（5.86）对照，我们便知两点间的弦长

$$d = D\sqrt{\frac{1-\left(\dfrac{H_2-H_1}{D}\right)^2}{\left(1+\dfrac{H_1}{R_A}\right)\left(1+\dfrac{H_2}{R_A}\right)}} \tag{5.87}$$

（5.87）式在某些计算中有时会用到。

经过以上各项改正的计算，即将地面上用电磁波测距仪测得的两点间的斜距划算到参考椭球面上，从而这类归算即告结束。

5.6　白塞尔大地主题解算

白塞尔法解算大地主题的基本思想是将椭球面上的大地元素按照白塞尔投影条件投影到辅助球面上，继而在球面上进行大地主题解算，最后再将球面上计算结果换算到椭球面上。由此可见，这种方法的关键问题是找出椭球面上的大地元素与球面上相应元素之间的关系式。

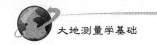

同时也要解决在球面上进行大地主题解算的方法。

1. 在球面上进行大地主题解算

如图 5.24 所示，在球面上有两点 P_1 和 P_2，其中 P_1 点的大地纬度 φ_1，大地经度 λ_1，P_2 点的大地纬度 φ_2，大地经度 λ_2；P_1 和 P_2 点间的大圆弧长为 σ，P_1P_2 的方位角为 α_1，其反方位角为 α_2，球面上大地主题正算是已知 φ_1、α_1、σ，要求 φ_2、α_2 及经差 λ；反算问题是已知 φ_1、φ_2 及经差 λ，要求 σ、α_1 及 α_2。

在球面上进行大地主题正反算，实质是对极球面三角形 PP_1P_2 的解算。为了解算极球面三角形可以采用多种球面的三角学公式。在这里，我们给出正切值函数式，其优点是能保证反正切函数的精度。在有关计算中，反三角函数应用最少，易于编写计算机程序，从而使其得到实质性的改善。

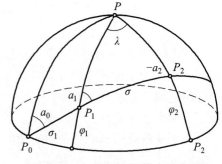

图 5.24　白塞尔法解算大地主题

现在我们首先把极球面三角元素间的基本公式汇总如下：

$$\sin\sigma\sin\alpha_1 = \sin\lambda\cos\varphi_2 \tag{a}$$

$$\sin\sigma\sin\alpha_2 = -\sin\lambda\cos\varphi_1 \tag{b}$$

$$\sin\sigma\cos\alpha_1 = \cos\varphi_1\sin\varphi_2 - \sin\varphi_1\cos\varphi_2\cos\lambda \tag{c}$$

$$\sin\sigma\cos\alpha_2 = \sin\varphi_1\cos\varphi_2 - \cos\varphi_1\sin\varphi_2\cos\lambda \tag{d}$$

$$\cos\sigma = \sin\varphi_1\sin\varphi_2 + \cos\varphi_1\cos\varphi_2\cos\lambda \tag{e}$$

$$\cos\varphi_2\cos\lambda = \cos\varphi_1\cos\sigma - \sin\varphi_1\sin\sigma\cos\alpha_1 \tag{f}$$

$$\cos\varphi_2\cos\alpha_2 = \sin\varphi_1\sin\sigma - \cos\varphi_1\cos\sigma\cos\alpha_1 \tag{g}$$

$$\cos\varphi_2\sin\alpha_2 = -\cos\varphi_1\sin\alpha_1 \tag{h}$$

$$\sin\varphi_2 = \sin\varphi_1\cos\sigma + \cos\varphi_1\sin\sigma\cos\alpha_1 \tag{i}$$

1）球面上大地主题正解方法

此时已知量 φ_1、α_1 及 σ，要求量 φ_2、α_2 及 λ。

首先按（i）式计算 $\sin\varphi_2$，继而用下式计算 φ_2、α_2

$$\tan\varphi_2 = \frac{\sin\varphi_2}{\sqrt{1-\sin^2\varphi_2}} \tag{j}$$

为确定经差 λ，将 (a)÷(f)，得

$$\tan\lambda = \frac{\sin\sigma\sin\alpha_1}{\cos\varphi_1\cos\sigma - \sin\varphi_1\sin\sigma\cos\alpha_1} \tag{k}$$

为求定反方向 α_2，将 (h)÷(g)，得

$$\tan \alpha_2 = \frac{\cos \varphi_1 \sin \alpha_1}{\cos \varphi_1 \cos \sigma \cos \alpha_1 - \sin \varphi_1 \sin \sigma} \qquad (1)$$

2）球面上大地主题反解方法

此时已知量 φ_1、φ_2 及 λ，要求量 σ、α_1 及 α_2。

为确定正方位角 α_1，我们将 (a)÷(c) 式，得

$$\tan \alpha_1 = \frac{\sin \lambda \cos \varphi_2}{\cos \varphi_1 \sin \varphi_2 - \sin \varphi_1 \cos \varphi_2 \cos \lambda} = \frac{p}{q} \qquad (m)$$

式中　　　　　　$p = \sin \lambda \cos \varphi_2$，　$q = \cos \varphi_1 \sin \varphi_2 - \sin \varphi_1 \cos \varphi_2 \cos \lambda$ 　　(n)

为求解反方位角 α_2，我们将 (b)÷(d) 式，得

$$\tan \alpha_2 = \frac{\sin \lambda \cos \varphi_2}{\cos \varphi_1 \sin \varphi_2 \cos \lambda - \sin \varphi_1 \cos \varphi_2} \qquad (o)$$

为求定球面距离 σ，我们首先将（a）式乘以 $\sin \alpha_1$，（c）式乘以 $\cos \alpha$，并将它们相加；将相加结果再除以（e）式，则易得

$$\tan \sigma = \frac{\cos \varphi_2 \sin \lambda \sin \alpha_1 \left(\cos \varphi_1 \sin \varphi_2 - \sin \varphi_1 \cos \varphi_2 \cos \lambda \right) \sin \alpha_1}{\sin \varphi_1 \sin \varphi_2 + \cos \varphi_1 \cos \varphi_2 \cos \lambda}$$

$$= \frac{p \sin \alpha_1 + q \cos \alpha_2}{\cos \sigma} \qquad (p)$$

式中，p 及 q 见（n）式。

2. 椭球面和球面上坐标关系式

如图 5.25 所示，在椭球面极三角形 PP_1P_2 中，用 B、L、S 及 A 分别表示大地线上某点的大地坐标，大地线长及其大地方位角。在球面极三角形 $P'P_1'P_2'$ 中，与之相应，用 φ、λ、σ 及 α 分别表示球面大圆弧上相应点的坐标、弧长及方位角。

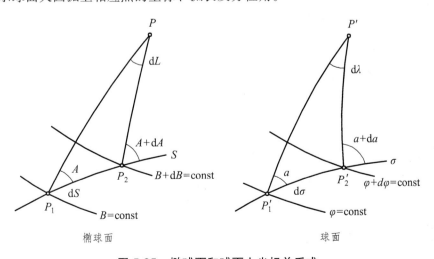

图 5.25　椭球面和球面上坐标关系式

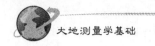

在椭球面上大地线微分方程为

$$\left.\begin{array}{l} \mathrm{d}B = \dfrac{\cos A}{M}\mathrm{d}S \\[3mm] \mathrm{d}L = \dfrac{\sin A}{N\cos B}\mathrm{d}S \\[3mm] \mathrm{d}A = \dfrac{\sin A}{A}\tan B\mathrm{d}S \end{array}\right\} \tag{5.88}$$

在单位圆球面上，易知大圆弧的微分方程为

$$\left.\begin{array}{l} \mathrm{d}\phi = \cos\alpha\mathrm{d}\sigma \\[3mm] \mathrm{d}\lambda = \dfrac{\sin\alpha}{\cos\phi}\mathrm{d}\sigma \\[3mm] \mathrm{d}\alpha = \tan\phi\sin\alpha\mathrm{d}\sigma \end{array}\right\} \tag{5.89}$$

由以上两组关系式易知二者有如下关系式

$$\frac{\mathrm{d}B}{\mathrm{d}\varphi} = \frac{\cos A}{M\cos\alpha}\frac{\mathrm{d}S}{\mathrm{d}\sigma} \tag{5.90}$$

$$\frac{\mathrm{d}L}{\mathrm{d}\lambda} = \frac{\cos\varphi\sin A}{N\cos B\sin\alpha}\frac{\mathrm{d}S}{\mathrm{d}\sigma} \tag{5.91}$$

$$\frac{\mathrm{d}A}{\mathrm{d}\alpha} = \frac{\tan B\sin A}{N\tan\varphi\sin\alpha}\frac{\mathrm{d}S}{\mathrm{d}\sigma} \tag{5.92}$$

为简化计算，白塞尔提出如下三个投影条件：

（1）椭球面大地线投影到球面上为大圆弧。

（2）大地线和大圆弧上相应点的方位角相等。

（3）球面上任意一点的纬度等于椭球面上相应点的归化纬度。

按照上述条件，在球面极三角形 $P'P_1'P_2'$ 中，依正弦定理得

$$\cos u_1 \sin\alpha_1 = \cos u_2 \sin\alpha_2 \tag{5.93}$$

另外，依大地线克莱劳方程

$$\cos u_1 \sin\alpha_1 = \cos u_2 \sin A_2 \tag{5.94}$$

比较以上式（5.93）、（5.94），易知

$$\alpha_2 = A_2 \tag{5.95}$$

这表明，在白塞尔投影方法中，方位角投影保持不变。

至此，在白塞尔投影中的六个元素，其中四个元素（$B_1 \sim u_1$，$B_2 \sim u_2$，$A_1 \sim \alpha_1$，$A_2 \sim \alpha_2$）的关系已经确定，余下的 λ 与 l，σ 与 S 的关系尚未确定。下面我们首先建立它们之间的微分方程。

根据第一投影条件，可使用（5.90）、（5.91）及（5.92）式，顾及第二投影条件 $(A = \alpha)$，则由（5.92）式可得

$$\frac{\mathrm{d}S}{\mathrm{d}\sigma} = \frac{N\tan\varphi}{\tan B} \qquad (5.96)$$

将（5.96）式代入（5.90）式，得

$$\frac{\mathrm{d}B}{\mathrm{d}\varphi} = \frac{N\tan\varphi}{M\tan B} \qquad (5.97)$$

进而得到

$$\frac{\mathrm{d}L}{\mathrm{d}\lambda} = \frac{\sin\varphi}{\sin B} \qquad (5.98)$$

现在我们研究以上三个方程的积分。

首先对（5.97）式，可写成

$$\tan\varphi\mathrm{d}\varphi = \frac{M\sin B}{N\cos B}\mathrm{d}B \qquad (5.99)$$

由于 $M\sin B\mathrm{d}B = -\mathrm{d}r$ ，则

$$\tan\varphi\mathrm{d}\varphi = -\frac{\mathrm{d}r}{r} \qquad (5.100)$$

$$\ln\cos\varphi - \ln r + \ln C = 0$$

或 $\qquad\qquad C\cdot\cos\varphi = r \qquad (5.101)$

式中，C 为积分常数。根据白塞尔投影第三条件确定常数 C ，由于 $\varphi = u$ ，因为 $r = a\cos u$ ，于是 $C = a$ 。

再来研究（5.96）式及（5.98）式，根据第三投影条件，它们可以写成

$$\frac{\mathrm{d}S}{\mathrm{d}\sigma} = \frac{N\tan u}{\tan B} = \frac{a\sqrt{1-e^2}}{W} = \frac{a}{V} \qquad (5.102)$$

$$\frac{\mathrm{d}L}{\mathrm{d}\lambda} = \frac{\sin u}{\sin B} = \frac{1}{V} \qquad (5.103)$$

又因为

$$V^2 = 1 + e'^2\cos^2 B = 1 + \frac{e^2}{1-e^2}W^2\cos^2 u = 1 + e^2V^2\cos^2 u$$

则 $\qquad\qquad V^2 = \dfrac{1}{1-e^2\cos^2 u}$

因此（5.102）式及（5.103）式可写成下式

$$\frac{\mathrm{d}S}{\mathrm{d}\sigma} = a\sqrt{1-e^2\cos^2 u} \qquad (5.104)$$

$$\frac{\mathrm{d}L}{\mathrm{d}\lambda} = a\sqrt{1-e^2\cos^2 u} \qquad (5.105)$$

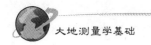

以上两式称为白塞尔微分方程，它们表达了椭球面上大地线长度与球面大圆弧长度，椭球面上经差与球面上经差的微分关系，对这组方程进行积分

$$S = a\int_{P_1}^{P_2} \sqrt{1-e^2\cos^2 u}\,\mathrm{d}\sigma \qquad (5.106)$$

$$L = L_2 - L_1 = \int_{P_1}^{P_2} \sqrt{1-e^2\cos^2 u}\,\mathrm{d}\lambda \qquad (5.107)$$

就可求得 S 与 σ，L 与 λ 的关系式。

3. 白塞尔微分方程的积分

首先研究（5.106）式的积分。如图 5.26 所示，将大圆弧 P_2P_1 延长与赤道相交于 P_0，此点处大圆弧方位角为 A_0，则在球面直角三角形 $P_0Q_1P_1$ 中：

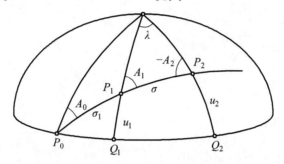

图 5.26　白塞尔微分方程积分示意图

$$\sin u = \sin\sigma\cos A_0$$

$$\cos^2 u = 1 - \cos^2 A_0\sin^2\sigma$$

于是（5.106）式可写成

$$S = a\int_{P_1}^{P_2} \sqrt{1-e^2+e^2\cos^2 A_0\sin^2\sigma}\,\mathrm{d}\sigma$$

$$= a\sqrt{1-e^2}\int_{P_1}^{P_2} \sqrt{1+\frac{e^2}{1-e^2}\cos^2 A_0\sin\sigma}\,\mathrm{d}\sigma$$

$$= b\int_{P_1}^{P_2} \sqrt{1+e'^2\cos^2 A_0\sin^2\sigma}\,\mathrm{d}\sigma \qquad (5.108)$$

式中，b 为椭球短半径。

对被积函数的常数引用符号

$$k^2 = e'^2\cos^2 A_0 \qquad (5.109)$$

则

$$S = b\int_{P_1}^{P_2} (1+k^2\sin^2\sigma)^{1/2}\,\mathrm{d}\sigma \qquad (5.110)$$

为了便于积分，将被积函数展开级数

$$(1+k^2\sin^2\sigma)^{1/2} = 1 + \frac{k^2}{2}\sin^2\sigma - \frac{k^4}{8}\sin^4\sigma + \frac{k^6}{16}\sin^6\sigma - \cdots \qquad (5.111)$$

很显然，由于 k 中含偏心率 e'^2，故它收敛快。

为了便于积分，将幂函数用倍数函数代替：

$$\sin^2\sigma = \frac{1}{2} - \frac{1}{2}\cos 2\sigma$$

$$\sin^4\sigma = \frac{3}{8} - \frac{1}{2}\cos 2\sigma + \frac{1}{8}\cos 4\sigma$$

$$\sin^6\sigma = \frac{5}{16} - \frac{15}{32}\cos 2\sigma + \frac{3}{16}\cos 4\sigma - \frac{1}{32}\cos 6\sigma$$

同类项合并后，得

$$(1+k^2\sin^2\sigma)^{1/2} = \left(1 + \frac{k^2}{4} - \frac{3}{64}k^4 + \frac{5}{256}k^6 - \cdots\right) -$$

$$\left(\frac{k^2}{4} - \frac{k^4}{16} + \frac{15}{512}k^6 - \cdots\right)\cos 2\sigma -$$

$$\left(\frac{k^4}{64} - \frac{3}{256}k^6 + \cdots\right)\cos 4\sigma - \left(\frac{k^6}{512} - \cdots\right)\cos 6\sigma \qquad （5.112）$$

式（5.112）最后一项积分后，乘以椭球短半轴 b，得

$$\frac{bk^6}{3072}\sin 6\sigma < 0.000\,06m$$

甚至在最精密的计算中，它也可以忽略不计。其他三角函数积分后分别得

$$\int \cos 2\sigma \mathrm{d}\sigma = \frac{1}{2}\sin 2\sigma \qquad （5.113）$$

$$\int \cos 2\sigma \mathrm{d}\sigma = \frac{1}{2}\sin 2\sigma \qquad （5.114）$$

现在，我们可以得到具有足够精度保证的 S 与 σ 的关系式

$$S_i = A\sigma_i - B\sin 2\sigma_i - C\sin 2\sigma_i\cos 2\sigma_i - \cdots \qquad （5.115）$$

式中

$$\begin{cases} A = b\left(1 + \dfrac{k^2}{4} - \dfrac{3k^2}{64} + \dfrac{5}{256}k^6 - \cdots\right) \\[2mm] B = b\left(\dfrac{k^2}{8} - \dfrac{k^4}{32} + \dfrac{15}{1024}k^6 - \cdots\right) \\[2mm] C = b\left(\dfrac{k^4}{128} - \dfrac{3}{512}k^6 + \cdots\right) \end{cases} \qquad （5.116）$$

当将克拉索夫斯基椭球元素值代入上式，得

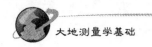
$$\begin{cases} A = 6\ 356\ 863.020 + (10\ 708.949 - 13.474\cos^2 A_0)\cos^2 A_0 \\ \quad = 30.818\ 341\ 61 + (51\ 918\ 450 - 65\ 324\cos^2 A_0)\cos^2 A_0 \cdot 10^{-9} \\ B = (5354.469 - 8.978\cos^2 A_0)\cos^2 A_0 \\ C = (2.238\cos^2 A_0)\cos^2 A_0 + 0.006 \end{cases} \quad (5.117)$$

如果将 1975 年国际椭球元素值代入，则得

$$\begin{cases} A = 6\ 356\ 755.288 + (10\ 710.341 - 13.534\cos^2 A_0)\cos^2 A_0 \\ B = (5\ 355.171 - 9.023\cos^2 A_0)\cos^2 A_0 \\ C = (2.256\cos^2 A_0)\cos^2 A_0 + 0.006 \end{cases} \quad (5.118)$$

（5.115）式的解算精度与距离长短无关，其误差最大不超过 0.005 m。利用此式可计算从赤道开始至大圆弧任意一点 P_i 的大地线的长度。为计算两点 P_1、P_2 间的大地线长度，对这两点分别使用（5.115）式后

$$\begin{cases} S_1 = A\sigma_1 - B\sin 2\sigma_1 - C\sin 2\sigma_1 \cos 2\sigma_1 \\ S_2 = A\sigma_2 - B\sin 2\sigma_2 - C\sin 2\sigma_2 \cos 2\sigma_2 \end{cases} \quad (5.119)$$

因为 $S = S_2 - S_1$，$\sigma = \sigma_2 - \sigma_1$，故

$$S = A\sigma + \sin 2\sigma_1(B + C \cdot \cos 2\sigma_1) - \sin 2\sigma_2(B + C \cdot \cos 2\sigma_2) \quad (5.120)$$

此式用于大地主题反算。当正算时，可采用趋近法和直接法。对于逐次趋近法，由（5.120）式可得

$$\sigma = \frac{1}{A}\{S - \sin 2\sigma_1(B + C\cos 2\sigma_1) + \sin 2(\sigma_1 + \sigma)[B + C\cos 2(\sigma + \sigma_1)]\} \quad (5.121)$$

第一次趋近时，初值可采用

$$\sigma_0 = \frac{1}{A}[S - (B + C \cdot \cos 2\sigma_1)\sin 2\sigma_1] \quad (5.122)$$

对于直接法，由（5.119）第二式，得

$$\frac{S_2}{A} = \sigma_2 - \frac{B}{A}\sin 2\sigma_2 - \frac{C}{2A}\sin 4\sigma_2 \quad (5.123)$$

根据三角级数反解规则，由上式解出

$$\sigma_2 = \frac{S_2}{A} + \frac{B'}{A}\sin 2\left(\frac{S_2}{A}\right) + \frac{C'}{2A}\sin 4\left(\frac{S_2}{A}\right) \quad (5.124)$$

式中

$$\left.\begin{array}{l} B' = B - \dfrac{BC}{2A} - \dfrac{B^3}{2A^2} = B - \dfrac{3b}{2048}k^6 \\[2mm] C' = C + \dfrac{2B^2}{A} = 5C \end{array}\right\} \quad (5.125)$$

对于 B' 式右端第二项的数值很小，如果舍去，误差不会超过 0.000 1″，故在许多情况下，

可以认为 $B = B'$。

由于 $S_2 = S_1 + S$，顾及（5.119）式第一式时，得

$$\frac{S_2}{A} = \sigma_1 - \frac{B}{A}\sin 2\sigma_1 - \frac{C}{A}\sin 2\sigma_1 \cos 2\sigma_1 + \frac{S}{A}$$

注意到（5.122）式，上式可写成

$$\frac{S_2}{A} = \sigma_1 + \sigma_0 \qquad\qquad（5.126）$$

因此由（5.124）式，顾及上式，经某些变换后，可得

$$\sigma = \sigma_0 + \frac{1}{A}[B + 5C\cos 2(\sigma_1 + \sigma_0)]\sin 2(\sigma_1 + \sigma_0) \qquad\qquad（5.127）$$

（5.127）式即为对 σ 的直接解法公式，比（5.121）式有优点。

现在研究（5.107）式的积分。

在积分前，必须对被积函数做某些变化，以使被积函数中的变量和积分变量一致。为此，首先将被积函数展开级数，并对第一项积分后，易得

$$L = \int_{P_1}^{P_2} (1 - e^2 \cos^2 u)^{1/2}\mathrm{d}\lambda = \int_{P_1}^{P_2}\left(1 - \frac{e^2}{2}\cos^2 u - \frac{e^4}{8}\cos^4 u - \frac{e^6}{16}\cos^6 u - \cdots\right)^{1/2}\mathrm{d}\lambda$$

$$= \lambda - \int_{P_1}^{P_2}\left(\frac{e^2}{2} + \frac{e^4}{8}\cos^2 u + \frac{e^6}{16}\cos^4 u + \cdots\right)\cos^2 u\mathrm{d}\lambda \qquad\qquad（5.128）$$

注意到

$$\cos^2 u = 1 - \cos^2 A_0 \sin^2 \sigma \qquad\qquad（5.129）$$

又据白塞尔投影条件，在球面三角形 $P_0 P_1 Q_1$ 中有式

$$\begin{cases} \cos u \sin A = \sin A_0 \\ \mathrm{d}\lambda \cos u = \mathrm{d}\sigma \sin A \\ \cos^2 u \mathrm{d}\lambda = \sin A_0 \mathrm{d}\sigma \end{cases} \qquad\qquad（5.130）$$

将（5.129）式及（5.130）式代入（5.128）式

$$L = \lambda - \sin A_0 \cdot \int_{P_1}^{P_2}\left[\left(\frac{e^2}{2} + \frac{e^4}{8} + \frac{e^6}{16} + \cdots\right) - \left(\frac{e^4}{8} + \frac{e^6}{8} + \cdots\right)\cos^2 A_0 \sin^2 \sigma + \right.$$

$$\left. \left(\frac{e^6}{16} + \cdots\right)\cos^2 A_0 \sin^4 \sigma + \cdots\right]\mathrm{d}\sigma \qquad\qquad（5.131）$$

将三角函数的幂函数用倍数函数代替，并合并同类项，得

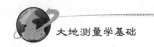

$$L = \lambda - \sin A_0 \int_{P_1}^{P_2} \left\{ \left(\frac{e^2}{2} + \frac{e^4}{8} + \frac{e^6}{16} + \cdots \right) - \left(\frac{e^4}{16} + \frac{e^6}{16} + \cdots \right) \cos^2 A_0 + \right.$$

$$\left(\frac{3}{128} e^6 + \cdots \right) \cos^4 A_0 + \cdots + \left[\left(\frac{e^4}{16} + \frac{e^6}{16} + \cdots \right) \cos^2 A_0 + \right.$$

$$\left. \left. \left(\frac{e^6}{32} + \cdots \right) \cos^4 A_0 + \cdots \right] \cos 2\sigma + \cdots \right\} \mathrm{d}\sigma \qquad (5.132)$$

上式右端的截断项 $\frac{e^6}{128} \cos^4 A_0 \sin A_0 \cos 4\sigma$ ，其值小于 $0.000\,15''$ 。

对上式积分，并代入 σ_1 及 σ_2 ，则得到经差的计算公式：

对于正算，有式

$$L = \lambda - \sin A_0 [\alpha\sigma + \beta(\sin 2\sigma_2 - \sin 2\sigma_1)] \qquad (5.133)$$

对于反算，有式

$$\lambda = L + \sin A_0 [\alpha\sigma + \beta(\sin 2\sigma_2 - \sin 2\sigma_1)] \qquad (5.134)$$

式中

$$\left. \begin{array}{l} \alpha = \left(\dfrac{e^2}{2} + \dfrac{e^4}{8} + \dfrac{e^6}{16} + \cdots \right) = \left(\dfrac{e^4}{16} + \dfrac{e^6}{16} + \cdots \right) \cos^2 A_0 + \left(\dfrac{3}{128} e^6 + \cdots \right) \cos^4 A_0 + \cdots \\[3mm] \beta = \left(\dfrac{e^4}{32} + \dfrac{e^6}{32} + \cdots \right) \cos^2 A_0 - \left(\dfrac{e^6}{64} + \cdots \right) \cos^4 A_0 \end{array} \right\} \qquad (5.135)$$

当将克拉索夫斯基椭球元素值代入，得系数

$$\left. \begin{array}{l} \alpha = [33\,523\,299 - (28\,189 - 70\cos^2 A_0)\cos^2 A_0] \times 10^{-10} \\[1mm] \alpha = 691.467\,68 - (0.581\,43 - 0.001\,44\cos^2 A_0)\cos^2 A_0 \\[1mm] \beta = (0.290\,7 - 0.001\,0\cos^2 A_0)\cos^2 A_0 \end{array} \right\} \qquad (5.136)$$

当将 1975 年国际椭球元素值代入，则得系数

$$\left. \begin{array}{l} \alpha = [33\,528\,130 - (28\,190 - 70\cos^2 A_0)\cos^2 A_0] \times 10^{-10} \\[1mm] \beta = (14\,095 - 46.7\cos^2 A_0)\cos^2 A_0 \times 10^{-10} \end{array} \right\} \qquad (5.137)$$

用这些系数计算经度的误差不大于 $0.0002''$ 。

下面我们来研究反解问题时，计算 S 和 σ 更简化的公式。

将（5.120）式可改写为

$$S = A\sigma - B(\sin 2\sigma_2 - \sin 2\sigma_1) - C(\sin 2\sigma_2 \cos 2\sigma_2 - \sin 2\sigma_1 \cos 2\sigma_1) \qquad (5.138)$$

则 $\qquad S = A\sigma - 2B\sin\sigma\cos(2\sigma_1 - \sigma) - C\sin 2\sigma\cos(4\sigma_1 + 2\sigma) \qquad (5.139)$

为便于计算机编程计算，还需对上式进行一些变换。由于

$$\cos(2\sigma_1 + \sigma) = \cos 2\sigma_1 \cos \sigma - \sin 2\sigma_1 \sin \sigma$$

$$= \cos \sigma - 2\sin \sigma_1 (\sin \sigma_1 \cos \sigma + \cos \sigma_1 \sin \sigma)$$

$$= \cos \sigma - 2\sin \sigma_1 \sin \sigma_2$$

在球面三角形中有公式

$$\sin \varphi = \sin \sigma \cos A_0$$

于是有

$$\sin \sigma = \frac{\sin \varphi}{\cos A_0}$$

注意到 $\varphi_1 = u_1$，$\varphi_2 = u_2$，经某些变化则得

$$\cos(2\sigma_1 + \sigma) = \frac{1}{\cos^2 A_0}(\cos^2 A_0 \cos \sigma - 2\sin u_1 \sin u_2)$$

此外

$$\cos(4\sigma_1 + 2\sigma) = 2\cos^2(2\sigma_1 + \sigma) - 1$$

把这些公式代入（5.139）式，得

$$S = A\sigma + \frac{2B}{\cos^2 A_0}(2\sin u_1 \sin u_2 - \cos^2 A_0 \cos \sigma)\sin \sigma +$$

$$\frac{2C}{\cos^4 A_0}[\cos^4 A_0 - 2\cos^4 A_0 \cos^2(2\sigma_1 + \sigma)]\cos \sigma \sin \sigma \tag{5.140}$$

引入符号

$$\left.\begin{array}{l} x = 2\sin u_1 \sin u_2 - \cos^2 A_0 \cos \sigma \\ y = (\cos^4 A_0 - 2x^2)\cos \sigma \end{array}\right\} \tag{5.141}$$

将它代入到（5.140）式，得反解时计算大地线长度的公式

$$S = A\sigma + (B''x + C''y)\sin \sigma \tag{5.142}$$

如将克拉索夫斯基椭球元素值代入，则

$$\left.\begin{array}{l} A = 6\,356\,863.020 + (10\,708.949 - 13.474\cos^2 A_0)\cos^2 A_0 \\ B'' = \dfrac{2B}{\cos^2 A_0} = 10\,708.938 - 17.956\cos^2 A_0 \\ C'' = \dfrac{2C}{\cos^4 A_0} = 4.487 \end{array}\right\} \tag{5.143}$$

如将 1975 年国际椭球元素值代入，则

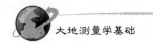
$$A = 6\ 356\ 755.288 + (10\ 710\ 341 - 13.534\cos^2 A_0)\cos^2 A_0$$
$$B'' = 10\ 710.342 - 18.046\cos^2 A_0$$
$$C'' = 4.512$$

（5.144）

（5.142）式的优点是不必计算 σ_1 及其三角函数值，且系数计算也简单。

仿此，对（5.134）式变换后有式

$$\lambda = L - (2\alpha - \beta'x\sin\sigma)\sin A_0$$

式中系数，对克拉索夫斯基椭球有

$$\alpha = [33\ 523\ 299 - (28\ 189 - 70\cos^2 A_0)\cos^2 A_0] \times 10^{-10}$$
$$\beta' = 2\beta = (28\ 189 - 94\cos^2 A_0) \times 10^{-10}$$

（5.145）

对 1975 年国际椭球有

$$\alpha = [33\ 528\ 130 - (28\ 190 - 70\cos^2 A_0)\cos^2 A_0] \times 10^{-10}$$
$$\beta' = 2\beta = (28\ 190 - 93.4\cos^2 A_0) \times 10^{-10}$$

（5.146）

4. 白塞尔法大地主题正算步骤

已知：大地线起点的纬度 B_1，经度 L_1，大地方位角 A_1 及大地线长度 S。

求：大地线终点的纬度 B_2，经度 L_2，大地方位角 A_2。

（1）计算起点的归化纬度：

$$W_1 = \sqrt{1 - e^2\sin^2 B_1}, \quad \sin u_1 = \frac{\sin B_1\sqrt{1 - e^2}}{W_1}, \quad \cos u_1 = \frac{\cos B_1}{W_1}$$

（2）计算辅助函数值：

$$\sin A_0 = \cos u_1\sin A_1 \quad \cot\sigma_1 = \frac{\cos u_1\cos A_1}{\sin u_1}$$

$$\sin 2\sigma_1 = \frac{2\cot\sigma_1}{\cot^2\sigma_1 + 1}, \quad \cos 2\sigma_1 = \frac{\cos^2\sigma_1 - 1}{\cos^2\sigma_1 + 1}$$

（3）注意到 $\cos^2 A_0 = 1 - \sin^2 A_0$，按（5.118）及（5.136）式计算系数 A、B、C 及 α、β 之值。

（4）计算球面长度：

$$\sigma_0 = [S - (B + C\cdot\cos 2\sigma_1)\sin 2\sigma_1]\frac{1}{A}$$

$$\cos 2(\sigma_1 + \sigma_0) = \cos 2\sigma_1\cos 2\sigma_0 - \sin 2\sigma_1\sin 2\sigma_0$$

$$\sin 2(\sigma_1 + \sigma_0) = \sin 2\sigma_1\cos 2\sigma_0 + \cos 2\sigma_1\sin 2\sigma_0$$

$$\sigma = \sigma_0 + [B + 5C\cos 2(\sigma_1 + \sigma_0)]\frac{\sin 2(\sigma_1 + \sigma_0)}{A}$$

计算经度差改正数：

$$\lambda - L = \delta = \{\alpha\sigma + \beta[\sin 2(\sigma_1 + \sigma_0) - \sin 2\sigma_1]\}\sin A_0$$

计算终点大地坐标及大地方位角：

$$\sin u_2 = \sin u_1 \cos\sigma + \cos u_1 \cos A_1 \sin\sigma$$

$$B_2 = \arctan\left[\frac{\sin u_2}{\sqrt{1-e^2}\sqrt{1-\sin^2 u_2}}\right]$$

$$\lambda = \arctan\left[\frac{\sin A_1 \sin\sigma}{\cos u_1 \cos\sigma - \sin u_1 \sin\sigma \cos A_1}\right]$$

其中，$\sin A_1$ 符号、$\tan\lambda$ 符号和 λ 取值见表 5.5。

表 5.5　计算表（1）

$\sin A_1$ 符号	+	+	−	−
$\tan\lambda$ 符号	+	−	−	+
$\lambda =$	$\|\lambda\|$	$180° - \|\lambda\|$	$-\|\lambda\|$	$\|\lambda\| - 180°$

$$L_2 = L_1 + \lambda - \delta$$

$$A_2 = \arctan\left[\frac{\cos u_1 \sin A_1}{\cos u_1 \cos\sigma \cos A_1 - \sin u_1 \sin\sigma}\right]$$

其中 $\sin A_1$、$\tan\lambda$ 符号和 λ 取值见表 5.6。

表 5.6　计算表（2）

$\sin A_1$ 符号	−	−	+	+
$\tan\lambda$ 符号	+	−	+	−
$\lambda =$	$\|A_2\|$	$180° - \|A_2\|$	$180° - \|A_2\|$	$360° - \|A_2\|$

注：$\|\lambda\|$、$\|A_2\|$ 为第一象限角。

5. 白塞尔法大地主题反算步骤

已知：大地线起点、终点的大地坐标 B_1、L_1 及 B_2、L_2。

求：大地线长度 S 及起点、终点处的大地方位角 A_1 及 A_2。

（1）辅助计算：

$$W_1 = \sqrt{1-e^2\sin^2 B_1}\ ,\quad W_2 = \sqrt{1-e^2\sin^2 B_2}$$

$$\sin u_1 = \frac{\sin B_1\sqrt{1-e^2}}{W_1}\ ,\quad \sin u_2 = \frac{\sin B_2\sqrt{1-e^2}}{W_2}$$

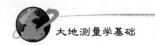

$$\cos u_1 = \frac{\cos B_1}{W_1}, \quad \cos u_2 = \frac{\cos B_2}{W_2}$$

$$L = L_2 - L_1$$

$$a_1 = \sin u_1 \sin u_2, \quad a_2 = \cos u_1 \cos u_2$$

$$b_1 = \cos u_1 \sin u_2, \quad b_1 = \sin u_1 \cos u_2$$

（2）用逐趋近法同时计算起点大地方位角、球面长度及经差 $\lambda = L + \delta$：

第一次趋近时，取 $\delta = 0$，则

$$p = \cos u_2 \sin \lambda, \quad q = b_1 - b_2 \cos \lambda$$

$$A_1 = \arctan \frac{p}{q}$$

其中，p、q 的符号和 A_1 取值见表 5.7。

表 5.7　计算表（3）

p 符号	+	+	−	−
q 符号	+	−	−	+
$A_1 =$	$\lvert A_1 \rvert$	$180° - \lvert A_1 \rvert$	$180° + \lvert A_1 \rvert$	$360° - \lvert A_1 \rvert$

$$\sin \sigma = p \sin A_1 + q \cos A_1, \quad \cos \sigma = a_1 + a_2 \cos \lambda$$

其中，$\cos \sigma$ 符号和 σ 取值见表 5.8。

表 5.8　计算表（4）

$\cos \sigma$ 符号	+	−
$\sigma =$	$\lvert \sigma \rvert$	$180° - \lvert \sigma \rvert$

$$\sigma = \arctan \frac{\sin \sigma}{\cos \sigma}$$

其中，$\lvert A_1 \rvert$、$\lvert \sigma \rvert$ 为第一象限的角度。

$$\sin A_0 = \cos u_1 \sin A_1, \quad x = 2a_1 - \cos^2 A_0 \cos \sigma$$

$$\delta = [\alpha \sigma - \beta' x \sin \sigma] \sin A_0$$

系数 α 及 β' 按（5.145）式计算，用算得的 δ 计算 $\lambda_1 = l + \delta$，依次，按上述步骤重新计算得 δ_2 再用 δ_2 计算 λ_2，仿此一直迭代，直到最后两次 δ 相同或小于给定的允许值。λ、A_1、σ、x 及 $\sin A_0$ 均采用最后一次计算的结果。

（3）按（5.143）式计算系数 A，B'' 及 C''；之后计算大地线长度 S。

$$y = (\cos^4 A_0 - 2x^2) \cos \sigma$$

$$S = A\sigma + (B''x + C''y)\sin\sigma$$

（4）计算反方位角：

$$A_2 = \arctan\left(\frac{\cos u_1 \sin\lambda}{b_1\cos\lambda - b_2}\right)$$

A_2 的符号确定与 A_1 相同。

算例： 白塞尔主题解算（正、反算）。

已知：$B_1 = 30°30'00''$，$L_1 = 114°20'00''$，$A_1 = 225°00'00''$，$S = 10\,000\,000.00$ m 。

（1）正算（见表 5.9）。

① $W_1 = \sqrt{1 - e^2\sin^2 B_1} = 0.999\,137\,531$

$\sin u_1 = \dfrac{\sin B_1\sqrt{1-e^2}}{W_1}\,0.506\,273\,571$

$\cos u_1 = \dfrac{\cos B_1}{W_1} = 0.862\,372\,929$

② $\sin A_0 = \cos u_1 \sin_1 = -0.609\,789\,749$

$\cos^2 A_0 = 1 - \sin^2 A_0 = 0.628\,156\,465$

$A = 6\,356.863\,020 + (10\,708.949 - 13.474\cos^2 A_0)\cos^2 A_0 = 6.363\,584\,598\times 10^6$

$B = (5\,354.469 - 8.978\cos^2 A_0)\cos^2 A_0 = 3.359\,901\,774\times 10^3$

$C = (2.238\cos^2 A_0)\cos^2 A_0 + 0.006 = 0.889\,071\,258$

$\alpha = [33\,523\,299 - (28\,189 - 70\cos^2 A_0)\cos^2 A_0]\times 10^{10} = 691.103\,011\,8$

$\beta = (0.290\,7 - 0.001\,0\cos^2 A_0)\cos^2 A_0 = 0.182\,210\,504$

③ $\sigma_0 = [S - (B + C\cos 2\sigma_1)\sin 2\sigma_1]\dfrac{1}{A}$

$\sin 2\sigma_1 = \dfrac{2\cot\sigma_1}{\cot^2\sigma_1 + 1} = -0.982\,941\,195$ ， $\cos 2\sigma_1 = \dfrac{\cot^2\sigma_1 - 1}{\cot^2\sigma_1 + 1} = 0.183\,920\,109$

$\cos 2\sigma_1 = \dfrac{\cos u_1\cos A_1}{\sin u_1} = -0.187\,112\,016$

$\sin 2(\sigma_1 + \sigma_0) = \sin 2\sigma_1\cos 2\sigma_0 + \cos 2\sigma_1\sin 2\sigma_0 = 0.982\,510\,348$

$\cos 2(\sigma_1 + \sigma_0) = \cos 2\sigma_1\cos 2\sigma_0 - \sin 2\sigma_1\sin 2\sigma_0 = -0.186\,207\,987$

$\sigma = \sigma_0 + [B + 5C\cos 2(\sigma_1 + \sigma_0)]\dfrac{\sin 2(\sigma_0 + \sigma_1)}{A} = 1.572\,478\,989$

④ $\lambda - 1 = \delta = \{2\sigma + \beta[\sin 2(\sigma_1 + \sigma_0) - \sin 2\sigma_1]\}\sin A_0 = -662.904\,318\,9$

$\sin u_2 = \sin u_1\cos\sigma + \cos u_1\cos A_1\sin\sigma = -0.610\,640\,768$

$B_2 = \arctan\left[\dfrac{\sin u_2}{\sqrt{1-e^2}\sqrt{1-\sin^2 u_2}}\right] = -37°43'44.1''$

$\lambda' = \arctan\left[\dfrac{\sin A_1\sin\sigma}{\cos u_1\cos\sigma - \sin u_1\sin\sigma\cos A_1}\right] = -63°14'30.4''$

$\lambda = -63°14'30.4''$

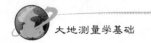

$$L_2 = L_1 + \lambda - \delta = +51°16'32.5''$$

$$A_2 = \arctan\left[\frac{\cos u_1 \sin A_1}{\cos u_1 \cos \sigma \cos A_1 - \sin u_1 \sin \sigma}\right] = 50°21'22.49''$$

表 5.9　正算表格

B_1	30°30'00.00''	A	$6.363\,584\,598 \times 10^6$
L_1	114°20'00''	B	$3.359\,901\,774 \times 10^3$
A_1	225°00'00''	C	0.889 071 258
S	10 000 000.00	α	691.103 011 8
W_1	0.999 137 531	β	0.889 071 258
$\sin u_1$	0.506 273 571	σ_0	
$\cos u_1$	0.862 372 929	$\sin 2(\sigma_1 + \sigma_0)$	0.982 510 348
$\sin A_1$	−0.707 106 781	$\cos 2(\sigma_1 + \sigma_0)$	−0.186 207 987
$\cos A_1$	−0.707 106 781	σ	−1.572 478 989
$\sin A_0$	−0.609 789 747	δ	−662.904 318 9
$\cos^2 A_0$	0.628 156 465	$\sin \sigma$	0.999 998 584
$\cot \sigma_1$	−1.204 466 874	$\cos \sigma$	$−1.682\,664\,554 \times 10^{-3}$
$\sin 2\sigma_1$	−0.982 941 195	λ	−63°14'30.4''
$\cos 2\sigma_1$	0.183 920 109	B_2	−37°43'44.1351''
		L_2	+51°16'32.497 7''
		A_2	50°21'22.49''

（2）反算（见表 5.10）。

$$W_1 = \sqrt{1 - e^2 \sin^2 B_1} = 0.999\,137\,531$$

$$W_2 = \sqrt{1 - e^2 \sin^2 B_2} = 0.998\,746\,205$$

$$\sin u_1 = \frac{\sin B_1 \sqrt{1 - e^2}}{W_1} = 0.506\,273\,571$$

$$\sin u_2 = \frac{\sin B_2 \sqrt{1 - e^2}}{W_2} = -0.610\,640\,768$$

$$a_1 = \sin u_1 \sin u_2 = -0.309\,151\,283$$

$$a_2 = \cos u_1 \cos u_2 = 0.682\,919\,786$$

$$b_1 = \cos u_1 \sin u_2 = -0.526\,599\,999$$

$$b_2 = \sin u_1 \cos u_2 = -0.400\,921\,954$$

$$\lambda = l + \delta$$

第一次取 $\delta = 0$，$\lambda = 1$，则

$$p = \cos u_2 \sin \lambda = -0.705\,956\,267$$

$$q = b_1 - b_2 \cos \lambda = -0.708\,255\,372$$

$$A_1 = \arctan \frac{p}{q} = 224°54'24.7''$$

$$\sin \sigma_1 = p \sin A_1 + q \cos A_1 = 0.999\,999\,962$$

$$\cos \sigma = a_1 + a_2 \cos \lambda = 0.000\,275\,526$$

$$\sigma = \arctan \left(\frac{\sin \sigma}{\cos \sigma} \right) = 1.570\,520\,800$$

$$\sin A_0 = \cos u_1 \sin A_1 = -0.608\,797\,598$$

$$x = 2a_1 - \cos^2 A_0 \cos \sigma = -0.618\,475\,973$$

$$\delta = [\alpha\sigma - \beta' x \sin \sigma] \sin A_0 = -661.001\,630\,809''$$

第二次取 $\delta = -662.898\,859\,275$
第三次取 $\delta = -662.904\,304\,382$
第四次取 $\delta = -662.904\,320\,010$

表 5.10   反算表格

$B_1 = 30°30'00''$ $B_2 = -37°43'44.1''$ $l = -63°3'27.5''$			
$\sin u_1$	0.506 273 571a_1		−0.309 151 283
$\cos u_1$	0.862 372 929a_2		0.682 919 786
$\sin u_2$	−0.610 640 768b_1		−0.526 599 999
$\cos u_2$	0.791 907 729b_2		0.400 921 954
计算值	趋近次数		
	1	2	3	4
$\sin \lambda$	−0.891 462 782	−0.892 910 199	−0.892 914 340	−0.892 914 352
$\cos \lambda$	0.453 093 928	0.450 234 801	0.450 226 588	0.450 226 564
p	−0.705 956 267	−0.707 102 488	−0.707 105 767	−0.707 105 777
q	−0.708 255 372	−0.707 109 085	−0.707 105 792	−0.707 105 783
A_1	224°54'24.7''	224°59'59.03''	224°59'59.996''	224°59'59.999''
$\sin A_1$	−0.705 959 294	−0.707 103 482	−0.707 106 768	−0.707106778
$\cos A_1$	−0.708 255 399	−0.707 110 079	−0.707 106 793	−0.707 109 784
$\sin \sigma$	0.999 999 962	0.999 998 594	0.999 998 584	0.999 998 584

续表

计算值	趋近次数			
	1	2	3	4
$\cos\sigma$	0.000 275 526	−0.001 677 028	−0.001 682 636	−0.001 682 652
σ	1.570 520 800	1.572 473 355	1.572 478 964	1.572 478 980
$\sin A_0$	−0.608 797 598	−0.609 786 902	−0.609 789 735	0.609 789 744
x	−0.618 475 973	−0.617 249 124	−0.617 245 607	−0.617 245 597
α	0.003 350 558	0.003 350 562	0.003 350 562	0.003 350 562
δ	−661″.001 630 809	−662″.898 859 275	−662″.904 304 382	−662″.904 320 010
β'	0.000 002 813	0.000 002 813	0.000 002 813	0.000 002 813
A	6 363 584.598 967 814		y0.000 618 213	
B'	10697.659		s9 999 999.952 070 301	
C'	4.487		$A_2$50°21′22.488 1″	

【 本章小结 】

  本章第一节介绍了旋转椭球的五个基本几何参数，引入了三个常用符号和两个辅助函数，并列表说明了我国测量中常用的几个椭球参数，此外给出了基本几何参数、常用符号和辅助函数之间的关系式。

  第二节首先介绍了大地坐标系、空间直角坐标系、子午面直角坐标系、地心纬度坐标系、归化纬度坐标系和大地极坐标系的含义，然后详细推导了子午面直角坐标系与大地坐标系关系式，在此基础上导出了大地坐标到空间直角坐标的转换式，最后给出了利用迭代法由空间直角坐标计算大地坐标的步骤。

  第三节首先推导了子午圈和卯酉圈曲率半径公式，并说明了其随纬度增大而增大的规律，然后给出了任意法截弧曲率半径及平均曲率半径的公式，并阐述了 $N > R > M$ 的关系；接着详细推导了子午圈弧长计算公式，最后介绍了由子午线弧长求大地纬度、平行圈弧长公式及子午线弧长和平行圈弧长变化的比较。

  第四节首先讲述了相对法截线的定义及三点位置规律和造成的问题，从而说明了椭球面两点之间应由最短程曲线即大地线相连，进一步介绍了大地线的性质，接着给出了大地线的微分方程，最后利用大地线微分方程导出了大地线的克莱劳方程。

  第五节首先给出了地面观测值向椭球面归算应以大地线和椭球面法线为依据，接着讲述了将地面观测的水平方向归算至椭球面的垂线偏差改正、标高差改正以及截面差改正即三差改正的含义，详细推导了三差改正的计算式，并说明了如何应用，最后详细推导了将基线尺量距和电磁波测距归算至椭球面的距离改化计算式。

  第六节首先介绍了白塞尔大地主题解算方法的基本思想，即椭球面元素转换至球面上对应元素、球面上进行大地主题解算、球面上元素转换到椭球面对应元素，然后给出了球面上进行大地主题解算的相关公式和计算步骤、椭球面和球面上坐标关系式及白塞尔投影的三条规则，接着详细推导了白塞尔微分方程及其积分计算，最后阐述了白塞尔大地主题正算和反算的详细过程并给出了算例。

【思考与练习题】

1. 旋转椭球是怎样形成的？决定椭球的大小与形状有哪些元素？α、e、e' 是如何定义的？推导 W 和 V 的关系式。

2. 子午面直角坐标系如何定义？点在这种坐标系中如何表示？推导子午平面直角坐标系与大地坐标系的关系式。

3. 试推导空间直角坐标与大地坐标之间的关系。

4. 什么是法截面和法截线、卯酉面与卯酉线、斜截面和斜截弧？

5. 子午线曲率半径和卯酉曲率半径随纬度的变化有什么规律？

6. 在椭球面上一点必有一方向的法截弧曲率半径正好等于该点两主曲率半径的算术平均值，试推导出该法截弧方位角的表达式。

7. 子午线弧长正算公式为：$X = a_0 B - a_2/2 \sin 2B + a_4/4 \sin 4B - a_6/6 \sin 6B + a_8/8 \sin 8B$，式中 a_0、a_2、a_4、a_6 为已知系数，试说明采用迭代法，已知 X 求 B 的具体过程，并写出计算步骤。

8. 什么是相对法截线？产生相对法截线的原因是什么？

9. 在椭球面上哪两点的相对法截线合而为一？此法截线是不是大地线？为什么？

10. 什么是大地线？推导大地线微分方程和克莱劳方程。

11. 椭球面上有一条大地线，其常数 $C = a$（a 为椭球长半轴），则该大地线是什么？

12. 椭球面上有一条大地线，其常数 $C = 1\,996.5\,\text{kM}$，则该大地线在北纬最高纬度处的平行圈半径是多少？

13. 试述三差改正的几何意义。为什么有时在三角测量工作中可以不考虑三差改正？

14. 请问三差改正的改正数大小各与什么有关？

15. 为什么说通过比较一点的天文经纬度和大地经纬度，可以求出该点的垂线偏差？试绘图导出垂线偏差的计算公式？

16. 图示垂线偏差对观测天顶距的影响。

17. 将地面实测长度归化到国家统一的椭球面上，其改正数应用下式求得：

$$\delta_H = -\frac{H}{R_A} s_H$$

式中，H 应为边长所在高程面相对于椭球面的高差，而实际作业中通常用什么数值替代？这对 δ_H 的计算精度是否有影响？为什么？

18. 根据垂直角将导线测量中的斜距化为平距时，有化算至测站高程面以及化算至测站点与照准点平均高程面上两种公式，两公式之间有何差异？

19. 用电磁波测距仪测得地面倾斜距离为 D，已知数据列于表 5.11 中。试求 D 归化到椭

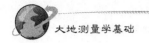

球面上的大地线长度 S。

表 5.11　题 19 表

符号	已知数据	符号	计算数值/m
B_1	30°16′	$H_2 - H_1$	
A_{12}	80°36′	N_1	
H_1	2 780.51 m	R_A	
H_2	2 373.43 m	S	
D	1 794.106 m		

第 6 章　高斯投影及常用坐标系

【本章要点】主要介绍从椭球面上大地坐标系到平面上直角坐标系的正形投影过程。研究如何将大地坐标、大地线长度和方向以及大地方位角等向平面转化的问题。主要讲解高斯投影的基本概念；正形投影的一般条件；高斯平面直角坐标与大地坐标的相互转换——高斯投影的正算与反算；椭球面上观测成果（水平方向、距离）归化到高斯平面上的计算；高斯投影的邻带换算；工程测量投影面与投影带的选择。

6.1　高斯投影的概述

6.1.1　控制测量与地图投影

6.1.1.1　地图投影与变形

由于二等及二等以下的控制点是在一等控制点的控制下逐级进行平差计算的，在一等点的控制范围中所占面积较小，边长也较短；另一方面二等及二等以下的控制点，数量极多，如果都在椭球面上处理，则工作十分繁重；且二等及二等以下的三角网一般都作为日常实用目的而设立，国民经济建设和国防建设所需要的控制点，各种比例尺测图所需要的控制点，直接使用大地纬度是十分不方便的。因为在这种坐标系中，点位的相对关系以角度单位来表示（经差和纬差）；相同的经差和纬差因纬度不同，代表不同的弧长；根据不同经线所计算的同值大地方位角，其方向彼此不平行；而根据大地坐标进行各种计算又都很复杂。所以，必须寻求一种在日常使用上和计算上都非常简便的坐标系统。从计算简便、熟悉、又愿意使用的角度来看，这种坐标系最好是平面坐标系，尤其是平面直角坐标系。

根据常识很容易理解，没有弹性伸缩的椭球面不可能展成没有裂缝的平面。因此，椭球面上的任何图形也不可能毫无变形地展示在平面上，把椭球面上的点或图形描写在平面上，即所谓"地图投影"。所谓地球投影，简略说来就是将椭球面各元素（包括坐标、方向和长度）按一定的数学法则投影到平面上。研究这个问题的专门学科叫地图投影学。这里所说的数学法则可用下面两个方程式表示：

$$\left.\begin{array}{l} x = F_1(L, B) \\ y = F_2(L, B) \end{array}\right\} \qquad (6.1)$$

式（6.1）中，L、B 是椭球面上某点的大地坐标；x、y 是该点投影后的平面（投影面）直角坐标。

式（6.1）表示了椭球面上一点同投影面上对应点之间坐标的解析关系，也叫作坐标投影

公式。投影问题也就是建立椭球面元素与投影面相对应元素之间的解析关系式。投影的方法很多，每种方法的本质特征都是由坐标投影公式的具体形式体现的。

椭球面是一个凸起的、不可展平的曲面，若将这个曲面上的元素（比如一段距离、一个角度、一个图形）投影到平面上，就会和原来的距离、角度、图形呈现差异，这一差异称作投影的变形。

地图投影必然产生变形。投影变形一般分为角度变形、长度变形和面积变形三种。在地图投影时，我们可根据需要使某种变形为零，也可使其减小到某一适当程度。因此，地图投影中产生了所谓的等角投影（投影前后角度相等，但长度和面积有变形）、等距投影（投影前后长度相等，但角度和面积有变形）、等积投影（投影前后面积相等，但角度和长度有变形）等。

用于大地测量平差计算以及大比例尺制图，就要看投影有关的各种计算是否简易，看是否能以高精度计算投影变形。因为有大量的计算工作要做，而且投影变形必须以高精度来计算，于是投影计算简单和投影变形计算精密且简便，就成为主要条件了。

在地图投影中，正形投影（即等角投影）能使投影平面上一点出发的两根微分线段的夹角，保持与椭球面上相应微分线段的夹角相等。这个特点对处理在三角网所测得大量方向或角度非常有利。另外，正形投影的长度和方位计算公式相对来说也比较简单。所以，世界各国在大地测量和大比例尺制图中，多采用正形投影。

正形投影也是多种多样的，究竟选择哪一种正形投影，也要看投影区域面积的大小、投影区的形状（东西方向和南北方向的广度）以及在椭球面上的位置而定。目前英国、法国、意大利等国家都普遍地或局部地采用了高斯-克吕格正形投影。比利时及美国的一些州采用兰勃脱正形投影。我国在 1949 年以前曾用兰勃脱正形投影，每隔纬度两度半为一带，共分十一带，每一带采用一个兰勃脱正形投影。1949 年以后，我国改用高斯-克吕格正形投影，自东经 66° 起至东经 138° 止。每隔 6°、3° 或更小的经差分带投影。高斯-克吕格正形投影和兰勃脱正形投影比较，前者的主要优点是计算较简单，且各带的计算公式完全一致。

6.1.1.2 正形投影的特性

测量工作从计算和测图考虑，采用等角投影（又称正形投影、保角投影）。其便利在于：

（1）可把椭球面上的角度，不加改正地转换到平面上（注：椭球面上大地线投影到平面上亦为曲线。为了实用，需将投影的曲线方向改正为两点间弧线方向，称为方向改化。方向改化是在平面上为实用而做的工作，不是投影工作。

（2）因微分范围内投影前后图形相似，则大比例尺图的图形与实地完全相似，应用方便。

在地图投影中，正形投影（即等角投影）能使投影平面上由一点出发的两根微分线段的夹角，保持与椭球面上相应微分线段的夹角相等。这个特点对我们处理在三角网中所测得的大量方向或角度非常有利，这是正形投影的重要优点。另外，正形投影的长度和方位计算公式相对来说也比较简单。所以，世界各国在大地测量和大比例尺制图中，多采用正形投影。为了能够更准确描述地物和地貌，在一定范围内地图上的图形应当和椭球面上的原形保持一致。

等角投影又称正形投影。采用等角投影保证了在三角测量中大量的角度元素在投影前后保持不变，免除了大量的投影工作；所测制的地图可以保证在有限的范围内使得地图上图形同椭球上原形保持相似，给国民经济建设中识图用图带来很大方便。如图 6.1 所示多边形，相应角

度相等，但长度有变化，投影面上的边长与原面上的相应长度之比称为长度比。图 6.1 中

$$m = \frac{A'B'}{AB} = \cdots = \frac{E'A'}{EA} \tag{6.2}$$

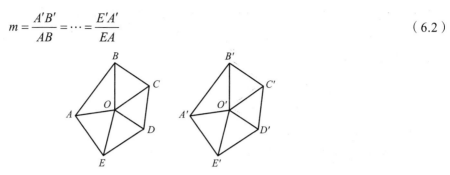

图 6.1　多边形

故正形投影在一个点（微分范围）上，各方向长度比相同。即投影后保持图形相似。例如下图，对一个任意形状的微小图形，总可以取一个边数极多的中点多边形逼近它，对于正形投影：但上述特点只在微分范围内成立。在广大范围内，投影前后图形保持相似是不可能的（否则意味着椭球面可以展开）。因此，在大范围内，各处的长度比 m 必定不同。

正形投影的特性：长度比 m 与方向无关，但随点位而异。即在微小范围内保证了形状的相似性，当 $ABCDE$ 无限接近时，可把该多边形看作一个点，因此在正形投影中，长度比 m 仅与点的位置有关，与方向无关，给地图测制及地图的使用等带来极大方便。

6.1.1.3　正形投影基本公式

正形投影是一种特殊的投影，但对于高斯投影来说却是一种一般投影。这就是说，高斯投影首先必须满足正形投影的一般条件。在正形投影中长度比与方向无关，这就成为推导正形投影一般条件的基本出发点。在这个基础上，再加上高斯投影的一般条件，就可以导出高斯投影坐标正、反算公式来。

图 6.2（a）左侧椭球面，图 6.2（b）为它在平面上的投影。在椭球面上有无限接近的两点 P_1 和 P_2 投影后为 P'_1 和 P'_2，$\mathrm{d}S$ 为大地线的微分弧长，其方位角为 A。在投影面上，建立如图 6.2（b）所示的坐标系，$\mathrm{d}S$ 的投影弧长为 $\mathrm{d}s$。

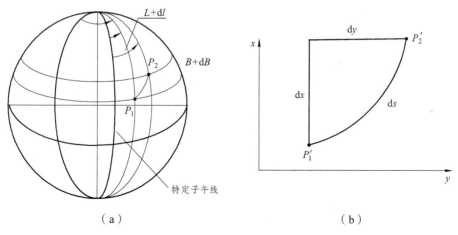

（a）　　　　　　　　　　　　　　　　（b）

图 6.2　椭球与投影

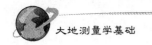
1. 首先建立长度比关系

椭球面上：$P_1(B,L)$，$P_2(B+\mathrm{d}B,L+\mathrm{d}L)$，大地线长度为 $\mathrm{d}S$。

投影面上：$P_1'(x,y)$，$P_2'(x+\mathrm{d}x,y+\mathrm{d}y)$，大地线长度的投影为 $\mathrm{d}s$。

投影长度比为

$$m=\frac{\mathrm{d}s}{\mathrm{d}S} \tag{6.3}$$

下面分别推导上式中 $\mathrm{d}S$ 和 $\mathrm{d}s$：

（$\mathrm{d}S$ 和 $\mathrm{d}s$ 为曲线，但对微分线段，将其看成各自三角形的斜边）

$$\left.\begin{array}{l}\mathrm{d}S^2=(M\mathrm{d}B)^2+(N\cos B\mathrm{d}l)\\ \mathrm{d}s^2=\mathrm{d}x^2+\mathrm{d}y^2\end{array}\right\} \tag{6.4}$$

则长度比为

$$\begin{aligned}m^2&=\left(\frac{\mathrm{d}s}{\mathrm{d}S}\right)^2=\frac{\mathrm{d}x^2+\mathrm{d}y^2}{(M\mathrm{d}B)^2+(N\cos B\mathrm{d}l)^2}\\ &=\frac{\mathrm{d}x^2+\mathrm{d}y^2}{(N\cos B)^2\left[\left(\dfrac{M\mathrm{d}B}{N\cos B}\right)^2+\mathrm{d}l^2\right]}\end{aligned} \tag{6.5}$$

2. 引进等量纬度

$$\mathrm{d}q=\frac{M\mathrm{d}B}{N\cos B} \tag{6.6}$$

则

$$q=\int_0^B\frac{M\mathrm{d}B}{N\cos B} \tag{6.7}$$

因 q 只与 B 有关，故可把 $\mathrm{d}q$ 和 $\mathrm{d}l$ 看作互为独立的变量的微分。则（6.5）式可表示为

$$m^2=\frac{dX^2+dY^2}{r^2[[\mathrm{d}q^2+\mathrm{d}l^2]]} \tag{6.8}$$

地图投影就是建立 x、y 与 L、B 的函数关系，因 B 与 q 有确定的关系，因此投影问题也可以说是建立 x、y 与 q、l 的函数关系。设函数关系式为

$$\left.\begin{array}{l}x=x(l,q)\\ y=y(l,q)\end{array}\right\} \tag{6.9}$$

全微分得

$$\mathrm{d}y=\frac{\partial y}{\partial q}\mathrm{d}q+\frac{\partial y}{\partial l}\mathrm{d}l$$

$$\mathrm{d}x = \frac{\partial x}{\partial q}\mathrm{d}q + \frac{\partial x}{\partial l}\mathrm{d}l$$

代入式（6.4）式得

$$\mathrm{d}s^2 = \mathrm{d}x^2 + \mathrm{d}y^2 = \left[\frac{\partial x}{\partial q}\mathrm{d}q + \frac{\partial x}{\partial l}\mathrm{d}l\right]^2 + \left[\frac{\partial y}{\partial q}\mathrm{d}q + \frac{\partial y}{\partial l}\mathrm{d}l\right]^2$$

$$= \left[\left(\frac{\partial x}{\partial q}\right)^2 + \left(\frac{\partial y}{\partial q}\right)^2\right](\mathrm{d}q)^2 + 2\left[\frac{\partial x}{\partial q}\cdot\frac{\partial x}{\partial l} + \frac{\partial y}{\partial q}\cdot\frac{\partial y}{\partial l}\right]\mathrm{d}q\cdot\mathrm{d}l + \left[\left(\frac{\partial x}{\partial l}\right)^2 + \left(\frac{\partial y}{\partial l}\right)^2\right](\mathrm{d}l)^2$$

令

$$\left.\begin{array}{l} E = \left[\left(\dfrac{\partial x}{\partial q}\right)^2 + \left(\dfrac{\partial y}{\partial q}\right)^2\right] \\[2mm] F = \left[\dfrac{\partial x}{\partial q}\cdot\dfrac{\partial x}{\partial l} + \dfrac{\partial y}{\partial q}\cdot\dfrac{\partial y}{\partial l}\right] \\[2mm] G = \left[\left(\dfrac{\partial x}{\partial l}\right)^2 + \left(\dfrac{\partial y}{\partial l}\right)^2\right] \end{array}\right\} \qquad （6.10）$$

得

$$\mathrm{d}s^2 = E(\mathrm{d}q)^2 + 2F(\mathrm{d}q)(\mathrm{d}l) + G(\mathrm{d}l)^2 \qquad （6.11）$$

则（6.5）式变为

$$m^2 = \frac{E(\mathrm{d}q)^2 + 2F(\mathrm{d}q)(\mathrm{d}l) + G(\mathrm{d}l)^2}{r^2[(\mathrm{d}q)^2 + (\mathrm{d}l)^2]} \qquad （6.12）$$

3. 引入方向

由图 6.3 知

$$\tan(90° - A) = \frac{P_2 P_3}{P_1 P_3}$$

$$= \frac{M\mathrm{d}B}{N\cos B\mathrm{d}l} = \frac{\mathrm{d}q}{\mathrm{d}l} \qquad （6.13）$$

则

$$\mathrm{d}l = \tan A\cdot\mathrm{d}q \qquad （6.14）$$

代入（6.12）式

$$m^2 = \frac{E(\mathrm{d}q)^2 + 2F\tan A(\mathrm{d}q)(\mathrm{d}l) + G\tan^2 A(\mathrm{d}l)^2}{r^2[(\mathrm{d}q)^2 + (\mathrm{d}l)^2]}$$

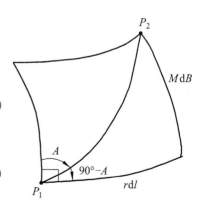

图 6.3　引入方向

$$= \frac{E + 2F\tan A + G\tan^2 A}{r^2\sec^2 A} = \frac{E\cos^2 A + 2F\sin A\cos A + G\sin^2 A}{r^2} \qquad (6.15)$$

若想使上式中 m 与 A 无关，必须满足条件

$$F = 0, \quad E = G$$

将条件代入（6.10）式得

$$F = \left[\frac{\partial x}{\partial q}\cdot\frac{\partial x}{\partial l} + \frac{\partial y}{\partial q}\cdot\frac{\partial y}{\partial l} \right] = 0$$

$$\left[\left(\frac{\partial x}{\partial q}\right)^2 + \left(\frac{\partial y}{\partial q}\right)^2 \right] = \left[\left(\frac{\partial x}{\partial l}\right)^2 + \left(\frac{\partial y}{\partial l}\right)^2 \right] \qquad (6.16)$$

由 $F = 0$ 得

$$\frac{\partial x}{\partial l} = -\frac{\dfrac{\partial y}{\partial q}\cdot\dfrac{\partial y}{\partial l}}{\dfrac{\partial x}{\partial q}}$$

代入（6.10）式得

$$\left(\frac{\partial x}{\partial q}\right)^2 + \left(\frac{\partial y}{\partial q}\right)^2 = \frac{\left(\dfrac{\partial y}{\partial l}\right)^2}{\left(\dfrac{\partial x}{\partial q}\right)^2}\left[\left(\frac{\partial x}{\partial q}\right)^2 + \left(\frac{\partial y}{\partial q}\right)^2 \right]$$

整理得

$$\left(\frac{\partial x}{\partial q}\right)^2 = \left(\frac{\partial y}{\partial l}\right)^2 \quad \text{或} \quad \left(\frac{\partial x}{\partial q}\right)^2 + \left(\frac{\partial y}{\partial q}\right)^2 = 0$$

上式开方，并代入（6.16）式得柯西（Cauchy）-黎曼（Riemann）条件：

$$\left.\begin{aligned} \frac{\partial x}{\partial q} &= \pm\frac{\partial y}{\partial l} \\ \frac{\partial x}{\partial l} &= \mp\frac{\partial y}{\partial q} \end{aligned}\right\} \qquad (6.17)$$

通常，在选取椭球面和平面的坐标轴方向时，要求，椭球面上沿经线方向 q（或 B）增加时平面上 x 也增加，即 $\dfrac{\partial X}{\partial q}$ 要求为正；沿纬线方向 l 增加时，平面上的 y 也增加，即 $\dfrac{\partial Y}{\partial l}$ 也要求为正，对此取

$$\left.\begin{aligned} \frac{\partial x}{\partial q} &= \frac{\partial y}{\partial l} \\ \frac{\partial x}{\partial l} &= -\frac{\partial y}{\partial q} \end{aligned}\right\} \qquad (6.18)$$

式（6.18）式即为椭球 ⇔ 平面正形投影的一般条件，是各类正形投影方法都必须遵循的法则，高斯坐标正、反算公式均以此为基础。

当满足 $F = 0$, $E = G$ 条件时，长度比的公式：

$$m^2 = \frac{1}{N\cos^2 B}\left[\left(\frac{\partial x}{\partial q}\right)^2 + \left(\frac{\partial y}{\partial q}\right)^2\right] = \frac{1}{N\cos^2 B}\left[\left(\frac{\partial x}{\partial l}\right)^2 + \left(\frac{\partial y}{\partial l}\right)^2\right] \tag{6.19}$$

6.1.2　高斯投影的一般概念

从高斯投影的特性可知，虽然投影前后角度无变形，但存在长度变形，而且距中央子午线愈远，长度变形愈大。长度变形太大对测图、用图和测量计算都是不利的，因此必须设法限制长度变形。

限制长度变形的方法是采用分带投影，也就是用分带的办法把投影区域限定在中央子午线两旁的一定范围内。具体做法是：先按一定的经差将参考椭球面分成若干个瓜瓣形，各瓜瓣形分别按高斯投影方法进行投影。

由于分带后各带独立投影，各带形成了独立的坐标系，由此又产生了各坐标系之间互相化算的问题。从限制长度变形方面看，分带愈多，变形愈小，则分带应当多；然而，分带后各带的坐标系相互独立，使用中必须通过换算来建立不同坐标系之间的联系，分带愈多，各带相互换算的工作量愈大。为了减少坐标系之间换算的工作量，分带又愈少愈好。因此分带的原则是：既要使长度变形满足测量的要求，又要使所分带数不能过多。

我国现行的大于 1∶50 万比例尺的各种地形图都采用高斯-克吕格（Gauss-Kruger）投影。从地图投影的变形角度来看，高斯-克吕格投影属于等角投影，该投影没有角度变形。

从几何概念来分析，高斯-克吕格投影是一种横切椭圆轴投影。它是假想一个椭圆柱横套在地球椭球体上，使其与某一条纬线（称为轴子午线或中央子午线）相切，椭圆柱的中心轴通过地球椭球的中心，用解析法按等角条件，将椭球面上轴子午线东西两侧一定经差范围内的区域投影到椭球柱面上，再沿着过极点的母线将椭圆柱剪开，然后将椭圆柱展成平面，即获得投影后的图形。如图 6.4 所示为高斯-克吕格投影的几何概念图。

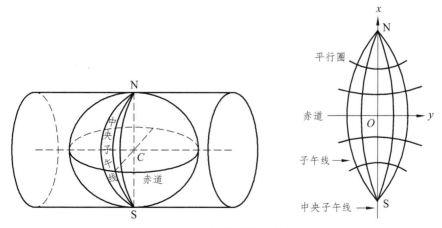

图 6.4　高斯-克吕格投影的几何概念

高斯-克吕格投影的基本条件为：

（1）中央子午线的投影为直线，而且是投影的对称轴，赤道的投影为直线并与中央子午线正交。

（2）投影后没有角度变形，即经纬线互相垂直，且同一地点各方向的长度比不变。

（3）中央子午线上没有长度变形。

若以高斯-克吕格投影中的中央子午线的投影为 X 轴，以赤道的投影为 Y 轴，两轴的交点为原点，则就构成高斯-克吕格平面直角坐标系，如图 6.5 所示。

6° 分带法：从格林尼治 0° 经线（子午线）开始，自西向东每 6° 为一投影带，全球共分 60 个投影带，各带的编号用自然数 1，2，3，…，60 表示，如图 6.5 所示。东半球各投影带中央子午线的经度为 $(6n-3)°$，其中 n 为投影带号。我国领土位于东经 72° ~ 136°，共包括 11 个投影带，即 13 ~ 23 带。

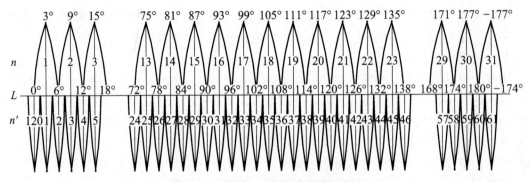

图 6.5　高斯-克吕格投影分带示意图

3° 分带法：从东经 1°30′ 经线开始，每 3° 为一投影带，将全球共分 120 个投影带。各投影带中央子午线的经度分别为东经，9°，…，180°，西经 177°，…，3°，0°。东半球各投影带中央子午线的经度为 $(3n)°$。如图 6.5 为 6° 带与 3° 带的中央子午线与带号关系。

在投影面上，中央子午线和赤道的投影都是直线，并且以中央子午线和赤道的交点 O 作为坐标原点，以中央子午线的投影为纵坐标轴，以赤道的投影为横坐标轴，这样便形成了高斯平面直角坐标系。

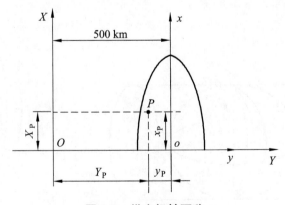

图 6.6　纵坐标轴西移

由于分带造成了边界子午线两侧的控制点和地形图处于不同的投影带内，为了把各带连成整体，一般规定各投影带要有一定的重叠度，其中每一带向东加宽，向西加宽，这样在上述重叠范围内，控制点将有两套相邻带的坐标值，地形图将有两套公里格网，从而保证了边缘地区控制点间的互相应用，也保证了地图的拼接和使用。

我国规定以每一带的中央子午线的投影线为坐标纵轴（X 轴），赤道投影线为坐标横轴（Y 轴），两投影线的交点 O 为坐标原点。坐标值自原点向北为正，向南为负；向东为正，向西为负。由于我国位于北半球，故高斯坐标系中，所有点的纵坐标值均为正值，而每一带内的横坐标值有正、有负。为方便起见，规定将各带内所有点的横坐标值加上 500 km（相当于将各带的坐标原点向西平移 500 km），这样可使每带所有点的横坐标值均为正值，并且都是以米为单位的六位整数。

由于各投影带内都有相同的坐标值的点，为了区分某点位于哪一个投影带内，亦为了使椭球上每一点的位置能与高斯平面直角坐标一一对应，所以尚需在每点横坐标值的前面加上该点所在投影带的带号。通常将未加 500 km 和未加带号的横坐标值，叫作自然值，将加上 500 km，并冠以带号的坐标值叫作通用值。

例：某点位于 6° 带的第 20 带内中央子午线以西 742.40 m，则其横坐标自然值为 -742.4 m。求该点坐标的通用值。

解：根据通用坐标值的定义，则该点的坐标通用值为

$$y = 500\,000 + (-742.40) + 带号 = 20\,499\,257.60 \text{ m}$$

注意：带号是加在最前面的。

例：某点在中央子午线经度为 117° 的投影带内，且位于中央子午线以东 10 761.05 m 处，求该点所在 3° 带内的横坐标通用值。

解：3° 带的带号 N_3 为

$$N_3 = \frac{L_0}{3°} = \frac{117°}{3°} = 39$$

即该点位于 3° 带的第 39 带内；又该点的横坐标的自然值为 10761.05m，所以，该横坐标的通用值为：$y = 500\,000 + 10\,761.05 + 带号 = 39\,510\,761.05 \text{ m}$。

如前所述，高斯平面直角坐标系以中央子午线的投影为坐标纵轴 X，赤道的投影为坐标横轴 Y，两轴的交点为坐标原点。在这个坐标系中，中央子午线以东的点，Y 坐标为正，中央子午线以西的点，Y 坐标为负。赤道以南的点 X 坐标为负，赤道以北的点，X 坐标为正。

我国领土全部位于赤道以北，所以 X 坐标全部为正，而每一投影带的 Y 坐标值却有正有负，这样在实际应用中就增大了符号出错的可能性。为了避免 Y 坐标值出现负值，规定在 Y 坐标值前面加 500 km，这样就使 X、Y 值均为正值。由于采用了分带投影，各带自成独立的坐标系，因而不同投影带就会出现相同坐标的点。为了区分不同带中坐标相同的点，又规定在横坐标 Y 值前冠以带号。习惯上，把 Y 坐标加 500 km 并冠以带号的坐标称为通用坐标，而把没有加 500 km 和带号的坐标，称为自然坐标。显然，同一点的通用坐标和自然坐标的 X 值相等，而 Y 值则不同。

例：设位于 19 带的点 A_1 和 20 带的点 A_2 的自然坐标的 Y 坐标值分别为

A_1：$y_1 = 189\,632.4$ m

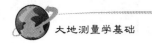

A_2： $y_2 = -105\,734.8\ \text{m}$

则相应的通用坐标的 Y 坐标值为

A_1： $y_1 = 19\,689\,632.4\ \text{m}$

A_2： $y_2 = 20\,394\,265.2\ \text{m}$

在实际工作中，使用各类三角点和控制点的坐标时，要注意区分自然坐标与通用坐标。

6.2　高斯坐标正反算

6.2.1　高斯投影坐标正算公式

由前文已知，要将椭球体上元素投影到平面上，包括坐标、方向和长度三类问题。因此，所讨论的问题不止是一种矛盾，而是有多种矛盾存在。从研究投影这个过程来说，如果（6.1）式的具体形式已经知道，亦即椭球面与平面对应点间的坐标关系已经确定的话，相应地，方向和长度的投影关系也就确定了。由此可见，推求高斯投影坐标关系式，是整个投影过程的主要矛盾，这个矛盾一经解决，那么方向和长度的换算公式就可迎刃而解，所以，首先来研究高斯投影坐标计算公式。

因此，本节的主要内容就是导出高斯平面坐标（X，Y）与大地坐标（L，B）的相互关系式。关系式分两类：第一类称高斯投影正算公式，亦即由 L、B 求 X、Y；第二类称高斯投影反算公式，亦即由（X、Y）求（L、B）。

由前文所知高斯投影必须满足以下三个条件：

① 中央子午线投影后为直线。

② 中央子午线投影后长度不变。

③ 投影具有正形性质，即正形投影条件。

6.2.1.1　高斯投影坐标正算

1. 高斯正算基本公式

高斯正算公式应满足高斯投影的特性。首先，应满足正形投影。取投影基本公式为

$$x + iy = f(q + il) \tag{6.20}$$

因 l 在 6° 带里最大为 3°，是微小量，所以，$f(q+il)$ 可用泰勒级数展开：

泰勒级数一般形式

$$f(x+\Delta) = f(x) + \Delta f'(x) + (1/2)\Delta 2 f''(x) + (1/3!)\Delta 3 f3(x)\cdots$$

故有

$$f(q+i\cdot l) = f(q) + i\cdot l\frac{\mathrm{d}f(q)}{\mathrm{d}q} + \frac{1}{2}(i\cdot l)^2\frac{\mathrm{d}^2 f(q)}{\mathrm{d}q^2} + \cdots \tag{6.21}$$

设图 6.7 中，轴子午线上 D 投影为 d；D 的子午线弧长为 X；d 的纵坐标为 x。若满足高斯投影中央子午线投影为 x 轴，且长度不变的特性，即：

$l = 0$ 时，$y = 0$；且 $x + iy = f(q + il)$ 为

$$x = f(q) = X$$

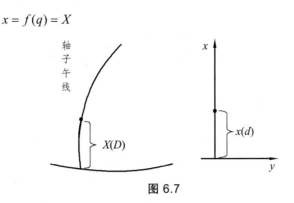

图 6.7

泰勒展开 $x + iy = f(q + il)$ ，并顾及上式

$$x + i \cdot y = f(q + i \cdot l) = X + i \cdot l \frac{\mathrm{d}X}{\mathrm{d}q} - \frac{1}{2} l^2 \frac{\mathrm{d}^2 X}{\mathrm{d}q^2} + \cdots$$

将上式虚实两部分分开，得高斯正算基本公式

$$\left.\begin{aligned} x &= X - \frac{1}{2} l^2 \frac{\mathrm{d}^2 X}{\mathrm{d}q^2} + \frac{1}{24} l^4 \frac{\mathrm{d}^4 X}{\mathrm{d}q^4} - \frac{1}{720} l^6 \frac{\mathrm{d}^6 X}{\mathrm{d}q^6} + \cdots \\ y &= l \frac{\mathrm{d}x}{\mathrm{d}q} - \frac{1}{6} l^3 \frac{\mathrm{d}^3 X}{\mathrm{d}q^3} + \frac{1}{120} l^5 \frac{\mathrm{d}^5 X}{\mathrm{d}q^5} - \cdots \end{aligned}\right\}$$

（6.22）

2. 高斯正算实用公式

由基本公式推导实用公式如下：

一阶导数

$$\frac{\mathrm{d}X}{\mathrm{d}q} = \frac{\mathrm{d}X}{\mathrm{d}B} \frac{\mathrm{d}B}{\mathrm{d}q} = r = N\cos B \left[\text{因为}\, \mathrm{d}X = M\mathrm{d}B; \quad \mathrm{d}q = \left(\frac{M}{r}\right)\mathrm{d}B \right]$$

二阶导数

$$\frac{\mathrm{d}^2 X}{\mathrm{d}q^2} = \frac{\mathrm{d}}{\mathrm{d}q}\left(\frac{\mathrm{d}X}{\mathrm{d}q}\right) = \frac{\mathrm{d}\left(\frac{\mathrm{d}X}{\mathrm{d}q}\right)}{\mathrm{d}B} \frac{\mathrm{d}B}{\mathrm{d}q} = \frac{\mathrm{d}(N\cos B)}{\mathrm{d}B} \frac{\mathrm{d}B}{\mathrm{d}q} = -N\sin B\cos B$$

继续求各阶导数，将 X 对 q 的各阶导数代入基本公式，得高斯正算实用公式

$$\left.\begin{aligned} x &= X + \frac{N}{2\rho^2} \sin B \cos B \cdot l^2 + \\ & \quad \frac{N}{24\rho^4} \sin B \cos^3 B (5 - t^2 + 9\eta^2 + 4\eta^4) l^4 + \cdots \\ y &= \frac{N}{\rho} \cos B \cdot l + \frac{N}{6 \cdot \rho^3} \cos^3 B (1 - t^2 + \eta^2) l^3 + \cdots \end{aligned}\right\}$$

（6.23）

式中， $t = \tan B$ ； $\eta = e'^2 \cos^2 B$ 。

由上式可知：

（1）当 $B = 0(X = 0)$ 时，$x = 0$（赤道投影为一直线）。

（2）当 $l = 0$ 时，$y = 0$（轴子午线投影为一直线——x 轴）；

$x = X$（轴子午线投影，长度不变）；

（3）当 $l =$ 常数，$B\uparrow$，$y\downarrow$；

$B =$ 常数，$|l|\uparrow$，$x\uparrow$。

根据高斯-克吕格投影的上述三个条件，即可导出高斯-克吕格投影的大地坐标（L，B）与高斯平面直角坐标（x，y）之间的函数关系式（6.24）。

$$\left.\begin{aligned}
x &= S + \frac{L^2 N}{2}\sin B\cos B + \frac{L^4 N}{24}\sin B\cos^3 B(5 - \tan^2 B + 9\eta^2 + 4\eta^4) + \cdots \\
y &= LN\cos B + \frac{L^3 N}{6}\cos^3 B(1 - \tan^2 B + \eta^2) + \\
&\quad \frac{L^5 N}{120}\cos^5 B(5 - 18\tan^2 B + \tan^4 B) + \cdots
\end{aligned}\right\} \quad (6.24)$$

式中　x、y——平面直角坐标系的纵、横坐标；

L、B——椭球面上大地坐标系的经、纬度；

S——由赤道至纬度 B 的经线弧长；

N——卯酉圈曲率半径；

η——$\eta^2 = e'\cos^2 B$，其中 e' 为地球的第二偏心率。

高斯-克吕格投影的没有角度变形，面积变形是通过长度变形来表达。长度变形的基本公式为

$$\mu = 1 + \frac{1}{2}\cos^2 B(1 + \eta^2)L^2 + \frac{1}{6}\cos^4 B(2 - \tan^2 B)L^4 - \frac{1}{8}\cos^4 BL^4 \quad (6.25)$$

由公式（6.25）可知高斯-克吕格投影长度变形的规律是：中央子午线没有长度变形；沿纬线方向，离中央子午线越远变形越大；沿经线方向，纬度越低变形越大；最大投影变形在赤道和投影最外一条经线的交点上。如在 6° 分带投影中，长度最大变形为 0.138%。显然，随着投影带的增大，变形误差会继续增加，这就是采取分带投影的原因。

我国规定 1∶2.5 万～1∶50 万地形图采用经差 6° 分带投影，1∶1 万及更大比例尺地形图采用经差 3° 分带投影，以保证地图有必要的精度。

6.2.1.2　高斯投影坐标反算

高斯投影坐标反算公式推导要复杂些，有时要跨带计算两点间的距离 S，这时根据两点的大地坐标，在椭球上解算更为方便；有时要用反算检核正算的正确性。故推导反算公式如下：如图 6.8 所示，过 d(x,y) 点的纬度为 B，轴子午线弧长为 X，有 $X = f(B)$；对应 d 点的纵坐标，即 d 点在 x 轴的垂足 f，纬度为 B_f（称底点纬度或垂足纬度）。

高斯投影反算，必满足 $x + iy = f(q + il)$ 之反函数式，即

$$q + il = \varphi(i + iy)$$

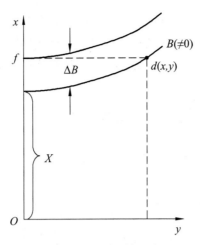

图 6.8　推导反算公式

y 为小量，上式可在 d 的底点 f 处展开：

$$q + il = \varphi(x) + \sum_1^n \frac{\mathrm{d}^n \varphi(x)}{\mathrm{d}x^n} \cdot \frac{(iy)^n}{n!}$$

根据高斯投影条件：中央子午线投影为 x 轴，且长度保持不变，有 $y = 0$，则 $l = 0$，即 $q_{l=0} = \varphi(x)$，且 $x = X_f$，故 $q_{l=1} = \varphi(X_f) = q_f$。于是上式改写成

$$q + il = q_f + \sum_1^n \left(\frac{\mathrm{d}^n q}{\mathrm{d}X^n} \right)_f \cdot \frac{(iy)^n}{n!}$$

根据 $\dfrac{\mathrm{d}q}{\mathrm{d}X} = \dfrac{1}{N \cos B}$，推导出各阶导数代入上式，并将虚实分开得

$$q - q_f = \frac{-1}{2N_f^2 \cos B_f} t_f y^2 + \frac{1}{24 N_f^4 \cos B_f} t_f (5 + 6t_f^2 + \eta_f^2 - 4\eta_f^4) y^4 -$$

$$\frac{1}{720 N_f^6 \cos B_f} t_f (61 + 180 t_f^2 + 46 \eta_f^2 t_f^2) y^6 + \cdots$$

$$l = \frac{1}{N_f \cos B_f} y - \frac{1}{6 N_f^3 \cos B_f} (1 + 2t_f^2 + \eta_f^2) y^3 + \frac{1}{120 N_f^5 \cos B_f} (5 +$$

$$28 t_f^2 + 24 t_f^4 + 6 \eta_f^2 + 8 \eta_f^2 t_f^2) y^5 \cdots \tag{6.26}$$

实际应用（6.26）式时，还应把 $q - q_f$ 换成 $B - B_f$（过程可参见测绘出版社出版的武测、同济合编《控制测量学》下册），经整理得

$$B - B_f = \frac{-1}{2N_f^2} t_f (1 - \eta_f^2) y^2 + \frac{1}{24 N_f^4} t_f (5 + 3t_f^2 + 6\eta_f^2 - 6t_f^2 \eta_f^2 - 3\eta_f^4 + 9\eta_f^4 t_f^4) y^4 -$$

$$\frac{1}{720 N_f^6 \cos B_f} t_f (61 + 90 t_f^2 + 45 t_f^4 + 107 \eta_f^2 + 162 \eta_f^2 t_f^2 + 45 \eta_f^2 t_f^4) y^6 + \cdots \tag{6.27}$$

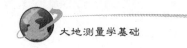
式中，B_f 是底点 f 的大地纬度，可根据 x 值（f 点的子午弧长）由子午弧长公式反解求得。

投影过程根据 x 计算纵坐标在椭球面上的投影的底点纬度 B_f，接着按 B_f 计算（$B_f - B$）及经差 l，最后得到 $B = B_f - (B_f - B)$，$L = L_0 + l$。计算公式如式（6.28）

$$\left.\begin{aligned} B &= B_f - \frac{t_f}{2M_f N_f} y^2 + \frac{t_f}{24M_f N_f^3}(5 + 3t_f^3 + \eta_f^2 - 9\eta_f^2 t_f^2)y^4 - \\ &\quad \frac{t_f}{720 M_f N_f^5}(61 + 90t_f^2 + 45t_f^4)y^6 \\ l &= \frac{1}{N_f \cos B_f} y - \frac{1}{6N_f^3 \cos B_f}(1 + 2t_f^2 + \eta_f^2)y^3 + \\ &\quad \frac{1}{120 N_f^5 \cos B_f}(5 + 28t_f^2 + 24t_f^4 + 6\eta_f^2 + 8\eta_f^2 t_f^2)y^5 \end{aligned}\right\} \quad (6.28)$$

当要求转换精度至 0.01″ 时，可简化为式（6.29）：

$$\left.\begin{aligned} B &= B_f - \frac{t_f}{2M_f N_f} y^2 + \frac{t_f}{24M_f N_f^3}(5 + 3t_f^2 + \eta_f^2 - 9\eta_f^2 t_f^2)y^4 \\ l &= \frac{1}{N_f \cos B_f} y - \frac{1}{6N_f^3 \cos B_f}(1 + 2t_f^2 + \eta_f^2)y^3 + \\ &\quad \frac{1}{120 N_f^5 \cos B_f}(5 + 28t_f^2 + 24t_f^4)y^5 \end{aligned}\right\} \quad (6.29)$$

6.2.2 椭球面元素投影到高斯投影面

如图 6.9 所示，假设椭球面上某一投影带有三角网 P_1-P_2-P_3-P_4 等，P_1 点为起算点，大地坐标为（B_1，L_1），$P_1 P_2$ 边曲线长度为 S，起始大地方位角为 A_{12}，已知相邻两条边的夹角。图 6.9 右侧为投影后的状态，P_1 点的起算坐标（x_1，y_1），α_{12} 为中央子午线和坐标纵轴的夹角，起算真方位角为 A_{12}，投影后 $P_1 P_2$ 的直线距离为 s，δ 为椭球面曲线与投影后直线的曲率变化值。

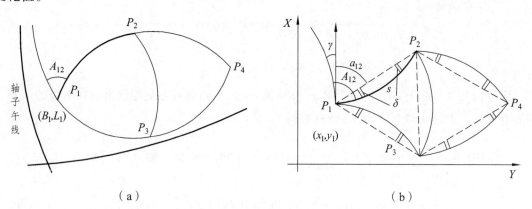

（a）　　　　　　　　　　　　（b）

图 6.9

因为是正形投影，对比两图可以看出，真方位角没有发生变化，三角网投影前后内角没有变化，曲线投影直线后，长度发生变化。

高斯正算的过程就是用两点之间的直线代替曲线，即在大地线投影后的曲线，加上水平方向改化，将改化的直线替代，只要大地坐标的精度足够，就可以推算出平面坐标，同时为了计算检核，也可由平面坐标推算出大地坐标。

只要确定出平面三角形的边长 s 和坐标方位角 α，就可以推算出相邻点的坐标。

$$\left.\begin{array}{l} x_2 = x_1 + s_{12}\cos\alpha_{12} \\ y_2 = y_1 + s_{12}\sin\alpha_{12} \end{array}\right\} \tag{6.30}$$

由图 6.9 可知，大地方位角和坐标方位角之间的关系，如式（6.31）所示。

$$A_{12} = \alpha_{12} + \gamma - \delta_{12} \tag{6.31}$$

显然，为计算坐标方位角 α，必须计算出子午线收敛角 γ 和相对应边的曲率改化 δ。

同时，为了计算出大地线长度和投影后长度差别，还必须加入长度的改化 Δs。将两点之间的距离加改正。

由上述可知，将椭球面三角系归算到高斯投影面的主要内容是：

（1）将起始点 P 的大地坐标 (L, B) 归算为高斯平面直角坐标 (x, y)；为了检核还应进行反算，亦即根据 (x, y) 反算 (L, B)。

（2）通过计算该点的子午线收敛角 γ 及方向改正 δ，将椭球面上起算边大地方位角 A_{PK} 归算到高斯平面上相应边 $P'K'$ 的坐标方位角 $\alpha_{p'K'}$。

（3）通过计算各方向的曲率改正和方向改正，将椭球面上各三角形内角归算到高斯平面上的由相应直线组成的三角形内角。

（4）通过计算距离改正 Δs，将椭球面上起算边 PK 的长度 S 归算到高斯平面上的直线长度 s。

（5）当控制网跨越两个相邻投影带，需要进行平面坐标的邻带换算。

在国家三、四等及城市、工程控制网中，往往起算坐标和方位角，均为高斯平面上数值。实际工作中只遇到大量方向改化 δ 的计算和一定数量的距离改化计算。

6.2.2.1　子午收敛角

平面子午收敛角定义：通过 P 点的子午线投影在平面上有一切线，该切线与坐标北的夹角为平面子午线收敛角。由图 6.10 知 $\tan\gamma = \dfrac{\mathrm{d}x}{\mathrm{d}y}$。

又 $x = f_1(B,L)$，$y = f_2(B,L)$，取全微分得

$$\left.\begin{array}{l} \mathrm{d}x = \dfrac{\partial x}{\partial B}\mathrm{d}B + \dfrac{\partial x}{\partial l}\mathrm{d}l \\ \mathrm{d}y = \dfrac{\partial y}{\partial B}\mathrm{d}B + \dfrac{\partial y}{\partial l}\mathrm{d}l \end{array}\right\} \tag{6.32}$$

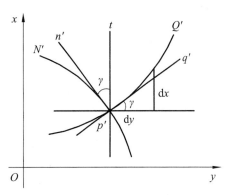

图 6.10

图中：$B = C \cdot t$（常数）$\neq 0$，故 $\mathrm{d}B = 0$，则

$$\tan\gamma = \frac{\dfrac{\partial x}{\partial l}\mathrm{d}l}{\dfrac{\partial y}{\partial l}\mathrm{d}l} = \frac{\dfrac{\partial x}{\partial l}}{\dfrac{\partial y}{\partial l}}$$

由正算公式

$$\left.\begin{array}{l} x = X + \dfrac{N}{2\cdot\rho^2}\sin B\cos B\cdot l^2 + \cdots \\[3mm] y = \dfrac{N}{\rho}\cos B\cdot l + \cdots \end{array}\right\}$$

分别对 l 求导，代入上式得

$$\tan\gamma = \sin B\cdot\frac{l}{\rho} - \sin B\cos^2 B\frac{l^3}{3\rho^3}(\cdots)\cdots \tag{6.33}$$

为使用方便，变换形式。令：$\tan\gamma = u$，则 $\gamma = \arctan u$，展开得

$$\gamma = u - (1/3)u^3 + (1/5)u^5 + \cdots$$

即

$$\gamma = \tan\gamma - \frac{1}{3}\tan^3\gamma + \frac{1}{5}\tan^5\gamma\cdots$$

平面子午线收敛角计算公式

$$\gamma = l\cdot\sin B\left[1 + \frac{l^2}{3}\cos^2 B(1 + 3\eta^2 + 2\eta^4) + \cdots\right] \tag{6.34}$$

分析（6.34）式：① 在中央子午线上 $l = 0$，$\gamma = 0$；在赤道上 $B = 0$，$\gamma = 0$。② γ 为奇函数，有正负，当描写点在中央子午线以东时，经差为正，γ 也为正；当描写点在中央子午线以西时，经差为负，γ 也为负。③ 在同一经线上（$l = $ 常数）纬度愈高，也愈大，在极点处最大；在同一纬线上（$B = $ 常数）愈大也愈大。

6.2.2.2　方向改化

椭球面上的大地线，在高斯投影面上一般用弦线 ab 代替投影曲线，将大地线方向归算到弦线方向的工作就是方向改正。

1. 球面角超

对于球面闭合三角形如图 6.11 所示，得 $\alpha + \beta + \gamma = 180° + \varepsilon$，则球面角超 ε 为

$$\varepsilon = \alpha + \beta + \gamma - 180° \tag{6.35}$$

球面角超数值的概念

$a = b = c = 2\ \mathrm{km}$ 时，　$\varepsilon = 0.009''$

$a = b = c = 10\ \mathrm{km}$ 时，　$\varepsilon = 0.22''$

$a = b = c = 50\ \mathrm{km}$ 时，　$\varepsilon = 548''$

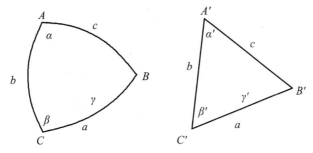

图 6.11　球面闭合三角形

由球面三角可知球面角超为式（6.36）。

$$\varepsilon'' = \frac{F}{R^2}\rho''\qquad(6.36)$$

式中，F 为球面三角形的面积；R 为球面平均曲率半径。由球面三角面积公式 $F = \frac{1}{2}bc\sin\alpha'\left(1+\frac{a^2+b^2+c^2}{24R^2}\right)$，故：

$$\varepsilon'' = \frac{\rho''bc}{2R^2}\sin\alpha' + \frac{\rho''}{2R^2}bc\sin\alpha'\left(\frac{a^2+b^2+c^2}{24R^2}\right)\qquad(6.37)$$

式中，R 为球面的曲率半径；α' 为平面归化角。

根据洛戎德尔定理 $\alpha' = \alpha - \varepsilon/3$，$\beta' = \beta - \varepsilon/3$，$\gamma' = \gamma - \varepsilon/3$，在计算 ε'' 时，平面归化角 α' 还是未知数，故可用 α 代替 α'，两次趋近求 ε：

（1）用 α 代替 α' 计算 ε 的第一次近似值 ε_1''，得平面归化角近似值 $\alpha_1' = \alpha - \varepsilon_1''/3$。

（2）用 α_1' 代替 α' 计算 ε 的第二次近似值。

当 $\varepsilon < 17''$、边长 < 90 km 时，式（6.37）中第二项为小项，可以忽略不计，且可用 α、β、γ 代替平面归化角 α'、β'、γ'，即

$$\varepsilon'' = \rho''\frac{bc}{2R^2}\sin\alpha = \rho''\frac{ca}{2R^2}\sin\beta = \rho''\frac{ab}{2R^2}\sin\gamma\qquad(6.38)$$

2. 方向改化的计算

如图 6.12 所示，AB 为大地线在椭球面上的圆弧，投影后为曲线 ab。大地投影曲线 ab 与其弦线的 $\overrightarrow{ab}$ 的夹角为 δ_{ab} 和 δ_{ba}，球面角差分别为 ε_1 和 ε_2，两点坐标分别为（x_1，y_1），（x_2，y_2）。方向改化近似公式（推导中有三点近似）如下：

近似①设椭球为一直径为 R 的圆球，则球面上四边形（图 6.12）的内角和为：$2\times180° + \varepsilon_1 + \varepsilon_2$。

投影到平面上四边形的内角和为

$$2\times180° + \delta_{ab} + \delta_{ba}$$

因为是高斯投影（正形投影），故投影后保证

$$2\times180° + \varepsilon_1 + \varepsilon_2 = 2\times180° + |\delta_{ab}| + |\delta_{ba}|\qquad(6.39)$$

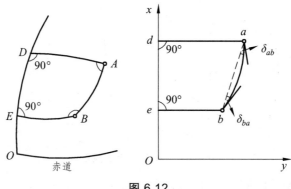

图 6.12

即
$$\varepsilon_1 + \varepsilon_2 = |\delta_{ab}| + |\delta_{ba}|$$

近似②设 $|\delta_{ab}| = |\delta_{ba}| = \delta$，则 $\varepsilon_1 + \varepsilon_2 = 2\delta$，故

$$\delta = \frac{\varepsilon_1 + \varepsilon_2}{2} = \left(\frac{F_1}{R^2}\rho'' + \frac{F_2}{R^2}\rho''\right)\frac{1}{2} = \frac{(F_1 + F_2)\rho''}{2R^2} \tag{6.40}$$

近似③设两球面面积等于两平面面积，则

$$\delta = \frac{\rho''}{2R^2}(x_2 - x_1)y_m \tag{6.41}$$

以上 $y_m = \dfrac{y_1 + y_2}{2}$ 讨论的是绝对值。考虑到符号，δ 的计算公式如下：

$$\left.\begin{aligned}\delta''_{ab} &= \frac{\rho''}{2R^2}(x_1 - x_2)y_m \\ \delta''_{ba} &= \frac{\rho''}{2R^2}(x_2 - x_1)y_m\end{aligned}\right\} \tag{6.42}$$

式（6.42）误差小于 0.1″，适用三等以下的三角网。精密公式如式（6.43），精确到 0.001″，适用于一等三角网计算。

$$\left.\begin{aligned}\delta''_{ab} &= \frac{\rho''}{6R^2}(x_1 - x_2)(2y_1 + y_2) \\ \delta''_{ab} &= \frac{\rho''}{6R^2}(x_2 - x_1)(2y_1 + y_2)\end{aligned}\right\} \tag{6.43}$$

3. 方向改化的检核

如图 6.13 所示，大地线在平面上的投影凹向轴子线。将球面三角形和平面三角形对准同名点。检核过程如下，其式（6.44）不符值要求：二等网不大于 0.02″，三等及以下不超过 0.2″。

因为

$$A' = A + (\delta_{13} - \delta_{12}) = A + \delta_A$$

$$B' = B + (\delta_{21} - \delta_{23}) = B + \delta_B$$

$$C' = C + (\delta_{32} - \delta_{31}) = C + \delta_C$$

所以

$$A' + B' + C' = A + B + C + \delta_A + \delta_B + \delta_C$$

即 $180° = 180° + \varepsilon + \delta_A + \delta_B + \delta_C$，故

$$\delta_A + \delta_B + \delta_C = -\varepsilon \qquad (6.44)$$

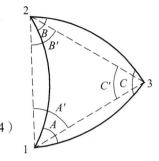

图 6.13

6.2.2.3 距离改化

将椭球面上的大地线长度归化为平面上的弦线长度，此即为距离改化。

1. 长度比、长度变形

投影面上某处弧段与椭球面上对应的弧段之比，称为该点处的长度比。投影的长度比为 $m = \dfrac{\mathrm{d}s}{\mathrm{d}S}$，由于正形投影的长度比与方向无关。由图 6.14 微分三角形知

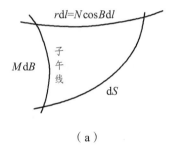

（a）

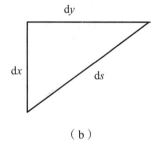

（b）

图 6.14

$$m^2 = \frac{\mathrm{d}s^2}{\mathrm{d}S^2} = \frac{\mathrm{d}x^2 + \mathrm{d}y^2}{(N\cos B\mathrm{d}l)^2 + (M\mathrm{d}B)^2}$$

$$= \left(\frac{\mathrm{d}y}{\mathrm{d}l}\right)^2 \frac{\left(\dfrac{\mathrm{d}x}{\mathrm{d}y}\right)^2 + 1}{N^2\cos^2 B\left\{1 + \left(\dfrac{M\mathrm{d}B}{N\cos B\mathrm{d}l}\right)^2\right\}} \qquad (6.45)$$

由高斯正算公式得

$$\frac{\mathrm{d}y}{\mathrm{d}l} = N\cos B + \frac{1}{2}l^2 N\cos^3 B\cdots \qquad (6.46)$$

由子午线收敛角推导知

$$\frac{\mathrm{d}x}{\mathrm{d}y} = \tan\gamma = \sin B\cdot l + \frac{\rho^3}{6}\sin B\cdots \qquad (6.47)$$

将式（6.46）、式（6.47）代入式（6.45），则用 B、L 计算长度比的公式为

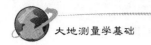

$$m = 1 + \frac{1}{2\rho^2}l^2\cos^2 B(1+\eta^2) + \frac{1}{24\rho^4}l^4\cos^4 B(5-4t^2) \tag{6.48}$$

反算公式为

$$l = \frac{y}{N\cos B} - \frac{y^3}{6N^3\cos B}(1+2t^2+\eta^2) \tag{6.49}$$

代入式（6.48），得

$$m = 1 + \frac{y^3}{2N^2}(1+\eta^2) + \frac{y^4}{24N^4} \tag{6.50}$$

顾及 $\frac{1+\eta^2}{N^2} = \frac{1}{R^2}$（$\eta = e'\cos B$ 是微小值）；$N^4 \approx R^4$；则用 x、y 计算长度比的公式为

$$m = 1 + \frac{y^2}{2R^2} + \frac{y^4}{24R^4} \tag{6.51}$$

由式（6.51）可以表明：

（1）长度比 m 随点的位置而异，但在一点上与方向无关。

（2）当 $l=0$ 或 $y=0$ 时，$m=1$，即中央子午线投影的长度不变。

（3）当 $l\neq0$ 或 $y\neq0$ 时，$m>1$，即 s 总是大于 S（中央子午线除外）。

（4）变形与 y 成比例地增大，即愈远离轴子午线，变形愈迅速增大。

2. 距离改化的计算

由 Simpson 近似积分公式，将积分区间 n 等分时如图 6.15（a）所示

$$\int_a^b f(x)\mathrm{d}x = \frac{h}{3}[y_0 + 2(y_2+y_4+\cdots) + 4(y_1+y_3+\cdots) + y_n] \tag{6.52}$$

将积分区间二等分时如图 6.15（b）所示

$$\int_a^b f(x)\mathrm{d}x = \frac{b-a}{6}(y_0 + 4y_1 + y_2) \tag{6.53}$$

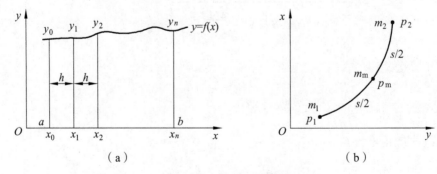

（a）　　　　　　　　　（b）

图 6.15　积分区间等分

由长度比得 $\mathrm{d}s = m\mathrm{d}S$，利用 Simpson 积分（积分区间二等分）

$$s = \int_0^S m\,\mathrm{d}S = \frac{S}{6}(m_1 + 4m_m + m_2) \tag{6.54}$$

将长度比 $m = 1 + \dfrac{y^2}{2R^2} + \dfrac{y^4}{24R^4}$ 代入式（6.54），得

$$s = S\left(1 + \frac{y_m^2}{2R_m^2} + \frac{\Delta y^2}{24R_m^2} + \frac{y_m^4}{24R_m^4}\right) \tag{6.55}$$

式中，$y_m = (y_1 + y_2)/2$，$\Delta y = (y_2 - y_1)$。故距离改化为

$$\Delta S = s - S = S\left(\frac{y_m^2}{2R_m^2} + \frac{\Delta y^2}{24R_m^2} + \frac{y_m^4}{24R_m^4}\right) \tag{6.56}$$

　　式（6.56）当 $S < 70$ km，$y_m < 350$ km 时，计算误差 < 1 mm，适用一等边长。二等边长的实用公式，即将上式中 y_m^4 项舍去；三、四等边长的实用公式，可进一步将 Δy^2 项舍去。

3. 计算所需近似坐标的精度

由距离改化的主项 $\Delta S = S\dfrac{y_m^2}{2R_m^2}$ 微分得

$$\mathrm{d}\Delta S = S\frac{y_m}{R_m^2}\mathrm{d}y_m \tag{6.57}$$

　　根据《城市测量规范》，取 $\mathrm{d}\Delta S = 0.1$ mm（二等）；$\mathrm{d}\Delta S = 1$ mm（三等），$S = 9$ km（二等）；$S = 5$ km（三等），取 $R_m = 6\,371$ km，$y_m = 350$ km，则 $\mathrm{d}y_{m(二等)} = 129$ m；$\mathrm{d}y_{m(三等)} = 23$ m。故，在计算近似坐标时，二等应精确至米，计算过程中取至分米；三等、四等可精确至 10 m，计算过程中取至米。

6.3　高斯投影相邻带的坐标换算

1. 产生换带的原因

　　高斯投影的分带原则和计算方法，与国际惯例相一致，而且也便于与大地测量成果统一、使用和互算，但这又使得统一的坐标系分割成各带的独立坐标系。于是，因分带的结果产生了新的矛盾，即在生产建设中提出了各相邻带的互相联系问题。由一个带的平面坐标换算到相邻带的平面坐标，称为"邻带换算"。通常由以下几个原因需要邻带换算。

　　（1）跨越东西两带的邻带地区建立控制网和测图，就存在把东带地区的控制点坐标换到西带，或把西带地区的控制点坐标换到东带的问题，称为坐标换带。另外，对于工程控制网来说，其中包括城市控制测量，既有测制更大比例尺地图的任务，又有满足各种工程建设和市政建设施工放样工作的要求。

　　（2）高斯投影的长度变形在离中央子午线较远的地区较大，导致长度变形超限，人们不得不变更中央子午线以满足上述要求，这也就需要进行坐标换带计算。

　　综上所述，换带计算是分带带来的必然结果，是生产实践的需要，没有分带就不会有换

带。因此，高斯投影坐标换带计算是必须掌握的又一重要基础知识。

2. 高斯换带计算

高斯投影的换带计算一般采用反正投影法，即把点的旧带高斯平面坐标（$X_{旧}$，$Y_{旧}$）经反投影获得椭球面坐标（B，L），再将（B，L）经正投影获得该点在新带的坐标。相邻投影带不同高程投影面坐标换带计算流程图如下：

（1）（$X_{旧}$，$Y_{旧}$）经高斯反算得（B，$L_{旧}$）。

（2）$L = L_{0旧} + L_{旧}$。

（3）$L_{新} = L - L_{0新}$。

（4）B、$L_{新}$经高斯反算得（$X_{新}$，$Y_{新}$）。

这里，$L_{0旧}$、$L_{0新}$分别表示旧带和新带中央子午线经度。

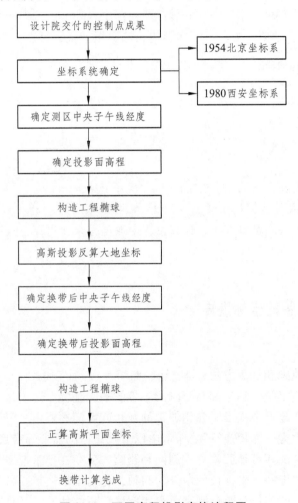

图 6.16 不同高程投影变换流程图

在公路或铁路的建设中，各施工标段往往处在不同的投影带中，而且各标段采用的参考椭球不完全相同，这就造成了控制点成果不在同一个坐标系中，为相邻标段的贯通复测造成了一定的困难，相邻投影带的控制点成果就需要进行相互转换，只有这样才能使线路贯通。

已知某设计院交给相邻标段施工单位的控制点成果如表 6.1 所示。通过如图 6.16 流程就可以对高程投影面的相邻投影带进行换带计算。

表 6.1　不同高程投影变换数据

点号	X 坐标/m	Y 坐标/m	高程/m	中央子午线经度/(°)	坐标系统	投影面大地高/m
G01	2 819 434.018	695 545.950	528.65	114	1954 北京坐标系	0
G02	2 819 232.618	696 118.418	514.34	114	1954 北京坐标系	0
S03	2 819 562.352	595 721.035	476.52	115	1954 北京坐标系	425
S04	2 819 921.908	596 908.594	415.26	115	1954 北京坐标系	425

要对不同高程投影面的高斯平面坐标进行换带计算，就需要构造不同长短半轴的工程椭球，我们称这种构造工程椭球的方法叫作平均曲率半径增长法，即在保证椭球的中心、轴向和扁率与国家参考椭球相同的情况下，通过改变椭球的长半轴来构造新的椭球。

为了使相邻标段能够联测，必须将四个控制点转化到同一个投影带上，现将控制点 S03、S04 坐标换算到 G01、G02 的投影带中，计算步骤如下：

通过高斯投影反算控制点 S03、S04 的大地坐标：

S03（$B = 25°28'40.051\ 591''$，$L = 115°57'06.510\ 765''$）

S04（$B = 25°28'51.455\ 925''$，$L = 115°57'49.110\ 010''$）

通过高斯投影正算控制点 S03、S04 在以 114° 为中央子午线、投影面大地高为零的高斯平面坐标：

S03（$X = 2\ 820\ 471.065$，$Y = 696\ 293.844$）

S04（$X = 2\ 820\ 839.641$，$Y = 697\ 479.020$）

6.4　工程测量投影面与投影带的选择

平面控制测量中，地面长度投影到参考椭球面以及将椭球面长度再投影到高斯平面均会引起长度变形。国家坐标系统为了控制长度变形，虽然采用了分带投影，以满足测图的基本要求，但长度变形依然存在，尤其是在离中央子午线越远的地区变形越大。如果不考虑长度变形的影响，将不能满足大范围工程项目勘测和施工放样的要求。

如何根据实际情况来合理确定测区中央子午线、变换投影基准面，以建立符合工程需要的平面直角坐标系统呢？书文将首先讨论两次投影的变形情况，以及工程平面坐标系统方案的选择原则，然后给出几种坐标系方案的实现方法，并用实例加以说明以帮助工程人员解决实际工程中所遇到的投影变形问题。

6.4.1 投影的长度变形

在控制测量计算中，有两项投影计算会引起长度变形：一个是地面水平距离（一般是高于椭球面的）投影到参考椭球面，这将引起距离变短；一个是参考椭球面距离投影到高斯平面，这将导致距离变长。下面讨论两项变动的大小情况。

6.4.1.1 地面水平距离投影到椭球面的长度变形

此项变形的数值可近似地写作

$$\Delta S_1 = -\frac{H}{R} d_0 \tag{6.58}$$

式中，H 为边长两端点的平均高程，R 为当地椭球面平均曲率半径，d_0 为地面水平距离。R 计算公式如式（6.59）

$$R = \frac{C}{V^2} \tag{6.59}$$

其中

$$C = \frac{a^2}{b}, \quad V = \sqrt{1 + e'^2 \cos^2 B}$$

其中，a 为椭球长半轴；b 为椭球短半轴；e' 为椭球第二偏心率；B 为测区平均大地纬度。

表 6.2 中列出了在不同高程面上依式（6.58）计算的每千米长度投影变形值和相对变形值。R 的概值取作 6 370 km。

表 6.2 不同高程面上高程投影每千米长度投影变形值和相对变形值

H/m	50	100	150	200	300	500	1000	2000
$\Delta S_1/\text{mm}$	-7.8	-15.7	-23.5	-31.4	-47.1	-78.5	-157.0	-314.0
$\dfrac{\Delta S_1}{S}$	$\dfrac{1}{127\,400}$	$\dfrac{1}{63\,700}$	$\dfrac{1}{42\,600}$	$\dfrac{1}{31\,800}$	$\dfrac{1}{21\,200}$	$\dfrac{1}{12\,700}$	$\dfrac{1}{6\,370}$	$\dfrac{1}{3\,180}$

由表 6.2 可知，高于椭球面的地面水平边长投影到椭球面总是距离变短。投影变形的绝对值与 H 成正比，随 H 的增大而增大，而且当 $H = 150\,\text{m}$ 时，每千米长度变形即接近 25 cm，相对变形接近 1/40 000 万。

当投影面不是参考椭球面，而是某个高程为 H_0 的投影面时，则（6.58）式变为

$$\Delta S_1 = -\frac{H - H_0}{R} \tag{6.60}$$

6.4.1.2 椭球面距离投影到高斯平面的长度变形

此项变形的数值可近似地写作

$$\Delta S_2 = \frac{y_m^2}{2R^2} \cdot S \tag{6.61}$$

式中，S 为椭球面边长；R 为当地椭球面平均曲率半径；y_m 为投影边两端 y 坐标（去掉 500 km 常数）的平均值。表 6.3 中列出了不同 y_m 时每公里长度投影变形值和相对变形值。计算时取 $B = 35°$，$R = 6\ 370\ 892$ m。

表 6.3 不同 y_m 时高斯投影每公里长度投影变形值和相对变形值

y_m/km	10	20	30	40	50	60	70	80	90	100
ΔS_2/mm	1.2	4.9	11.1	19.1	30.8	44.3	60.4	78.8	99.8	123.0
$\dfrac{\Delta S_2}{S}$	$\dfrac{1}{810\,000}$	$\dfrac{1}{200\,000}$	$\dfrac{1}{90\,000}$	$\dfrac{1}{50\,000}$	$\dfrac{1}{32\,500}$	$\dfrac{1}{22\,600}$	$\dfrac{1}{16\,600}$	$\dfrac{1}{12\,700}$	$\dfrac{1}{10\,000}$	$\dfrac{1}{8\,100}$

由表 6.3 可知，投影变形与 y_m 的平方成正比，离中央子午线越远，变形越大。约在 $y_m = 45$ km 处每千米变形 25 cm，相对变形 1/40 000 万。

综合以上两种变形，最后的投影长度变形为

$$\Delta S = \Delta S_1 + \Delta S_2 = -\frac{H - H_0}{R} d_0 + \frac{y_m^2}{2R^2} \cdot S \tag{6.62}$$

近似写为

$$\Delta S = \left(\frac{y_m^2}{2R^2} - \frac{H - H_0}{R} \right) S \tag{6.63}$$

6.4.2 工程测量平面直角坐标系统方案

工程控制网作为各项工程建设施工放样测设数据的依据，为了便于施工放样工作的顺利进行，要求由控制点坐标直接反算的边长与实地量得的边长，在数值上应尽量相等。也就是说，由上述两项投影改正而带来的长度变形（$\Delta S = \Delta S_1 + \Delta S_2$）综合影响应该限制在一定数值之内。正是基于此项考虑，根据工程地理位置和平均高程的大小，可以采用下述三种坐标系统方案：

（1）当长度变形值不大于 25 cm/km，可直接采用高斯正形投影的国家统一 3° 带平面直角坐标系统。

（2）当长度变形值大于 25 cm/km，可采用：① 投影于参考椭球面上的高斯正形投影任意带平面直角坐标系统；② 投影于抵偿高程面上的高斯正形投影 3° 带平面直角坐标系统；③ 投影于抵偿高程面上的高斯正形投影任意带平面直角坐标系统。

（3）面积小于 25 km² 的小测区工程项目，可不经投影采用平面直角系统在平面上直接计算。

前述的（1）、（3）两种方案无须多做解释，这里仅介绍方案（2）的三种情况。

式（6.63）已导出，要使控制网变形小，即要求基本做到

$$\Delta S = \Delta S_1 + \Delta S_2 = \left(\frac{y_m^2}{2R^2} - \frac{H-H_0}{R}\right)S = 0 \tag{6.64}$$

由对式（6.64）的不同处理可导出几种不同的工程测量平面直角坐标系统方案。

6.4.2.1　投影于参考椭球面上的高斯正形投影任意带平面直角坐标系统

这种方案的思路是地面观测值仍然归算到参考椭球面，但高斯投影的中央子午线不是标准 3° 带中央子午线，而是按工程需要来自行选择一条中央子午线。用这条中央子午线，边长的高程投影和高斯投影引起的长度变形能基本互相抵消。

由于投影基准面仍然为参考椭球面，故 $H_0 = 0$，则式（6.64）变为

$$\left(\frac{y_m^2}{2R^2} - \frac{H}{R}\right) \cdot S = 0 \tag{6.65}$$

解得

$$y_m = \sqrt{2RH} \tag{6.66}$$

即当 y_m 满足式（6.66）时边长的两项投影互相抵消。

　　【例】　某测区相对于参考椭球面的高程 $H_m = 500$ m，为使边长的高程投影及高斯投影引起的长度变形能基本互相抵消，依上式算得

$$y_m = \sqrt{2 \times 6370 \times 0.5} = 80 \text{ km}$$

即选择与该测区相距 80 km 处的子午线作中央子午线。这样，在测区，边长的高程投影和高斯投影引起的长度变形能基本互相抵消。但是，当 $y \neq 80$ km 时，也即该测区的其他地方仍然会有变形，用不同的 y 值代入式（6.63）计算，当 $y = 66$ km 时，每公里变形为 – 25 cm，当 $y = 915$ km 时，每千米变形为 25 cm，即最大抵偿带宽不超过 25 km。由此看出，这种方案的有效抵偿带宽不可能宽，有较大的局限性。

6.4.2.2　投影于抵偿高程面上的高斯正形投影 3° 带平面直角坐标系统

这种方案的思路是在不改变国家标准 3° 带中央子午线的情况下，不再投影至参考椭球面而是投影至某个抵偿高程面，从而得到地面上边长的高斯投影长度改正与归算到基准面上的高程投影改正相互抵偿的相同效果。

在保持中央子午线不变，即 y_m 不变的前提下，由式（6.65）可解得

$$H_0 = H - \frac{y_m^2}{2R}$$

这就是说，如果把地面边长投影至高程为 $H_0 = H - \dfrac{y_m^2}{2R}$ 的高程面上，而不是投影至参考椭球面上，则高程投影引起的长度变形 ΔS_1 与高斯投影引起的长度变形 ΔS_2 能够互相抵消。

　　不过，测区是个范围，而不是一个点。式中的 y_m 应如何取值呢？高斯投影长度变形

$\Delta S_2 \propto y_m^2$，对于一个测区，必有 y_m^2 的最小值（y^2）min 和最大值（y^2）max，显然，我们既不能取 $y_m^2 = (y^2)\min$，又不能取 $y_m^2 = (y^2)\max$，而应取

$$y_m^2 = \frac{(y_m^2)_{\min} + (y_m^2)_{\max}}{2} \tag{6.67}$$

用这样的 y_m^2 带入式（6.67）算出的 H_0，可使整个测区边长变形综合最小。当然实际选用时，如果结合测区地势情况，需要时对 y_m^2 稍作变动效果会更好。

【例】　某测区相对于参考椭球面的平均高程 $H = 1\,000$ m，在国家标准 3° 带内跨越的 y 坐标范围为 -80 km ~ -50 km，若不变换中央子午线，求能抵偿投影变形的高程抵偿面。

解：　$$y_m^2 = \frac{(-50)^2 + (-80)^2}{2} = 4\,450$$

即　　　　　　　　$$y_m = -667 \text{ km}$$

$$H_0 = H - \frac{y_m^2}{2R} = 1\,000 - \frac{4\,450 \times 10^6}{2 \times 6\,370\,000} = 650.7 \text{ m}$$

即选 $H_0 = 650$ m 的高程面作控制网的投影基准面最为合适。事实上，最小变形在 $y_0 = -667$ km 处，因为

$$\Delta S = \left(\frac{y_m^2}{2R^2} - \frac{H - H_0}{R} \right) \times 1\,000 = \left(\frac{(-66.7)^2}{2 \times 6370^2} - \frac{1 - 0.65}{6370} \right) \times 1\,000 \times 1\,000 \approx 0$$

最大变形在 $y_1 = -50$ km 和 $y_2 = -80$ km 处，分别为 -0.024 m 和 $+0.024$ m。

这种坐标系统的实现步骤，一般是先算出基准面为参考椭球面的国家标准 3° 带控制网坐标，再将控制网缩放至抵偿高程面。这样做的好处是有两套坐标，其中一套是国家标准系统的坐标，另一套为抵偿高程面坐标。至于控制网缩放至高程抵偿面的做法，请读者参看下面 6.4.2.3 的例子。

从上面的例子的计算结果也可看出，若不变换中央子午线，仅靠选择抵偿高程面，其抵偿范围也是有限的，上例中的有效抵偿带宽仅为 30 km。

6.4.2.3　投影于抵偿高程面上的高斯正形投影任意带平面直角坐标系统

这种方案的思路结合了前两种方案的一些特点，既将中央子午线移动至测区中部，又变换了高程投影面。当测区东西向跨度较大，需要抵偿的带宽较大时，即可采用此种方案。

该方案同时要求

$$\Delta S_1 = -\frac{H - H_0}{R} \cdot d_0 = 0 \tag{6.68}$$

$$\Delta S_2 = \frac{y_m^2}{2R^2} \cdot S = 0 \tag{6.69}$$

这里 H_0 表示投影基准面的高程。由式（6.68）解得 $H = H_0$。此时边长的高程投影变形为零。若 H_0 取测区平均高程面 H_m，或略低于该平均高程面，则各边长高程投影近似为零。由式（6.69）解得 $y_m = 0$。

这表示要求测区在中央子午线附近。

根据以上两种要求，这种坐标系的作法是将高斯投影的中央子午线选为测区内或附近某一合适的子午线；而高程投影面选为测区平均高程面 H_m 或比它稍低一些的高程面上。

因为这种坐标系的变形最小，许多离国家标准 3° 带中央子午线较远的城市多采用这种坐标系，常称作城市坐标系或地方坐标系。下面详细介绍这种坐标系的实现步骤。

1. 选择合适的地方带中央子午线 L_0

在测区内或测区附近选择一条整 5′ 或整 10′ 的子午线作中央子午线。例如河南某城市的城市地方坐标系中央子午线取作 112°30′，某县城的城市坐标系中央子午线取作 115°25′。

2. 已知点换带计算

将当地的国家控制网已知点坐标通过高斯反、正投影计算，换算成中央子午线为 L_0 的地方带坐标系内的坐标。

3. 计算控制网的地方带坐标（第 1 套地方坐标）

将地面观测值（包括边长）先投影至参考椭球面，再投影至所选中央子午线的高斯平面，然后进行平差计算。获得的坐标，高程投影基准面仍为参考椭球面（或似大地水准面），而中央子午线则为地方中央子午线。可称作第一套地方坐标。这套坐标系的好处是，可通过坐标换带与国家标准坐标系统互算。这样，地方控制网与国家控制网就是联系紧密的统一系统。

4. 选高程投影面 H_0

高程投影面 H_0 一般选测区平均高程面 H_m，或最好稍低一点的面。H_0 取至整 10 m。

5. 计算地方带平均高程面坐标（第 2 套地方坐标）

（1）在测区内（最好在中心区）选择点 P_0 作为控制网缩放的不动点。P_0 点的坐标（x_0，y_0）在控制网缩放前后保持不变。点 P_0 可以是一个实有的控制点，也可以是一人为取定的坐标点。

（2）计算控制网缩放比例 k。

$$k = \frac{R + H_0}{R} \tag{6.70}$$

式中，R 为当地椭球面平均曲率半径；H_0 为所选高程投影面。

（3）计算各点第 2 套地方坐标。

$$\left.\begin{array}{l} x_{i2} = x_0 + (x_{i1} - x_0) \cdot k \\ y_{i2} = y_0 + (y_{i1} - y_0) \cdot k \end{array}\right\} \tag{6.71}$$

这里的下标 1、2 分别代表第 1 套、第 2 套地方坐标。i 代表除不动点 P_0 以外的所有点，包括已知点。由以式（6.70）和式（6.71）计算出来的坐标即为中央子午线为地方中央子午线 L_0，高程投影面为 H_0 的第 2 套地方坐标系。它适合于工程应用。

【例】 某测区有 2 个已知点（坐标见表 6.4），平面坐标采用北京 54 坐标系统，高程为 1956 年黄海高程系统，测区距离中央子午线 114° 约 −91 ～ −87 km，测区平均正常高程约为

400 m，高程异常约为 38 m，两项投影变形的综合影响在 $\dfrac{1}{30\ 000} \sim \dfrac{1}{40\ 000}$，不能满足工程施工需要，现准备采用投影于抵偿高程面上的高斯正形投影任意带平面直角坐标系统。

表 6.4　某测区已知点的国家标准 3° 带高斯平面直角坐标

点名	X/m	Y/m	$H_{常}/\mathrm{m}$
1 谢庄西	3 816 697.421	38 409 493.713	495.665
2 蝎子山	38 140 640.576	38 412 975.234	431.905

解：

① 选择合适的中央子午线。

根据工程勘测提供的测区 1∶10000 地形图，确定测区地方带坐标系统的中央子午线经度采用 113°。

② 已知点换带计算。

通过高斯反、正投影计算，将"谢庄西"和"蝎子山"两已知点从 114° 中央子午线国家坐标换算至以 113° 为中央子午线的地方坐标。结果如表 6.5 所示。

表 6.5　换带至 113° 中央子午线的已知点高斯平面直角坐标

点名	X/m	Y/m	$H_{常}/\mathrm{m}$
1 谢庄西	3 816 257.086	501 365.862	495.665
2 蝎子山	3 813 659.006	504 872.877	431.905

③ 计算控制网的地方带坐标（第 1 套地方坐标）。

利用第 2 步中计算得到的以 113° 为中央子午线的两已知点坐标作为已知数据，对平面控制网进行平差计算，获得平面控制网中各控制点的第 1 套地方坐标，如表 6.6 所示。

表 6.6　改变中央子午线所得到的控制网第 1 套地方坐标

点名	X/m	Y/m	$H_{常}/\mathrm{m}$
1 谢庄西	3 816 257.086	501 365.862	495.665
2 蝎子山	3 813 659.006	504 872.877	431.905
3 万羊碑	3 814 961.956	500 908.590	483.302
4 孤堆坡	3 812 810.803	502 020.178	393.133
5 薛家庄	3 815 594.534	504 350.101	452.473
6 五交公司	3 814 828.401	502 686.250	405.696

④ 选高程投影面 H_0。

由于测区平均正常高程约为 400 m，而测区高程异常约为 38 米，故我们选取 $H_0 = 440$ m 高程面作为高程投影面。

⑤ 计算地方带平均高程面坐标（第 2 套地方坐标）。

因为点"五交公司"基本位于测区中央，故选择点"五交公司"作为控制网缩放的不动点 P_0。由于测区平均纬度约为 $34°27'$，计算得到当地椭球面的平均曲率半径

$$R = \frac{C}{V^2} = \frac{6\ 399\ 698.901\ 78}{1 + 0.006\ 738\ 525\ 414\ 68 \cdot [\cos(34°27')]^2} = 6\ 370\ 307.496$$

根据式（6.70）计算出控制网的缩放系数为 $k = \dfrac{R + H_0}{R} = 1.000\ 069\ 070\ 449$ 。

利用 k 再根据式（6.71）即可计算出各控制点的第 2 套地方坐标，如表 6.7 所示。

表 6.7　改变高程投影面所得到的控制网第 2 套地方坐标

点名	X	Y
1 谢庄西	3 816 257.185	501 365.771
2 蝎子山	3 813 658.925	504 873.028
3 万羊碑	3 814 961.965	500 908.467
4 孤堆坡	3 812 810.664	502 020.132
5 薛家庄	3 815 594.587	504 350.216
6 五交公司	3 814 828.401	502 686.250

本例中也可采用测区中央附近的任一整数坐标点位作为不动点 P_0，如（3 815 000，503 000），测量人员可依据实际情况自行合理确定。

上述三种方案，实践中可根据具体情况灵活选用。一般来说，对于城市坐标系统和范围较大的工程测量坐标系统，以将中央子午线选在测区中部的方案为最好；在此基础上，如果需要，再将控制网缩放至比测区平均高程面或稍微低一点的高程面上。

6.5　平面坐标系四参数坐标转换

1. 四参数模型

测量工作中，常碰到各种坐标系坐标的相互转换问题，四参数模型实际上是一个二维平面坐标的转换模型，它的四个参数为：两个平移参数 X_0、Y_0，一个旋转参数 α，一个比例因子 k，其坐标转换模型为：

$$\begin{pmatrix} X_{新} \\ Y_{新} \end{pmatrix} = \begin{pmatrix} X_0 \\ Y_0 \end{pmatrix} + k \begin{pmatrix} \cos\alpha & \sin\alpha \\ -\sin\alpha & \cos\alpha \end{pmatrix} \begin{pmatrix} X_{旧} \\ Y_{旧} \end{pmatrix} \tag{6.72}$$

式中，$X_{新}$、$Y_{新}$ 为所要转换到的坐标系下的坐标；$X_{旧}$、$Y_{旧}$ 为待转换的坐标系下的坐标；X_0、Y_0 为原始坐标平移参数；α 为原坐标轴转换至新坐标轴的角度，以坐标方位角增大方向为正，反向为负；k 为两个坐标系之间的尺度比。

一般在测量的作业区域内两个相互转换的平面坐标系之间的旋转角度非常小，所以上式中 $\cos\alpha \approx 1$，$\sin\alpha \approx \alpha$，则式（6.72）改写为

$$\begin{pmatrix} X_{新} \\ Y_{新} \end{pmatrix} = \begin{pmatrix} X_0 \\ Y_0 \end{pmatrix} + k \begin{pmatrix} 1 & \alpha \\ -\alpha & 1 \end{pmatrix} \begin{pmatrix} X_{旧} \\ Y_{旧} \end{pmatrix} \tag{6.73}$$

即

$$\begin{pmatrix} X_{新} \\ Y_{新} \end{pmatrix} = \begin{pmatrix} X_0 \\ Y_0 \end{pmatrix} + \begin{pmatrix} k & k\alpha \\ -k\alpha & k \end{pmatrix} \begin{pmatrix} X_{旧} \\ Y_{旧} \end{pmatrix} \tag{6.74}$$

令 $k\alpha = a$，则式（6.74）变为

$$\begin{pmatrix} X_{新} \\ Y_{新} \end{pmatrix} = \begin{pmatrix} X_0 \\ Y_0 \end{pmatrix} + \begin{pmatrix} k & a \\ -a & k \end{pmatrix} \begin{pmatrix} X_{旧} \\ Y_{旧} \end{pmatrix} \tag{6.75}$$

将上式改写为

$$\begin{pmatrix} X_{新} \\ Y_{新} \end{pmatrix} = \begin{pmatrix} 1 & 0 & X_{旧} & Y_{旧} \\ 0 & 1 & Y_{旧} & -X_{旧} \end{pmatrix} \begin{pmatrix} X_0 \\ Y_0 \\ k \\ a \end{pmatrix} \tag{6.76}$$

令 $\hat{L} = \begin{pmatrix} X_{新} \\ Y_{新} \end{pmatrix}$，$B = \begin{pmatrix} 1 & 0 & X_{旧} & Y_{旧} \\ 0 & 1 & Y_{旧} & -X_{旧} \end{pmatrix}$，$\hat{X} = \begin{pmatrix} X_0 \\ Y_0 \\ k \\ a \end{pmatrix}$，则式（6.76）变为

$$\hat{L} = B\hat{X} \tag{6.77}$$

误差方程为

$$V = B\mathrm{d}x - [L - f(X^0)] \tag{6.78}$$

式中，X^0 为 X 的近似值。

由式（6.78），根据最小二乘原理 $V^{\mathrm{T}}PV = \min$，可求出 $\mathrm{d}x = (B^{\mathrm{T}}PB)^{-1}B^{\mathrm{T}}P[L - f(X^0)]$，那么 $X = X^0 + \mathrm{d}x$，可证明，当式（6.67）为线性模型时，此解亦为最小二乘原理的精确解，当求出参数 a、k，可由式（6.75）求出旋转角度 α。

2. 精度评定

单位权中误差：

$$\sigma_0 = \pm\sqrt{\frac{V^{\mathrm{T}}PV}{2n-4}} \tag{6.79}$$

转换系数误差依据参数的协因数阵 $Q_{\hat{X}\hat{X}} = Q_{\hat{x}\hat{x}} = (B^{\mathrm{T}}PB)^{-1}$，如式（6.80）和式（6.81）。检核点的精度可根据计算值与观测值之差的绝对值大小来评定。

$$m_{X_0} = m_{Y_0} = \frac{\sigma_0}{\sqrt{n}} \tag{6.80}$$

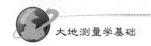

$$m_k = m_a = \frac{\sigma_0}{\sqrt{[X_{\text{旧}i}^2 + Y_{\text{旧}i}^2]}} \quad i = 1, \cdots, n \tag{6.81}$$

3. 地籍测量中平面坐标转换

例中的数据均为某市一行政区的实测数据，该测区行政面积七百多平方千米，为了提高拟合精度，均匀布设了 10 个控制点且同精度观测获取新旧两套坐标值，其分布情况如图 6.17 所示，图中，P01—P08 参与参数的计算，P09、P10 作为检核点。四参数 X_0、Y_0、k、a 的计算通过编程实现。

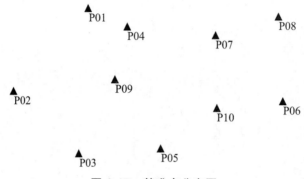

图 6.17　基准点分布图

控制点内符合精度及参数精度评定，参加参数计算的重合点的改正数如表 6.8 所示。由改正数求得单位权中误差为 $\sigma_0 = \pm 0.007\,339\,1$，根据 t 个基准点上的残差 V_i 及单位权中误差 σ_0，来评定内部符合精度。由于转换参数是采用最小二乘原理求得的，则 V_i 及 σ_0 均较小；若 V_i 及 σ_0 偏大，则认为基准点中有存在显著位移的点，此时应重选基准点进行坐标转换。本次算例中改正数和单位权中误差均在毫米级，由此判断参与计算的 8 个基准点的内符合精度较高。四参数精度计算如表 6.9 所示。

表 6.8　重合点改正数计算结果

点名	V_X / mm	V_Y / mm
P01	3.314 26	11.963 9
P02	− 6.535 68	− 8.853 04
P03	− 6.724 72	− 4.842 23
P04	7.169 52	9.530 24
P05	1.961 26	6.561 06
P06	− 2.298 93	− 6.830 6
P07	2.168 27	− 0.059 005
P08	0.946 013	− 7.47 033

表 6.9　四参数精度评定

统计项	精度（mm）
$m_{X_0} = m_{Y_0}$	±2.594 76
$m_k = m_a$	±0.000 002 086 68

由求出的四个参数，依据公式（6.74）计算出检核点在新坐标系下的坐标，该计算值与观测值求差，其结果见表 6.10。在地籍测量中对点位精度要求一般在 5 cm 之内即可，因此本书中介绍的四参数模型完全能够满足地籍测量的需要，且因为计算的模型是线性的，省去了模型线性化的麻烦，简化计算步骤同时也保证了转换的精度，因此在区域不大且地势较平坦地区可广泛推广使用。

表 6.10　模型精度评定

点名	X 坐标差/mm	Y 坐标差/mm
P09	− 2.0	7.106
P10	8.16	− 7.141

【本章小结】

　　地图投影是按照一定的数学法则将椭球面上元素转换到平面的方法，是控制测量学教学中的重点内容之一。地图投影是进行坐标换带计算、建立任意抵偿高程面坐标系的基础，是测绘类专业学生必须掌握的知识点。故对教师而言，如何通过教学让学生更好、更透彻地掌握地图投影理论是关键。

　　目前，地图投影理论主要应用于两个方面：换带计算和不同坐标系（北京 54、西安 80、WGS84）间的相互转换。检验学生是否掌握地图投影理论的标准就是要看学生能否独立解决上述两类坐标系转换的问题。为此，不仅要掌握地图投影的理论知识，更重要的是要以实践为主要手段，掌握进行坐标系转换的方法。

【思考与练习题】

　　1. 某点的平面直角坐标是否等于椭球面上该点至赤道和中央子午线的距离？为什么？

　　2. 什么是平面子午线收敛角？试用图表示平面子午线收敛角之下列特性：

　　（1）点在中央子午线以东时，为正，反之为负。

　　（2）点与中央子午线的经差愈大，值愈大。

　　（3）点所处的纬度愈高，值愈大。

　　3. 高斯投影既然是正形投影，为什么还要引进方向改正？

　　4. 高斯投影既然是一种等角投影，而引入方向改正后，是否破坏了投影的等角性质，为什么？

　　5. 试推导方向改正计算公式并论证不同等级的三角网应使用不同的方向改正计算公式。

　　6. 怎样检验方向改正数计算的正确性？其实质是什么？

　　7. 椭球面上的三角网投影至高斯平面，应进行哪几项计算？图示说明为什么。

　　8. 试推导城市三、四等三角网计算方向改正值的计算公式，并分析所用概略坐标的精度。

　　9. 在高斯投影中，为什么要分带？我国规定小于一万分之一的测图采用 60 投影带，一

万分之一或大于一万分之一的测图采用 30 投影带，其根据何在？

10. 如果不论测区的具体位置如何，仅为了限制投影变形，统称采用 30 带投影优于 60 带投影，你认为这个结论正确吗？为什么？

11. 高斯投影的分带会带来什么问题？

12. 高斯投影的换带计算共有几种方法？各有什么特点？

13. 利用高斯投影正、反算公式间接进行换带计算的实质是什么？

14. 在推导坐标换带表的换带公式中，对于对称点的选择有什么要求？对辅助点的选择又有什么要求？各起什么作用？

15. 若已知高斯投影第 13 带的平面坐标，试述利用高斯投影公式求第 14 带平面坐标的方法（可采用假设的符号说明）？

16. 已知某点的大地坐标为 $B = 32°23'46.653\ 1''$，$L = 112°44'12.212\ 2''$，求其在 6° 带内的高斯平面直角坐标以及该点的子午线收敛角（要求反算检核）。

第 7 章　大地坐标系的建立

【本章要点】为了描述一个事件的状态，需指明以什么作为参考。在大地测量中，除了选择参考物外，还需要进行空间定位定向并规定度量单位（如时间尺度、空间尺度等），于是我们在地球上建立了参考坐标系（也称为参考系或坐标系，这里先将这些概念理解为同义词）。坐标系的选取完全是人为的，从数学观点看，并没有理由评价坐标系的优劣，但从物理和使用的观点来看，应视研究问题的可行方便选取合理的参考系。本章讨论了经典大地坐标系和现代大地坐标系的建立原理，推导了不同大地坐标系间的转换模型。

7.1　椭球定位与定向

7.1.1　椭球定位和定向概念及原则

旋转椭球体是椭圆绕其短轴旋转而成的形体，通过选择椭圆的长半轴和扁率，可以得到与地球形体非常接近的旋转椭球，旋转椭球面是一个形状规则的数学表面，在其上可以做严密的计算，而且所推算的元素（如长度和角度）同大地水准面上的相应元素非常接近，这种用来代表地球形状的椭球称为地球椭球，它是地球坐标系的参考基准。

椭球定位是指确定椭球中心的位置，可分为两类：局部定位和地心定位。局部定位要求在一定范围内椭球面与大地水准面有最佳的符合，而对椭球的中心位置无特殊要求；地心定位要求在全球范围内椭球面与大地水准面有最佳的符合，同时要求椭球中心与地球质心一致或最为接近。

椭球定向是指确定椭球旋转轴的方向，不论是局部定位还是地心定位，都应满足两个平行条件：

（1）椭球短轴平行于地球自转轴。

（2）大地起始子午面平行于天文起始子午面。

上述两个平行条件是人为规定的：其目的在于简化大地坐标、大地方位角同天文坐标、天文方位角之间的换算。

具有确定参数（长半轴 a 和扁率 f），经过局部定位和定向，同某一地区大地水准面最佳拟合的地球椭球，叫作参考椭球。

除了满足地心定位和双平行条件外，在确定椭球参数时能使它在全球范围内与大地体最密合的地球椭球，叫作总地球椭球。

7.1.2　大地起算数据与椭球定位

在经典大地测量中，椭球定位，即建立大地坐标系，就是按一定条件将具有确定元素的

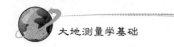

地球椭球同大地体的相关位置确定下来，从而获得大地测量计算的基准面和大地起算数据。

"椭球定位"是椭球定位和定向的总称，包含：① 确定椭球中心的位置（简称定位）；② 确定椭球中心为原点的空间直角坐标系坐标轴的方向，即确定椭球短轴的指向和起始大地子午面（简称定向）。

国家水平大地控制网中推算各点大地坐标的起算点，称为大地原点。大地原点的大地坐标值 L_0、B_0、H_0 以及它对某一方向的大地方位角 A_0，称为大地起算数据，它们是经典大地测量的坐标基准。

椭球定位和确定大地起算数据是密切联系的，即定位就是确定大地起算数据，而确定了大地起算数据也就完成了定位。如图 7.1 所示，大地原点 P 的 L_0、B_0 确定了椭球过该点的法线，但此时椭球还可以绕这一法线旋转和平移，H_0 和 A_0 确定后则使椭球完全固定了。

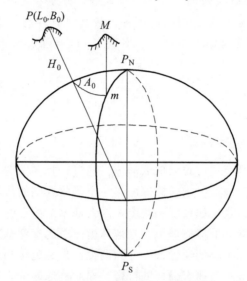

图 7.1 大地起算数据和椭球定位

从数学原理上讲，无论如何定位，即任意一组 L_0、B_0、H_0、A_0，都能使椭球与大地体的关系确定下来，但是，任意方式的定位绝不是合适的定位。参考椭球是大地体的数学化形状，要使之尽量接近大地体，这样在大地测量实践中，才能使观测元素归算到椭球上时具有实际意义，同时也便于垂线偏差和起始大地方位角等的解算。于是，要求椭球定位满足以下条件：

（1）椭球的短轴与地球的自转轴平行。

（2）起始大地子午面与起始天文子午面平行。

（3）椭球面与某一区域的大地水准面最为密合。

用解析式表示这三个条件：

（1）$\varepsilon_X = 0$, $\varepsilon_Y = 0$。

（2）$\varepsilon_Z = 0$（在 $\varepsilon_X = 0$ 的基础上）。

（3）$\sum N^2 =$ 最小。

式中，ε_X、ε_Y、ε_Z 为欧拉角，N 为大地水准面差距。

在以上三个条件中，前两个条件（简称"双平行"）得到满足，则椭球与真实地球的情况接近，能构成最为简单的垂线偏差公式和拉普拉斯方位角公式，即

$$\left.\begin{array}{l} \xi = \varphi - B \\ \eta = (\lambda - L)\cos\varphi \end{array}\right\} \tag{7.1}$$

$$A = \alpha - (\lambda - L)\sin\varphi \tag{7.2}$$

第三个条件能保证椭球面与大地水准面很接近，从而使观测量归算所加的改正数很小，与实际量更好地符合。

椭球定位中，可以通过以下方法使确定的 L_0、B_0、H_0、A_0 满足这三个条件。

式（7.1）、式（7.2）是在双平行的条件下得到的，由该两式确定的 L_0、B_0、A_0 为

$$\left.\begin{array}{l} L_0 = \lambda_0 - \eta_0\cos\varphi_0 \\ B_0 = \varphi_0 - \xi_0 \\ A_0 = \alpha_0 - \eta_0\tan\varphi_0 \\ H_0 = H_{正0} + N_0 \end{array}\right\} \tag{7.3}$$

如果所确定的大地起算数据满足式（7.3），则一定满足双平行条件，即定位条件（1）、条件（2）。

式（7.3）中 λ_0、φ_0、α_0 和 $H_{正0}$ 过天文测量和水准测量方法得到，ξ_0、η_0、N_0 是大地原点上的垂线偏差和大地水准面差距。

怎样使所确定的 L_0、B_0、H_0、A_0 满足定位条件（3），这就是 ξ_0、η_0、N_0 的选择问题。ξ_0、η_0、N_0 的作用类似于布尔莎模型中的 ΔX、ΔY、ΔZ [由后面的式（7.5）知，如 ε_X、ε_Y、ε_Z、Δm 为 0，则 ξ_0、η_0、N_0 由 ΔX、ΔY、ΔZ 确定]，它们确定了椭球的定位，称为参考椭球的定位参数。

根据所获得 ξ_0、η_0、N_0 的途径不同，分为一点定位和多点定位两种定位方法。

一点定位只是简单取

$$\xi_0 = 0, \quad \eta_0 = 0, \quad N_0 = 0$$

上式表明，在大地原点处，椭球的法线方向和铅垂线方向重合，椭球面和大地水准面相切。由式（7.3）得

$$L_0 = \lambda_0, \quad B_0 = \varphi_0, \quad A_0 = \alpha_0, \quad H_0 = 0$$

可见，一点定位实质上是将大地原点上所测的天文经纬度和天文方位角视为大地经纬度和大地方位角，大地原点上的正高（或正常高）视为大地高。一点定位的结果，在较大区域内往往难以使椭球面和大地水准面有较好的密合。所以，在基本完成全国天文大地测量后，往往利用所测成果，按"$\sum N^2 = $ 最小"这一条件予以重新定位，这就是多点定位。

多点定位是在多个天文大地点上列出弧度测量方程，通过平差计算得到 ξ_0、η_0、N_0，从而完成椭球的定位。

7.1.3　弧度测量方程

弧度测量可以分成古代弧度测量、近代弧度测量和现代弧度测量。

在古代，当人们认识到地球是一个球体时，在技术上通过两点间的弧长和纬差测量，便

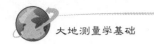

可以推算地球的形状和大小，这就是弧度测量的早期含义。

第一个估算地球大小的是古希腊学者埃拉托色尼（Eratosthenes，公元前 276—194 年），他估算地球半径为 6 844 km。鉴于没有实地量测，所以这不能算是实地弧度测量。世界上第一次开展实地弧度测量的国家是中国。公元 724 年（唐开元十二年），在天文学家一行（本名张遂）的主持下，太史监南宫说在河南平原地区实测了滑县、浚仪（今开封）、扶沟和上蔡间的距离，并观测该四地的北极高度和夏至正午日影长度，得出子午线一度弧长为 351 里 80 步（唐代长度 1 里等于 300 步）。由于 1 唐里等于 1 500 唐尺，1 唐尺等于 24.75 cm，可以算得一度弧长为 130.4 km。古代天文学家将圆周分为 365.25 度，折合 360 度制，得一度弧长为 132.3 km。这个数值与现在已知的每度弧长约为 111 km 相比，虽大了 21 km，但就当时的技术水平而言，得出这样的结果已经是很不简单了。

自牛顿提出地球形状是椭球体，加之斯奈尔创立了三角测量法后，从 18 世纪初开创了弧度测量的新纪元，弧度测量的含义扩展为确定地球椭球的两个元素，即长半径 a 和扁率 f。从 19 世纪初起，各国测量学家从事了大量弧度测量工作，前后推算出许多地球椭球的结果。由第五章的子午线弧长公式可知，子午线弧长是 a 和 e^2（或 f）的函数，通过地球上许多子午线弧段的测量结果，就可用最小二乘法解出 a 和 f（或 e^2）。在实践中，推求新的椭球元素，是在原有旧的椭球的基础上，利用天文、大地、重力和卫星测量等资料完成的。因此，推算新椭球元素实际上是一个逐次趋近的过程。设旧椭球的元素为 $a_{旧}$ 和 $f_{旧}$，新椭球元素为 $a_{新} = a_{旧} + \mathrm{d}a$，$f_{新} = f_{旧} + \mathrm{d}f$。现在的问题就是要求出 $\mathrm{d}a$ 和 $\mathrm{d}f$。

由垂线偏差公式可以写出

$$
\begin{bmatrix} \eta_{新} \\ \xi_{新} \\ N_{新} \end{bmatrix} = \begin{bmatrix} (\lambda - L_{新})\cos B_{新} \\ \varphi - B_{新} \\ N_{新} \end{bmatrix} = \begin{bmatrix} (\lambda - L_{旧})\cos B_{旧} \\ \varphi - B_{旧} \\ N_{旧} \end{bmatrix} + \begin{bmatrix} -\mathrm{d}L\cos B_{旧} \\ -\mathrm{d}B \\ \mathrm{d}N \end{bmatrix} \tag{7.4}
$$

$$
\begin{bmatrix} \eta \\ \xi \\ N \end{bmatrix}_{新} = \begin{bmatrix} \dfrac{\sin L}{(N+H)} & -\dfrac{\cos L}{(N+H)} & 0 \\ \dfrac{\sin B\cos L}{M+H} & \dfrac{\sin B\sin L}{M+H} & -\dfrac{\cos B}{M+H} \\ \cos B\cos L & \cos B\sin L & \sin B \end{bmatrix} \begin{bmatrix} \Delta X_0 \\ \Delta Y_0 \\ \Delta Z_0 \end{bmatrix} +
$$

$$
\begin{bmatrix} -\sin B\cos L & -\sin B\sin L & 0 \\ \sin L & -\cos L & 0 \\ -Ne^2\sin B\cos B\sin L & Ne^2\sin B\cos B\cos L & 0 \end{bmatrix}_{旧} \begin{bmatrix} \varepsilon_X \\ \varepsilon_Y \\ \varepsilon_Z \end{bmatrix} + \begin{bmatrix} 0 \\ \dfrac{N}{M}e^2\sin B\cos B \\ N(1-e^2\sin^2 B) \end{bmatrix} \Delta m +
$$

$$
\begin{bmatrix} 0 & 0 \\ -\dfrac{N}{(M+H)}e^2\sin B\cos B & -\dfrac{M(2-e^2\sin^2 B)}{(M+H)(1-f)}\sin B\cos B \\ -\dfrac{N}{a}(1-e^2\sin^2 B) & \dfrac{M}{1-f}(1-e^2\sin^2 B)\sin^2 B \end{bmatrix} \begin{bmatrix} \mathrm{d}a \\ \mathrm{d}f \end{bmatrix} + \begin{bmatrix} (\lambda - L_{旧})\cos B_{旧} \\ \varphi - B_{旧} \\ N_{旧} \end{bmatrix}
$$

$$
\tag{7.5}
$$

式（7.5）称为广义弧度测量方程式。其未知数是 ΔX_0、ΔY_0、ΔZ_0、ε_X、ε_Y、ε_Z、Δm、$\mathrm{d}a$ 和

$\mathrm{d}f$。在实用上，根据定位条件（1）、条件（2）通常弃去 ε_X、ε_Y、ε_Z 和 Δm 值。利用式（7.5）就可以推求新的椭球元素和定位值。

在天文大地网中每一个天文大地点上都可以列出如式（7.5）的弧度测量方程式。依据

$$\sum(\xi_{新}^2 + \eta_{新}^2) = 最小 \tag{7.6}$$

或

$$\sum N_{新}^2 = 最小 \tag{7.7}$$

进行解算，就可以求出最适合于某一计算地区的椭球元素 $a_{新} = a_{旧} + \mathrm{d}a$，$f_{新} = f_{旧} + \mathrm{d}f$ 以及新椭球定位元素 ΔX_0、ΔY_0、ΔZ_0。将解得的值代回式（7.5）中，可以求出任一天文大地点的 $\xi_{新}$、$\eta_{新}$ 和 $N_{新}$ 值，当然也包括大地原点上的 ξ_0、η_0、N_0。

由于 ξ、η 和 N 的相关性，从理论上讲式（7.6）与式（7.7）是等价的。但是，由式（7.5）可以看到，如果改变椭球元素，η 值并不改变。这说明垂线偏差随椭球元素的变化并不显著。另外，考虑到 N 的变化较 ξ、η 的变化平缓，因而可以较少受到局部异常的影响。因此，实践中一般采用"$\sum N_{新}^2 = 最小$"这一条件。当采用正常高系统时，则相应条件为"$\sum N^2 = 最小$"。

应该指出，对于一个国家来说，即使幅员广大，但相对于全球而言，所占的比例总是有限，因此，用一国测量资料解算弧度测量方程得出的椭球元素往往和用全球资料得出的结果相差甚大。例如，仅仅根据中国天文大地测量资料算得的地球椭球长半径约为 6 378 670 m，扁率约为 1∶292.0。因此，在中国 1980 西安大地坐标系的建立中，取消了地球椭球大小这两个参数的求解，a 和 f 采用 GRS 75 推荐的数值，这样解算弧度测量方程就只是解决椭球定位问题了。

因此，多点定位就是在原来天文大地点上列出如下的弧度测量方程

$$N_{新} = \cos B_{旧} \cos L_{旧} \Delta X_0 + \cos B_{旧} \sin L_{旧} \Delta Y_0 + \sin B_{旧} \Delta Z_0 -$$

$$\frac{N_{旧}}{a_{旧}}(1 - e_{旧}^2 \sin^2 B_{旧})\Delta a + \frac{M_{旧}}{1 - f_{旧}}(1 - e_{旧}^2 \sin^2 B_{旧}) \sin^2 B_{旧} \Delta f + N_{旧} \tag{7.8}$$

按 $\sum N_{新}^2 = 最小$，解得新、旧椭球中心的位置差 ΔX_0、ΔY_0、ΔZ_0，然后将其代入式（7.5）从而获得各个天文大地点上的 ξ、η、N，当然也得到了大地原点上的 ξ_0、η_0、N_0，最后得到新的大地起算数据。

多点定位结果表明，在大地原点处，椭球的法线方向和铅垂线方向不相重合，椭球面和大地水准面不再相切，但在区域内，椭球面与大地水准面有最佳地密合。

在区域内（非全球）按"$\sum N^2 = 最小$"进行椭球定位，椭球的中心不会和地球质心重合，因此是局部定位或非地心定位，所建立的坐标系称为参心坐标系或局部坐标系。

与以上近代弧度测量方法不同，现代弧度测量的概念大大拓展，它是综合利用全球重力测量和空间大地测量资料，从几何和物理两个方面研究地球，因此不但包括地球椭球的几何形状和大小，而且包含地球重力场的研究，除提供描述地球的四个基本参数 a（椭球长半径）、GM（引力常数与地球质量的乘积）、J_0（地球重力场二阶带谐系数）、ω（地球自转角速度）以及由此导出的一系列几何和物理常数外，还有地球重力场模型等。

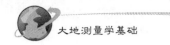
7.1.4 椭球定位与定向经典方法对理解现代大地坐标系建立原理的意义

图 7.1 中通过地面 P、M 点使坐标系与地球固连的原理是在假设地球为刚体这一前提下建立的。实际上地球并非刚体，而是结构复杂的黏弹体，因而地面点是在不断变化的。这种变化不仅有规则变化（如固体潮的规则项），还有不规则变化（如各种难以预测的形变等），因而仅仅由 P、M 点并不能使坐标系精确地确定下来，这种不确定性可通过增加定义坐标系的地面点数量并长期多次地重复观测而得到改善。当然，这些地面点的坐标之间不能相矛盾，比如，点间的距离具有客观约束，则可通过点间实施 GPS、VLBI 等相对测量方法使点间距离确定下来。

由此可见将人为选定的坐标系与地球这一客观实体固连起来，是通过确定地面一组点（称为基准点）的坐标来实现的（简单的理解就是多点取平均），或者说一组自洽的站坐标集隐含了（即确定了）一个坐标系。这些点就是 VLBI 网点、SLR 网点和 GPS 网点等。这就是现代大地坐标系建立的基本思路。

7.2 参心坐标系

7.2.1 参心坐标系的建立

建立地球参心坐标系，需进行如下几个方面的工作：

（1）选择或求定椭球的几何参数（长半径 a 和扁率 α）。

（2）确定椭球中心的位置（椭球定位）。

（3）确定椭球短轴的指向（椭球定向）。

（4）建立大地原点。

关于椭球参数，一般可选择 IUGG 推荐的国际椭球参数，下面主要讨论椭球定位与定向及建立大地原点。

对于地球和参考椭球可分别建立空间直角坐标系 $O_1 - X_1Y_1Z_1$ 和 $O - XYZ$，如图 7.2 所示，两者间的相对关系可用三个平移参数 X_0、Y_0、Z_0（椭球中心 O 相对于地心 O_1 的平移参数）和三个旋转参数 ε_X、ε_Y、ε_Z 来表示。传统的做法是：先选定某一适宜的原点，在该点上实施精密的天文大地测量和高程测量，由此得到该点的天文经度 λ_K，天文纬度 φ_K，正高 $H_{正K}$ 某一相邻点的天文方位角 α_K。以大地原点垂线偏差的子午圈分量 ξ_K、卯酉圈分量 η_K、大地水准面差距 N_K 和 ε_X、ε_Y、ε_Z 为参数，根据广义的垂线偏差公式和广义的拉普拉斯方程式可得

$$
\left.
\begin{aligned}
L_K &= \lambda - \eta_K \sec\varphi_K - (\varepsilon_Y \sin\lambda_K + \varepsilon_X \cos\lambda_K)\tan\varphi_K + \varepsilon_Z \\
B_K &= \varphi_K - \xi_K - (\varepsilon_Y \cos\lambda_K - \varepsilon_X \sin\lambda_K) \\
A_K &= \alpha_K - \eta_K \tan\varphi_K - (\varepsilon_X \cos\lambda_K + \varepsilon_Y \sin\lambda_K)\sec\varphi_K
\end{aligned}
\right\}
\tag{7.9}
$$

$$
H_K = H_{正K} + N_K + (\varepsilon_Y \cos\lambda_K - \varepsilon_X \sin\lambda_K)N_K e^2 \sin\varphi_K \cos\varphi_K
\tag{7.10}
$$

式中，L_K、B_K、A_K、H_K 分别为相应的大地经度、大地纬度、大地方位角、大地高。从上可见，用 ξ_K、η_K、N_K 替代了原来的定位参数 X_0、Y_0、Z_0。

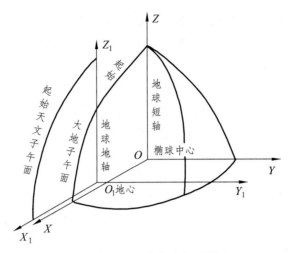

图 7.2　参心空间直角坐标系的建立

顾及椭球定向的两个平行条件，即

$$\varepsilon_X = 0 , \quad \varepsilon_Y = 0 , \quad \varepsilon_Z = 0 \tag{7.11}$$

代入式（7.9）和式（7.10）中，可得

$$\left. \begin{aligned} L_K &= \lambda_K - \eta_K \sec \varphi_K \\ B_K &= \varphi_K - \xi_K \\ A_K &= \alpha_K - \eta_K \tan \kappa_K \end{aligned} \right\} \tag{7.12}$$

$$H_K = H_{\text{正}K} + N_K \tag{7.13}$$

参考椭球定位与定向的方法可分为两种：一点定位和多点定位。

1. 一点定位

一个国家或地区在天文大地测量工作的初期，由于缺乏必要的资料来确定 ξ_K、η_K 和 N_K 值，通常只能简单地取

$$\left. \begin{aligned} \eta_K &= 0, \quad \xi_K = 0 \\ N_K &= 0 \end{aligned} \right\} \tag{7.14}$$

（7.14）式表明，在大地原点 K 处，椭球的法线方向和铅垂线方向重合，椭球面和大地水准面相切。这时，由式（7.12）和式（7.13）得

$$\left. \begin{aligned} L_K &= \lambda_K, \quad B_K = K_K, \quad A_K = \alpha_K \\ H_K &= H_{\text{正}K} \end{aligned} \right\} \tag{7.15}$$

因此，仅仅根据大地原点上的天文观测和高程测量结果，顾及式（7.11）和式（7.14），按式（7.15）即可确定椭球的定位和定向。这就是一点定位的方法。

2. 多点定位

一点定位的结果，在较大范围内往往难以使椭球面与大地水准面有较好的密合。所以，

在国家或地区的天文大地测量工作进行到一定的时候或基本完成后,利用许多拉普拉斯点(即测定了天文经度、天文纬度和天文方位角的大地点)的测量成果和已有的椭球参数,按照广义弧度测量方程式(7.5),根据使椭球面与当地大地水准面最佳拟合条件 $\sum N_{新}^2 = \min$(或 $\sum \xi_{新}^2 = \min$),采用最小二乘法可求得椭球定位参数 ΔX_0、ΔY_0、ΔZ_0,旋转参数 ε_X、ε_Y、ε_Z 及新椭球几何参数,$a_{新} = a_{旧} + \Delta\alpha$,$a_{新} = a_{旧} + \Delta\alpha$。再根据式(7.9),式(7.10)可求得大地原点的垂线偏差分量 ξ_K、η_K 及 N_K(或 ς_K)。这样利用新的大地原点数据和新的椭球参数进行新的定位和定向,从而可建立新的参心大地坐标系。按这种方法进行椭球的定位和定向,由于包含了许多拉普拉斯点,因此通常称为多点定位法。

多点定位的结果使椭球面在大地原点不再同大地水准面相切,但在所使用的天文大地网资料的范围内,椭球面与大地水准面有最佳的密合。

3. 大地原点和大地起算数据

如前所述,参考椭球的定位和定向,一般是依据大地原点的天文大地观测和高程测量结果,通过确定 ε_X、ε_Y、ε_Z、ξ_K、η_K 及 N_K,计算出大地原点上的 L_K、B_K、H_K 和至某一相邻点 A_K 来实现的。如图 7.3 所示,依据 L_K、B_K、A_K 和归算到椭球面上的各种观测值,可以精确计算出天文大地网中各点的大地坐标。L_K、B_K、A_K 称作大地测量基准数据,也称做大地测量起算数据,大地原点也称大地基准点或大地起算点。

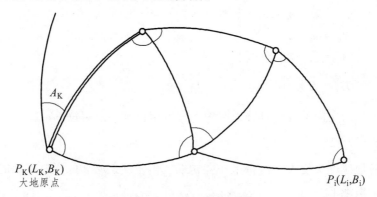

图 7.3 大地测量基准

椭球的形状和大小以及椭球的定位和定向同大地原点上大地起算数据的确定是密切相关的,对于经典的参心大地坐标系的建立而言,参考椭球的定位和定向是通过确定大地原点的大地起算数据来实现的,而确定起算数据又是椭球定位和定向的结果。不论采取任何定位和定向方法来建立国家大地坐标系,总得有一个而且只能有一个大地原点,否则定位和定向结果就无法明确地表现出来。

因此,一定的参考椭球和一定的大地原点上的大地起算数据,确定了一定的坐标系。通常就是用参考椭球参数和大地原点上的起算数据确定作为一个参心大地坐标系建成的标志。

7.2.2 参心坐标系类型

1. 1954 年北京坐标系

新中国成立后,我国大地测量进入了全面发展时期,在全国范围内开展了正规的、全面的大地测量和测图工作，迫切需要建立一个参心大地坐标系。鉴于当时的历史条件，暂时采用了克拉索夫斯基椭球参数，并与苏联 1942 年坐标系进行联测，通过计算建立了我国大地坐标系，定名为 1954 年北京坐标系。其中高程异常是以苏联 1955 年大地水准面差距重新平差结果为依据，按我国的天文水准路线换算过来的。

因此，1954 年北京坐标系可以认为是苏联 1942 年坐标系的延伸。它的原点不在北京，而在苏联的普尔科沃。相应的椭球为克拉索夫斯基椭球。

1954 年北京坐标系建立以来，我国依据该坐标系建成了全国天文大地网，完成了大量的测绘任务。但是随着测绘新理论、新技术的不断发展，人们发现该坐标系存在如下缺点：

（1）椭球参数有较大误差。克拉索夫斯基椭球参数与现代精确的椭球参数相比，长半轴约长 109 m。

（2）参考椭球面与我国大地水准面存在着自西向东明显的系统性的倾斜，在东部地区大地水准面差距最大达 + 68 m。这使得大比例尺地图反映地面的精度受到影响，同时也对观测元素的归算提出了严格要求。

（3）几何大地测量和物理大地测量应用的参考面不统一。我国在处理重力数据时采用赫尔默特 1900—1909 年正常重力公式，与这个公式相应的赫尔默特扁球不是旋转椭球，它与克拉索夫斯基椭球是不一致的，这给实际工作带来了麻烦。

（4）定向不明确。椭球短轴的指向既不是国际上较普遍采用的国际协议原点 CIO（Conventional International Origin），也不是我国地极原点 $JYD_{1968.0}$；起始大地子午面也不是国际时间局 BIH（Bureau International de I Heure）所定义的格林尼治平均天文台子午面，从而给坐标换算带来一些不便和误差。

另外，鉴于该坐标系是按局部平差逐步提供大地点成果的，因而不可避免地出现一些矛盾和不够合理的地方。

随着我国测绘事业的发展，现在已经具备条件，可以利用我国测量资料和其他有关资料，建立起适合我国情况的新的坐标系。

2. 1980 年国家大地坐标系（1980 西安坐标系）

为了适应我国大地测量发展的需要，在 1978 年 4 月于西安召开的"全国天文大地网整体平差会议"上，参加会议的专家对建立我国比 1954 年北京坐标系更精确的新大地坐标系进行了讨论和研究。到会专家普遍认为 1954 年北京坐标系相对应的椭球参数不够精确，其椭球面与我国大地水准面差距较大，在东部经济发达地区差距高达 60 余米，因而建立我国新的大地坐标系是必要的。该次会议关于建立新大地坐标系提出了如下原则：

（1）全国天文大地网整体平差要在新的坐标系的参考椭球面上进行。首先建立一个新的大地坐标系，并命名为 1980 年国家大地坐标系。

（2)1980 年国家大地坐标系的大地原点定在我国中部，具体选址是陕西省泾阳县永乐镇。

（3）采用国际大地测量和地球物理联合会 1975 年推荐的四个地球椭球基本参数（ a, J_2, GM, ω ），并根据这四个参数求解椭球扁率和其他参数。

（4)1980 年国家大地坐标系的椭球短轴平行于地球质心指向我国地极原点 $JYD_{1968.0}$ 方向，大地起始子午面平行于格林尼治平均天文台的子午面。

（5）椭球定位参数以我国范围内高程异常值平方和等于最小为条件求解。

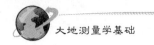

1980 年国家大地坐标系就是根据以上原则在 1954 年北京坐标系基础上建立起来的。仿式（7.8）第三式，可写出

$$\zeta_{GDZ80} = \cos B_{BJ54} \cos L_{BJ54} \Delta X_0 + \cos B_{BJ54} \sin L_{BJ54} \Delta Y_0 + \sin B_{BJ54} \Delta Z_0 -$$

$$\frac{N}{a}(1 - e^2 \sin^2 B_{BJ54})\Delta\alpha + \frac{M}{1-\alpha}(1 - e^2 \sin^2 B_{BJ54}) \cdot \sin^2 B_{BJ54}\Delta\alpha + \zeta_{BJ54} \qquad （7.16）$$

式中，下标 GDZ80 表示 1980 年国家大地坐标系，下标 BJ54 表示 1954 年北京坐标系。

参考椭球面与大地水准面的最佳拟合条件

$$\sum \zeta_{GDZ80}^2 = \min \qquad （7.17）$$

利用最小二乘法由式（7.16）可求得 ΔX_0、ΔY_0、ΔZ_0、Δa、$\Delta\alpha$ 五个参数。实际计算时直接选用了 IUGG1975 年推荐的椭球参数作为 1980 年大地坐标系的椭球参数，因而 $\Delta a = a_{IUGG1975} - a_{克式椭球}$，$\Delta\alpha = \alpha_{IUGG1975} - \alpha_{克式椭球}$ 为已知值，式（7.16）中只剩下 ΔX_0、ΔY_0、ΔZ_0 三个参数。求得 ΔX_0、ΔY_0、ΔZ_0 后，将其代入式（7.5），就可得到大地原点上的 ξ_K、η_K 及 N_K（或 ς_K），再由大地原点上测得的天文经度 λ_K 天文纬度 φ_K，正常高 $H_{常K}$，大地原点至另一点的天文方位角 α_K，按式（7.12）和式（7.13）得到大地原点的 L_K、B_K、A_K、H_K，这就是 GDZ80 的大地起算数据。

1980 年国家大地坐标系的特点是：

① 采用 1975 年国际大地测量与地球物理联合会（IUGG）第 16 届大会上推荐的 4 个椭球基本参数。

地球椭球长半径 $a = 6\,378\,140$ m。

地心引力常数 $GM = 3.986\,005 \times 10^{14}$ m^3/s^2。

地球重力场二阶带球谐系数 $J_2 = 1.082\,63 \times 10^{-3}$。

地球自转角速度 $\omega = 7.292\,115 \times 10^{-5}$ rad/s。

根据物理大地测量学中的有关公式，可由上述 4 个参数算得。

地球椭球扁率 $\alpha = 1/298.257$。

赤道的正常重力值 $\gamma_0 = 9.780\,32$ m/s^2。

② 参心大地坐标系是在 1954 年北京坐标系基础上建立起来的。

③ 椭球面同似大地水准面在我国境内最为密合，是多点定位。

④ 定向明确。椭球短轴平行于地球质心指向地极原点 $JYD_{1968.0}$ 的方向，起始大地子午面平行于我国起始天文子午面，$\varepsilon_X = \varepsilon_Y = \varepsilon_Z = 0$。

⑤ 大地原点地处我国中部，位于西安市以北 60 km 处的泾阳县永乐镇，简称西安原点。

⑥ 大地高程基准采用 1956 年黄海高程系。

该坐标系建立后，实施了全国天文大地网平差。平差后提供的大地点成果属于 1980 年西安坐标系，它和原 1954 年北京坐标系的成果是不同的。这个差异除了由于它们各属不同椭球与不同的椭球定位、定向外，还因为前者是经过整体平差，而后者只是作了局部平差。

不同坐标系统的控制点坐标可以通过一定的数学模型，在一定的精度范围内进行互相转换，使用时必须注意所用成果相应的坐标系统。

3. 新 1954 北京坐标系（BJ54$_新$）

新 1954 年北京坐标系，是由 1980 年国家大地坐标系转换得来的，简称 BJ54$_新$；原 1954 年北京坐标系又称为旧 1954 年北京坐标系 BJ54$_旧$。由于在全国以 GDZ80 为基准的测绘成果建立之前，BJ54$_旧$ 的测绘成果仍将存在较长的时间，而 BJ54$_旧$ 与 GDZ80 两者之间差距较大，给成果的使用带来不便，所以又建立了 BJ54$_新$ 作为过渡坐标系。经过渡坐标系的转换，$BJZ_{BJ54新} = Z_{GBZ80} - \Delta Z_0$ 和 BJ54$_新$ 的控制点的高斯平面坐标，其差值在全国 80% 地区内小于 5 m，局部地区最大达 12.9 m，这种差值反映在 1∶5 万以及更小比例尺的地形图上的影响，图上位移绝大部分不超过 0.1 mm。这样采用 BJ54$_新$，对于小比例尺地形图可认为不受影响，在完全采用 GDZ80 测绘成果之后，1∶5 万以下的小比例尺地形图不必重新绘制。

BJ54$_新$ 是在 GDZ80 的基础上，改变 GDZ80 相对应的 IUGG1975 椭球几何参数为克拉索夫斯基椭球参数，并将坐标原点（椭球中心）平移，使坐标轴保持平行而建立起来的。其关系如图 7.4 所示。

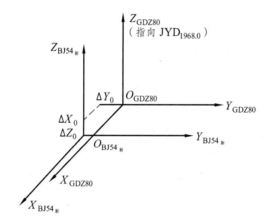

图 7.4　BJ54$_新$ 和 GDZ80 的空间直角坐标关系

BJ54$_旧$ 和 GD280 的空间直角坐标关系是

$$
\left.\begin{aligned}
X_{BJ54新} &= X_{GDZ80} - \Delta X_0 \\
B_{BJ54新} &= Y_{GDZ80} - \Delta Y_0 \\
Z_{BJ54新} &= Z_{GDZ80} - \Delta Z_0
\end{aligned}\right\}
\tag{7.18}
$$

式中，ΔX_0、ΔY_0、ΔZ_0 是由 BJ54$_旧$ 建立 GDZ80 时根据式（7.15）、式（7.16）求得的。

BJ54$_新$ 和 GDZ80 的大地坐标变换关系是

$$
\left.\begin{aligned}
L_{BJ54新} &= L_{GDZ80} - \Delta L \\
B_{BJ54新} &= B_{GDZ80} - \Delta B \\
H_{BJ54新} &= H_{GDZ80} - \Delta H
\end{aligned}\right\}
\tag{7.19}
$$

$$\begin{bmatrix} \Delta L \\ \Delta B \\ \Delta H \end{bmatrix} = \begin{bmatrix} -\dfrac{\sin L}{(N+H)\cos B}\rho'' & \dfrac{\cos L}{(N+H)\cos B}\rho'' & 0 \\[3mm] -\dfrac{\sin B\cos L}{M+H}\rho'' & -\dfrac{\sin B\sin L}{M+H}\rho'' & \dfrac{\cos B}{M+H}\rho'' \\[3mm] \cos B\cos L & \cos B\sin L & \sin B \end{bmatrix}_{GDZ80} \begin{bmatrix} \Delta X_0 \\ \Delta Y_0 \\ \Delta Z_0 \end{bmatrix} +$$

$$\begin{bmatrix} 0 & 0 \\[3mm] \dfrac{N}{(M+H)a}e^2\sin B\cos B\rho'' & \dfrac{M(2-e^2\sin^2 B)}{(M+H)(1-\alpha)}\sin B\cos B\rho'' \\[3mm] -\dfrac{N}{a}(1-e^2\sin^2 B) & \dfrac{M}{1-\alpha}(1-e^2\sin^2 B)\sin^2 B \end{bmatrix}_{GDZ80} \begin{bmatrix} \Delta a \\ \Delta \alpha \end{bmatrix} \qquad (7.20)$$

从式（7.18）至式（7.20）可知，$BJ54_{新}$与 GD280 有严密的数学转换模型，其坐标精度是一致的，其三维空间直角坐标与 GDZ80 的相差平移参数为（ΔX_0、ΔY_0、ΔZ_0）。

$BJ54_{新}$的特点是：

（1）用克拉索夫斯基椭球参数。

（2）是综合 GDZ80 和 $BJ54_{新}$建立起来的参心坐标系。

（3）采用多点定位，但椭球面与大地水准面在我国境内不是最佳拟合。

（4）定向明确，坐标轴与 GDZ80 相平行，椭球短轴平行于地球质心指向 1968.0 地极原点 $JYD_{1968.0}$ 的方向，起始子午面平行于我国起始天文子午面，$\varepsilon_X = \varepsilon_Y = \varepsilon_Z = 0$。

（5）大地原点与 GDZ80 相同，但大地起算数据不同。

（6）大地高程基准采用 1956 年黄海高程系。

（7）与 $BJ54_{旧}$相比，所采用的椭球参数相同，其定位相近，但定向不同。$BJ54_{旧}$的坐标是局部平差结果，而 $BJ54_{新}$是 GDZ80 整体平差结果的转换值，两者之间无全国统一的转换参数，只能进行局部转换。

7.3 地心坐标系

7.3.1 地心地固坐标系的建立方法

地心空间直角坐标系的定义是：原点 O 与地球质心重合，Z 轴指向地球北极，X 轴指向格林尼治平均子午面与地球赤道的交点，Y 轴垂直于 XOZ 平面构成右手坐标系，如图 7.5 所示。

地心大地坐标系的定义是：地球椭球的中心与地球质心重合，椭球面与大地水准面在全球范围内最佳符合，椭球的短轴与地球自转轴重合（过地球质心并指向北极），大地纬度为过地面点的椭球法线与椭球赤道面的夹角，大地经度为过地面点的椭球子午面与格林尼治的大地子午面之间的夹角，大地高为地面点沿椭球法线至椭球面的距离。

建立地心坐标系的方法可分为直接法和间接法两类。所谓直接法，就是通过一定的观测资料（如天文资料、重力资料、卫星观测资料等），直接求得点的地心坐标的方法，如天文重力法和卫星大地测量动力法等。所谓间接法，就是通过一定的资料（其中包括地心系统和参心系统的资料），求得地心坐标系和参心坐标系之间的转换参数，而后按其转换参数和参心坐标，间接求得点的地心坐标的方法，如应用全球天文大地水准面差距法以及利用卫星网与地面网重合点的两套坐标建立地心坐标转换参数等方法。

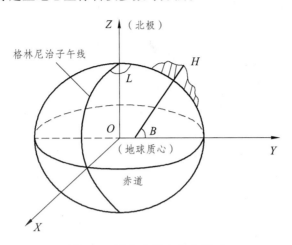

图 7.5　地心空间直角坐标系

20 世纪 60 年代以来，美国和苏联等国家利用卫星观测等资料，开展了建立地心坐标系的工作。美国国防部曾先后建立过世界大地坐标系（World Geodetic-System，简称 WGS）WGS-60，WGS-66 和 WGS-72，并于 1984 年开始，经过多年修正和完善，建立起更为精确的地心坐标系统，称为 WGS-84。

7.3.2　WGS-84 世界大地坐标系

WGS-84 是一个协议地球参考系 CTS。该坐标系的原点是地球的质心，Z 轴指向 $BIH_{1984.0}$ 定义的协议地球极 CTP 方向，X 轴指向 $BIH_{1984.0}$ 零度子午面和 CTP 对应的赤道的交点，Y 轴和 Z、X 轴构成右手坐标系。WGS-84 坐标系如图 7.6 所示。

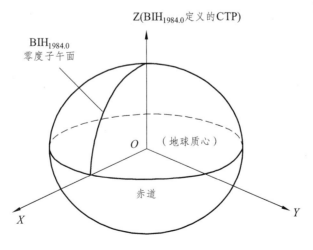

图 7.6　WGS-84 坐标系

WGS-84 最初是由美国国防部（DOD）根据 TRANSIT 导航卫星系统的多普勒观测数据所建立的，从 1987 年 1 月开始作为 GPS 卫星所发布的广播星历的坐标参照基准，采用的 4 个基本参数是：

长半轴 $a = 6\ 378\ 137$ m

地球引力常数（含大气层）$GM = 3.986\ 005 \times 10^{14}$ m^3/s^2

正常化二阶带球谐系数 $\bar{G}_{20} = -484.166\ 85 \times 10^{-6}$

地球自转角速度 $\omega = 7.292\ 115 \times 10^{-5}$ rad/s

根据以上 4 个参数可以进一步求得：

地球扁率 $a = 0.003\ 352\ 810\ 664\ 74$

第一偏心率平方 $e^2 = 0.006\ 694\ 379\ 901\ 3$

第二偏心率平方 $e'^2 = 0.006\ 739\ 496\ 742\ 27$

赤道正常重力 $\gamma_e = 9.780\ 326\ 771\ 4$ m/s^2

极正常重力 $\gamma_p = 9.832\ 186\ 368\ 5$ m/s^2

WGS-84 是由分布于全球的一系列 GPS 跟踪站的坐标来具体体现的，当初 GPS 跟踪站的坐标精度是 1 ~ 2 m，远低于国际地球参考框架 ITRF（详细情况参见下文）坐标的精度（10 ~ 20 mm）。为了改善 WGS-84 的精度，1994 年 6 月，由美国国防制图局（DMA）将其和美国空军在全球的 10 个 GPS 跟踪站的数据加上部分 IGS 站的 ITRF91 数据，进行联合处理，并以 IGS 站在 ITRF91 框架下的站坐标为固定值，重新计算了这些全球跟踪站在 1994.0 历元的站坐标，并将 WGS-84 的地球引力常数 GM 更新为 IERS1992 标准规定的数值：3 986 004.418 × 10^8 m^3/s^2，从而得到更精确的 WGS-84 坐标框架，即 WGS-84（G730），其中 G 表示 GPS，730 表示 GPS 周，第 730 周的第一天对应于 1994 年 1 月 2 日。

WGS-84（G730）系统中的站坐标与 ITRF91、ITRF92 的差异减小为 0.1 m 量级，这与 1987 年最初的站坐标相比有了显著改进，但与 ITRF 站坐标的 10 ~ 20 mm 的精度比要差一些。

1996 年，WGS-84 坐标框架再次进行更新，得到了 WGS-84（G873），其坐标参考历元为 1997.0。WGS-84（G873）框架的站坐标精度有了进一步的提高，它与 ITRF94 框架的站坐标差异小于 2 cm。2004 年进一步更新为 WGS84（G1150），这是目前使用的 GPS 广播星历和 NGS（DMA 更名为 NIMA，后又更名为 NGS）精密星历的坐标参考基准。

7.3.3　国际地球参考系统（ITRS）与国际地球参考框架（ITRF）

1. 国际地球自转服务（IERS）

IERS 于 1988 年由国际大地测量学与地球物理学联合会（IUGG）和国际天文学联合会（IAU）共同建立，用以取代国际时间局（BIH）的地球自转部分和原有的国际极移服务（IPMS）。根据创立时的委托协议，IERS 的任务主要有以下几个方面：

（1）维持国际天球参考系统（ICRS）和框架（ICRF）；

（2）维持国际地球参考系统（ITRS）和框架（ITRF）；

（3）为当前应用和长期研究提供及时准确的地球自转参数（ERP）。

IERS 采用了多种技术手段进行观测和分析，来完成对上述参考框架和地球自转的监测。这些技术包括雷达干涉技术，甚长基线干涉（VLBI）和激光测月（LLR），激光测卫（SLR）、GPS、DORIS 等。

IERS 通过分布在全球各地的 IERS 观测网获取各种技术的观测数据，这些观测数据首先由不同技术各自的分析中心进行处理，如 VLBI 的分析中心有戈达德空间飞行中心 GSFC、波恩大学大地测量学院 GIUB、美国海洋和大气局 NOAA、喷气推进实验室 JPL 等；SLR 的分析中心有空间研究中心 CSR、戈达德空间飞行中心 GSFC 等；GPS 的分析中心有加拿大天然能源 NRCan（前 EMR）、德国地球科学研究所 GFZ、欧洲轨道测量中心 CODE、欧洲空间局 ESA、美国国家大地测量局 NGS、美国喷气实验室 JPL、美国斯克里普思海洋研究所 SIO 等；DORIS 的分析中心有法国空间大地测量研究 GRGS、美国克萨斯大学空间研究中心 CSR、法国国家地理研究所 IGN 等。最后由 IERS 中心局根据各分析中心的处理结果进行综合分析，得出 ICRF、ITRF 和 EOP 的最终结果，并由 IERS 年度报告和技术备忘录向世界发布，提供各方面的使用。

2. 国际地球参考系统（ITRS）

ITRS 是一种协议地球参考系统，它的定义为：

（1）原点为地心，并且是指包括海洋和大气在内的整个地球的质心。

（2）长度单位为米（m），并且是在广义相对论框架下的定义。

（3）Z 轴从地心指向 BIH1984.0 定义的协议地球极（CTP）。

（4）X 轴从地心指向格林尼治平子午面与 CTP 赤道的交点。

（5）Y 轴与 XOZ 平面垂直而构成右手坐标系。

（6）时间演变基准是使用满足无整体旋转（NNR）条件的板块运动模型，用于描述地球各块体随时间的变化。ITRS 建立和维持是由 IERS 全球观测网，以及观测数据经综合分析后得到的站坐标和速度场来实现的，即国际地球参考框架 ITRF。

3. 国际地球参考框架（ITRF）

ITRF 是 ITRS 的具体实现，是通过 IERS 分布于全球的跟踪站的坐标和速度场来维持并提供用户使用的。IERS 每年将全球各站的观测数据进行综合处理和分析，得到一个 ITRF 框架，并以 IERS 年报和 IERS 技术备忘录的形式发布。现已发布的 ITRF 系列有：ITRF88、ITRF89、ITRF90、ITRF91、ITRF92、ITRF93、ITRF94、ITRF96、ITRF97、ITRF00（ITRF2000）、ITRF050、ITRF2000 与其以前框架之间的转换模型为

$$\begin{pmatrix} X_S \\ Y_S \\ Z_S \end{pmatrix}_t = \begin{pmatrix} X \\ Y \\ Z \end{pmatrix}_{2000} + \begin{pmatrix} T_1 \\ T_2 \\ T_3 \end{pmatrix} + \begin{pmatrix} D & -R_3 & R_2 \\ R_3 & D & -R_2 \\ -R_2 & R_1 & D \end{pmatrix} \begin{pmatrix} X \\ Y \\ Z \end{pmatrix}_{2000} \qquad （7.21）$$

式中，$T = 88 \sim 97$。

ITRF2000 转换为以前框架的参数值见表 7.1。

表 7.1 　ITRF2000 转换为以前框架的参数值

框架	T_1 (cm)	T_2 (cm)	T_3 (cm)	D(ppb)	R_1 (0.001″)	R_3 (0.001″)	R_3 (0.001″)	参考历元 t_0
	·	·	·	·	·	·	·	
	T_1 (cm/y)	T_1 (cm/y)	T_1 (cm/y)	D(ppb/y)	R_1 (0.001″/y)	R_1 (0.001″/y)	R_1 (0.001″/y)	
ITRF97	0.67	0.61	−1.85	1.55	0.00	0.00	0.00	1997.0
	0.00	−0.06	−0.14	0.01	0.00	0.00	0.02	
ITRF96	0.67	0.61	−1.85	1.55	0.00	0.00	0.00	1997.0
	0.00	−0.06	−0.14	0.01	0.00	0.00	0.02	
ITRF94	0.67	0.61	−1.85	1.55	0.00	0.00	0.00	1997.0
	0.00	−0.06	−0.14	0.01	0.00	0.00	0.02	
ITRF93	1.27	0.65	−2.09	1.95	−0.39	0.80	−1.14	1988.0
	−0.29	−0.02	−0.06	0.01	−0.11	−0.19	0.07	
ITRF92	1.47	1.35	−1.39	0.75	0.00	0.00	−0.18	1988.0
	0.00	−0.06	−0.14	0.01	0.00	0.00	0.02	
ITRF91	2.67	2.75	−1.99	0.75	0.00	0.00	−0.18	1988.0
	0.00	−0.06	−0.14	0.01	0.00	0.00	0.02	
ITRF90	2.47	2.35	−3.59	2.45	0.00	0.00	−0.18	1988.0
	0.00	−0.06	−0.14	0.01	0.00	0.00	0.02	
ITRF89	2.97	4.75	−7.39	5.85	0.00	0.00	−0.18	1988.0
	0.00	−0.06	−0.14	0.01	0.00	0.00	0.02	
ITRF88	2.47	1.15	−9.79	8.95	0.10	0.00	−0.18	1988.0
	0.00	−0.06	−0.14	0.01	0.00	0.00	0.02	

任一参数 P 在给定时刻 t 的值为

$$P(t) = P(t_0) + \dot{P} \cdot (t - t_0) \tag{7.22}$$

7.3.4 　CGCS2000 国家大地坐标系

　　CGCS2000 是全球地心坐标系在我国的具体体现，其原点为包括海洋和大气的整个地球的质量中心，Z 轴指向 BIH1984.0 定义的 CTP，X 轴为 IERS 起始子午面与通过原点且同 Z 轴正交的赤道面的交线，Y 轴与 X、Z 轴构成右手地心地固直角坐标系。

　　CGCS2000 对应的椭球为一等位旋转椭球，其几何中心与坐标系的原点重合，旋转轴与坐标系的 Z 轴一致，采用的地球椭球参数见表 7.2。

表 7.2　CGCS2000 地球椭球参数

参　　数	取　　值
长半轴	$a = 6\ 378\ 137\ \text{m}$
扁　率	$\alpha = 1/298.257\ 222\ 101$
地心引力常数	$GM = 3.986\ 004\ 418 \times 10^{14}\ \text{m}^3/\text{s}^2$
自转角速度	$\omega = 7.292\ 115 \times 10^{-5}\ \text{rad/s}$

CGCS2000 由 2000 国家 GPS 大地网在历元 2000.0 的点位坐标和速度具体实现，实现的实质是使 CGCS2000 框架与 ITRF97 在 2000.0 参考历元相一致，因此已建立的 GPS 控制点可以采用以 ITRF97（2000.0）为参考框架重新解算得到与 CGCS2000 相一致的坐标成果。

现有各类测绘成果，在过渡期内可沿用现行国家大地坐标系；2008 年 7 月 1 日后新生产的各类测绘成果应采用 CGCS2000 国家大地坐标系。

计算实例：已知 A 点的 ITRF2000（1997.0）坐标（m）为（ − 2 267 749.162，5009 154.325，3 221 290.762），坐标变化率（ m/y）为（ − 0.0325， − 0.0077， − 0.0119），求 A 点的 CGCS2000 框架下的坐标（ITRF97，2000 历元）。

计算过程为：

（1）计算 A 点的 ITRF2000（2000.0）的坐标为（ − 2 267 749.260，5 009 154.302，3 221 290.726）；

（2）计算 2000 历元 ITRF2000 到 ITRF97 的转换参数，如表 7.3。

表 7.3　2000 历元 ITRF2000 到 ITRF97 的转换参数

T_1/cm	T_2/cm	T_3/cm	D/ppb	$R_1/0.01''$	$R_2/0.01''$	$R_3/0.01''$
0.67	0.43	− 2.27	1.58	0.00	0.00	0.06

计算 A 点的 CGCS2000 框架下的坐标（ − 2 267 749.258，5 009 154.314，3 221 290.708）。

7.4　不同大地坐标系的转换

7.4.1　欧勒角与旋转矩阵

对于二维直角坐标，如图 7.7 所示，有

$$\begin{bmatrix} x_2 \\ y_2 \end{bmatrix} = \begin{bmatrix} \cos\theta & \sin\theta \\ -\sin\theta & \cos\theta \end{bmatrix} \begin{bmatrix} x_1 \\ y_1 \end{bmatrix} \tag{7.23}$$

在三维空间直角坐标系中，具有相同原点的两坐标系间的变换一般需要在三个坐标平面上，通过三次旋转才能完成。如图 7.8 所示，设旋转次序为

① 绕 OZ_1 旋转 ε_Z 角，OX_1，OY_1 旋转至 OX_0，OY_0。

② 绕 OY_0 旋转 ε_Y 角，OX_0，OZ_1 旋转至 OX_2，OZ_0。

③ 绕 OX_2 旋转 ε_X 角，OY_0，OZ_0 旋转至 OY_2，OZ_2。

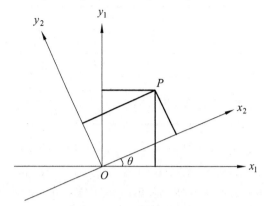

图 7.7 二维直角坐标系

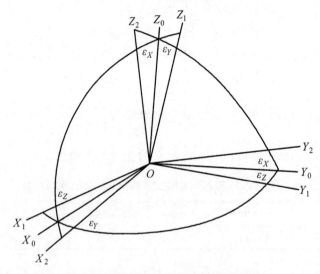

图 7.8 三维空间坐标系三次转换图

ε_X、ε_Y、ε_Z 为三维空间直角坐标变换的三个旋转角，也称欧勒角，与它相对应的旋转矩阵分别为

$$R_1(\varepsilon_X) = \begin{bmatrix} 1 & 0 & 0 \\ 0 & \cos\varepsilon_X & \sin\varepsilon_X \\ 0 & -\sin\varepsilon_X & \cos\varepsilon_X \end{bmatrix} \tag{7.24}$$

$$R_2(\varepsilon_Y) = \begin{bmatrix} \cos\varepsilon_Y & 0 & -\sin\varepsilon_Y \\ 0 & 1 & 0 \\ \sin\varepsilon_Y & 0 & \cos\varepsilon_Y \end{bmatrix} \tag{7.25}$$

$$R_3(\varepsilon_Z) = \begin{bmatrix} \cos\varepsilon_Z & \sin\varepsilon_Z & 0 \\ -\sin\varepsilon_Z & \cos\varepsilon_Z & 0 \\ 0 & 0 & 1 \end{bmatrix} \tag{7.26}$$

令

$$R_0 = R_1(\varepsilon_X)R_2(\varepsilon_Y)R_3(\varepsilon_Z) \tag{7.27}$$

则有

$$\begin{bmatrix} X_2 \\ Y_2 \\ Z_2 \end{bmatrix} = R_1(\varepsilon_X)R_2(\varepsilon_Y)R_3(\varepsilon_Z)\begin{bmatrix} X_1 \\ Y_1 \\ Z_1 \end{bmatrix} = R_0\begin{bmatrix} X_1 \\ Y_1 \\ Z_1 \end{bmatrix} \tag{7.28}$$

代入

$$R_0 = \begin{bmatrix} \cos\varepsilon_Y\cos\varepsilon_Z & \cos\varepsilon_Y\sin\varepsilon_Z & -\sin\varepsilon_Y \\ -\cos\varepsilon_X\sin\varepsilon_Z+\sin\varepsilon_X\sin\varepsilon_Y\cos\varepsilon_Z & \cos\varepsilon_X\cos\varepsilon_Z+\sin\varepsilon_X\sin\varepsilon_Y\sin\varepsilon_Z & \sin\varepsilon_X\cos\varepsilon_Y \\ \sin\varepsilon_X\sin\varepsilon_Z+\cos\varepsilon_X\sin\varepsilon_Y\cos\varepsilon_Z & -\sin\varepsilon_X\cos\varepsilon_Z+\cos\varepsilon_X\sin\varepsilon_Y\sin\varepsilon_Z & \cos\varepsilon_X\cos\varepsilon_Y \end{bmatrix} \tag{7.29}$$

一般 ε_X、ε_Y、ε_Z 为微小转角，可取

$$\cos\varepsilon_X = \cos\varepsilon_Y = \cos\varepsilon_Z = 1$$
$$\sin\varepsilon_X = \varepsilon_X, \sin\varepsilon_Y = \varepsilon_Y, \sin\varepsilon_Z = \varepsilon_Z$$
$$\sin\varepsilon_X\sin\varepsilon_Y = \sin\varepsilon_X\sin\varepsilon_Z = \sin\varepsilon_Y\sin\varepsilon_Z = 0$$

于是可化简

$$R_0 = \begin{bmatrix} 1 & \varepsilon_Z & -\varepsilon_Y \\ -\varepsilon_Z & 1 & \varepsilon_X \\ \varepsilon_Y & -\varepsilon_X & 1 \end{bmatrix} \tag{7.30}$$

上式称微分旋转矩阵。

7.4.2 不同空间直角坐标之间的变换

当两个空间直角坐标系的坐标换算既有旋转又有平移时，则存在三个平移参数和三个旋转参数，如图 7.9 所示。再顾及两个坐标系尺度不尽一致，从而还有一个尺度变化参数，共计有七个参数。相应的坐标变换公式为

$$\begin{bmatrix} X_2 \\ Y_2 \\ Z_2 \end{bmatrix} = (1+m)\begin{bmatrix} X_1 \\ Y_1 \\ Z_1 \end{bmatrix} + \begin{bmatrix} 0 & \varepsilon_Z & -\varepsilon_Y \\ -\varepsilon_Z & 0 & \varepsilon_X \\ \varepsilon_Y & -\varepsilon_X & 0 \end{bmatrix}\begin{bmatrix} X_1 \\ Y_1 \\ Z_1 \end{bmatrix} + \begin{bmatrix} \Delta X_0 \\ \Delta Y_0 \\ \Delta Z_0 \end{bmatrix} \tag{7.31}$$

式（7.31）为两个不同空间直角坐标之间的转换模型，其中含有 7 个转换参数，为了求得 7 个转换参数，至少需要 3 个公共点，当多于 3 个公共点时，可按最小二乘法求得各参数的最或然值。

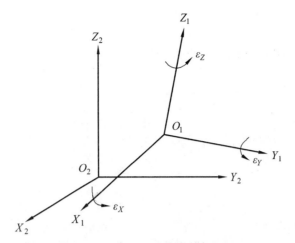

图 7.9　3 平移 3 旋转坐标系转换

7.4.3　不同大地坐标系的变换

对于不同大地坐标系的换算，除包含三个平移参数、三个旋转参数和一个尺度变化参数外，还包括两个地球椭球元素变化参数，以下推导不同大地坐标系的换算公式。

由于

$$
\begin{bmatrix} X \\ Y \\ Z \end{bmatrix} = \begin{bmatrix} (N+H)\cos B \cos L \\ (N+H)\cos B \sin L \\ [N(1-e^2)+H]\sin B \end{bmatrix}
\tag{7.32}
$$

取全微分，得

$$
\begin{bmatrix} \mathrm{d}X \\ \mathrm{d}Y \\ \mathrm{d}Z \end{bmatrix} = \boldsymbol{J} \begin{bmatrix} \mathrm{d}L \\ \mathrm{d}B \\ \mathrm{d}H \end{bmatrix} + \boldsymbol{A} \begin{bmatrix} \mathrm{d}a \\ \mathrm{d}\alpha \end{bmatrix}
\tag{7.33}
$$

式中

$$
J = \begin{bmatrix} \dfrac{\partial X}{\partial L} & \dfrac{\partial X}{\partial B} & \dfrac{\partial X}{\partial H} \\[2mm] \dfrac{\partial Y}{\partial L} & \dfrac{\partial Y}{\partial B} & \dfrac{\partial Y}{\partial H} \\[2mm] \dfrac{\partial Z}{\partial L} & \dfrac{\partial Z}{\partial B} & \dfrac{\partial Z}{\partial H} \end{bmatrix} = \begin{bmatrix} -(N+H)\cos B \sin L & -(M+H)\sin B \cos L & \cos B \cos L \\ (N+H)\sin B \cos L & -(M+H)\sin B \sin L & \cos B \cos L \\ 0 & (M+H)\cos B & \sin B \end{bmatrix}
\tag{7.34}
$$

$$
A = \begin{bmatrix} \dfrac{\partial X}{\partial a} & \dfrac{\partial X}{\partial \alpha} \\[2mm] \dfrac{\partial Y}{\partial a} & \dfrac{\partial Y}{\partial \alpha} \\[2mm] \dfrac{\partial Z}{\partial a} & \dfrac{\partial Z}{\partial \alpha} \end{bmatrix} = \begin{bmatrix} \dfrac{N}{a}\cos B \cos L & \dfrac{M}{1-\alpha}\cos B \cos L \sin^2 B \\[2mm] \dfrac{N}{a}\cos B \sin L & \dfrac{M}{1-\alpha}\cos B \sin L \sin^2 B \\[2mm] \dfrac{N}{a}(1-e^2)\sin B & -\dfrac{M}{1-\alpha}\sin B(1+\cos^2 B - e^2 \sin^2 B) \end{bmatrix}
\tag{7.35}
$$

上式两端乘以 J^{-1} 并加以整理得

$$\begin{bmatrix} \mathrm{d}L \\ \mathrm{d}B \\ \mathrm{d}H \end{bmatrix} = J^{-1} \begin{bmatrix} \mathrm{d}X \\ \mathrm{d}Y \\ \mathrm{d}Z \end{bmatrix} - J^{-1} A \begin{bmatrix} \mathrm{d}a \\ \mathrm{d}\alpha \end{bmatrix}$$

（7.36）

式中

$$\begin{bmatrix} \mathrm{d}X \\ \mathrm{d}Y \\ \mathrm{d}Z \end{bmatrix} = \begin{bmatrix} X_2 \\ Y_2 \\ Z_2 \end{bmatrix} - \begin{bmatrix} X_1 \\ Y_1 \\ Z_1 \end{bmatrix}$$

$$\begin{bmatrix} \mathrm{d}L \\ \mathrm{d}B \\ \mathrm{d}H \end{bmatrix} = \begin{bmatrix} L_2 \\ B_2 \\ H_2 \end{bmatrix} - \begin{bmatrix} L_1 \\ B_1 \\ H_1 \end{bmatrix}$$

顾及式（7.35）及

$$J^{-1} = \begin{bmatrix} -\dfrac{\sin L}{(N+H)\cos B} & \dfrac{\cos L}{(N+H)\cos B} & 0 \\ -\dfrac{\sin B \cos L}{M+H} & -\dfrac{\sin B \sin L}{M+H} & \dfrac{\cos B}{M+H} \\ \cos B \cos L & \cos B \sin L & \sin B \end{bmatrix}$$

（7.37）

式（7.36）可写为

$$\begin{bmatrix} \mathrm{d}L \\ \mathrm{d}B \\ \mathrm{d}H \end{bmatrix} = \begin{bmatrix} -\dfrac{\sin L}{(N+H)\cos B}\rho'' & \dfrac{\cos L}{(N+H)\cos B}\rho'' & 0 \\ -\dfrac{\sin B \cos L}{M+H}\rho'' & -\dfrac{\sin B \sin L}{M+H}\rho'' & \dfrac{\cos B}{M+H}\rho'' \\ \cos B \cos L & \cos B \sin L & \sin B \end{bmatrix} \begin{bmatrix} \Delta X_0 \\ \Delta Y_0 \\ \Delta Z_0 \end{bmatrix} +$$

$$\begin{bmatrix} \tan B \cos L & \tan B \sin L & -1 \\ -\sin L & \cos L & 0 \\ -\dfrac{Ne^2 \sin B \cos B \sin L}{\rho''} & \dfrac{Ne^2 \sin B \cos B \cos L}{\rho''} & 0 \end{bmatrix} \begin{bmatrix} \varepsilon_X \\ \varepsilon_Y \\ \varepsilon_Z \end{bmatrix} +$$

$$\begin{bmatrix} 0 \\ -\dfrac{N}{M+H}e^2 \sin B \cos B \rho'' \\ N(1-e^2 \sin^2 B)+H \end{bmatrix} m +$$

$$\begin{bmatrix} 0 & 0 \\ \dfrac{N}{(M+H)a}e^2\sin B\cos B\rho'' & \dfrac{M(2-e^2\sin^2 B)}{(M+H)(1-\alpha)}\sin B\cos B\rho'' \\ -\dfrac{N}{a}(1-e^2\sin^2 B) & \dfrac{M}{1-\alpha}(1-e^2\sin^2 B)\sin^2 B \end{bmatrix}\begin{bmatrix} da \\ d\alpha \end{bmatrix}$$

$$(7.38)$$

式（7.38）通常称为广义大地坐标微分公式或广义变换椭球微分公式。如略去旋转参数和尺度变化参数的影响，即简化为一般的大地坐标微分公式。根据 3 个以上公共点的两套大地坐标值，可列出 9 个以上式（7.38）的方程，可按最小二乘法求得 8 个转换参数。

7.4.4　格网坐标转换模型

类似高程异常、垂线偏差格网模型，可建立坐标转换格网模型。

利用公共点上两个大地坐标系的坐标值，采用一定的数学模型（最小曲率法、最小二乘配置、多元回归、布尔沙模型）计算具有一定间隔的格网节点的经纬度坐标差，建立坐标转换格网模型。有了坐标转换格网模型后，只需根据待转换点所在位置周围四个格网节点的坐标转换量，利用双线性内插公式计算该点的坐标转换量，如图 7.10 所示。该方法一般用于地形图图廓线和方里网的高精度变换。

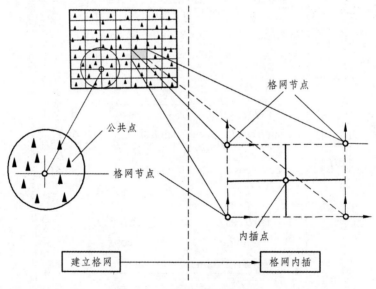

图 7.10　格网坐标转换原理

【本章小结】

本章介绍了经典大地坐标系和现代大地坐标系的建立原理，推导不同大地坐标系间的转换模型。介绍了国内测绘工作主要涉及的三类常用的大地坐标系统，即参心坐标系统、地心坐标系统和地方独立坐标系统。对我国的三种参心坐标系统和引进的四种地心坐标系统进行了定义及解释。在地方独立坐标系的确立工作中首先需要确定相关参数元素，并根据这些元素和地面观测值求定各点在该坐标系中的坐标值。椭球定位与定向章节中主要对其概念及定位定向原则进行了阐述；对大地起算数据的数学原理及椭球定位的条件做了详细介绍，并详细介绍了弧度测量方程中的垂线偏差公式的推导过程。介绍了参心坐标系中包括一点定位、多点定位、大地原点和大地起算数据的建立；对 1954 年北京坐标系、1980 年国家大地坐标系及新 1954 年北京坐标系三种参心坐标系进行了重点介绍。对地心坐标系的建立方法和 WGS-84 世界大地坐标系的内容做了简要阐述；详细介绍了国际地球参考系统（ITRS）与国际地球参考框架（ITFR）的定义及相关内容。在不同大地坐标系转换的章节中，主要对欧勒角与旋转矩阵、不同空间直角坐标系之间的转换和不同大地坐标系的变换做了详细的公式推导，简要介绍了格网坐标系的转换模型。

【思考与练习题】

1. 简述大地坐标系的类型及相应特点。
2. 什么是椭球定位与定向？它对大地坐标系的建立有何意义？
3. 参心坐标系如何建立？具体分为哪几种类型？
4. 地心坐标系如何建立？具体分为哪几种类型？
5. 不同大地坐标系间如何转换？

附录 1　球面三角基本公式

一、球面三角的基础知识

天文学，特别是球面天文学需要球面三角学的知识。球面三角中，常要用到角度和圆弧的度量关系：

从平面三角学可知，一圆周的 1/360，叫作 1 度的弧。1 度弧的 1/60 叫作 1 角分的弧。1 角分弧的 1/60 叫作 1 角秒的弧。

根据弧和所对圆心角的关系，可以得出角的量度。一圆周所对的圆心角为 $360°$。因此，1 度的弧所对的圆心角，叫作 $1°$ 的角；1 角分的弧相对的圆心角，叫作 $1'$；1 角秒的弧所对的圆心角，叫作 $1''$。

$$1° = 60'$$

$$1' = 60''$$

角和弧的量度单位，常用的有两种：

弧度：长度和半径相等的圆弧所对的圆心角，叫作 1 弧度（rad）。

由于一圆周的长度等于 2π 个圆半径的弧长，根据以上弧度的定义，得到弧度和度的关系如下：

$$2\pi \, \mathrm{rad} = 360°$$

$$1 \, \mathrm{rad} = \frac{360}{2\pi} = 57.3° = 3\,438' = 206\,265''$$

或者

$$1° = \frac{1}{57.3} \, \mathrm{rad}$$

$$1' = \left(\frac{1}{60}\right)° = \frac{1}{3\,438} \, \mathrm{rad}$$

$$1'' = \left(\frac{1}{60}\right)' = \frac{1}{206\,265} \, \mathrm{rad}$$

如果一个角的值以弧度表示时为 θ，那么以度表示时其值为 $57.3° \cdot \theta$；以角分表示时为 $3\,438' \cdot \theta$；以角秒表示时为 $206\,265'' \cdot \theta$。为了方便起见，我们用符号 $\theta°$、θ'、θ'' 表示一个角的度数、角分数、角秒数。

$$\theta° = 57.3°\theta, \quad \theta' = 3\,438'\theta, \quad \theta'' = 206\,265''\theta$$

当角度很小时，角度的正弦或正切常可以近似地用它所对的弧来表示。

例如

$$\sin 1'' \approx \tan 1'' \approx 1'' = \frac{1}{206\ 265}\ \text{rad}$$

由此得

$$1\ \text{rad} = 206\ 265'' = 206\ 265 \sin 1''$$

根据相同的理由，得

$$\sin \theta'' \approx \tan \theta'' \approx \theta'' = \frac{\theta}{206\ 265} = \theta \sin 1''$$

上式常写为：$\theta = \theta'' \sin 1''$

球面上的圆：从立体几何学得知，通过球心的平面截球面所得的截口是一个圆，叫作大圆；不通过球心的平面截球面所得的截口也是一个圆，叫作小圆。通过球面上不在同一直径两端的两个点，能做并且只能做一个大圆。

例如通过图 F1.1 中的任意两点 A 和 B，也仅可以做一个大圆 ABC。A、B 两点间的大圆弧（小于 $180°$ 的那段弧）可以用线长、也可以用角度计量，在天文上常用角度来计量，叫作 A、B 间的角距，记为 $\overset{\frown}{AB}$，它等于大圆弧 $\overset{\frown}{AB}$ 所对的中心角 $\angle AOB$。

球面上圆的极：设 $\overset{\frown}{ABC}$ 为球面上的一个任意圆（见图 F1.2），它所在的平面为 $MABC$，又设 PP' 为垂直于平面 $MABC$ 的球直径，则它的两个端点 P 和 P' 叫作圆 $\overset{\frown}{ABC}$ 的极。如果用一句话来表达，可以这样说：垂直于球面上一已知圆（不论大圆或小圆）所在平面的球直径的端点，叫作这个圆的极。

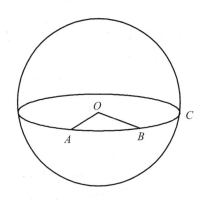

图 F1.1 经过球面上任意两点 A、B 可做一大圆

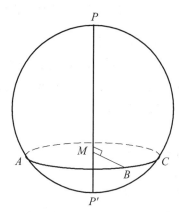

图 F1.2 球面上圆的极 P 与 P'

球面上某一圆的极和这个圆上任一点的角距，叫作极距。可以证明，极到圆上各点的角距都是相等的；如果所讨论的圆是一个大圆的话，则极距为 $90°$。

球面角：两个大圆弧相交所成的角，叫作球面角。它们的交点叫作球面角的顶点。大圆弧本身叫作球面角的边。图 F1.3 绘出了两个相交的大圆弧 $\overset{\frown}{PA}$ 和 $\overset{\frown}{PB}$，O 为球心，$\overset{\frown}{PA}$ 所在的平面为 POA，$\overset{\frown}{PB}$ 所在的平面为 POB，两者的交线为 OP。球面角 $\angle APB$ 用 POA 和 POB 所构成的两面角来量度。在图 F1.3 中做以 P 为极的大圆 QQ'，设 $\overset{\frown}{PA}$（或其延线）和 QQ' 相交于

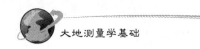

A'，$\overset{\frown}{PB}$（或其延线）和 QQ' 相交于 B'，则由于 P 为 QQ' 的极，所以 OP 垂直于平面 QQ'，因而也垂直于 OA' 和 OB'，所以 $\angle A'OB'$ 就是平面 POA 和 POB 所构成的两面角。

即：球面角 $\angle APB$ 可以用 $\angle A'OB'$ 量度，又因为 $\angle A'OB'$ 可以用 $\overset{\frown}{A'B'}$ 量度，所以最后得到的球面角 $\angle APB$ 是以 $\overset{\frown}{A'B'}$ 弧量度的。

从上面的讨论可以概括出下述结果：如果以球面角的顶点为极作大圆，则球面角的边或其延长线在这个大圆上所截取的那个弧段便是球面角的数值。

球面三角形：把球面上的三个点用三个大圆弧连接起来，所围成的图形叫作球面三角形。这三个大圆弧叫作球面三角形的边，通常用小写拉丁字母 a、b、c 表示；这三个大圆弧所构成的角叫作球面三角形的角，通常用大写拉丁字母 A、B、C 表示，并且规定：A 角和 a 边相对，B 角和 b 边相对，C 角和 c 边相对（见图 F1.4）。三个边和三个角合称球面三角形的六个元素。

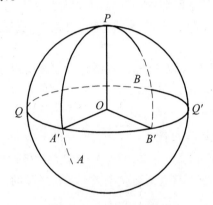

图 F1.3　球面角的量度

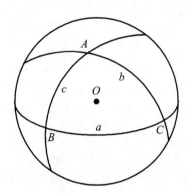

图 F1.4　球面三角形

极三角形：设球面三角形 ABC 各边 a、b、c 的极分别为 A'、B'、C'（见图 F1.5），并设弧 $\overset{\frown}{AA'}$、$\overset{\frown}{BB'}$、$\overset{\frown}{CC'}$ 都小于 $90°$，则由通过 A'、B'、C' 的大圆弧构成的球面三角形 $A'B'C'$ 叫作原球面三角形的极三角形。

极三角形和原三角形有着非常密切的关系，这种关系存在着两条定理。

定理 1：如果一球面三角形为另一球面三角形的极三角形，则另一球面三角形也为这一球面三角形的极三角形。这条定理很容易证明，请读者自证。

定理 2：极三角形的边和原三角形的对应角互补；极三角形的角和原三角形的对应边互补。

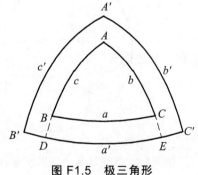

图 F1.5　极三角形

证明：B' 是 b 的极（图 F1.5），C' 是 c 的极，所以有：

$$B'E = C'D = 90°$$

$$B'E + C'D = 180°$$

即

$$B'C' + DE = 180°$$

但由定理 1，A 是 $B'C'$ 的极，故有 $DE = A$，将此式以及 $\overset{\frown}{B'C'} = a'$ 代入上式，便得到

$$a' + A = 180° \tag{1.1}$$

（1.1）式即定理 2 的前半的证明。定理 2 的后半不需证明；因为实际上，它只是定理 1 和定理 2 的前半的一个推论。

二、球面三角的边和角的基本性质

（1）球面三角形两边之和大于第三边。

证明：将球面三角形 ABC 的顶点和球心 O 连接起来（见图 F1.6），由立体几何得知：三面角的两个面角之和大于第三个面角，即 $\angle AOB + \angle BOC > \angle AOC$

故 $c + a > b$

同理 $a + b > c,\ a + c > a$

推理：球面三角形两边之差小于第三边。

（2）球面三角形三边之和大于 0° 而小于 360°。

证明：因为 a、b、c 均为正，故 $a+b+c > 0°$，又由立体几何得知凸多面角各面角之和小于 360°，因此

$$\angle AOB + \angle BOC + \angle COA < 360°$$

所以　　　　　　　$0° < A + B + C < 360°$

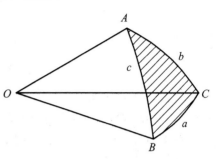

图 F1.6　球面三角形两边之和大于第三边

（3）球面三角形三角之和大于 180° 而小于 540°。

证明：由极三角形和原三角形的关系得

$$a' + A = 180°,\ b' + B = 180°,\ c' + C = 180°$$

即　　　　　　　$A + B + C = 540° - (a' + b' + c')$

但根据定理 2 有

$$0° < a' + b' + c' < 360°$$

所以上式化为

$$180° < A + B + C < 540°$$

除了上述三个基本性质以外，还有两个重要的基本性质；对于这两个性质，我们只写出结果，而不给出证明。

（4）若球面三角形的两边相等，则这两边的对角也相等。反之，若两角相等，则这两角的对边也相等。

（5）在球面三角形中，大角对大边，大边对大角。

三、球面三角的基本公式

下面我们要推导出六个基本公式，它们全是针对三个边都小于 90° 的球面三角形导出的，但是能够证明所得公式适用于任何球面三角形。

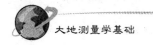
1. 边的余弦公式

取球面三角形 ABC，将各顶点与球心°连接，可得一球心三面角 $O\text{-}ABC$（见图 F1.7）。

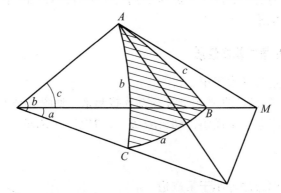

图 F1.7　推导余弦公式的图

过顶点 A 做 b、c 边的切线，分别交 OC、OB 的延长线于 N、M，由此得到两个平面直角三角形 OAM、OAN 和两个平面普通三角形 OMN、AMN。

在平面三角形 OMN 中，应用平面三角的余弦定理，得

$$MN^2 = OM^2 + ON^2 - 2OM \cdot ON \cos a$$

同理，在平面 $\triangle AMN$ 中，得

$$MN^2 = AM^2 + AN^2 - 2AM \cdot AN \cos A$$

因此

$$OM^2 + ON^2 - 2OM \cdot On \cos a = AM^2 + AN^2 - 2AM \cdot AN \cos A$$

即

$$2OM \cdot On \cos a = (ON^2 - AN^2) + (OM^2 - AM^2) + 2AM \cdot AN \cos A$$

$$= OA^2 + OA^2 + 2AM \cdot AN \cos A$$

或

$$\cos a = \frac{OA}{ON}\frac{OA}{OM} + \frac{AN}{ON}\frac{AM}{OM}\cos A$$

将 $\dfrac{OA}{ON} = \cos b$，$\dfrac{OA}{OM} = \cos c$，$\dfrac{AN}{ON} = \sin b$，$\dfrac{AM}{OM} = \sin c$ 代入上式，便得到

$$\cos a = \cos b \cos c + \sin b \sin c \cos A \tag{1.2}$$

（1.2）式是 a 边的余弦公式，其他两个边的余弦公式在形式上和（1.2）式完全一样，可以用依次轮换边和角的字母的方法而得出，所以从（1.2）式得到 b 边的余弦公式为

$$\cos b = \cos c \cos a + \sin c \sin a \cos b \tag{1.3}$$

由（1.3）式得到 c 边的余弦公式为

$$\cos c = \cos a \cos b + \sin a \sin b \cos c \tag{1.4}$$

（1.2）式、（1.3）和（1.4）式合称边的余弦公式，可以用文字表达为：

球面三角形任意边的余弦等于其他两边余弦的乘积加上这两边的正弦及其夹角余弦的连乘积。

2. 角的余弦公式

设球面三角形 ABC 的极三角形为 $A'B'C'$，则按照（1.2）式有

$$\cos a' = \cos b' \cos c' + \sin b' \sin c' \cos A'$$

因为
$$a' = 180° - A, \quad b' = 180° - B$$
$$c' = 180° - C, \quad A' = 180° - a$$

所以上式化为

$$-\cos A = \cos B \cos C - \sin B \cos a$$

即
$$\cos A = -\cos B \cos C + \sin B \sin C \cos a \qquad (1.5)$$

利用轮换变更字母法，可以得出 B 角和 C 角的余弦公式。（1.5）式就是角的余弦公式，可用文字表达为：

球面三角形任一角的余弦等于其他两角余弦的乘积冠以负号加上这两角的正弦及其夹边余弦的连乘积。

3. 正弦公式

取球面三角形 ABC，做球心三面角 $O\text{-}ABC$。过 C 点做 OAB 平面的垂线交此平面于 D（见图 F1.8），再从 D 向 OA、OB 引垂线 DE、DF。连接 CE 和 CF；由此得四个平面三角形 OEC、OFC、CDE、CDF。因 CD 垂直于平面 OAB，$DE \perp OA$，所以 $OA \perp CE$；同理 $OB \perp CF$，因此，四个平面三角形 OEC、OFC、CDE、CDF 都是直角三角形，并且有 $\angle CED=A$，$\angle CFD=B$。

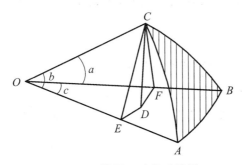

图 F1.8 推导正弦公式的图

从图 F1.8 可得

$$\frac{\sin a}{\sin A} = \frac{CE}{OC} \cdot \frac{CF}{CD}$$

$$\frac{\sin b}{\sin B} = \frac{CE}{OC} \cdot \frac{CF}{CD}$$

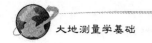

因得 $\dfrac{\sin a}{\sin A}=\dfrac{\sin b}{\sin B}$

利用轮换变更字母法，可以得出其他两个类似的式子，最后得

$$\frac{\sin a}{\sin A}=\frac{\sin b}{\sin B}=\frac{\sin c}{\sin C} \tag{1.6}$$

（1.6）式就是正弦公式，文字表达为：球面三角形各边的正弦和对角的正弦成正比。

4. 第一五元素公式

由边的余弦公式有

$$\cos a=\cos b\cos c+\sin b\sin c\cos A$$

$$\cos b=\cos c\cos a+\sin c\sin a\cos B$$

第二个式子可以改写为

$$\sin c\sin a\cos B=\cos b-\cos c\cos a$$

将第一个式子代入上式的右边，得

$$\sin c\sin a\cos B=\cos b-\cos c(\cos b\cos c+\sin b\sin c\cos A)$$

$$=\cos b-\cos b\cos^2 c-\sin b\sin c\cos c\cos A$$

$$=\cos b\sin^2 c-\sin b\sin c\cos C\cos A$$

将上式两端各除以 $\sin c$，便得到

$$\sin a\cos B=\cos b\sin c-\sin b\cos c\cos A \tag{1.7}$$

同理，得

$$\sin a\cos C=\cos c\sin b-\sin c\cos b\cos A \tag{1.8}$$

其他类似的式子可以从（1.7）式或（1.8）式，利用轮换变更字母法得出。（1.7）式或（1.8）式都是第一五元素公式，它具有一定的规律，但是它的文字表达式很烦琐，因此这里不写出来。

5. 第二五元素公式

利用极三角形和原三角形的关系（定理2），可以导出下列两个公式

$$\sin A\cos b=\cos B\sin C+\sin B\cos C\cos a \tag{1.9}$$

$$\sin A\cos c=\cos C\sin B+\sin C\cos B\cos a \tag{1.10}$$

其他类似的式子可以从（1.9）式或（1.10）式，利用轮换变更字母法得出，（1.9）或（1.10）式都是第二五元素公式。它的文字表达式也没有必要写出来。

6. 四元素公式

把第一五元素公式和正弦公式联合起来，可以导出球面三角形中相邻的四个元素的关系式，即

$$\cot A \sin C = -\cos C \cos b + \sin b \cot a \qquad (1.11)$$

$$\cot A \sin B = -\cos B \cos c + \sin c \cot a \qquad (1.12)$$

其他类似的式子，可以从（1.11）式或（1.12）式利用轮换变更字母法得出。

四、直角球面三角形

有一个角等于 90° 的球面三角形叫作直角球面三角形。设球面三角形 ABC 中，$C = 90°$，且 $\cos C = 0$，$\sin C = 1$，将它们代入以上各公式，经过适当的变换，可得下列常用的直角三角形公式：

$$\left.\begin{aligned}
&\cos c = \cos a \cos b, && \sin b = \sin c \sin B \\
&\sin a = \sin c \sin A, && \sin b = \tan a \cot A \\
&\sin a = \tan b \cot B, && \cos c = \cot A \cot B \\
&\cos B = \tan a \cot c, && \cos A = \tan b \cot c \\
&\cos B = \cos b \sin A, && \cos A = \cos a \sin B
\end{aligned}\right\} \qquad (1.13)$$

聂比尔定则：为了便于记忆这十个直角三角形公式，聂比尔提出了一条很有用的定则。除掉直角 C，用（90° − a）和（90° − b）分别代替夹直角的两个边 a 和 b，然后把所得的五个元素依序排成一个圆（见图 F1.9）；这样，每个元素有两个相邻元素和两个相对元素。聂比尔定则为：每个元素的余弦等于两相邻元素的余切的乘积或者等于两相对元素的正弦的乘积。例如，当所选元素为 C 时根据定则的前半得

$$\cos c = \cot A \cot B$$

这就是（1.13）式里的第六式。根据定则的后半得

$$\cos c = \sin(90° - b)\sin(90° - a) = \cos a \cos b$$

这就是（1.13）式里的第一式。

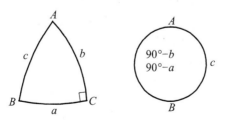

图 F1.9　利用聂比尔定则记忆直角球面三角的十个公式

附录 2   大地测量学基础实验与实习

第 1 部分   大地测量学基础实验与实习须知

一、测量实验（实习）的一般规定

（1）在测量实验（实习）之前，应复习教材中的有关内容，认真仔细地预习实验（实习）指导书，明确目的与要求，熟悉实验（实习）步骤及有关注意事项，并准备好所需工具用品，以保证按时完成实验（实习）任务。

（2）实验（实习）分小组进行，组长负责组织协调工作，凭本人（或组员）的相关证件，办理所用仪器工具的借领和归还手续。

（3）实验（实习）应在规定的时间进行，不得无故缺席或迟到早退；应在指定的场地进行，不得擅自改变地点或离开现场。

（4）测量工作实施过程中，应分工明确，团结协作，各司其职，紧张有序，作业现场必须保持安静，充分利用学时，不得说笑聊天。

（5）服从教师的指导，每人都必须认真、仔细地操作，培养独立工作能力和严谨的科学态度。观测和记录，应客观诚实，养成忠实于实验（实习）数据的良好职业道德，绝对禁止为完成任务而凑数、改数及伪造数据。每项实验（实习）都应取得合格的成果，并提交书写工整规范的实验（实习）报告，经指导教师审阅签字后，方可交还测量仪器和工具，结束实验（实习）。

（6）必须严格遵守"测量仪器工具的借领与使用规则"和"测量记录与计算规则"。

（7）实验（实习）过程中，应遵守纪律，爱护现场的花草、树木和农作物，爱护周围的各种公共设施，任意砍折、踩踏或损坏者应予赔偿。

二、测量仪器工具的借领与使用规则

对测量仪器工具的正确使用，精心爱护和科学保养，是测量人员必须具备的素质和应该掌握的技能，也是保证测量成果质量，提高测量工作效率和延长仪器使用寿命的必要条件。在仪器工具的借领与使用中必须严格遵守以下规定：

1. 测量仪器工具的借领

（1）在指定的地点以小组为单位办理借领手续，领取仪器工具。

（2）借领时应该当场清点检查。实物与清单是否相符，仪器工具及其附件是否齐全，背带及提手是否牢固，脚架是否完好等。如有缺损，可以补领或更换。

（3）搬运前，必须检查仪器箱是否锁好；搬运时，必须轻取轻放，避免剧烈震动。

（4）借到的仪器工具，不得与其他小组擅自调换或转借。

（5）实验结束，应及时收装仪器，送还借领处检查验收，消除借领手续。如有遗失或损坏，应由责任人和组长分别写出书面报告说明情况，并按有关规定给予赔偿。

2. 测量仪器使用注意事项

（1）携带仪器时，应注意检查仪器箱盖是否关紧锁好，拉手、背带是否牢固。

（2）打开仪器箱之后，要看清并记住仪器在箱中的安放位置，避免以后装箱困难。

（3）提取仪器之前，应注意先松开制动螺旋，再用双手握住支架或基座轻轻取出仪器，放在三脚架上，保持一手握住仪器，一手去拧连接螺旋，最后旋紧连接螺旋使仪器与脚架连接牢固。

（4）装好仪器之后，注意随即关闭仪器箱盖，防止灰尘和湿气进入箱内。仪器箱上严禁坐人。

（5）人不离仪器，必须有人看护，切勿将仪器靠在墙边或树上，以防跌损。

（6）在野外使用仪器时，应该撑伞，严防日晒雨淋。

（7）若发现透镜表面有灰尘或其他污物，应先用软毛刷轻轻拂去，再用镜头纸擦拭，严禁用手帕、粗布或其他纸张擦拭，以免损坏镜头。观测结束后应及时套好物镜盖。

（8）各制动螺旋勿扭过紧，微动螺旋和脚螺旋不要旋到顶端。使用各种螺旋都应均匀用力，以免损伤螺纹。

（9）转动仪器时，应先松开制动螺旋，再平衡转动。使用微动螺旋时，应先旋紧制动螺旋。动作要准确、轻捷，用力要均匀。

（10）使用仪器时，对仪器性能尚未了解的部件，未经指导教师许可，不得擅自操作。

（11）仪器装箱时，要放松各制动螺旋，装入箱后先试关一次，在确认安放稳妥后，再拧紧各制动螺旋，以免仪器在箱内晃动。受损，最后关箱上锁。

（12）测距仪、电子经纬仪、电子水准仪、全站仪、GPS 等电子测量仪器，在野外更换电池时，应先关闭仪器的电源；装箱之前，也必须先关闭电源，才能装箱。

（13）仪器搬站时，对于长距离或难行地段，应将仪器装箱，再行搬站。在短距离和平坦地段，先检查连接螺旋，再收拢脚架，一手握基座或支架，一手握脚架，竖直地搬移，严禁横杠仪器进行搬移。罗盘仪搬站时，应将磁针固定，使用时再将磁针放松。装有自动归零补偿器的经纬仪搬站时，应先旋转补偿器关闭螺旋将补偿器托起才能搬站，观测时应记住及时打开。

三、测量记录与计算规则

测量手簿是外业观测成果的记录和内业数据处理的依据。在测量手簿上记录或计算时，必须严肃认真、一丝不苟，严格遵守下列规则：

（1）所有观测成果均要使用硬性铅（2H 或 3H）笔记录，同时熟悉表上各项内容及填写、计算方法。

（2）记录观测数据之前，应将仪器型号、日期、天气、测站、观测者及记录者姓名等无一遗漏地填写齐全。

（3）观测者读数后，记录者应立即复诵回报以资检核，并随即在测量手簿上的相应栏内填写，不得另纸记录事后转抄。

（4）记录时要求字体端正清晰，数位对齐，数据齐全，不能省略零位。如水准尺读数 1.500，度盘读数 60°00′00″中的"0"均应填写。

（5）水平角观测，秒值读记错误应重新观测，度、分读记错误可在现场更正，但同一方向盘左、盘右不得同时更改相关数字。垂直角观测中分的读数，在各测回中不得连环更改。

（6）距离测量和水准测量中，厘米及以下数值不得更改，米和分米的读记错误，在同一距离、同一高差的往、返测或两次测量的相关数字不得连环更改。

（7）更正错误，均应将错误数字、文字整齐划去，在上方另记正确数字和文字。划改的数字和超限划去的成果，均应注明原因和重测结果的所在页数。

（8）按四舍六入，五前单进双舍（或称奇进偶不进）的取数规则进行计算。如数据 2.223 5 和 2.224 5 进位均为 2.224。

（9）成果的记录、计算的小数取位要按规定执行。各等级的三角测量、精密导线测量和水准测量的记录和计算的小数位分别列表于表 F2.1、表 F2.2 和表 F2.3。

表 F2.1　三角测量

项目	等级	读数/(″)	一测回数/(″)	记簿计算/(″)
水平角	一、二等	0.1	0.01	0.01
	三、四等	1	0.1	0.1
垂直角		1	1	

表 F2.2　精密导线测量

等级	观测方向及各项改正数 /(″)	边长观测值及改正数/m	边长与坐标/m	方位角/(″)
二等	0.01	0.0001	0.001	0.01
三、四等	0.1	0.001	0.001	0.01

表 F2.3　水准测量

等级	往（返）测距离/km	往（返）测距离/km	各测站高差/mm	往返测高差和/mm	往返测高差中数/mm	高差/mm
二等	0.01	0.1	0.01	0.01	0.1	0.1
三等	0.01	0.1	0.1	1.0	1.0	1.0
四等	0.01	0.1	0.1	1.0	1.0	1.0

第 2 部分　大地测量学基础实验

实验 1　J2 光学经纬仪认识及读数练习

一、目　的

了解 J2 光学经纬仪的基本结构及各螺旋的作用，学会正确操作仪器，懂得读数的方法。

二、要　求

（1）将 J2 光学经纬仪与课本上的仪器图进行对照，了解仪器的各部分的名称及作用。

（2）学会照准目标。

（3）在读数显微镜中观察度盘及测微器成像情况，学会重合读数的方法。

三、实习步骤

（1）先将脚架架到适当高度，并使其架头大致水平，将经纬仪箱中取出，双手握住仪器的支架，或一手握住支架，一手握住基座，严禁单手提取望远镜部分。

（2）整平仪器，整置方法同普通经纬仪一样。

（3）熟悉各螺旋的用途，练习使用，并练习用望远镜精确瞄准远处的目标，检查有无视差，如有视差，则转动调焦螺旋消除之。

（4）练习水平度盘和竖直度盘读数。

（5）练习配置水平度盘的方法。

四、注意事项

（1）实习前要复习课本上有关内容，了解实习内容及要求。

（2）严格遵守测量仪器的使用规则。

（3）J2 光学经纬仪是精密测角仪器，在使用过程中必须倍加爱护，杜绝损坏仪器的事故发生。

五、仪器工具

每实习小组借用一套 J2 光学经纬仪、一块记录板，自备铅笔和记录表格。

六、思考题

顺时针旋转测微轮时，秒盘读数是增加还是减少？水平度盘分划主像（正像）往左还是往右移动？

实验 2　水平轴不垂直于竖轴之差的测定

一、目　的

掌握高低点法测定水平轴不垂直于竖轴之差的测定方法和成果整理。

二、要　求

（1）每个实习小组完成一套合格的检验成果。

（2）总结出如何能准确而迅速地设置高、低两个目标。

（3）所测得的水平角和垂直角各项限差均应达到要求，否则应重测。

三、实习步骤

（1）实习前要认真复习有关内容，弄清检验原理和方法。

（2）弄清水平角和垂直角观测程序与记录格式，并记住各项限差规定。

（3）实习内容：

① 设置目标。

先安置仪器，用仪器指挥在距仪器 5 m 以外的竖直墙面上设置两个目标，一个高点，一个低点。两点的垂直角应大致相等，其值大于 3°，差值不得超过 30″。

② 测定方法。

a. 观测高低两点的水平角 6 个测回，每测回间更换水平度盘和测微器读数，对于 J2 型 仪器为

$$180°/m + i/2 + i/2m$$

式中：m 为测回数；i 为水平度盘最小分划值，每一测回用盘左、右观测，在 6 测回中，前三个测回照准部均按顺时针方向旋转，而后三个测回照准部按逆方向旋转。观测限差为 $2C$ 互差按高、低点在测回间分别比较，对于 J2 型仪器应小于 10″；各测回角值互差 J2 型仪器应小于 8″；对于超出限差的测回，应进行重测。

b. 观测高、低点的垂直角 α 高 α 低，用中丝法测三个测回，垂直角和指标差互差均不得超过 10″，对超限测回应重测。

c. 最后结果计算：

水平轴不垂直于垂直轴之差值：

$$i = 1/2(c_{高} - c_{低})\cot\alpha$$

$$c_{高} = 1/2n\sum_{1}^{n}(2c)_{高}$$

$$c_{低} = 1/2n\sum_{1}^{n}(2c)_{低}$$

$$\alpha = 1/2(\alpha_{高} - \alpha_{低})$$

限差：i 的绝对值，对于 J2 型仪器不应超过 15″。

四、注意事项

（1）实习前准备好几个检验用的标志，即在一张小白纸上画一个"＋"字交叉线为一个目标。

（2）在检验前应弄清原理，操作顺序和方法，各项限差的意义和标准。

（3）每项观测每人至少操作一次，垂直角观测一个测回，每人计算一份成果。

五、上交资料

每个小组上交一份合格的观测记录和计算成果。

六、仪器及工具

每 5 人为一实习小组，每组从实验室借用 J2 型经纬仪一套，记录板一块。用白纸做"＋"字标志，自备铅笔记录表格。

七、思考题

（1）设置目标时，为什么要使高点的高度角在 3° 以上？为什么要求高低两点尽可能在同一铅垂线上？

（2）为什么 2C 变化要求按高、低点方向分别来比较？为什么 2C 变化值的要求偏高？

（3）用怎样的步骤，才能快速地按要求设定高、低两点？

八、记录表格

1. 高、低点垂直角的测定（见表 F2.4）

表 F2.4 高、低点垂直角测定记录表

仪器：　　　　　　　　　　　　　编号：　　　　　　　　　　　　　年　　月　　日

照准点	测 回	读 数		指标差 "	垂 直 角 。 ′ "
		盘左（L） 。 ′ "	盘右（R） 。 ′ "		
高点	Ⅰ				
	Ⅱ				
	Ⅲ				
	中 数				
低点	Ⅰ				
	Ⅱ				
	Ⅲ				
	中 数				

2. 低点间水平角的测定（见表 F2.5）

表 F2.5 低点间水平角测定记录表

仪器：　　　　　　　　　　　　　编号：　　　　　　　　　　　　　年　　月　　日

度盘位置	照准点	读 数		2C "	$\dfrac{L+R\pm180°}{2}$ 。 ′ "	角 度 。 ′ "
		盘左（L） 。 ′ "	盘右（R） 。 ′ "			
顺 0°	1 高点					
	2 低点					
30°	1					
	2					
60°	1					
	2					
逆 90°	1					
	2					
120°	1					
	2					
150°	1					
	2					

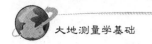
实验 3　水平角观测（方向观测法）练习

一、目　的

学会用 J2 经纬仪按方向法进行观测，并掌握此法的操作程序和计算方法。并了解测站上各项限差要求。

二、要　求

（1）预习好方向观测法的观测程序。

（2）弄清方向观测法记录表格的记录方法。

（3）每人至少测 1~2 个合格测回，全组完成一套 6 个测回合格成果。

（4）限差要求：两次重合读数之差 3″；半测回归零差 8″；一测回内 2C 互差 13″；化归同一零方向后，同一方向值测回较差 9″。

（5）对不合格的成果返工重测。

三、实习步骤

一测回的操作程序：

（1）在测站上，选定远处的 4 个方向为观测目标，并确定距离适中，通视良好，成像清晰的某一方向作为零方向。

（2）安置仪器后，将仪器照准零方向目标，配置好度盘和测微器。

（3）顺时针方向旋转照准部 1~2 周后，精确照准零方向，进行水平度盘和测微器读数配置（转动测微轮，使对径分划线重合二次，并读二次数）。

（4）顺时针方向旋转照准部，精确照准 2 方向目标，按第 3 步中的方法进行读数；继续顺时针方向旋转照准部依次进行 3、4 方向的观测，最后闭合至零方向，再观测零方向（当观测方向数≤3 时，可不必归零方向）。

（5）纵转望远镜，逆时针方向旋转 1~2 周，精确照准零方向，按第 3 步中的方法进行读数。

（6）逆时针方向旋转照准部，按上半测回观测的相反次序 4、3、2 直至零方向，以上观测程序称为一个测回。

四、注意事项

（1）观测程序及记录要严守操作规程。

（2）观测中要注意消除视差。

（3）记录者向观测者回报后再记，记录中的计算部分应训练用心算进行。

（4）测微读数不许涂改。

五、上交资料

每小组上交一份 4 个方向 6 测回的合格成果。

六、仪器和工具

每小组借用一套 J2 经纬仪和一块记录板；自备铅笔和记录表格。

七、思考题

（1）视差是如何产生的？视差对水平角观测的精度有何影响？如何发现视差？怎样消除它？

（2）如何选择好零方向？选择好零方向对观测有什么好处？

八、记录表格（见表 F2.6）

表 F2.6　水平角观测记录手簿

仪器型号：　　　　　　　　天气：　　　　　　　　日期：

观测者：　　　　　　　　记录者：　　　　　　　　检查者：

测站	目标	水平盘读数				半测回方向	一测回平均方向	各测回平均方向	附注
		盘左（L）		盘左（R）					
		° ′	″	° ′	″	° ′ ″	° ′ ″	° ′ ″	
1	2	3		4	5	6	7	8	9

实验4　经纬仪视准轴和测距仪光轴之间的平行性的检验和校正

一、目　的

（1）理解经纬仪视准轴和测距仪光轴的几何关系。

（2）掌握经纬仪视准轴和测距仪光轴之间平行性的检查方法。

二、要　求

对经纬仪视准轴和测距仪光轴之间平行性检查，并对其进行校正，掌握其校正方法。

三、实习步骤

1. 检验方法

（1）在相距 100～150 m 处分别安置仪器及反光镜。

（2）用望远镜十字丝精确照准反光镜三个黄色三角形标志的交点（即进行光照准）。

（3）启动测距仪开关或按 TEST（仪器检验键），显示屏显示返回信号的强度，读记返光信号强度数据。

（4）然后分别用经纬仪水平微动螺旋和垂直微动螺旋调出最大返光信号（即进行光照准）。并读记返光强度数据。

（5）如果"电照准"显示的信号强度比"光照准"时没有明显的增加，则说明它们之间的平行性是正确的。如果有明显的变化，则说明它们之间不平行，则应进行校正。

2. 校正方法

由于各类测距仪的结构不同，校正方法也不一样，故校正时应参考各类的说明书进行，在此以 DI5 仪器为例。将望远镜的十字丝中心准确地照准反光镜的三个黄色三角形标志的交点。

（1）然后用仪器附件盒中的六角扳手，细心地转动测距头显示屏下底部的水平和垂直校正螺丝，分别使信号由大变小，紧接着反向调整螺丝，直到信号最大为止。

（2）望远镜十字丝如果仍精确照准标志，而返回光信号又最强，那么校正结束。此项校正须重复进行。

四、注意事项

（1）在检验过程中，动作要轻、用电照准时应慢慢地进行，小心细致地完成各项操作。

（2）校正完毕后重新再作一次检验，看是否合格，否则再校正一次，边检查边校正逐渐趋近。

五、仪器及工具

每实习大组借用一台红外测距仪，T2 经纬仪一套，单棱镜及框一个，对中杆和对中支架各一个，电池一个，测伞一把，自备铅笔和记录纸。

六、思考题

（1）为什么要进行经纬仪视准轴和测距仪光轴的平行性的检验？

（2）什么叫光照准？什么叫电照准？

实验 5　精密水准仪和铟钢水准尺的认识及读数练习

一、目　的

了解精密水准仪和因瓦水准尺的基本结构，以及各螺旋的作用。初步学会精密水准仪的使用和读数方法。

二、要　求

（1）将仪器与书本上仪器外貌图对照，熟悉仪器各部件的名称及其作用，着重比较不同仪器的特点。

（2）掌握几种仪器在水准尺上的读数方法，了解测微器的测微工作原理。

（3）了解精密水准尺的特点，它与一般普通水准尺有何区别。

三、仪器及工具

每实习组借用不同的精密水准仪一套，铟钢水准尺一把，尺台一个，扶杆二根，记录板一块，测伞一把，自备铅笔和记录手簿。

四、思考题

（1）仔细观察精密水准仪的光学测微器的构造，当旋进测微螺旋时，平行光学玻璃板是前倾还是后仰？测微器上的读数是增加还是减少？

（2）符合水准气泡移动方向与微倾螺旋转动方向有何关系？

（3）精密水准标尺为什么要配备两根扶杆？

实验 6　视准轴与水准轴相互关系正确性的检验与校正

一、目　的

（1）明确水准仪视准轴与水准轴之间的正确关系。

（2）掌握水准仪交叉误差和三角误差检验与校正的操作程序和成果整理方法。

二、实习步骤

1. 交叉误差的检验与校正

如果仪器存在交叉误差，整平仪器后，当仪器绕视准轴左右倾斜时，水准气泡就会出现反向移动的现象，如果竖轴左右倾斜的角度相同，则气泡反向移动的量也相等。交叉误差的检验就是按这个原理进行的。

其步骤为：

（1）将水准尺置于距水准仪约 50 m 处，并使一个脚螺旋位于望远镜至水准尺的方向上。

（2）转动倾斜螺旋使符合水准器气泡精密符合，再旋转测微螺旋使楔形丝精确夹准水准尺上的一个分划线，并记录水准尺与测微器分划尺上的读数。在整个检验过程中应保持不变，也即应保持视准方向不变。

（3）同时相对转动望远镜两侧的脚螺旋两周，使仪器绕视准轴向一侧倾斜（注意楔形丝仍夹准原分划线），这时观察并记录水准气泡的偏移方向和大小。

（4）如果气泡影像偏离，再按与（3）相反的方向相对转动两个脚螺旋两周，使楔形丝仍夹准水准尺的原分划线条件下，水准气泡符合。

（5）再同时与（3）相反的方向相对转动两个脚螺旋两周，使仪器绕视准轴向另一侧倾斜，观察并记录水准气泡的偏移方向和大小。

在上述仪器向两侧倾斜的情况下，若水准气泡的影像仍将保持符合或同方向偏移相同距离，则说明不存在交叉误差。若水准气泡异向偏离相等距离，则说明有交叉误差。规范规定，当水准气泡两端异向分离量大于 2mm 时，应进行校正。

校正方法：将管水准器侧方的校正螺丝松开，再拧紧另一侧的校正螺丝，使管水准器左右移动，直到气泡影像符合为止。

2. i 角的检验与校正（见表 F2.7）

在精密水准测量中测定 i 角的通用方法及步骤如下：

（1）选择一平坦地段在直线上用钢尺量取三段距离，各段长均为 20.6 m，分别在两端点 J1、J2 和分点 A、B 上各打一木桩，并钉一圆帽钉。

（2）分别在 J1、J2 安置水准仪，在 A、B 两点上竖立水准标尺。在 J1 点整平仪器，使符合水准器气泡精密符合，先后照准 A、B 两标尺各读数四次分别取中数为 a_1, b_1；同样在 J2 点整平仪器；使符合水准气泡精密符合，读得 A、B 标尺各读数四次，分别取中数为 a_2, b_2。

（3）i 角的计算。

若仪器没有 i 角误差影响，在 J2 点，水平视线在 A、B 标尺上的正确读数应为 $a_{1'}$, $b_{1'}$，由于 i 角引起的误差分别为 Δ, 2Δ，同样在 J2 点水平视线在 A、B 标尺上的正确读数 $a_{2'}$, $b_{2'}$，i 角引起的误差分别为 2Δ, Δ。

（4）最后结果计算：

$$\Delta = 1/2[(a_2 - b_2) - (a_1 - b_1)]$$

$$I = "\Delta / s = 10\Delta"$$

式中，$(a_2 - b_2)$ 和 $(a_1 - b_1)$ 为仪器分别在 J2 和 J1 读数平均数之差，Δ 以 mm 为单位。如果 i 角大于 15″ 就需要进行校正。

（5）校正的方法和步骤：

在 J2 测站上进行校正，先根据检验结果计算出水准标尺上的正确读数 $a_{2'}$。转动测微螺旋将 $a_{2'}$ 的 cm 以下的数配置在测微轮上，然后转动倾斜螺旋使楔形丝精确夹准水准标尺上分划注记等于 $a_{2'}$ 的 cm 以上的大数。这时水准气泡影像分离，校正水准器上、下校正螺丝，使气泡影像精密符合为止。校正后，再检查另一水准标尺 B 上的读数是否等于正确读数 $b_{2'} = b_2 - \Delta$，否则还应反复进行检查校正。

表 F2.7　*i* 角的检验

仪器:		标尺:		观测者		记录者:	
日期		成像:		检查者:			

仪器站	观测次序	标尺读数		高差($a-b$)/mm	*i* 角计算
		A 尺读数 a/mm	B 尺读数 b/mm		
J1	1				
	2				
	3				
	4				
	中数				
J2	1				
	2				
	3				
	4				
	中数				

实验 7　二等精密水准测量

一、目　的

（1）通过一条水准环线的施测，掌握二等精密水准测量的观测和记录，使所学知识得到一次实际的应用。

（2）熟悉精密水准测量的作业组织和一般作业规程。

二、要　求

（1）每组选定一条 0.6～1.0 km 的闭合水准环线，每人完成不少于一个测站上的观测、记录、打伞、扶尺、量距的作业。

（2）计算环线闭和差。

三、实习步骤

1. 作业步骤

精密水准观测组由 8～9 人组成，具体分工是：观测一人，记录一人，打伞一人，扶尺二人，量距二人。

2. 限差及作业规定

视线高度不得低于 0.5 m，视线长度一般取不大于 50 m，前后视距差应小于 1 m。测段距离累积差小于 3 m。

（1）一测段的测站数布置成偶数，仪器和前后标尺应尽量在一条直线上。

（2）观测时要注意消除视差，气泡严格居中，各种螺旋均应旋进方向终止。

（3）视距读至 1 mm，基辅分划读至 0.1 mm，基辅高差之差≤0.6 mm。

（4）上丝与下丝的平均值与中丝基本分划之差，对于 0.5 cm 刻划标尺应≤1.5 mm，对于 1.0 cm 刻划标尺应≤3.0 mm。

（5）各项记录正确整齐，清晰，严禁涂改。原始读数的米、分米值有错时，可以整齐地划去，现场更正，但厘米及其以下读数一律不得更改，如有读错记错，必须重测，严禁涂改。

（6）每一站上的记录、计算待检查全部合格后才可迁站。

（7）测完一闭合环计算环线闭合差，其值应小于 $\pm4\sqrt{L}$ mm ，L 为环线长度，以公里为单位。

3. 观测程序

精密水准测量中采用如下的观测程序：

往测奇数站的观测程序为：后前前后；

往测偶数站的观测程序为：前后后前；

返测奇数站的观测程序为：前后后前；

返测偶数站的观测程序为：后前前后。

在一个测站上的观测步骤（以往测奇数站为例）为：

（1）首先将仪器整平。

（2）望远镜对准后视水准标尺，转动倾斜螺旋使符合水准气泡两端影像分离不得大于 3 mm，用上、下视距丝平分水准标尺的相应基本分划读取视距。读数时标尺分划的位数和测微器的第一位数共四个数字要连贯出。

（3）接着转动倾斜螺旋使气泡影像精密符合，并转动测微螺旋使楔形丝照准基本分划，读分划线三位数和测微器二位数。

（4）旋转望远镜照准前视水准尺，使气泡精密居中，用楔形丝照准基本分划并读数，然后按下、上丝视距丝读取视距。

（5）用楔形丝对准辅助分划进行读数。

（6）再转向后视标尺，转动倾斜螺旋使气泡影像精密符合，进行辅助分划的读数。至此一个测站的观测工作结束。以上为奇数的后—前—前—后观测程序，偶数站的观测程序为前—后—后—前。

4. 手簿记录

四、注意事项

（1）在观测中，不允许为通过限差规定而凑数，以免成果失去真实性。

（2）记录员除了记录和计算外，还必须检查观测条件是否合乎规定，限差是否满足要求，否则应及时通知观测员重测。记录员必须牢记观测程序，注意不要记录错误。字迹要整齐清晰，不得涂改，更不允许描字和就字改字。在一个测站上应等计算和检查完毕，确信无误后才可搬站。

（3）扶尺员在观测之前必须将标尺立直扶稳。严禁双手脱开标尺，以防摔坏标尺的事故发生。

（4）量距要保证通视，前、后视距相等和一定的视线高度，并尽量使仪器和前后标尺在一直线上。

五、仪器及工具

每组借用精密水准仪一套，因瓦水准尺一对，尺垫一副，测伞一把，扶杆四根，50 m 皮尺一把，记录板一块，自备铅笔，小刀和记录手簿。

六、上交资料

（1）观测手簿；

（2）环线闭合差计算成果（附水准路线略图）。

七、思考题

（1）水准测量有哪些限差规定？如何检核？

（2）什么叫作倾斜螺旋标准位置？为什么在观测之前要先找出标准位置？它在观测中有何作用？

八、观测手簿（见表F2.8）

表 F2.8　二等水准观测手簿

仪器：　　　　　　NO：　　　　　　天气：　　　　　　温度：

检测人员：　　　　计算：　　　　　校核：　　　　　观测日期：

测站编号	后尺 上丝		前尺 上丝		方向及测点编号	标尺读数		基+K 减辅（一减二）
	后尺 下丝		前尺 下丝			基本分划（一次）	辅助分划（二次）	
	后距		前距					
	视距差 d		∑d					
					后			
					前			
					后－前			
					高差			
					后			
					前			
					后－前			
					高差			
					后			
					前			
					后－前			
					高差			
					后			
					前			
					后－前			
					高差			
					后			
					前			
					后－前			
					高差			

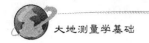

实验 8　垂直角观测（三丝法）

一、目 的

掌握三丝法观测垂直角的方法和记录计算。

二、要 求

（1）弄清三角高程测量的原理和计算方法。

（2）每人至少用三丝法测定两个方向一个测回垂直角和记录、计算。

三、实习方法和步骤

观测方法有中丝法和三丝法两种，按规范规定，当采用中丝法观测时应测四测回，采用三丝法观测时应测二测回，所谓测回是盘左、盘右各照准目标一次。中丝法是指用水平丝中丝照准目标读数，而三丝法则是指用上、中、下三根水平丝依次照准目标读数。

下面以 TDJ2 光学经纬仪采用三丝法为例，说明垂直角一测回的观测步骤：

（1）在实习场地上的控制点上安置仪器，同时量取仪器高。

（2）首先打开自动补偿器锁紧手轮，盘左位置用水平丝上丝照准目标，一般是精确照准觇标的顶部，进行垂直度盘读数，得上丝盘左读数 L 上，转动竖直微动螺旋，用中丝照准觇标的顶部，进行垂直度盘读数，得中丝盘左读数 L 中，转动垂直微动，用下丝照准觇标的顶部，进行垂直度盘读数，得下丝盘左读数 L 下。

（3）纵转望远镜，用盘右位置按上、中、下方法照准读数，但记录要由下、中、上记录。每次照准目标需用测微轮重合两次读数，读数记入观测手簿后，根据垂直角（天顶距）和指标差公式，进行计算，以指标差互差变动范围来衡量观测精度，并满足规范中相应的限差规定。

四、注意事项

（1）实习前要复习课本中有关内容，了解实习的目的和要求。

（2）观测程序及记录要严守操作规程。

（3）观测中要消除视差。

（4）记录者向观测者回报后再记，记录中的计算部分应训练用心算进行。

五、上交资料

每人上交一份二方向一测回的合格成果。每组提交二方向六测回的合格成果。

六、仪器与工具

每实习小组借用 J2 光学经纬仪一套，伞一把，记录板一块，自备铅笔、记录表格。

七、观测手簿（见表 F2.9）

表 2.9 三丝法记录表格

观测目标名称	水平丝	竖盘读数		垂直角 ° ′ ″	指标 ″	备注
		盘左（L） ° ′ ″	盘右（R） ° ′ ″			
	上丝					
	中丝					
	下丝					
	上丝					
	中丝					
	下丝					
	上丝					
	中丝					
	下丝					

实验 9 全站仪的认识与操作实习

一、实习目的

（1）了解全站仪的显示与键盘功能。

（2）了解全站仪的配置菜单及仪器的自检功能。

（3）掌握全站仪的测站安置方法及测站设置。

（4）掌握全站仪各种数据信息的输入与输出方法。

二、实习要求

（1）要求每位同学熟悉全站仪的各个螺旋及全站仪的显示面板的功能等。

（2）了解全站仪工作参数的设置；掌握应用程序功能（PROG）；菜单（MENU）；测距设置（EDM）；功能（FNC）等功能键的设置、操作和使用。

① 应用程序功能（PROG）：测量、放样、面积测量、对边测量、自由测站、参考线放样。

② 菜单（MENU）：快速设置、数据管理、系统信息、完全设置、轴系误差。

③ 测距设置（EDM）：激光投点器（Laser pointer）、测距模式（EDM mode）、棱镜模式（Prism Type）、棱镜常数（Prism Const）。［PPM］气象数据中的元素设置。

④ 功能（FNC）的设置与应用。

（3）能够正确快速的安置全站仪，并能进行定向、输入测站点数据信息（测站点坐标、定向点坐标、仪器高、砚标高）等工作。

三、实习步骤

（1）每班按全站仪的台数分成几组，每组由指导教师先讲解本次实习目的中的所有内容及实习注意事项。

（2）每位同学在实习指导教师的指导下，按实习目的的要求依次完成以下实习内容，并由实习教师讲解和示范仪器的各项功能和操作方法。

① 熟悉全站仪的各个螺旋及全站仪的显示面板的功能等。

② 熟悉全站仪的配置菜单及仪器的自检功能。

③ 在实习指导教师的指导下，正确快速地进行全站仪的对中、整平工作。

（4）在实习指导教师的指导下，进行全站仪的测站设置（输入测站点坐标、定向点坐标、仪器高、砚标高等数据）和定向工作。

四、注意事项

（1）由于全站仪是集光、电、数据处理于一体的多功能精密测量仪器，在实习过程中应注意保护好仪器，尤其不要使全站仪的望远镜受到太阳光的直射，以免损坏仪器。

（2）未经指导教师的允许，不要任意修改仪器的参数设置，也不要任意进行非法操作，以免因操作不当而发生事故。

五、思考题

全站仪主要由哪几部分组成，各部分分别完成什么样的工作？

实验 10　全站仪外业数据观测实习

一、实习目的

（1）掌握全站仪的数据观测方法（角度、边长、坐标、高差等数据）。

（2）掌握全站仪的数据记录方法和数据管理方法。

（3）继续熟悉全站仪的应用程序功能（PROG）；菜单（MENU）；测距设置（EDM）；功能（FNC）的设置与应用。

二、实习要求

（1）能够正确快速的安置全站仪并进行测站设置。

（2）用安置好的全站仪瞄准目标、测量坐标、边长、角度、高差等数据并进行数据的两种记录方法。

三、实习步骤

（1）每班按全站仪的台数分成几组，每组由指导教师先讲解本次实习目的中的所有内容及实习注意事项。

（2）每位同学在实习指导教师的指导下，按实习目的和要求完成每项实习内容：

① 安置全站仪并进行测站设置。

② 用安置好的全站仪观测角度、边长、坐标、高差等数据并记录观测数据（点数不少于 20 个）。

③ 利用数据管理功能对刚才所测的数据进行查寻提取功能。

④ 操作全站仪的应用程序功能（任务设置(Set Job)、设置测站点坐标和定向（Set Station）、自由测站（Free Station）、放样(Set Out)、对边测距（Missing Ling）等。

四、注意事项

（1）由于全站仪是集光、电、数据处理程序于一体的多功能精密测量仪器，在实习过程中应注意保护好仪器，尤其不要使全站仪的望远镜受到太阳光的直射，以免损坏仪器。

（2）未经指导教师的允许，不要任意的修改仪器的参数设置。

五、思考题

（1）全站仪的测量数据记录方法有哪些？各种记录方法有什么特点？

（2）全站仪自由设站的原理是什么？至少需要多少个后视已知点？

（3）全站仪放样时每一个放样点的坐标及放样时的觇标高是怎样输入的？对边测量的数学模型是什么？

实验 11 GPS 接收机的认识及操作使用

一、目　的

熟悉 GPS 接收机各部件的功能，掌握 GPS 接收机的操作。

二、要　求

（1）实习前，认真学习相关章节的内容。

（2）完成实习后，应掌握仪器各部件的功能。

（3）掌握接收机上显示面板的使用。

（4）掌握接收机在测站上的设置方法。

三、步　骤

（1）实习前，熟悉接收机的各项技术指标。

（2）熟悉接收机的各项配置。

（3）实习内容：

① 认识接收机的硬件组成。

② 电源（电池）的安装。

安装电池时，先松开固连螺旋按电池盒上的提示安装上电池。安装时，注意电池盒上标注的"＋"或"－"极性。

③ 安装。

将接收机安放在三脚架基座上，对中、整平、量天线高，与常规测量架设仪器相同。但是，如果接收机安置出现测站偏心，就会引起偏心误差。

〔注意〕：由于 GPS 是属于三维位系统，天线高量测误差也会影响平面定位精度。

④ 接收机操作。

a. 初始加电。

第一次给 LOCUS 加电，应对 LOCUS 做复位操作。按住电源开关不放，10 秒后会发出蜂鸣声，面板上各指示灯会滚动闪烁，直到内存全清复位完成为止。对接收机关机再开机，此时由于内存已无参考坐标，再次初始化约需几分钟时间。

b. 正常加电。

开机时，按住开关不放直到听到两个蜂鸣声，面板指示灯变绿为止如果一直按住电源开关不放，4 秒钟后数据记录指示灯发红并闪烁，发出短鸣声，即警告，2 秒内不松手便内存清除；此时，立即松开手，全部指示灯变绿，接收机电源开关打开，文件不会被清除。

c. 接收机关机。

关闭接收机电源时，按住电源开关不放，伴随两个蜂鸣声，指示灯全红。直至电源指示灯全灭。

d. 状态面板。

接收机一旦开机，便立即搜索卫星信号，跟踪卫星并记录数据。状态面板提供观测过程的监视信息，设有"设站时间段指示灯""数据记录指示灯""卫星跟踪指示灯""电源状态指示灯"等四个指示灯，分别闪烁红或绿两种灯光信号。

⑤ 外业清除内存文件的操作。

先关闭接收机电源，再按住电源开关不放，持续 6 秒钟。当数据记录指示灯变红、闪烁，并发出连续蜂鸣声后再松开手，则数据文件被清除。

⑥ 接收机向 PC 机传输（下载）数据。

利用红外头与 PC 机间进行通讯实现观测数据的下载。

四、注意事项

（1）实验前，应做好充分的准备。实验教师结合仪器进行接收机性能、状态和功能的讲授。

（2）使用仪器时，应按要求操作。

（3）安装（或更换）电池时，应注意电池的正负极性，不要将正负极装反。

（4）架设仪器时，应扣紧接收机与基座的螺旋，以防接收机从脚架上脱落。

（5）操作过程中，注意观察各指示灯的情况。

五、上交资料

每小组提交一份合格的 GPS 接收机的使用报告。

六、仪器及工具

全班分为三个小组。每小组从实验室借用接收机一台（含脚架），对讲机一台。

七、思考题

（1）简述接收机的操作过程。
（2）简述接收机状态面板的各项功能。
（3）使用接收机过程中，在开关机时应注意什么事项？
（4）简述接收机的数据下载过程。

第3部分　大地测量学基础教学实习

大地控制测量综合实习指导书

一、概　述

大地控制测量综合实习是在完成了《大地测量学基础》的理论和方法学习后，在野外实训基地模拟或结合实际生产任务所进行的一次综合性实习。要求实习现场面积不小于 10 平方公里，能满足一般大比例尺地形测图及工程测量对首级控制网的选点要求，通视良好，高差适中，以便学生实习。

二、实习目的

通过三周时间的实习，应达到以下目的。

（1）巩固校内课堂所学知识，加深对大地测量基本理论的理解。能够用有关理论指导作业实践，做到理论与实践相统一，提高学生分析问题和解决问题的能力。

（2）对学生进行大地控制测量野外作业的基本技能训练，提高动手能力。

通过实习，熟悉并掌握控制测量的作业程序及施测方法：

① 熟悉并掌握 GPS 作业计划、GPS 控制网布设、外业观测、数据处理的作业程序及方法。

② 熟悉并掌握导线测量的点位布设、外业观测、数据处理的作业程序及方法。

③ 熟悉并掌握二等水准测量的点位布设、路线选择、外业观测、数据处理的作业程序及方法。

④ 熟悉并掌握三角高程测量的点位布设、路线选择、外业观测、数据处理的作业程序及方法。

（3）掌握用测量平差理论处理控制测量成果的基本技能，掌握运用平差软件处理测量数据并生成满足要求的报告的基本技能。

（4）通过测量实际任务的锻炼，提高学生从事测绘工作的计划、组织和管理能力，培养学生良好的专业品质和职业道德。

三、实习地点及时间

1. 实习地点

建议选择交通便捷、施测现场安全条件较好、便于现场管理、便于解决实习学生住宿就餐的地点。

2. 实习时间

三～四周。

四、实习组织形式

（1）全班统一实习，在教师的指导下分小组进行；

（2）参加实习的指导教师有：带队教师2名、实验教师1名；

（3）实习小组由5～6人组成，设小组长1名，负责本小组的实习组织、人员安排、仪器管理、纪律考勤。组员要服从和全力支持组长的工作；

（4）全部实习由带队教师统一指挥，小组长对教师负责，组员对小组长负责。

五、实习仪器装备和工具

1. 实习配备

（1）GPS接收机8台套。

（2）全站仪8台套。

（3）电子水准仪8台套。

（4）对讲机若干。

2. 各个实习小组配备

（1）GPS接收机1台套。

（2）精度2″级以上全站仪1台套（或精度2″以上经纬仪1台套）。

（3）DS03电子水准站仪1台套，配铟瓦水准尺1对。

（4）小钢尺1把、书包1个、记录板1块、计算器1台、文具盒1个（内含文具用品）、细铁丝3 m。

（5）记录手簿：水平方向观测手簿3本；垂直角观测手簿2本；导线测量手簿2本；水准观测手簿2本及GPS静态测量记录表格若干。

以上所列仪器工具，视学校具体情况可以进行调整变动。

六、实习内容及要求

1. 踏勘、选点、埋石

（1）由教师带领踏勘全测区，了解测区情况及任务，领会建网的目的和意义。从工作量大小角度出发，可考虑建立覆盖整个测区的GPS控制网和覆盖部分测区的面积相对小一些的导线网。

（2）教师向学生介绍测区情况，分配测量任务。若需埋石，则分小组进行埋石工作；

（3）分组进行水准路线的选线工作。如需进行三角高程测量，则在踏勘时就应确定三角高程的联测方案。

2. 平面控制测量（E 级 GPS 网、四等三角网）

（1）每小组共同完成一台全站仪（或 J2 经纬仪）的检验，提交一份完整的检验记录和报告。

（2）每人完成一个三角点的水平方向观测任务，提交一份合格的水平方向观测成果。

（3）全组共同完成一个三角点的归心投影任务，提交一份合格的归心元素测量成果。

（4）每小组共同完成 GPS 控制网作业计划，进行最佳观测时段的选择和作业调度。

（5）与其他小组合作，完成一个 E 级 GPS 网的建网、观测工作。

3. 高程控制测（二等水准网）

（1）每小组共同完成一台 DS03 电子水准仪的检验，提交一份完整的检验记录和报告。

（2）全组共同完成一条二等水准路线的观测任务，提交一份合格的观测记录手簿。

（3）每人完成一个三角点上的三角高程测量观测（含量取觇标高和仪器高），提交一份合格的垂直角观测记录和手簿。

4. 导线测量

全组共同完成一条一级导线的测量任务（包括选线、埋石、测角、测边），提交一份合格的观测记录和手簿。每位学生至少完成一个导线点的全部观测工作。

5. 外业成果概算和内业平差计算

（1）上述各项测量外业工作结束后，经过整理和检查，每个同学对观测成果及时进行外业成果概算。

（2）概算成果通过各项检验后，进行平差计算。平差计算需要使用"COSA"等平差软件计算完成。每位同学独立完成一份。

七、实习报告的编写

每人编写一份实习报告，要求内容全面、概念正确、语句通顺、文字简练、图表清晰美观。

报告编写格式如下：

1. 概　述

实习名称、目的、时间、地点、实习任务和组织情况。

2. 测区概况

测区的地理位置、交通、居民、气候、地形、地貌等概况，测区已有成果和资料情况。

3. 平面控制网的布设及施测

（1）平面控制网的布设方案及控制网略图。

（2）选点、埋石方法及情况。

（3）施测技术依据及施测方法。

（4）GPS 网点的图形及基本连接方法、GPS 网结构特征的测算、点位布设图的绘制。

（5）导线的布设形设与等级。

（6）观测成果质量分析。

4. 高程控制网的布设及施测

（1）高程控制网的布设方案及控制网略图。

（2）选线、埋石方法及情况。

（3）施测技术依据及施测方法。

（4）观测成果质量分析。

5. 控制网概算

（1）平面控制网概算内容及计算。

（2）高程控制网概算内容及计算。

6. 平差计算

（1）平面控制网的平差计算。

（2）高程控制网的平差计算。

7. 附图、附表

8. 实习中发生的问题及处理情况

9. 实习收获、体会及建议

八、实习纪律及成绩考评

1. 实习纪律

（1）为了保证实习获得优良效果，必须严格遵守实习纪律。同学间要发扬团结友互相帮助的精神，克服困难，认真踏实地进行实习。

（2）注意安全，杜绝事故，不准野外生火，不准下水游泳。

（3）不能擅自单独行动，外出时必须向指导教师请假。

（4）周末不放假，有事必须写假条，并经指导教师批准后才能离开实习基地。

（5）爱护测量仪器，按操作要求和操作程序正确操作。对损坏或丢失实习工具者，应照价赔偿。

（6）实习期间严格考勤，不准无故请假。指导教师有权取消违纪学生实习资格，不评定其实习成绩。

2. 成绩考评

实习成绩按优、良、中、及格、不及格等档次进行评定。学生实习结束后，由指导教师根据学生中实习中的表现，从以下几个方面综合评定其成绩：

（1）实习态度（指实习期间对实习内容的刻苦钻研精神、遵守实习纪律等方面的表现）。

（2）对控制测量知识的掌握程度，实际作业技能的熟练程度，分析和解决问题的能力。

（3）完成实习任务的质量。

（4）实习报告编写的情况。

（最后成绩由全体指导教师评议确定）

九、技术指标及要求

1. 技术依据

（1）GB50026—2007《工程测量规范》。

（2）GB/T18314—2009《全球定位系统（GPS）测量规范》。

（3）CH1001—2005《测绘技术总结编写规定》。

2. 技术要求（见表 F3.1 ~ F3.11）

表 F3.1　三角测量的主要技术要求

等　　级		平均边长/km	测角中误差/(")	起始边边长相对中误差	最弱边边长相对中误差	测回数			三角形最大闭差/(")
						J1	J2	J6	
三等	首级	4.5	1.8	≤1/150 000	≤1/70 000	6	9	—	7
	加密			≤1/20 000					
四等	首级	2	2.5	≤1/100 000	≤1/40 000	4	6	—	9
	加密			≤1/70 000					
一级小三角		1	5	≤1/40 000	≤1/20 000	—	2	4	15
二级小三角		0.5	10	≤1/20 000	≤1/10 000	—	1	2	30

表 F3.2　导线测量的主要技术要求

等级	导线长度/km	平均边长/km	测角中误差/(")	测距中误差/mm	测距相对中误差	测回数			方位角闭合差/(")	相对闭合差/(")
						J1	J2	J6		
三等	14	3	1.8	20	1/150 000	8	12	—	$3\sqrt{n}$	≤1/55 000
四等	9	1.5	2.5	18	1/80 000	4	6	—	$5\sqrt{n}$	≤1/35 000
一级	4	0.5	5	15	1/30 000	—	2	4	$10\sqrt{n}$	≤1/15 000
二级	2.4	0.25	8	15	1/14 000	—	1	3	$16\sqrt{n}$	≤1/10 000
三级	1.2	0.1	12	15	1/7 000	—	1	2	$24\sqrt{n}$	≤1/5 000

注：n 为测站数。

表 F3.3　水平角方向观测法的技术要求

等级	仪器型号	光学测微器两次重合读数之差 /(″)	半测回归零差 /(″)	一测回中2倍照准差变动范围 /(″)	同一方向值各测回较差 /(″)
四等及以上	DJ1	1	6	9	6
	DJ2	3	8	13	9
一级及以下	DJ2	—	12	18	12
	DJ6	—	18	—	24

注：当观测方向的垂直角超过±3°的范围时，该方向2倍照准差的变动范围可按相邻测回同方向进行比较。

表 F3.4　水准测量的主要技术要求

等级	每千米高差全中误差/mm	路线长度/km	水准仪的型号	水准尺	观测次数		往返测较、附合或环线闭合差	
					与已知点联测	与已知点联测	平地/mm	山地/mm
二等	2	—	DS1	铟瓦	往返各一次	往返各一次	$4\sqrt{L}$	—
三等	6	≤50	DS1	铟瓦	往返各一次	往返各一次	$12\sqrt{L}$	$4\sqrt{n}$
			DS3	双面				
四等	10	≤16	DS3	双面	往返各一次	往一次	$20\sqrt{L}$	$6\sqrt{n}$
五等	15	—	DS3	单面	往返各一次	往一次	$30\sqrt{L}$	—

注：L 为往返测段，附合或环线的水准路线长度（km）；n 为测站数。

表 F3.5　水准观测的主要技术要求

等级	水准仪的型号	视线长度/m	前后视较差/m	前后视累积差/m	视线离地面最低高度/m	基本分划、辅助分划或黑面、红面读数较差/mm	基本分划、辅助分划或黑面、红面所测高差较差/mm
二等	DS1	50	1	3	0.5	0.5	0.2
三等	DS1	100	3	6	0.3	1.0	1.5
	DS3	75				2.0	3.0
四等	DS3	100	5	10	0.2	3.0	5.0

表 F3.6　电磁波测距三角高程测量的主要技术要求

等级	仪器	测回数	指标差较差/(″)	垂直角较差/(″)	对向观测高差较差/mm	附合或环线闭合差/mm
		中丝法				
四等	DJ2	3	≤7	≤7	$40\sqrt{D}$	$20\sqrt{\sum D}$

注：D 为电磁波测距边长度（km）。

表 3.7   GPS 控制网的主要技术指标

等级	平均距离/km	固定误差/mm	比例误差系数 B/（mm/km）	最弱边相对中误差/mm
二等	9	≤10	≤2	1/120 000
三等	4.5	≤10	≤5	1/70 000
四等	2	≤10	≤10	1/40 000
一级	1	≤10	≤20	1/20 000
二级	0.5	≤10	≤40	1/10 000

表 F3.8   GPS 网闭合环或附合路线边数的规定

等级	二等	三等	四等	一级	二级
GPS 网闭合环或附合路线边数	≤6	≤8	≤10	≤10	≤10

表 F3.9   GPS 测量各等级的作业的基本技术要求

项目	观测方法\等级	二等	三等	四等	一级	二级
卫星高度角（°）	静态	≥15	≥15	≥15	≥15	≥15
有效观测卫星数	静态	≥5	≥5	≥4	≥4	≥4
平均重复设站数	静态	≥2	≥2	≥1.6	≥1.6	≥1.6
时段长度（min）	静态	30～90	20～60	15～45	10～30	10～30
数据采样间隔（s）	静态	10～30	10～30	10～30	10～30	10～30

注：当采用双频机进行快速静态观测时，时间长度可缩减为 10min。GPS 测量各等级的点位几何图形强度因子 PDOP 值应小于 6。

表 F3.10   GPS 作业调度表

时段编号	观测时间	测站号/名 机号	测站号/名 机号	测站号/名 机号	测站号/名 机号	测站号/名 机号	测站号/名 机号

表 F3.11　GPS 外业观测手簿

测量单位：　　　　　　　　　记录：　　　　　　　　复核：

工程项目名称		GPS 网等级	
点名		观测日期	年　月　日
接收机型号		开机时间	时　　分
接收机编号		关机时间	时　　分
天线高测量		记事栏	
开始记录前			
结束记录后			
均值			
点名		观测日期	年　月　日
接收机型号		开机时间	时　　分
接收机编号		关机时间	时　　分
天线高测量		记事栏	
开始记录前			
结束记录后			
均值			
点名		观测日期	年　月　日
接收机型号		开机时间	时　　分
接收机编号		关机时间	时　　分
天线高测量		记事栏	
开始记录前			
结束记录后			
均值			

十、日程安排（见表 F3.12）

表 F3.12　日程安排

日期				实习内容安排	
月	日—	月	日	上午：实习动员，领仪器； 下午：检验仪器	
月	日—	月	日	上午：离校，食宿准备； 下午：分配实习任务	实习内容和日期安排因具体情况，如有变动，以实习队通知为准。
月	日—	月	日	野外踏勘、埋石	
月	日—	月	日	外业观测（三角网、GPS 网、导线网、水准网的施测）	
月	日—	月	日	内业计算，并编写实习报告	
月	日—	月	日	返校，归还仪器，实习结束	

参考文献

[1] 胡明城. 现代大地测量学的理论与应用. 北京：测绘出版社，2003.

[2] 张华海，王宝山，赵长胜. 应用大地测量学. 3 版. 北京：中国矿业大学出版社，2007.

[3] 吕志平，乔波. 大地测量学基础. 2 版. 北京：测绘出版社，2016.

[4] 孔祥元，郭际明. 控制测量学（上、下册）. 4 版. 武汉：武汉大学出版社，2015.

[5] 孔祥元，郭际明，刘宗泉. 大地测量学基础. 2 版. 武汉：武汉大学出版社，2010.

[6] 李征航，黄劲松. GPS 测量与数据处理. 3 版. 武汉：武汉大学出版社，2016.

[7] 李征航，魏二虎，王正涛，等. 空间大地测量学. 1 版. 武汉：武汉大学出版社，2010.

[8] 田桂娥，大地测量学基础. 武汉：武汉大学出版社，2014.

[9] 王佩贤，大地测量学基础. 北京：煤炭工业出版社，2007.

[10] 宁津生，陈俊勇，李德仁，等. 测绘学概论. 武汉：武汉大学出版社，2016.

[11] 徐德明. 中国地理信息应用报告（2010）. 北京：社会科学文献出版社，2010.

[12] 边少锋，柴洪洲，金际航. 大地坐标系与大地基准. 北京：国防工业出版社，2005.

[13] 程鹏飞，成英燕，秘金钟，等. 国家大地坐标系建立的理论与实践. 北京：测绘出版社，2016.

[14] 陈俊勇. 现代大地测量在大地基准，卫星重力以及相关研究领域的进展. 测绘通报，
      2003，（6）：1-7.

[15] 王永尚，王小华，王孝青. 大地测量数据库标准建立的研究与思考. 测绘地理信息，
      2017，42（1）：6-10.

[16] 国家质量技术监督局. GB/T 17942—2000 国家三角测量规范. 北京：中国标准出版社，
      2000.

[17] 国家质量监督检验检疫总局，中国国家标准化管理委员会. GB/T 12897—2006 国家一、
      二等水准测量规范. 北京：中国标准出版社，2006.

[18] 国家质量监督检验检疫总局，中国国家标准化管理委员会. GB/T 18314—2009 全球定位
      系统（GPS）测量规范. 北京：中国标准出版社，2009.

[19] 国家质量监督检验检疫总局，中国国家标准化管理委员会. GB 22021—2008 国家大地
      测量基本技术规定. 北京：中国标准出版社，2008.

[20] 林华，石章松，玄兆林. 同一地球椭球体上不同坐标系之间的坐标转换. 海军工程大学.
      2002.

[21] 束婵方，李斐，沈飞. 空间直角坐标向大地坐标转换的新算法[J]. 武汉大学学报：信息
      科学版，2009，34（5）：14216.

[22] 杨国清. 控制测量学. 郑州：黄河水利出版社，2005.

[23] 杨国清，张予东. 平面控制网四参数法坐标转换与残差内插[J]. 测绘通报，2010，11：
      48-50.